乙級工程測量技能檢定
學術科題庫解析

鄭亦洋　編著

增修試題

術科計算表(Excel)

全華圖書股份有限公司

序言 PREFACE

這是一個證照的年代！

取得一張乙級工程測量的證照，對於營建工程的從業人員來講，是職場加分的保證；對土木建築群的學生來說，是讓自己升學之路更為寬廣的不二法門。

無怪乎，考照的人數屢創新高。

筆者從事乙級工程測量檢定教學多年，發覺現今學科雖已改成公告題型，但一個章節有數百條題目，缺乏有效與系統的分類，考生在學習上往往不知其所以然，僅能囫圇吞棗的死背硬記。考術科時，由於觀念不是十分紮實，臨場實作時常抓不到訣竅……

筆者的感慨促成了本書的誕生！

本書學科係依勞動部勞動力發展署技能檢定中心公告乙級工程測量測試參考資料所編定。將每一工作項目之題目詳加解析，將重點進行敘述，期讓讀者循序漸進學習、融會貫通。

術科部分筆者花了相當多篇幅介紹相關計算理論與實作細節，鉅細靡遺的介紹內業、外業與實作的訣竅。各大題型附有加強練習題目以供讀者額外練習。

機會是留給準備好的人！

期許讀者翻開本書時，能在成功考取證照的準備上，創造更好的契機！

本書倉促付梓，然疏漏之處在所難免，尚祈各方先進不吝指教。

編者　謹識

目錄 CONTENTS

術科題庫解析

專業學科題庫解析

共同學科不分級題庫

術科 解析

- 術科測驗試題　04202-1060201
- 術科測驗試題　04202-1060202
- 術科測驗試題　04202-1060203
- 術科測驗試題　04202-1060204
- 術科測驗試題　04202-1060205
- 術科測驗試題　04202-1060206
- 術科測驗試題　04202-1060207
- 術科測驗試題　04202-1060208
- 術科測驗試題　04202-1060209
- 術科測驗試題　04202-1060210

測量－工程測量乙級技術士技能檢定術科測試試題(題組一)

試題編號：04202-1060201

試題名稱：閉合導線測量與計算

檢定時間：60 分鐘(含計算)

1. 題目：
   (1) A 點坐標及方位角 ϕ_{AB} 值為已知(由術科測試辦理單位提供)。圖示點位僅為示意圖，實際點位需依現地狀況而定。
   (2) 水平角 $\angle A$、水平角 $\angle B$、距離 $\overline{AB}$、距離 $\overline{DA}$ 之觀測值由術科測試辦理單位提供，導線計算時視同等精度觀測量，納入平差改正。
   (3) 由應檢人於點 C、D 整置經緯儀觀測，並完成導線計算。
2. 檢定內容：
   (1) 觀測：於點 C、D 整置經緯儀觀測 $\angle C$、$\angle D$ 一測回，測量距離 $\overline{BC}$、距離 $\overline{CD}$ 往返各一次，並將觀測結果記入手簿中。
   應檢人員若是自備全測站經緯儀，並使用主辦單位之稜鏡時，必須自行修正該儀器之稜鏡常數改正。
   應檢人員若是自備全測站經緯儀及稜鏡，必須自行整置稜鏡，並且整置稜鏡之時間計入考試時間。
   (2) 計算：依據觀測之成果及給定之已知值，計算折角閉合差、坐標閉合差、閉合比數。完成導線之計算工作，並將結果寫入答案紙上。

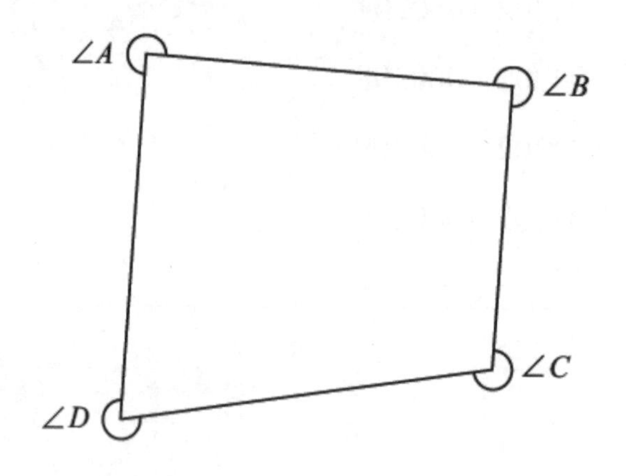

一、測試已知資料範例

試題編號：04202-1060201

點號	橫坐標(E)(m)	縱坐標(N)(m)
A	100.000	200.000

	度	分	秒
方位角 ϕ_{AB}	97	13	30
水平角∠A	267	25	26
水平角∠B	273	45	06

	水平距離
$\overline{AB}$	39.787
$\overline{DA}$	39.500

二、觀測記錄表範例

試題編號：04202-1060201

試題名稱：閉合導線測量與計算

應檢人 姓　名		准考證 號　碼		檢定 日期	___年___月___日

A 點樁號：__A1__ B 點樁號：__B1__ C 點樁號：__C1__ D 點樁號：__D1__

注意事項：(1)長度計算至 0.001m。角度計算至秒

(2)觀測之數據與計算之數據不符者，總分以零分計。

1. 水平角觀測手簿

測站	測點	正鏡讀數			倒鏡讀數			正倒鏡平均值			改正後平均值		
		度	分	秒	度	分	秒	度	分	秒	度	分	秒
C	B	0	01	00	180	00	50	0	00	55	0	00	00
	D	264	46	10	84	45	58	264	46	04	264	45	09
D	C	0	01	00	180	00	54	0	00	57	0	00	00
	A	274	05	10	94	05	30	274	05	20	274	04	23

2. 距離觀測手簿

測站	測點	第一次測量(m)	第二次測量(m)	平均值(m)
B	C	38.506	38.504	38.505
C	D	39.055	39.059	39.057

三、答案紙範例

試題編號：04202-1060201

試題名稱：閉合導線測量與計算

應檢人 姓　名		准考證 號　碼		檢定 日期	___年___月___日

注意事項：(1)長度計算至 0.001m。角度計算至秒

(2)計算式須列計算公式及計算過程，否則不予計分。

測點	折角 β	改正數	方位角 ϕ	距離 S	橫距 ΔE	橫距改正 V_E	縱距 ΔN	縱距改正 V_N	橫坐標 E	縱坐標 N
A									100.000	200.000
			97-13-30	39.787	39.471	−0.001	−5.004	−0.005		
B	273-45-06	−1″							139.470	194.991
			190-58-35	38.505	−7.332		−37.801	−0.004		
C	264-45-09	−1″							132.138	157.186
			275-43-43	39.057	−38.862		3.899	−0.004		
D	274-04-23	−1″							93.276	161.081
			9-48-05	39.500	6.724		38.923	−0.004		
A	267-25-26	−1″							100.000	200.000
			97-13-30	[156.849]	[+0.001]		[+0.017]			
	[1080°00′04″]									

項目	計　算　式
折角閉合差	折角和觀測值：$[\beta]=1080°00'04''$，折角和眞值：$(4+2)\times180°=1080°00'00''$ 折角閉合差 $f_w=+4''$，改正數 $v=-\frac{4''}{4}=-1''$
坐標閉合差	$W_E=[\Delta E]=39.471+6.724-7.332-38.862=+0.001$ (m) $W_N=[\Delta N]=3.899+38.923-5.004-37.801=+0.017$ (m)
閉合比數	$W_L=\sqrt{0.001^2+0.017^2}=0.017$ 閉合比數$=\frac{0.017}{156.849}=\frac{1}{9226}$

四、工程測量乙級技術士技能檢定術科測試評審表

試題編號：04202-1060201

試題名稱：閉合導線測量與計算

應檢人姓名		准考證號碼		檢定日期	___年___月___日

開始時間：__________ 交卷時間：__________

名稱	編號	評審標準	應得分數	實得分數	
導線測量與計算	1	使用儀器是否適當及熟練	4		觀察應檢人員使用儀器是否正確，定心及定平是否準確。
	2	距離測量	10		誤差在±2.0cm 以內得 5 分，超出以零分計。
	3	角度觀測∠C 及∠D 是否正確	20		分別檢查∠C 及∠D： (1)角度誤差在±15"以內各得 10 分， (2)角度誤差在±16"~±30"各得 5 分， (3)角度誤差在±31"(含)以上得 0 分。
	4	方位角的推算是否正確	10		(1)誤差在±30"以內得 10 分， (2)誤差在±31"~±60"得 5 分， (3)誤差在±61"以上得 0 分。
	5	導線計算過程	8		(1)使用公式及演算過程正確者得 2 分。 (2)折角閉合差、坐標閉合差、閉合比數計算正確者各得 2 分。
	6	縱橫坐標計算重奏	48		分別檢查 B、C、D 點之 N 及 E 坐標， 誤差在 1.0cm 以內者各得 8 分， ±1.1~±2.0cm 各得 6 分， ±2.1~±3.0cm 各得 4 分， ±3.1~±4.0cm 各得 2 分， ±4.1cm(含)以上各得 0 分。
	7	使用時間			超過規定之使用時間者總分以零分計。

實得分數		評分結果	□及格 □不及格
監評人員簽名 (第一閱)	(請勿於測試結束前先行簽名)	監評人員簽名 (第二閱)	(請勿於測試結束前先行簽名)

閉合導線測量與計算－術科解析

一、觀念提示：

1. 設 n 表導線之點數或導線邊數，則閉合導線中，其內角、外角或偏角所符合之幾何條件各有不同，本題之外角閉合差：$f_w=[\beta]-(n+2)\times180°$。

   而閉合差在容許誤差界限以內者，可將閉合差平均分配予各角，設以 V 表各角之改正值：$V=-\frac{f_w}{n}$。

2. 導線角度經過平差改正後，即可依導線起始邊之實測方位角或由已知坐標制點之方位角計算其餘各邊之方位角。乙級工程測量要求受測者量測導線外角後進而求出方位角，其推算之通式如下：

   $\phi_{BC}=\phi_{AB}+\beta_B\pm180°$

   亦即；後(方位角)＝前(方位角)+折角 ± 180°，

   當 $\phi_{AB}+\beta_B>180°$時採用負號，意即$\phi_{BC}=\phi_{AB}+\beta_B-180°$

   當 $\phi_{AB}+\beta_B<180°$時採用正號，意即$\phi_{BC}=\phi_{AB}+\beta_B+180°$

   由上式計算時，若其結果超過 360° 者，應減去 360°，但如爲負值，應加上 360°，方爲所求之方位角。

3. 一測線 $\overline{AB}$ 邊長爲 L_{AB}，其對 N 軸之正投影，稱爲該軸線之縱距，以 ΔN 表之；其對 E 軸之正投影，稱爲該測線之橫距，以 ΔE 表之。

   $\Delta N=L_{AB}\times\cos\phi_{AB}$ ； $\Delta E=L_{AB}\times\sin\phi_{AB}$

4. 導線閉合比如在容許界線以內，可將橫距閉合差與縱距閉合差分別配與各邊之橫距與縱距，使其滿足 $[\Delta N]=0$ 與 $[\Delta E]=0$ 之條件，此謂導線閉合差之改正。改正方法有羅盤儀法則與經緯儀法則兩種，本題採用羅盤儀法則改正：

   $V_{Ni}=-S_i\times\frac{W_N}{\sum S}$ ； $V_{Ei}=-S_i\times\frac{W_E}{\sum S}$

   式中：

   S_i　導線任一邊之距離

   $\sum S$　導線各距離之總和

   W_E　橫距閉合差

   W_N　縱距閉合差。

5. 若起點 A 點之坐標(E_A，N_A)爲已知值，則其餘各點之坐標可如下列式計算：

   $N_B=N_A+\Delta N_i$ ； $E_B=E_A+\Delta E_i$ 。

二、外業實作：

1. 在 C 點整置儀器，定心定平後照準 B 點木樁上之鋼釘，調整度盤讀數爲 0°01′00″，再蓋回保護蓋，記錄在「B 點正鏡度盤」讀數。
2. 鬆開水平制動螺旋，照準 D 點木樁上之鋼釘，調整測微鼓之符合螺旋使上窗之刻劃重合，讀數 264°46′10″後，記錄在「D 點正鏡度盤」讀數。

3. 縱轉望遠鏡，倒鏡照準 D 點木樁上之鋼釘，調整測微鼓之符合螺旋使上窗之刻劃重合，讀數 $84°45'58''$ 後，記錄在「D 點倒鏡度盤」讀數。
4. 倒鏡照準 B 點，調整測微鼓之符合螺旋使上窗之刻劃重合，讀數 $180°00'50''$ 後，記錄在「B 點倒鏡度盤」讀數。

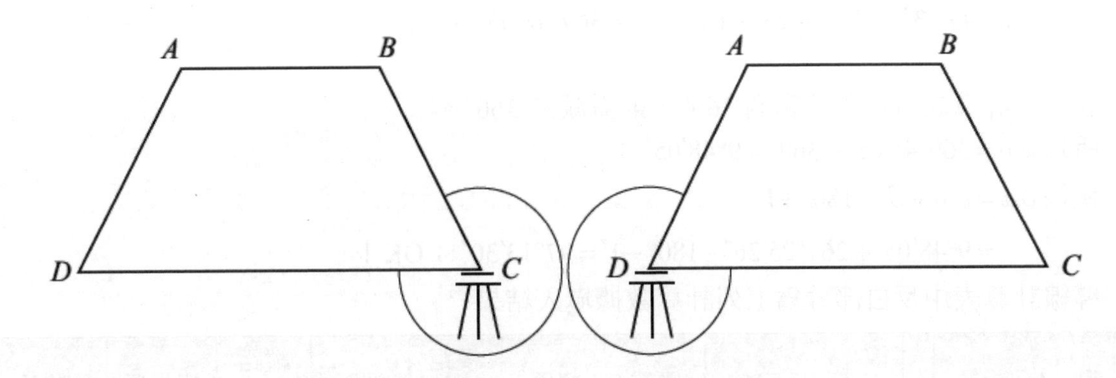

5. 儀器搬至 D 點整置，照準 C 點木樁上之鋼釘，同上述流程，正倒鏡觀測一測回。
6. 以卷尺測量邊長 BC、CD 之距離往返各一次，並將觀測結果記入手簿中。
7. 導線記錄手簿計算：

(1) 測點B正倒鏡平均值 $= \dfrac{00°01'00'' + (180°00'50'' - 180°)}{2} = 00'00'55''$

測點D正倒鏡平均值 $= \dfrac{264°46'10'' + (84°45'58'' + 360° - 180°)}{2} = 264°46'04''$

$\angle BCD$角度值 $= 264°46'04'' - 00°00'55'' = 264°45'09''$

(2) 測點C正倒鏡平均值 $= \dfrac{00°00'54'' + (180°01'00'' - 180°)}{2} = 00'00'57''$

測點A正倒鏡平均值 $= \dfrac{274°05'10'' + (94°05'30'' + 360° - 180°)}{2} = 274°05'20''$

$\angle CDA$角度值 $= 274°05'20'' - 00°00'57'' = 274°04'23''$

(3) 邊長取平均值

三、內業計算：

1. 將已知之數據填入導線計算表中。
2. 計算折角閉合差：

$$f_w = (\angle A + \angle B + \angle C + \angle D) - (n+2)\times 180°$$
$$= (267°25'26'' + 273°45'06'' + 264°45'09'' + 274°04'23'') - (4+2)\times 180°$$
$$= 1080°00'04'' - 1080° = +4''$$

3. 改正數：將計算結果填入改正數一欄

$$V = -\frac{f_w}{n} = -\frac{4''}{4} = -1''$$

4. 方位角計算：

後(方位角)＝前(方位角)＋折角－180°＋改正數；

$$\phi_{BC} = \phi_{AB} + \beta_B - 180° + V$$
$$= 97°13'30'' + 273°45'05'' - 180° - 1'' = 190°58'35''$$；

$\phi_{CD}=\phi_{BC}+\beta_{C}-180°+V$

$=190°58'35''+264°45'10''-180°-1''=275°43'43''$；

$\phi_{DA}=\phi_{CD}+\beta_{D}-180°+V$

$=275°43'43''+274°04'23''-180°-1''=369°48'05''$；

注意：計算之方位角若超過 360°，則需減去 360°。

所以 $\phi_{DA}=369°48'05''-360°=9°48'05''$；

檢核 $\phi_{AB}=\phi_{DA}+\beta_{A}-180°+V$

$=9°48'05''+267°25'26''-180°-1''=97°13'30''$；OK！

導線計算表中反白部分為上列計算數據填入結果

測點	折角 β	改正數	方位角 ϕ	距離 S	橫距 ΔE	橫距改正 V_E	縱距 ΔN	縱距改正 V_N	橫坐標 E	縱坐標 N
A									100.000	200.000
			97-13-30	39.787						
B	273-45-06	−1″								
			190-58-35	38.505						
C	264-45-09	−1″								
			275-43-43	39.057						
D	274-04-23	−1″								
			9-48-05	39.500						
A	267-25-26	−1″							100.000	200.000
			97-13′30							
	[1080°00′04″]									

5 距離總長計算：

$\sum S=39.787+38.505+39.057+39.500=156.849$。

6. 橫距計算：

$\Delta E_{AB}=S_{AB}\times\sin\phi_{AB}=39.787\times\sin 97°13'30''=39.471$；

$\Delta E_{BC}=S_{BC}\times\sin\phi_{BC}=38.505\times\sin 190°58'35''=-7.332$；

$\Delta E_{CD}=S_{CD}\times\sin\phi_{CD}=39.057\times\sin 275°43'43''=-38.862$；

$\Delta E_{DA}=S_{DA}\times\sin\phi_{DA}=39.500\times\sin 9°48'05''=6.724$；

7. 縱距計算：

$\Delta N_{AB}=S_{AB}\times\cos\phi_{AB}=39.787\times\cos 97°13'30''=-5.004$；

$\Delta N_{BC}=S_{BC}\times\cos\phi_{BC}=38.505\times\cos 190°58'35''=-37.801$；

$\Delta N_{CD} = S_{CD} \times \cos \phi_{CD} = 39.057 \times \cos 275°43'43'' = 3.899$；

$\Delta N_{DA} = S_{DA} \times \cos \phi_{DA} = 39.500 \times \cos 9°48'05'' = 38.923$；

將計算結果填入導線計算表中粗體反白之位置。

測點	折角 β	改正數	方位角 ϕ	距離 S	橫距 ΔE	橫距改正 V_E	縱距 ΔN	縱距改正 V_N	橫坐標 E	縱坐標 N
A									100.000	200.000
			97-13-30	39.787	39.471		–5.004			
B	273-45-06	–1″								
			190-58-35	38.505	–7.332		–37.801			
C	264-45-09	–1″								
			275-43-43	39.057	–38.862		3.899			
D	274-04-23	–1″								
			9-48-05	39.500	6.724		38.923			
A	267-25-26	–1″								
			97-13′30	[156.849]						
	[1080°00′04″]									

8. 閉合差與改正數計算：

橫距閉合差 $W_E = \sum E = 39.471 + (-7.332) + (-38.862) + 6.724 = +0.001$；

縱距閉合差 $W_N = \sum N = (-5.004) + (-37.801) + 3.899 + 38.923 = +0.017$；

採羅盤儀法則進行改正數計算；

改正數 $= -\dfrac{\text{閉合差}}{\text{邊長總長}} \times$ 單邊邊長，$V = -\dfrac{W}{\sum S} \times S_i$。

橫距改正數計算：$V_{Ei} = -\dfrac{W_E}{\sum S} \times S_i$；

因 W_E=0.001，所以距離最長的站數改正-0.001 即可。

縱距改正數計算：$V_{Ni} = -\dfrac{W_N}{\sum S} \times S_i$；

$V_{NAB} = -\dfrac{0.017}{156.849} \times 39.787 = -0.005$；

$V_{NBC} = -\dfrac{0.017}{156.849} \times 38.505 = -0.004$；

$V_{NCD} = -\dfrac{0.017}{156.849} \times 39.057 = -0.004$；

$V_{NDA} = -\dfrac{0.017}{156.849} \times 39.500 = -0.004$；

注意小數點後三位數之四捨五入，須使 $V_{N1} + V_{N2} + V_{N3} + V_{N4} = -W_N$。

將計算結果填入導線計算表中反白之位置。

測點	折角 β	改正數	方位角 ϕ	距離 S	橫距 ΔE	橫距改正 V_E	縱距 ΔN	縱距改正 V_N	橫坐標 E	縱坐標 N
A									100.000	200.000
			97-13-30	39.787	39.471	−0.001	−5.004	−0.005		
B	273-45-06	−1″								
			190-58-35	38.505	−7.332	0	−37.801	−0.004		
C	264-45-09	−1″								
			275-43-43	39.057	−38.862	0	3.899	−0.004		
D	274-04-23	−1″								
			9-48-05	39.500	6.724	0	38.923	−0.004		
A	267-25-26	−1″								
			97-13′30	[156.849]	[+0.001]		[+0.017]			
	[1080°00′04″]									

9. 縱橫坐標計算：

$E_B = E_A + \Delta E + V_{EAB} = 100.000 + 39.471 + (-0.001) = 139.470$；

$E_C = E_B + \Delta E + V_{EBC} = 139.470 + (-7.332) + 0 = 132.138$；

$E_D = E_C + \Delta E + V_{ECD} = 132.138 + (-38.862) + 0 = 93.276$。

檢核；

$E_A = E_D + \Delta E + V_{EDA} = 93.276 + 6.724 + 0 = 100.000$。

OK！

$N_B = N_A + \Delta N + V_{NAB} = 200.000 + (-5.004) + (-0.005) = 194.991$；

$N_C = N_B + \Delta N + V_{NBC} = 194.991 + (-37.801) + (-0.004) = 157.186$；

$N_D = N_C + \Delta N + V_{NCD} = 157.186 + 3.899 + (-0.004) = 161.081$；

檢核；

$N_A = N_D + \Delta N + V_{NDA} = 161.081 + 38.923 + (-0.004) = 200.000$。

OK！

將計算結果填入導線計算表中反白之位置。

測點	折角 β	改正數	方位角 ϕ	距離 S	橫距 ΔE	橫距改正 V_E	縱距 ΔN	縱距改正 V_N	橫坐標 E	縱坐標 N
A									100.000	200.000
			97-13-30	39.787	39.471	−0.001	−5.004	−0.005		
B	273-45-06	−1″							139.470	194.991
			190-58-35	38.505	−7.332	0	−37.801	−0.004		
C	264-45-09	−1″							132.138	157.186
			275-43-43	39.057	−38.862	0	3.899	−0.004		
D	274-04-23	−1″							93.276	161.081
			9-48-05	39.500	6.724	0	38.923	−0.004		
A	267-25-26	−1″							100.000	200.000
			97-13′30	[156.849]	[+0.001]		[+0.017]			
	[1080°00′04″]									

10. 其他計算：

將計算結果填入下表。

項目	計　算　式
折角閉合差	$[\beta]=1080°00'04''$，$(4+2)\times180°=1080°00'00''$ 折角閉合差 $f_w=+4''$，改正數 $v=-\frac{4''}{4}=-1''$
坐標閉合差	$W_E=[\Delta E]=39.471+6.724-7.332-38.862=+0.001$ (m) $W_N=[\Delta N]=3.899+38.923-5.004-37.801=+0.017$ (m)
閉合比數	$W_L=\sqrt{0.001^2+0.017^2}=0.017$ 閉合比數 $=\frac{\text{座標閉合差}}{\text{距離總和}}=\frac{0.017}{156.849}=\frac{1}{9226}$

四、竅訣提示

1. 計算公式與流程必須熟記。因本題之作業時間較為緊湊，務必在規定之檢定時間內完成觀測與計算。
2. 已知條件 A 點之值為(E,N)坐標，請小心切記。
3. 本題雖只觀測 β_C 與 β_D 兩角，但在導線觀測表中改正值一項，$V=-\frac{f_w}{n}$，其中 n 表測站數，理論上本題之 n 應為 4。

4. 角度、橫距與縱距閉合差若數值過大，不應急著往下算， 立即著手進行驗算找出錯誤之處。角度閉合差過大時，要注意數據是否抄錯或外業之水平角觀測手簿記算有誤。橫距與縱距閉合差過大時，要注意計算橫(縱)距改正數時計算機按錯亦或是誤值正負號。
5. 在檢定時間內，至少務必完成導線計算表之計算工作，其決定了本題檢定是否能成功通過的要素。

五、加強練習

1 已知條件：

點號	橫坐標(E)(m)	縱坐標(N)(m)
A	1000.000	1000.000

	度	分	秒
方位角 ϕ_{AB}	79	32	04
水平角∠A	273	26	05
水平角∠B	242	29	19

	水平距離
$\overline{AB}$	29.402
$\overline{DA}$	24.437

水平角觀測手簿

測站	測點	正鏡讀數			倒鏡讀數			正倒鏡平均值			改正後平均值		
		度	分	秒	度	分	秒	度	分	秒	度	分	秒
C	B	0	00	00	179	59	58						
	D	302	27	08	122	27	06						
D	C	0	00	00	180	00	02						
	A	261	37	28	81	37	28						

距離觀測手簿

測站	測點	第一次測量(m)	第二次測量(m)	平均值(m)
B	C	31.659	31.661	
C	D	42.716	42.718	

解答：

測點	折角 β	改正數	方位角 ϕ	距離 S	橫距 ΔE	橫距改正 V_E	縱距 ΔN	縱距改正 V_N	橫坐標 E	縱坐標 N
A									1000.000	1000.000
			79-32-04	29.402	28.913	–0.001	5.341	+0.001		
B	242-29-19	0							1028.912	1005.342
			142-01-23	31.660	19.482	–0.001	–24.956	+0.002		
C	302-27-08	+1							1048.393	980.388
			264-28-32	42.717	–42.519	–0.002	–4.112	+0.001		
D	261-37-27	0							1005.872	976.277
			346-05-59	24.437	–5.871	–0.001	23.721	+0.002		
A	273-26-05	0							1000.000	1000.000
			79-32-04	[128.216]	[0.005]		[–0.006]			
	[1079-59-59]									

項目	計 算 式
折角閉合差	β=1079-59-59，$(4+2)\times180^\circ=1080^\circ00'00''$ 折角閉合差 $f_W=-1''$， 302-27-08 角度最大改正數+1”，其餘為 0
坐標閉合差	WE=0.005 WN= –0.006
閉合比數	WL=0.008 閉合比數=$\dfrac{1}{16027}$

2. 已知條件：

點號	橫坐標(E)(m)	縱坐標(N)(m)
A	2000.000	2000.000

	度	分	秒
方位角 ϕ_{AB}	109	27	46
水平角∠A	273	18	14
水平角∠B	262	42	16

	水平距離
$\overline{AB}$	22.305
$\overline{DA}$	19.168

水平角觀測手簿

測站	測點	正鏡讀數			倒鏡讀數			正倒鏡平均值			改正後平均值		
		度	分	秒	度	分	秒	度	分	秒	度	分	秒
C	B	0	00	00	179	59	58						
	D	271	06	15	91	06	15						
D	C	0	00	00	180	00	03						
	A	272	52	24	92	52	24						

距離觀測手簿

測站	測點	第一次測量(m)	第二次測量(m)	平均值(m)
B	C	16.740	16.740	
C	D	23.458	23.456	

解答：

測點	折角 β	改正數	方位角 ϕ	距離 S	橫距 ΔE	橫距改正 V_E	縱距 ΔN	縱距改正 V_N	橫坐標 E	縱坐標 N
A									2000.000	2000.000
			109-27-46	22.305	21.030	−0.001	−7.432	−0.001		
B	262-42-16	+13							2021.029	1992.567
			192-10-15	16.740	−3.529	−0.001	−16.364	−0.001		
C	271-06-16	+13							2017.499	1976.202
			283-16-14	23.457	−22.830	−0.001	5.388	0		
D	272-52-22	+13							1994.668	1981.590
			16-09-19	19.168	5.333	−0.001	18.411	−0.001		
A	273-18-14	+13							2000.000	2000.000
			109-27-46	[81.670]	[+0.004]		[+0.003]			
	[1079-59-08]									

項目	計　算　式
折角閉合差	β=1079-59-08，$(4+2)\times180^\circ=1080^\circ00'00''$ 折角閉合差 f_W=−52"，$\frac{52''}{4}=13''$
坐標閉合差	WE=+0.004 WN=+0.003
閉合比數	WL=0.005 閉合比數=$\frac{1}{16334}$

3.　已知條件：

點號	橫坐標(E)(m)	縱坐標(N)(m)
A	100.000	300.000

	度	分	秒
方位角 ϕ_{AB}	97	13	30
水平角∠A	238	03	11
水平角∠B	235	31	07

	水平距離
$\overline{AB}$	20.078
$\overline{DA}$	13.645

水平角觀測手簿

測站	測點	正鏡讀數			倒鏡讀數			正倒鏡平均值			改正後平均值		
		度	分	秒	度	分	秒	度	分	秒	度	分	秒
C	B	0	00	00	180	00	16						
	D	305	23	05	125	23	07						
D	C	0	00	00	179	59	56						
	A	301	03	08	121	03	08						

距離觀測手簿

測站	測點	第一次測量(m)	第二次測量(m)	平均值(m)
B	C	14.735	14.721	
C	D	35.644	35.638	

解答：

測點	折角 β	改正數	方位角 ϕ	距離 S	橫距 ΔE	橫距改正 V_E	縱距 ΔN	縱距改正 V_N	橫坐標 E	縱坐標 N
A									100.000	300.000
			97-13-30	20.078	19.919	0	−2.525	0		
B	235-31-07	−6							119.919	297.475
			152-44-31	14.728	6.745	0	−13.093	+0.001		
C	305-22-58	−7							126.664	284.384
			278-07-22	35.641	−35.283	0	5.036	+0.001		
D	301-03-10	−7							91.381	289.421
			39-10-25	13.645	8.619	0	10.578	+0.001		
A	238-03-11	−6							100.000	300.000
			97-13-30	[84.092]	[0]		[−0.003]			
	[1080-00-26]									

項目	計 算 式
折角閉合差	β=1080-00-26，$(4+2)\times180^\circ=1080^\circ00'00''$ 折角閉合差 $f_W=+26''$， $\frac{26''}{4}=-6''\ldots2''$
坐標閉合差	WE=0 WN= −0.003
閉合比數	WL=0.003 閉合比數=$\frac{1}{28031}$

測量－工程測量乙級技術士技能檢定術科測試試題(題組二)

試題編號：04202-1060202

試題名稱：經緯儀前方交會測量

檢定時間：60 分鐘(含計算)

1. 題目：
   (1) 已知導線點 A、B 二點坐標。圖示點位僅為示意圖，實際點位需依現地狀況而定。
   (2) 應檢人分別在 A、B 點設站，觀測水平角∠A 及∠B。
   (3) 計算 C 點坐標(Nc，Ec)。
2. 檢定內容：
   (1) 實地操作：
      a. 應檢人在 A 點設站，照準 C 點，作正倒鏡水平角觀測一測回，記錄正倒鏡讀數，並計算正倒鏡平均值及水平角∠A。
      b. 應檢人在 B 點設站，照準 A 點，作正倒鏡水平角觀測一測回，記錄正倒鏡讀數，並計算正倒鏡平均值及水平角∠B。
   (2) 計算：由應檢人依據其測量結果計算出計算 C 點坐標(Nc , Ec)。計算式須詳列於測試答案紙上，否則不予計分。

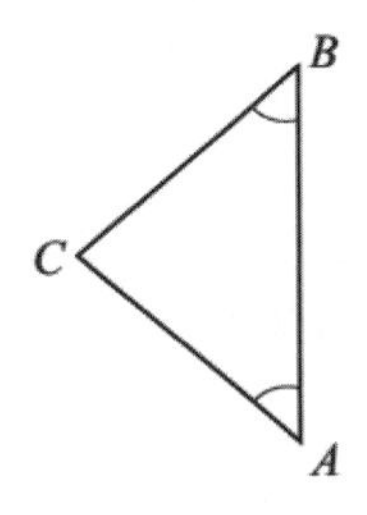

一、測試已知資料範例

試題編號：04202-1060202

點號	N(縱坐標)(m)	E(橫坐標) (m)
A	1000.000	1010.000
B	1038.830	1000.000

注意事項：

1. 本頁之空白表格隨同試題及答案紙一併發給應檢人員。
2. 必須於應檢人員開始進入計算階段時，監評人員始將已知資料發給該應檢人員。
3. 應檢人員將已知資料填寫於本頁之上列表格後，必須將已知資料立即歸還監評委員。
4. 應檢人員一旦進入計算階段，不得再次使用儀器。
5. 交卷時，本頁必須隨同試題及答案紙等一併繳回。

二、觀測紀錄表範例

試題編號：04202-1060202

試題名稱：經緯儀前方交會測量

應檢人 姓　名		准考證 號　碼		檢定 日期	___年___月___日

A 點樁號：A1　B 點樁號：B1　C 點樁號：C1

注意事項：(1)長度計算至 0.001m。角度計算至秒。

(2)觀測之數據與計算之數據不符者，總分以零分計。

水平角觀測手簿

測站	測點	正鏡讀數			倒鏡讀數			正倒鏡平均值			改正後平均值		
		度	分	秒	度	分	秒	度	分	秒	度	分	秒
A	C	0	01	00	180	01	19	0	01	10	0	00	00
	B	72	29	03	252	29	17	72	29	10	72	28	00
B	A	0	01	00	180	01	08	0	01	04	0	00	00
	C	75	48	34	255	48	44	75	48	39	75	47	35

$\angle C = 180^\circ - 72^\circ 28' 00'' - 75^\circ 47' 35'' = 31^\circ 44' 25''$

三、答案紙範例

試題編號：04202-1060202

試題名稱：經緯儀前方交會測量

應檢人 姓　名		准考證 號　碼		檢定 日期	___年___月___日

注意事項：(1)長度計算至 0.001m。角度計算至秒。

(2)計算式須列公式及計算過程，否則不予計分。

計算距離、方位角及坐標：

<table>
<tr><th>項目</th><th colspan="2">計　算　式</th></tr>
<tr><td rowspan="2">A 至 B 之距離
及方位角</td><td colspan="2">$\overline{AB}=\sqrt{(1038.830-1000.000)^2+(1000.000-1010.000)^2}=40.097(\text{m})$</td></tr>
<tr><td>ϕ_{AB}</td><td>$\theta_{AB}=\tan^{-1}\dfrac{|1000.000-1010.000|}{|1038.830-1000.000|}=14°26'30''$
$\phi_{AB}=360°-14°26'30''=345°33'30''$</td></tr>
<tr><td rowspan="4">由 A 點
計算 C 點坐標</td><td colspan="2">$\phi_{AC}=\phi_{AB}-\angle A=345°33'30''-72°28'00''=273°05'30''$</td></tr>
<tr><td colspan="2">$\overline{AC}=\dfrac{\overline{AB}\times\sin\angle B}{\sin\angle C}=\dfrac{40.097\times\sin 75°47'35''}{\sin 31°44'25''}=73.889\ (\text{m})$</td></tr>
<tr><td colspan="2">$E_C=1010.000+73.889\times\sin 273°05'30''=936.219\ (\text{m})$</td></tr>
<tr><td colspan="2">$N_C=1000.000+73.889\times\cos 273°05'30''=1003.985\ (\text{m})$</td></tr>
<tr><td rowspan="4">由 B 點
計算 C 點坐標</td><td colspan="2">$\phi_{BC}=\phi_{AB}-180°+\angle B=345°33'30''-180°+75°47'35''=241°21'05''$</td></tr>
<tr><td colspan="2">$\overline{BC}=\dfrac{\overline{AB}\times\sin\angle A}{\sin\angle C}=\dfrac{40.097\times\sin 72°28'00''}{\sin 31°44'25''}=72.680\ (\text{m})$</td></tr>
<tr><td colspan="2">$E_C=1000.000+72.680\times\sin 241°21'05''=936.218\ (\text{m})$</td></tr>
<tr><td colspan="2">$N_C=1038.830+72.680\times\cos 241°21'05''=1003.985\ (\text{m})$</td></tr>
<tr><td rowspan="2">C 點坐標
平均值</td><td colspan="2">$E'_C=(936.219+936.218)/2=936.219\ (\text{m})$</td></tr>
<tr><td colspan="2">$N'_C=(1003.985+1003.985)/2=1003.985\ (\text{m})$</td></tr>
</table>

四、工程測量乙級技術士技能檢定術科測試評審表

試題編號：04202-1060202

試題名稱：經緯儀前方交會測量

應檢人 姓 名		准考證 號 碼		檢定 日期	___年___月___日

開始時間：______________　　交卷時間：______________

名稱	編號	評審標準	應得分數	實得分數	
角度測量	1	使用儀器是否適當及熟練	5		觀察應檢人員使用儀器是否正確，定心及定平是否準確。
	2	水平角手簿記錄及計算是否正確	5		(1) 記錄簿是否清晰正確。 (2) 若∠A、∠B 與觀測記錄不符者，第 3 項不給分。
	3	∠A 及∠B 誤差	20		分別檢查∠A 及∠B 誤差， 誤差在±15"以內者各得 10 分， ±16"~±20"得 6 分， ±21"~±30"得 3 分， ±31"(含)以上得 0 分。
坐標計算	4	分別檢查 $\overline{AB}$ 及 ϕ_{AB} 計算是否正確	10		誤差在±5mm 或±5 秒以內者不扣分，超出者以零分計。
	5	分別檢查 ϕ_{AC}、$\overline{AC}$、ϕ_{BC}、$\overline{BC}$ 計算程序是否正確	10		計算錯誤者，第 6 項不給分。
	6	C 點之 E 及 N 坐標平均值之誤差	50		誤差在±2.0cm 以內各得 25 分， ±2.1cm~±3.0cm 得 20 分， ±3.1cm~±4.0cm 得 15 分， ±4.1cm~±5.0cm 得 10 分， ±5.1cm~±6.0cm 得 5 分， ±6.1cm(含)以上得 0 分。
	7	使用時間			超過規定之使用時間者總分以零分計。

實得分數		評分結果	□及格　□不及格
監評人員簽名 (第一閱)	(請勿於測試結束前先行簽名)	監評人員簽名 (第二閱)	(請勿於測試結束前先行簽名)

經緯儀前方交會測量－術科解析

一、觀念提示：

1. 正弦定理

公式：$\dfrac{\overline{AB}}{\sin\angle C}=\dfrac{\overline{AC}}{\sin\angle B}=\dfrac{\overline{BC}}{\sin\angle A}$ 。

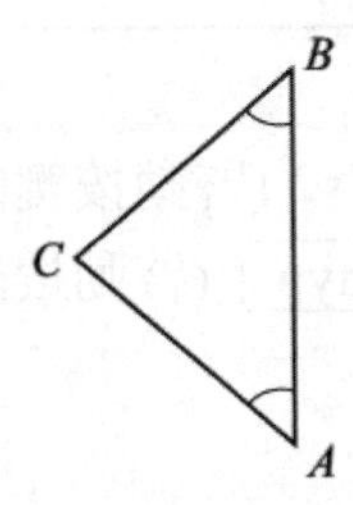

運用上述公式，可由已知之邊長或角度求出未知的邊長或角度，例如已知 AC 與 $\angle B$、$\angle C$，則可求出未知邊 AB：

$$\overline{AB}=\frac{\overline{AC}}{\sin\angle B}\times\sin\angle C$$ 。

2. 方向角 $\theta_{AB}=\tan^{-1}\left|\dfrac{\Delta E_{AB}}{\Delta N_{AB}}\right|=\tan^{-1}\left|\dfrac{E_B-E_A}{N_B-N_A}\right|$

當以 $\tan^{-1}\left|\dfrac{\Delta E}{\Delta N}\right|$ 計算出來的角度，其實是 $\overline{AB}$ 與 N 方向(N 軸)的夾角 θ_{AB}，要如何將象限角 θ_{AB} 轉換成方位角 ϕ_{AB} 呢？我們可由下圖觀察出象限角 θ_{AB} 與 ϕ_{AB} 之間的關係。

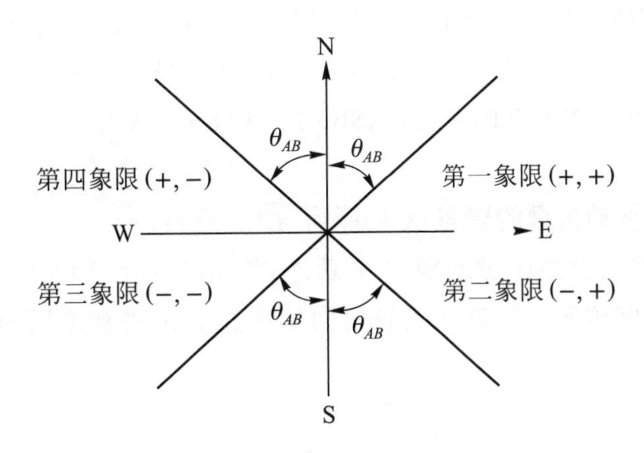

方位角之定義爲自 N 軸起與順時方向旋轉至地面上一測線所夾之角度是以算出象限角 θ_{AB} 後必須判定其所在象限，再予進一步計算出方位角。

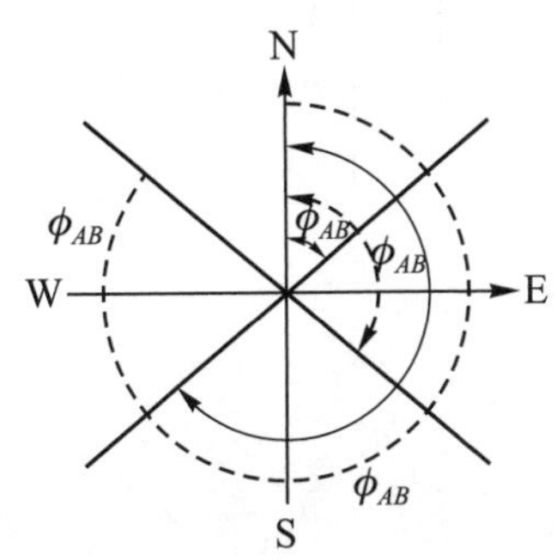

方位角 ϕ_{AB} 由坐標差之正負號判斷象限，再依下表計算方位角 ϕ_{PQ}

象限	ΔN	ΔE	AB 測線之方位角
I	+	+	$\phi_{AB}=\theta_{AB}$
II	−	+	$\phi_{AB}=180°-\theta_{AB}$
III	−	−	$\phi_{AB}=180°+\theta_{AB}$
IV	+	−	$\phi_{AB}=360°-\theta_{AB}$

COSIO fx-991 按法：

(1) 先按 $\tan^{-1}$ 符號：[shift]+[tan]。 (啓動按鍵的 $\tan^{-1}$ 功能) 。

(2) 再按出絕對值符號：[shift]+[hyp] (啓動按鍵的 Abs 功能)。

(2) 計算機上有個分數按鍵：$\frac{\square}{\square}$

3. COSIO fx-991 POL 計算：

在平面上任取一點 O，過 O 點向右作一水平射線 $\overline{OX}$，點 O 與平面上任一點 P 作線段 $\overline{OP}$，使 $\overline{OP}=r$，以 $\overline{OX}$ 爲始邊，$\overline{OX}$ 與 $\overline{OP}$ 形成有向角 θ，則以有序實數對(r，θ)來表示 P 點位置，此種表示方式稱爲極座標。

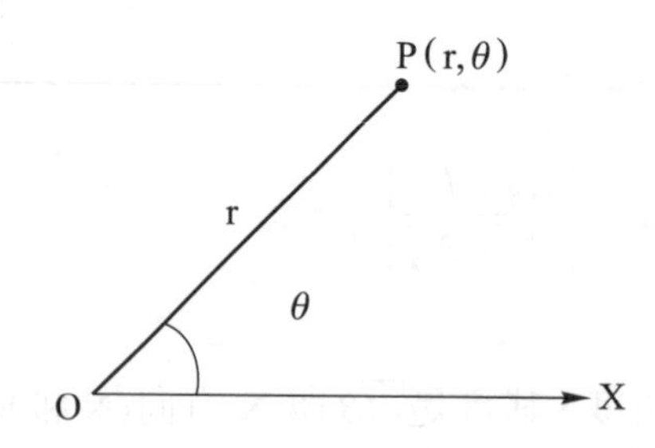

工程用計算機座標變換 Pol(x，y)使用流程，計算結果會自動賦予變量 X 及 Y。

(1) 假設 A 點座標(N，E)=(N_A，E_A)，B 點座標(N，E)=(N_B，E_B)，試求 $\overline{AB}$ 之邊長與極座標。

(2) 使用計算機上之 Pol 功能，輸入 Pol(N_B-N_A，E_B-E_A)或先行計算出兩點座標差△E、△N 後直接輸入 Pol(△N，△E)。（CASIO fx-991ES 之使用方法爲[shift] [+]來啓動按鍵的 Pol 功能）

(3) [RCL] [)] (啓動按鍵的變量 X 功能得 $\overline{AB}$ 之邊長)。

(4) [RCL] [$S\leftrightarrow D$] (啓動按鍵的變量 Y 功能)得 $\overline{AB}$ 之極座標 θ 角，其中 θ 角爲正値表至 N 邊起順時針方向夾角値，反之，若 θ 角爲負値表至 N 邊起逆時針方向夾角値。

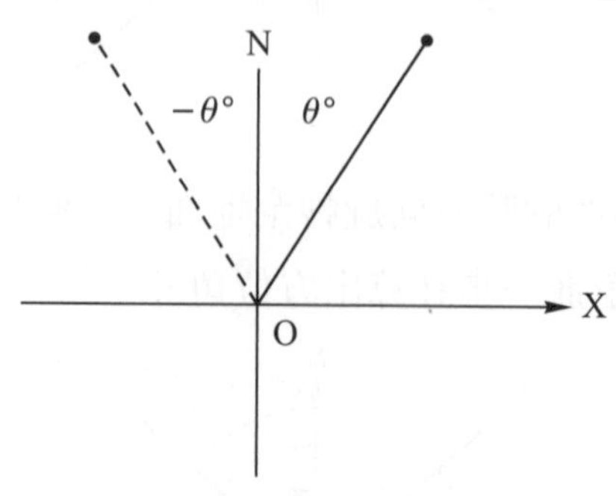

(5) 極座標與方位角之互換原則（ϕ_{AB} 表方位角，θ_{AB} 表極坐標之 θ 角。）。

第一象限 $\phi_{AB}=\theta_{AB}$

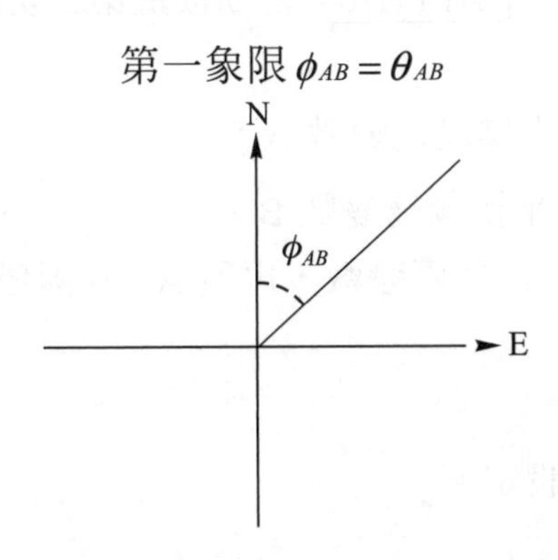

第二象限 $\phi_{AB}=\theta_{AB}$

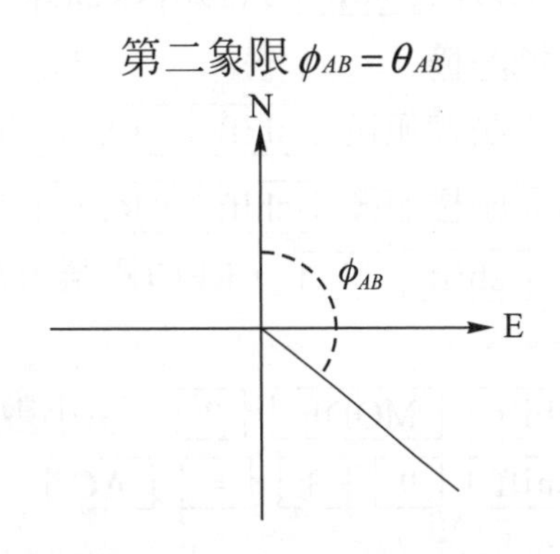

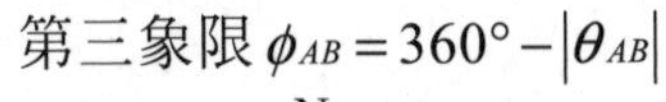

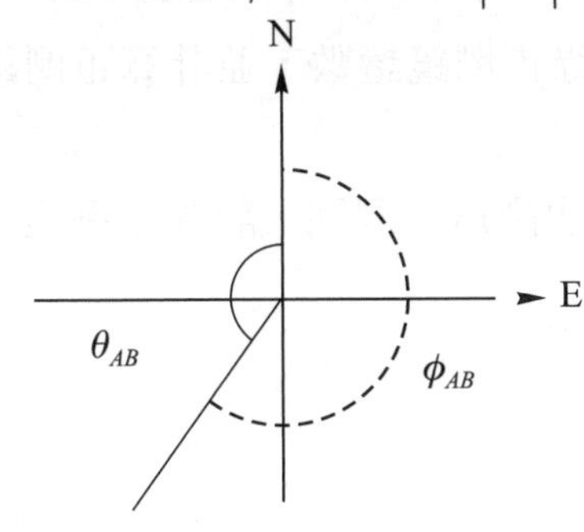

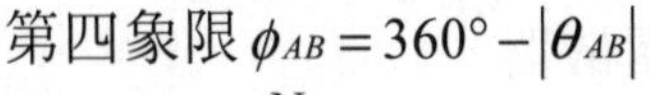

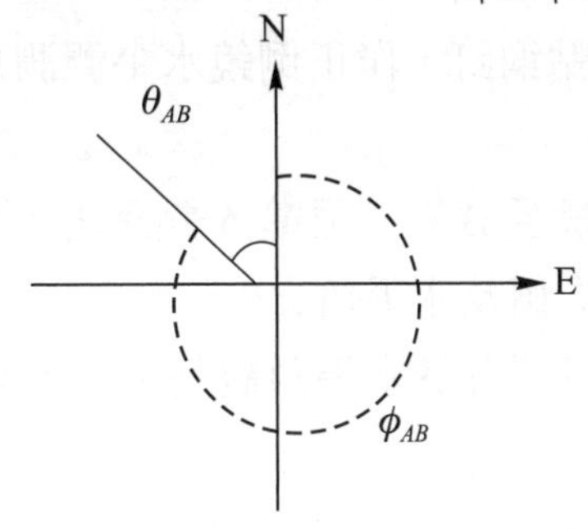

項目 2、3 二種計算方法，讀者只要擇一學習即可。

4. 已知一已知點坐標、邊長與方位角，如何求得另一未知點坐標。
   A 點坐標及方位角 ϕ_{AB} 、AB 爲已知，則未知點 B 點坐標：

   $E_B=E_A+\overline{AB}\sin\phi_{AB}$ ； $N_B=N_A+\overline{AB}\cos\phi_{AB}$ 。

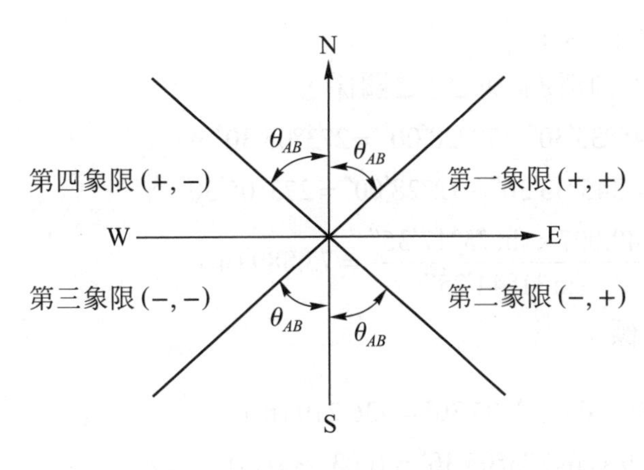

5. 求 ϕ_{AC} 與 ϕ_{BC} 繪圖判別前方交會法之公式；舉例如下：

   $\phi_{AC}=\phi_{AB}-\angle A$

   $\phi_{BC}=\phi_{BA}+\angle B$ (上式中 $\phi_{BA}=\phi_{AB}\pm180°$)，

   當出現負值時需將方位角加上 360°，當方位角超過 360°時，則需再減去 360°。

6. 以下為 COSIO fx-991 POL 使用小技巧：
   (1) 左上方的 [shift] 可啓動按鍵的附屬第二功能，[ALPHA] 啓動按鍵第三功能。
   (2) 坐標記憶
   輸入座標值後 [shift] [RCL] [(–)]　將此坐標設為變數 A；
   輸入座標值後 [shift] [RCL] [°′″]　將此坐標設為變數 B。
   (3) 按 [shift] [–]，REC(距離，角度)會有 X 與 Y 兩變數，再與 A、B 兩變數相加減即可得。
   (4) [shift] [MODE] [2]　小數點。
   (5) [shift] [9] [3] [=] [AC]　回復原廠設定。

二、外業實作：

1. 在 A 整置儀器。
2. 照準 C 點鋼釘，作正倒鏡水平觀測角一測回，記錄正倒鏡讀數，並計算正倒鏡平均值及水平角 $\angle A$。
3. 將儀器搬至 B 點。照準 A 點鋼釘，作正倒鏡水平觀測角一測回，記錄正倒鏡讀數，並計算正倒鏡平均值及水平角 $\angle B$。
4. 觀測資料記錄於水平角觀測手簿，計算 $\angle A$ 及 $\angle B$。

三、內業計算：

1. 計算 AB 之邊長及方位角：

$$\overline{AB}=\sqrt{\Delta N^2+\Delta E^2}=\sqrt{(1038.830-1000.000)^2+(1000.000-1010.000)^2}=40.097\ ；$$

$$\theta_{AB}=\tan^{-1}\frac{|1000.000-1010.000|}{|1038.830-1000.000|}=14°26'30''\ 。$$

ΔN 為正；ΔE 為負，表 ϕ_{AB} 位於第四象限，

故 $\phi_{AB}=360°-14°26'30''=345°33'30''$ 。

2. 計算 AC 之邊長及方位角；
   依觀念提示 5 所示；判別 ϕ_{AB} 與 $\angle A$ 之關係，
   故 $\phi_{AC}=\phi_{AB}-\angle A=345°33'30''-72°28'00''=273°05'30''$，
   $\phi_{AC}=\phi_{BA}+180-\angle A=345°33'30''-72°28'00''=273°05'30''$ 。

$$\overline{AC}=\frac{\overline{AB}\times\sin\angle B}{\sin\angle C}=\frac{40.097\times\sin 75°47'35''}{\sin 31°44'25''}=73.889\ (\text{m})\ 。$$

3. 由 A 點計算 C 點坐標：

$E_C=1010.000+73.889\times\sin 273°05'30''=936.219\ (\text{m})$；

$N_C=1000.000+73.889\times\cos 273°05'30''=1003.985\ (\text{m})$ 。

4. 計算 BC 之邊長及方位角：

依觀念提示 5 所示；判別 ϕ_{AB} 與 $\angle A$ 之關係，

$\phi_{BC}=\phi_{AB}-180°+\angle B=241°21'05''$，

$\phi_{BC}=\phi_{AB}+180+\angle B=601°21'05''-360°=241°21'05''$ 。

$$\overline{BC}=\frac{\overline{AB}\times\sin\angle A}{\sin\angle C}=\frac{40.097\times\sin 72°28'00''}{\sin 31°44'25''}=72.680\ (\text{m})\ 。$$

5. 由 B 點計算 C 點坐標：

$E_C = 1000.000 + 72.680 \times \sin 241°21'05'' = 936.218\,(m)$；
$N_C = 1038.830 + 72.680 \times \cos 241°21'05'' = 1003.985\,(m)$。

6. C 點坐標之平均值：

$E_C = \dfrac{(936.219 + 936.218)}{2} = 936.219$；
$N_C = \dfrac{(1003.985 + 1003.985)}{2} = 1003.985$。

四、竅訣提示

1. 由 A 點計算至 C 點的坐標值，與 B 點計算至 C 點的坐標值兩者應相近，若差異過大，則表示計算過程有誤或計算機按錯，應立即做檢核之動作。
2. 由 ϕ_{AB} 推算方位角 ϕ_{AC} 與 ϕ_{BC}，除死背公式外，建議要學會利用繪製簡圖了解相互間關係。
3. 注意 ϕ_{AB} 若為 0°、90°、180°、270° 特殊角以及北方在 $\angle A$、$\angle B$ 裡面之考題，讀者可在加強練習裡面做相關之練習。

五、加強練習

1. 已知條件：

點號	N(縱坐標)	E(橫坐標)
A	1000.000 m	1230.000 m
B	1021.673 m	1247.727 m

測站	測點	正鏡讀數			倒鏡讀數			正倒鏡平均值			改正後平均值		
		度	分	秒	度	分	秒	度	分	秒	度	分	秒
A	C	0	0	0	179	59	58						
	B	52	54	49	232	54	51						
B	A	0	0	0	180	00	02						
	C	61	28	14	241	28	16						

解答：$\overline{AB}$ = 27.999m，ϕ_{AB} = 39°16′51″，$\overline{AC}$ = 27.008m，ϕ_{AC} = 346°22′00″，
$\overline{BC}$ = 24.523m，ϕ_{BC} = 280°45′05″，N_C = 1026.248m，E_C = 1223.634m。

2. 已知條件：

點號	N(縱坐標)	E(橫坐標)
A	1000.000 m	1230.000 m
B	997.038 m	1239.893 m

測站	測點	正鏡讀數			倒鏡讀數			正倒鏡平均值			改正後平均值		
		度	分	秒	度	分	秒	度	分	秒	度	分	秒
A	C	0	0	0	180	00	02						
	B	56	22	29	236	22	33						
B	A	0	0	0	180	00	01						
	C	74	11	00	254	11	02						

解答：$\overline{AB}=$ 10.327m ，$\phi_{AB}=$ 106°40′04″ ，$\overline{AC}=$ 13.078m ，$\phi_{AC}=$ 50°17′35″ ，
$\overline{BC}=$ 11.318m ，$\phi_{BC}=$ 0°51′04″ ，$N_C=$ 1008.355m ，$E_C=$ 1240.061m 。

3. 已知條件：

點號	N(縱坐標)	E(橫坐標)
A	2002.000 m	1842.262 m
B	2046.241 m	1842.262 m

測站	測點	正鏡讀數			倒鏡讀數			正倒鏡平均值			改正後平均值		
		度	分	秒	度	分	秒	度	分	秒	度	分	秒
A	C	0	0	0	180	00	03						
	B	64	47	27	244	47	33						
B	A	0	0	0	179	59	56						
	C	66	17	50	246	17	42						

解答：$\overline{AB}=$ 44.241m ，$\phi_{AB}=$ 0°0′0″ ，$\overline{AC}=$ 53.746m ，$\phi_{AC}=$ 295°12′33″ ，
$\overline{BC}=$ 53.107m ，$\phi_{BC}=$ 246°17′50″ ，$N_C=$ 2024.892m ，$E_C=$ 1793.635 m 。

4. 已知條件：

點號	N(縱坐標)	E(橫坐標)
A	4331.215 m	9516.467 m
B	4347.567 m	9539.689 m

測站	測點	正鏡讀數			倒鏡讀數			正倒鏡平均值			改正後平均值		
		度	分	秒	度	分	秒	度	分	秒	度	分	秒
A	C	0	0	0	180	00	00						
	B	60	39	31	240	39	31						
B	A	0	0	0	180	00	00						
	C	61	06	24	241	06	24						

解答：$\overline{AB}=$ 28.402m ，$\phi_{AB}=$ 54°50′58″ ，$\overline{AC}=$ 29.247m ，$\phi_{AC}=$ 295°57′18″ ，
$\overline{BC}=$ 29.120m ，$\phi_{BC}=$ 295°57′16″ ，$N_C=$ 4360.312 m ，$E_C=$ 9513.506m 。

5.　已知條件：

點號	N(縱坐標)	E(橫坐標)
A	1971.400	2027.662
B	1982.219	2040.571

測站	測點	正鏡讀數			倒鏡讀數			正倒鏡平均值			改正後平均值		
		度	分	秒	度	分	秒	度	分	秒	度	分	秒
A	C	0	0	0	179	59	58						
	B	79	32	39	259	32	37						
B	A	0	0	0	180	0	13						
	C	74	38	39	254	38	40						

解答：$\overline{AB}=$ 16.843m，$\phi_{AB}=$ 50°02′01″，$\overline{AC}=$ 37.294m，$\phi_{AC}=$ 330°29′22″，
$\overline{BC}=$ 38.040m，$\phi_{BC}=$ 304°40′38′，$N_C=$ 2003.862m，$E_C=$ 2009.288m。

6.　已知條件：

點號	N(縱坐標)	E(橫坐標)
A	5963.284	5977.713
B	5954.878	5989.189

測站	測點	正鏡讀數			倒鏡讀數			正倒鏡平均值			改正後平均值		
		度	分	秒	度	分	秒	度	分	秒	度	分	秒
A	C	0	0	0	180	0	08						
	B	81	36	37	261	36	42						
B	A	0	0	0	180	0	13						
	C	78	07	06	258	07	03						

解答：$\overline{AB}=$ 14.225m，$\phi_{AB}=$ 126°13′20″，$\overline{AC}=$ 40.171m，$\phi_{AC}=$ 44°36′44″，
$\overline{BC}=$ 40.612m，$\phi_{BC}=$ 24°20′18″，$N_C=$ 5991.881m，$E_C=$ 6005.926m。

測量－工程測量乙級技術士技能檢定術科測試試題(題組三)

試題編號：04202-1060203

試題名稱：光線法及間接高程測量

檢定時間：60 分鐘(含計算)

1. 題目：
   (1) 已知 A、B 兩已知點的平面坐標及高程，並已知 A 點與 C 點之覘標高 I_A 、 I_C 。圖示點位僅為示意圖，實際點位需依現地狀況而定。
   (2) 假設現場條件必須測量 C 點之平面坐標及高程值，因此應檢人必須於 B 點架設經緯儀，觀測下列數據：
      a. 照準 A 點覘標觀測天頂距正倒鏡讀數。
      b. 照準 C 點覘標觀測天頂距正倒鏡讀數。
      c. 分別照準 A 點覘標及 C 點覘標，觀測水平角∠ABC。
      d. 以鋼捲尺或電子距離測量方式測量水平距 $\overline{BC}$ 。
      應檢人員若是自備全測站經緯儀，並使用主辦單位之稜鏡時，必須自行修正該儀器之稜鏡常數改正。
      應檢人員若是自備全測站經緯儀及稜鏡，必須自行整置稜鏡，並且整置稜鏡之時間計入考試時間。
   (3) 計算垂直角、水平距離 $\overline{AB}$ 、C 點平面坐標、C 點高程值。
2. 檢定內容：
   (1) 實地操作：於 B 點觀測 A 點與 C 點之天頂距正倒鏡讀數、水平角∠ABC、水平距 $\overline{BC}$ 。
   (2) 計算：由應檢人依據其測量結果計算出 C 點之坐標及高程。

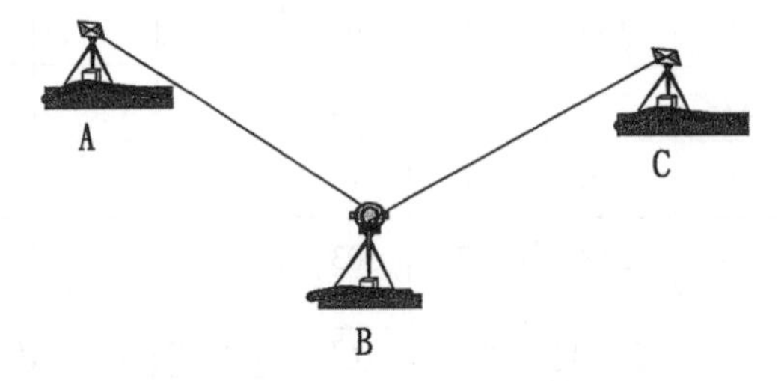

一、測試已知資料範例

試題編號：04202-1060203

點號	縱坐標(N)(m)	橫坐標(E)(m)	高程(H)(m)	覘標高(I_A)(m)
A	800.000	760.000	50.000	1.600
B	760.000	800.000	╳	╳
C	待求	待求	待求	1.512

注意事項：

1. 本頁之空白表格隨同試題及答案紙一併發給應檢人員。
2. 必須於應檢人員開始進入計算階段時，監評人員始將已知資料發給該應檢人員。
3. 應檢人員將已知資料填寫於本頁之上列表格後，必須將已知資料立即歸還監評委員。
4. 應檢人員一旦進入計算階段，**不得再次使用儀器。**
5. 交卷時，本頁必須隨同試題及答案紙等一併繳回。

二、答案紙範例

試題編號：04202-1060203

試題名稱：光線法及間接高程測量

應檢人 姓 名		准考證 號 碼		檢定 日期	___年___月___日

A 點樁號：__A1__ B 點樁號：__B1__ C 點樁號：__C1__

注意事項：(1)長度計算至 0.001m。角度計算至秒。

(2)第 5 至 7 項須列計算公式及計算過程，否則不予計分。

1. 天頂距觀測數據如下：

   對 A 點覘標正鏡讀數：$\underline{84°30'35''}$，倒鏡讀數：$\underline{275°29'35''}$

   對 C 點覘標正鏡讀數：$\underline{80°30'35''}$，倒鏡讀數：$\underline{279°29'35''}$

2. 水平角觀測手簿

測站	測點	正鏡讀數			倒鏡讀數			正倒鏡平均值			改正後平均值		
		度	分	秒	度	分	秒	度	分	秒	度	分	秒
B	A	0	05	00	180	05	10	0	05	05	0	00	00
	C	60	35	30	240	35	40	60	35	35	60	30	30

3. 測量水平距 $\overline{AB}$ = __40.569__ m

4. 計算垂直角：

   A 點天頂距 $Z_A = \underline{84°30'30''}$，垂直角 $\alpha_A = \underline{+5°29'30''}$

   C 點天頂距 $Z_C = \underline{80°30'30''}$，垂直角 $\alpha_C = \underline{+9°29'30''}$

5. 計算水平距離 $\overline{AB}$ = __56.569__ m

   計算式如下：

   $$\overline{AB} = \sqrt{(800.000-760.000)^2+(760.000-800.000)^2} = 56.569\ (\text{m})$$

6. 計算 C 點平面坐標：N_C = __799.092__ m，E_C = __810.847__ m

   計算式如下：

   方位角 $\phi_{BA} = 315°00'00''$

   方位角 $\phi_{BC} = 315°00'00''+60°30'30''-360° = 15°30'30''$

   $$N_C = 760.000+40.569\times\cos 15°30'30'' = 799.092\ (\text{m})$$

   $$E_C = 800.000+40.569\times\sin 15°30'30'' = 810.847\ (\text{m})$$

7. 計算 C 點高程 H_C = __51.432__ m

   計算式如下：

   $$50.000 = H_B+i_B+56.569\times\tan 5°29'30''-1.600 = H_B+i_B+3.839$$

   $$H_B+i_B = 50.000-3.839$$

   $$H_C = H_B+i_B+40.569\times\tan 9°29'30''-1.512$$

   $$H_B+i_B+5.271 = 50.000-3.839+5.27 = 51.432\ (\text{m})$$

三、工程測量乙級技術士技能檢定術科測試評審表

試題編號：04202-1060203

試題名稱：光線法及間接高程測量

應檢人 姓　名		准考證 號　碼		檢定 日期	___年___月___日

開始時間：　　　　　　　　　　　　　交卷時間：

名稱	編號	評審標準	應得分數	實得分數	
測量	1	使用儀器是否適當及熟練	5		觀察應檢人員使用儀器是否正確，定心及定平是否準確。
	2	∠ABC 之誤差	20		誤差在±15"以內者得 20 分， ±16"~±20"者得 15 分， ±21"~±25"者得 10 分， ±26"~±30"者得 5 分， ±31"以上者得 0 分。
	3	BC 之誤差	5		誤差在±2.0cm 以內者得 5 分，超出者以零分計。
坐標及高程計算	4	檢查 $\overline{AB}$ 計算是否正確	5		誤差在±5mm 以內者得 5 分，超出者以零分計。
	5	C 點 N 及 E 坐標之誤差	30		誤差在±2.0cm 以內者各得 15 分， ±2.1cm~±3.0cm 者得 10 分， ±3.1cm~±4.0cm 者得 5， ±4.1cm 以上者得 0 分。
	6	C 點高程之誤差	35		誤差在±2cm 以內者得 35 分， ±2.1~±3.0cm 者得 30 分， ±3.1~±4.0cm 者得 20 分， ±4.1~±5.0cm 者得 10 分， ±5.1cm 以上者得 0 分。
	7	使用時間			超過規定之使用時間者總分以零分計。

實得分數		評分結果	□及格　□不及格
監評人員簽名 (第一閱)	(請勿於測試結束前先行簽名)	監評人員簽名 (第二閱)	(請勿於測試結束前先行簽名)

光線法及間接高程測量－術科解析

一、觀念提示：

1. 採用天頂式度盤觀測天頂距其正倒鏡讀數和略約會等於 360°，其天頂距公式爲：

$$Z=\frac{\text{正鏡讀數}+(360°-\text{倒鏡讀數})}{2}=\frac{\text{正鏡讀數}-\text{倒鏡讀數}}{2}+180°\text{ 。}$$

垂直角公式爲：

$\alpha=90-Z$ 。

2. 當有 $A(N_A，E_A)$、$B(N_B，E_B)$兩點坐標，則 $\overline{AB}$ 之邊長 $=\sqrt{\Delta N^2+\Delta E^2}$ 。

3. 視距測量高程差：

量得儀器高度爲 i，中絲讀數即瞄準高爲 I_A，則可直接求得測站 B 與測點 C 之高程差爲 $\Delta H_{BA}=V_A+i_B-I_A=\overline{BA}\times\tan\alpha_A+i_B-I_A$ 。

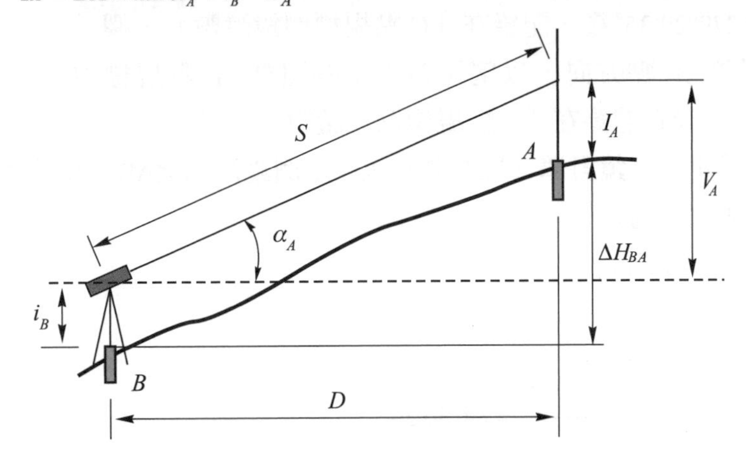

4. 求未知點 C 點高程值 H_C ：

欲求 A、B 兩點之高程差 ΔH_{BA} 時，應將 V_A 分別加上 B 點儀器高度，及減去 A 點覘板高度而得。

$\Delta H_{BA}=V_A+i_B-I_A$ ， $H_A=H_B+V_A+i_B-I_A$ ，

本題 H_A 爲已知高程，上式移項得 $H_B+i_B=H_A-V_A+I_A$ 。

由 B 點求未知點 C 點高程值， $\Delta H_{BC}=V_C+i_B-I_C$ ， $H_C=H_B+V_C+i_B-I_C$

先前計算得 H_B+i_B 之值，由題目可知 C 點覘標高 I_C，將距離 $\overline{BC}$ 乘以 $\tan\alpha_C$ 可得 V_C，將上列數據帶入即可求得 C 點高程值。

整理上方公式 C 點高程可以下式表達：

$$H_C=H_A-V_A+V_C+I_A-I_C=H_A-\overline{AB}\times\tan\alpha_A+I_A+\overline{BC}\times\tan\alpha_C-I_C$$

5. 已知一方位角 A_{ij} 與水平角 β_{ijk}，如何求出另一方位角 A_{jk}

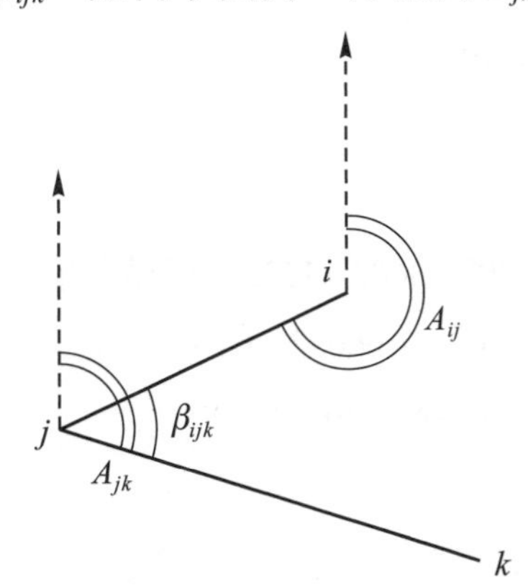

公式：

令 $C=A_{ij}+\beta_{ijk}$

若 C＜180°，則 A_{jk}=C+180°

若 C＞180°，則 A_{jk}=C－180°

若 C＞540°，則 A_{jk}=C－540°。

二、外業實作：

1. 在 B 整置儀器，定心定平後以望遠鏡十字絲之橫絲(中絲)照準 A 點覘標中心觀測正鏡天頂距，讀數 84°30′35″後，記錄在「A 點覘標正鏡讀數」一欄。
2. 平轉經緯儀對準 C 點方向，以經緯儀十字絲之橫絲(中絲)觀測 C 點覘標中心觀測正鏡天頂距，讀數 80°30′35″後，記錄在「C 點覘標正鏡讀數」一欄。
3. 縱轉望遠鏡後照準 C 點，倒鏡動作使經緯儀十字絲之橫絲(中絲)照準 C 點覘標中心觀測倒鏡天頂距，讀數 279°29′35″後，記錄在「C 點覘標倒鏡讀數」一欄。
4. 平轉經緯儀對準 A 點方向，以望遠鏡十字絲照準 A 點覘標中心觀測倒鏡天頂距，讀數 275°29′35″後，記錄在記錄在「A 點覘標倒鏡讀數」一欄。
5. 再度縱轉望遠鏡使之正鏡對準 A 點覘標中心，正倒鏡觀測 ∠ABC 水平角一測回(亦可於觀測天頂距時一併觀測水平角)。
6. 量測 $\overline{BC}$ 之水平距 40.569。

三、內業計算：

1. 計算 A 點之天頂距與垂直角：

$$Z_A=\frac{84°30'35''+(360°-275°29'35'')}{2}=84°30'30''，$$

$$\alpha_A=90-Z_A=90°-84°30'30''=+5°29'30''。$$

2. 計算 C 點之天頂距與垂直角：

$$Z_C=\frac{80°30'35''+(360°-279°29'35'')}{2}=80°30'30''，$$

$$\alpha_C=90-Z_C=90°-80°30'30''=+9°29'30''。$$

3. 計算水平距離 $\overline{AB}$：

(m)。$\overline{AB}=\sqrt{(800.000-760.000)^2+(760.000-800.000)^2}=56.569$

4. 計算 C 點平面坐標：

$$\theta_{BA}=\tan^{-1}\frac{|760.000-800.000|}{|800-760.000|}=45°00'00''。$$

ΔN為正；ΔE為負，表ϕ_{AB}位於第四象限，

故$\phi_{BA}=360°-45°00'00''=315°00'00''$

方位角 $\phi_{BA}=315°00'00''$

繪製示意圖得知

方位角 $\phi_{BC}=315°00'00''+60°30'30''-360°=15°30'30''$(超過 360°要再減去 360°)；

$N_C=760.000+40.569\times\cos 15°30'30''=799.092$ (m)；

$E_C=800.000+40.569\times\sin 15°30'30''=810.847$ (m)。

5. 計算 C 點高程：

欲求 A、B 兩點之高程差 ΔH_{BA} 時，應將 V_A 分別加上 B 點儀器高度，及減去 A 點覘板高度而得。

$\Delta H_{BA} = V_A + i_B - I_A$，$H_A = H_B + V_A + i_B - I_A$，

$50.000 = H_B + 56.569 \times \tan 5°29'30'' + i_B - 1.600$，

上式移項得 $H_B + i_B = H_A - V_A + I_A = 50.000 - 3.839 = 46.161$。

由 B 點求未知點 C 點高程值 $H_C = H_B + V_C + i_B - I_C = H_B + i_B + 40.569 \times \tan 9°29'30'' - 1.512$

$= 46.161 + 5.271 = 51.432$ (m)。

或 C 點高程：

$$H_C = H_A - V_A + I_A + V_C - I_C = H_A - \overline{AB} \times \tan \alpha_A + I_A + \overline{BC} \times \tan \alpha_C - I_C$$

$$= 50.000 - 56.569 \times \tan 5°29'30'' + 1.600 + 40.569 \times \tan 9°29'30'' - 1.512 = 51.432$$

四、竅訣提示

1. 本題之題目包含了水平角與垂直角之觀測，採用光學經緯儀觀測時，施測過程中需注意讀數光路變換鈕之位置與正倒鏡之鏡位。
2. 水平角度觀測時以十字絲之縱絲照準目標，天頂距觀測時以十字絲之橫絲照準目標。
3. 注意垂直角爲負號時之計算。
4. 建議讀者可一併完成水平角與垂直之觀測，照準 A 點覘標中心後觀測並記錄 A 點正鏡水平角與天頂距讀數，平轉經緯儀對準 C 點覘標中心後觀測並記錄該點正鏡水平角與天頂距讀數，縱轉望遠鏡後照準 C 點覘標中心觀測並記錄該點倒鏡水平角與天頂距讀數，平轉經緯儀對準 A 點覘標中心後觀測並記錄 A 點倒鏡水平角與天頂距讀數。

五、加強練習

1. A、B 兩已知點的平面坐標及高程值等資料如下表：

點號	縱坐標(N)(m)	橫坐標(E)(m)	高程(H)(m)	覘標高(I_A)(m)
A	568.855m	500.000m	50.000m	1.600m
B	500.000m	500.000m		
C	待求	待求	待求	2.000

天頂距觀測數據如下：

對 A 點覘標正鏡讀數：87°43'34"，倒鏡讀數：272°16'26"

對 C 點覘標正鏡讀數：86°03'15"，倒鏡讀數：273°56'55"

水平角觀測手簿

測站	測點	正鏡讀數			倒鏡讀數			正倒鏡平均值			改正後平均值		
		度	分	秒	度	分	秒	度	分	秒	度	分	秒
B	A	0	00	00	179	59	57						
	C	66	06	04	246	06	06						

測量水平距 $\overline{BC}$ = 77.599 m

解答：A 點天頂距 Z_A 87°43'34"，垂直角 α_A +2°16'26"，

C 點天頂距 Z_A 86°03'10"，垂直角 α_A +3°56'50"，

水平距離 $\overline{AB}$ 68.855，C 點高程 H_C 52.220，ϕ_{BC} 66°06'06"，

計算 C 點平面坐標 N_C 531.437，E_C 570.946。

2. A、B 兩已知點的平面坐標及高程值等資料如下表：

點號	縱坐標(N)(m)	橫坐標(E)(m)	高程(H)(m)	覘標高(I_A)(m)
A	1009.735m	994.149m	20.000m	1.500m
B	1008.003m	1007.610m		
C	待求	待求	待求	1.713

天頂距觀測數據如下：

對 A 點正鏡讀數：85°22'18"，倒鏡讀數：274°37'46"，

對 C 點正鏡讀數：88°21'20"，倒鏡讀數：271°38'36"，

水平角觀測手簿

測站	測點	正鏡讀數			倒鏡讀數			正倒鏡平均值			改正後平均值		
		度	分	秒	度	分	秒	度	分	秒	度	分	秒
B	A	0	00	00	180	00	16						
	C	43	49	37	223	49	35						

測量水平距 $\overline{BC}$ = 73.204 m

解答：A 點天頂距 Z_A 85°22'16"，垂直角 α_A +4°37'44"，

C 點天頂距 Z_A 88°21'22"，垂直角 α_A +1°38'38"，

水平距離 $\overline{AB}$ 13.572，C 點高程 H_C 20.789，ϕ_{BC} 321°09'23"，

計算 C 點平面坐標 N_C 1065.018，E_C 961.697。

3. A、B 兩已知點的平面坐標及高程值等資料如下表：

點號	縱坐標(N)(m)	橫坐標(E)(m)	高程(H)(m)	覘標高(I_A)(m)
A	4210.453	9532.200	99.099	0.775
B	4245.316	9556.426		
C	待求	待求	待求	0.755

天頂距觀測數據如下：

對 A 點覘標正鏡讀數：91-28-52，倒鏡讀數：268-31-38

對 C 點覘標正鏡讀數：91-18-10，倒鏡讀數：268-41-51

水平角觀測手簿

測站	測點	正鏡讀數			倒鏡讀數			正倒鏡平均值			改正後平均值		
		度	分	秒	度	分	秒	度	分	秒	度	分	秒
B	A	0	00	00	179	59	58						
	C	17	21	41	197	21	45						

測量水平距 $\overline{BC}$ = 42.492 m

解答：A 點天頂距 Z_A 91°28'37"，垂直角 α_A −1°28'37"，

C 點天頂距 Z_A 91°18'10"，垂直角 α_A −1°18'10"，

水平距離 $\overline{AB}$ 42.454，C 點高程 H_C 99.247，ϕ_{BC} 232°09'26"，

計算 C 點平面坐標 N_C 4219.247，E_C 9522.870。

測量－工程測量乙級技術士技能檢定術科測試試題(題組四)

試題編號：04202-1060204
試題名稱：光線法空間點位測量
檢定時間：80 分鐘

1. 題目：
   有一宗三角形土地，其三個界址點分別爲 A、B、C，且在該宗土地附近已有 P、Q 二已知點，如圖所示。圖示點位僅爲示意圖，實際點位需依現地狀況而定。今土地所有權人欲治理此土地，故委由測量公司實施相關測量，測量人員欲根據 P、Q 二已知點，利用全測站儀實施數值測量，並繳交成果。假設 A、B、C 三點在一均勻之傾斜平面，並已知土地治理規劃時之設計施工基面高程。若你是該測量人員，請實施必要之觀測及完成應繳交成果之計算。
   計算：依據觀測數據計算出請計算出下列成果，並將結果寫入答案紙上。
   (1) A、B、C 三點的平面坐標。
   (2) △ABC 之面積(以坪爲單位表示)。
   (3) 內角∠A 之值。
   (4) B 點至 C 點的高程差 ΔH_{BC}。
   (5) B 點至 C 點的坡度。
   (6) 施工基面設計高程以上多餘之土方量。
2. 檢定內容：
   觀測：於點 P 或點 Q**(由監評委員指定)**整置全站儀對 A、B、C 各點做必要的水平角及垂直角各一測回觀測，並將觀測結果予以記錄。若點位是木樁頂之鋼釘，則點位以鋼釘的最上端中心爲準，此時稜鏡高爲 0m。若以覘標(▼)下方之尖端對準鋼釘的中心，則以經緯儀觀測覘標(▼)下方之尖端，此時稜鏡高爲 0m。若是在點位上整置三腳架與稜鏡覘標，則以經緯儀觀測稜鏡覘標，此時必須量稜鏡高。
   應檢人員若是自備全測站經緯儀，並使用主辦單位之稜鏡時，必須自行修正該儀器之稜鏡常數改正。應檢人員若是自備全測站經緯儀及稜鏡，必須自行整置稜鏡，並且整置稜鏡之時間計入考試時間。

一、測試已知資料範例

P、Q 已知點平面坐標值及高程如下表：

點號	N(縱坐標)(m)	E(橫坐標)(m)	高程值(m)
P	200.000	500.000	60.000
Q	210.000	540.000	61.000

土地治理規劃時之施工基面設計高程(m)	60.200

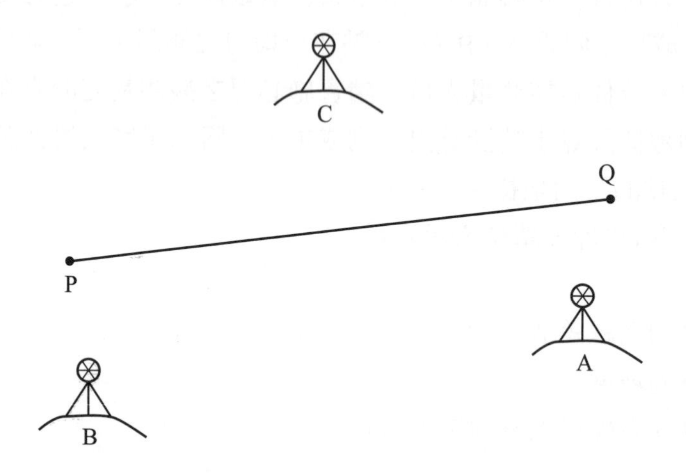

注意事項：

1. 本頁之空白表格隨同試題及答案紙一併發給應檢人員。
2. 必須於應檢人員開始進入計算階段時，監評人員始將已知資料發給該應檢人員。
3. 應檢人員將已知資料填寫於本頁之上列表格後，必須將已知資料立即歸還監評委員。
4. 應檢人員一旦進入計算階段，**不得再次使用儀器**。
5. 交卷時，本頁必須隨同試題及答案紙等一併繳回。

二、答案紙範例

試題編號：04202-1060204

試題名稱：光線法空間點位測量

應檢人姓 名		准考證號 碼		檢定日期	___年___月___日

指定測站：P

(一) 現場實地測量之觀測記錄

注意事項：距離記錄及計算至 0.001m。角度記錄及計算至秒。

1. 水平角觀測記錄表：

測站	測點	正鏡讀數			倒鏡讀數			正倒鏡平均值			改正後平均值		
		度	分	秒	度	分	秒	度	分	秒	度	分	秒
P	Q	0	05	00	180	05	00	0	05	00	0	00	00
	A	22	14	59	202	14	59	22	14	59	22	09	59
	B	59	07	10	239	07	10	59	07	10	59	02	10
	C	329	07	10	149	07	10	329	07	10	329	02	10

2. 水平距離觀測記錄表：

測站	測點	第一次測量(m)	第二次測量(m)	平均值(m)
P	A	35.355	35.355	35.355
	B	14.142	14.142	14.142
	C	28.284	28.284	28.284

3. 儀器高記錄表：

測站	儀器高(m)
P	1.550

4. 稜鏡高記錄表：

測點	稜鏡高(m)
A	1.400
B	1.500
C	1.600

5. 縱角觀測記錄表：

測站	測點	正鏡讀數			倒鏡讀數			天頂距平均值			垂直角		
		度	分	秒	度	分	秒	度	分	秒	度	分	秒
P	A	89	29	40	270	30	40	89	29	30	+0	30	30
	B	89	20	30	270	39	46	89	20	22	+0	39	38
	C	89	10	20	270	49	50	89	10	15	+0	49	45

註：垂直角為俯角時，必須標明「−」符號。

三、內業計算

注意事項：

1. 應檢人於現場實地測量完畢後，須先確認已經塡寫所有觀測數據，再向監評人員報告已經完成現場實地測量後，才可開始進行本頁內業計算。
2. 各項若有規定必須詳列計算式而未列者，該項答案以零分計。
3. 坐標、距離計算至 0.001m；角度計算至秒；面積計算至 0.01 坪；坡度計算至 0.01%；土方計算至 $0.1m^3$。

(1) A、B、C 三點之平面坐標；(2)△ABC 面積；(3)內角∠A 之值

計算過程需列出計算式，否則本項成績以零分計。

$$\phi_{PQ} = \tan^{-1}\left|\frac{540.000-500.000}{210.000-200.000}\right| = 75°57'50", \phi_{PA} = 75°57'50"+22°09'59" = 98°07'49"$$

$N_A = 200.000 + 35.355 \times \cos 98°07'49" = 195.000$ (m)

$E_A = 500.000 + 35.355 \times \sin 98°07'49" = 535.000$ (m)

$\phi_{PB} = 75°57'50"+59°02'10" = 135°00'00"$

$N_B = 200.000 + 14.142 \times \cos 135°00'00" = 190.000$ (m)

$E_B = 500.000 + 14.142 \times \sin 135°00'00" = 510.000$ (m)

$\phi_{PC} = 75°57'50"+329°02'10" = 405°00'00" \rightarrow 45°00'00"$

$N_C = 200.000 + 28.284 \times \cos 45°00'00" = 220.000$ (m)

$E_C = 500.000 + 28.284 \times \sin 45°00'00" = 520.000$ (m)

$$\text{Area} = \frac{1}{2}\times\begin{vmatrix}195.000 & 190.000 & 220.000 & 195.000\\535.000 & 510.000 & 520.000 & 535.000\end{vmatrix} = 350.00\,(m^2)$$

350.00 × 0.3025 = 105.88 (坪)

$\phi_{AB} = 258°41'24", \phi_{CA} = 149°02'10"$

$\angle A = \phi_{AC} - \phi_{AB} = (149°02'10"+180°) - 258°41'24" = 70°20'46"$

計算結果：

點號	N 坐標(m)	E 坐標(m)
A	195.000	535.000
B	190.000	510.000
C	220.000	520.000

△ABC 面積(坪)	350.000

	度	分	秒
∠A	70	20	46

(4) 高程差 ΔH_{BC}；(5)B 至 C 之坡度 g_{BC}；(6)設計高程以上多餘之土方量(ΔV)

<table>
<tr><td colspan="3">計算過程需列出計算式，否則本項成績以零分計。
$H_A = H_P + i_P + \overline{PA} \cdot \tan\alpha_{PA} - i_A = 60.000 + 1.550 + 35.355 \cdot \tan 0°30'30'' - 1.400 = 60.464(m)$
$H_B = H_P + i_P \times \overline{PB} \cdot \tan\alpha_{PB} - i_B = 60.000 + 1.550 + 14.142 \cdot \tan 0°39'38'' - 1.500 = 60.213\ (m)$
$H_C = H_P + i_P + \overline{PC} \cdot \tan\alpha_{PC} - i_C = 60.000 + 1.550 + 28.284 \cdot \tan 0°49'45'' - 1.600 = 60.359\ (m)$
$\Delta H_{BC} = H_C - H_B = 60.359 - 60.213 = +0.146\ (m)$
$\overline{BC} = \sqrt{(220.000 - 190.000)^2 + (520.000 - 510.000)^2} = 31.623\ m$
$g_{BC} = \frac{\Delta H_{BC}}{\overline{BC}} = \frac{+0.146}{31.623} \times 100\% = +0.46\%$
$\Delta V = \frac{350.00}{3}[(60.464 - 60.200) + (60.213 - 60.200) + (60.359 - 60.200)] = 50.9\ (m^3)$</td></tr>
<tr><td rowspan="3">計算結果</td><td>ΔH_{BC} (m)</td><td>+ 0.146</td></tr>
<tr><td>B 至 C 之坡度 g_{BC}(%)</td><td>+ 0.46</td></tr>
<tr><td>施工基面設計高程以上多餘之土方量 $\Delta V(m^3)$</td><td>50.9</td></tr>
</table>

四、工程測量乙級技術士技能檢定術科測試評審表

試題編號：04202-1060204

試題名稱：光線法空間點位測量

應檢人姓　名		准考證號　碼		檢定日期	___年___月___日

開始時間：____________________　　交卷時間：____________________

名稱	編號	評審標準	應得分數	實得分數	說明
光線法空間點位測量	1	使用儀器是否適當及熟練	4		觀察應檢人員使用儀器是否正確，定心及定平是否準確。
	2	∠QPA、∠QPB 及∠QPC 誤差;或∠PQA、∠PQB 及∠PQC 誤差	24		誤差在±15"以內各得 8 分， ±16"~±20"各得 6 分， ±21"~±30"各得 3 分，±31"以上得 0 分。 若測站至照準點之距離小於 20m，則誤差再放寬一倍，亦即誤差在±30"以內各得 8 分，依此類推。
	3	水平距離 $\overline{PA}$、$\overline{PB}$ 及 $\overline{PC}$ 誤差;或 $\overline{QA}$、$\overline{QB}$ 及 $\overline{QC}$ 誤差	6		誤差在±1cm 以內各得 2 分，±1.1cm 以上得 0 分。
	4	A、B、C 三點的 N 及 E 坐標	18		誤差在±2.0cm 以內各得 3 分， ±2.1cm~±3.0cm 各得 2 分， ±3.1cm~±4.0cm 各得 1 分， ±4.1cm 以上得 0 分。
	5	ΔABC 之面積	6		誤差在±0.50 坪以內得 6 分，

名稱	編號	評審標準	應得分數	實得分數	說明
					±0.51 坪~±1.00 坪得 4 分， ±1.01 坪~±1.50 坪得 2 分， ±1.51 坪以上得 0 分。
光線法空間點位測量	6	內角∠A	6		誤差在±30"以內得 6 分，±31"~±60"得 3 分，±61"以上得 0 分。
	7	高程差ΔH_{BC}	20		誤差在±2.0cm 以內得 20， ±2.1~±3.0cm 得 15 分， ±3.1~±4.0cm 得 10 分， ±4.1~±5.0cm 得 5 分， ±5.1cm 以上得 0 分。
	8	B 至 C 的坡度	10		誤差在±0.15%以內得 10 分， ±0.16%~±0.30%得 5 分， ±0.31%以上得 0 分。
	9	土方量	6		誤差在±5.0m^3 以內得 6 分， ±5.1~±10.0m^3 得 4 分， ±10.1~±15.0m^3 得 2 分， ±15.1m^3 以上得 0。
	10	使用時間			超過規定之使用時間者總分以零分計。
	總分		100		

實得分數		評分結果	□及格　□不及格
監評人員簽名 (第一閱)	(請勿於測試結束前先行簽名)	監評人員簽名 (第二閱)	(請勿於測試結束前先行簽名)

光線法空間點位測量－術科解析

一、觀念提示

1. 方向角 θ_{PQ}

$$\theta_{PQ} = \tan^{-1}\left|\frac{\Delta E_{PQ}}{\Delta N_{PQ}}\right| = \tan^{-1}\left|\frac{E_Q - E_P}{N_Q - N_P}\right|$$

2. 方位角 ϕ_{PQ} 由坐標差之正負號判斷象限，再依下表計算方位角 ϕ_{PQ}

象限	ΔN	ΔE	PQ 測線之方位角
I	+	+	$\phi_{PQ} = \theta_{PQ}$
II	−	+	$\phi_{PQ} = 180° - \theta_{PQ}$
III	−	−	$\phi_{PQ} = 180° + \theta_{PQ}$
IV	+	−	$\phi_{PQ} = 360° - \theta_{PQ}$

3. 坐標(縱橫距)計算

$N_A = N_P + \overline{PA} \times \cos\phi_{PA}$

$E_A = E_P + \overline{PA} \times \sin\phi_{PA}$ 。

4. 面積公式

$$AREA = \frac{1}{2}\left|\begin{matrix} N_A & N_B & N_C & N_A \\ E_A & E_B & E_C & E_A \end{matrix}\right| = \frac{1}{2}\left|N_AE_B + N_BE_C + N_CE_A - N_BE_A - N_CE_B - N_AE_C\right|$$ 。

5. 視距測量公式請參閱「光線法及間接高程測量」觀念提示第 3 點。

6. BC 坡度 $= \dfrac{\text{BC高差}}{\text{BC長}}$ %。

7. △ABC 多餘土方量 $= \dfrac{\triangle\text{ABC面積}}{3}$[三個點高程－施工基面設計高程]。

二、外業實作

1. 於 P 點架設經緯儀，量取儀器高與 A、B、C 三測點之稜鏡高。
2. 分別量取 P 點至 A、B、C 三點二次後取平均值。
3. 於 P 點以方向組法量取 Q、A、B、C 四點之水平角與 A、B、C 三點之縱角。

三、內業計算

1. 計算 ϕ_{PQ}

方向角 $\theta_{PQ} = \tan^{-1}\left|\dfrac{\Delta E_{PQ}}{\Delta N_{PQ}}\right| = \tan^{-1}\left|\dfrac{E_Q - E_P}{N_Q - N_P}\right| = \tan^{-1}\left|\dfrac{540.000 - 500.000}{210.000 - 200.000}\right| = 75°57'50"$

因 ΔN 與 ΔE 皆為正，故為第一象限，$\phi_{PQ} = \theta_{PQ}$ 。

2. 計算 A 點之 N、E 坐標

$\phi_{PA} = \phi_{PQ} + \angle QPA = 75°57'50" + 22°09'59" = 98°07'49"$

$N_A = N_P + \overline{PA} \times \cos\phi_{PA} = 200 + 35.355 \times \cos 98°07'49" = 195.000$

$E_A = E_P + \overline{PA} \times \sin\phi_{PA} = 500 + 35.355 \times \sin 98°07'49" = 535.000$ 。

3. 計算 B 點之 N、E 坐標

$\phi_{PB} = \phi_{PQ} + \angle QPB = 75°57'50" + 59°02'10" = 135°00'00"$

$N_B = N_P + \overline{PB} \times \cos\phi_{PB} = 200 + 14.142 \times \cos 135°00'00" = 190.000$

$E_B = E_P + \overline{PB} \times \sin\phi_{PB} = 500 + 14.142 \times \sin 135°00'00" = 510.000$ 。

4. 計算 C 點之 N、E 坐標值

$\phi_{PC}=\phi_{PQ}+\angle QPC=75°57'50"+329°02'10"=405°00'00"$

超過 360° 須減去 360°，405°00'00" − 360° = 45°00'00"

$N_C=N_P+\overline{PC}\times\cos\phi_{PC}=200+28.284\times\cos 45°00'00"=220.000$

$E_C=E_P+\overline{PC}\times\sin\phi_{PC}=500.000+28.284\times\sin 45°00'00"=520.000$。

5. 計算△ABC 之面積

$$\text{Area}=\frac{1}{2}\begin{vmatrix}N_A & N_B & N_C & N_A\\ E_A & E_B & E_C & E_A\end{vmatrix}=\frac{1}{2}\begin{vmatrix}195.000 & 190.000 & 220.000 & 195.000\\ 535.000 & 510.000 & 520.000 & 535.000\end{vmatrix}=350.000\text{ m}^2$$

一平方公尺等於 0.3025 坪，故 350.000 × 0.3025 = 105.880 (坪)。

6. 計算∠A

$$\theta_{AB}=\tan^{-1}\left|\frac{\Delta E_{AB}}{\Delta N_{AB}}\right|=\tan^{-1}\left|\frac{E_B-E_A}{N_B-N_A}\right|=\tan^{-1}\left|\frac{510.000-535.000}{190.000-195.000}\right|=78°41'24"$$

因 ΔN、ΔE 皆爲負，故 θ_{AB} 爲第三象限

$\phi_{AB}=\theta_{AB}+180°=258°41'24"$

$$\theta_{AC}=\tan^{-1}\left|\frac{\Delta E_{AC}}{\Delta N_{AC}}\right|=\tan^{-1}\left|\frac{E_C-E_A}{N_C-N_A}\right|=\tan^{-1}\left|\frac{520.000-535.000}{220.000-195.000}\right|=30°57'50"$$

因 ΔN 爲正、ΔE 爲負，故 θ_{AC} 爲第四象限

$\phi_{AC}=360°-\theta_{AC}=329°02'10"$

$\angle A=\phi_{AC}-\phi_{AB}=329°02'10"-258°41'24"=70°20'46"$。

7. 計算各點高程與 ΔH_{BC}

A 點高程 $H_A=H_P+i_P+\overline{PA}\cdot\tan\alpha_{PA}-i_A=60.000+1.550+35.533\cdot\tan 0°30'30"-1.400=60.464(\text{m})$

B 點高程 $H_B=H_P+i_P+\overline{PB}\cdot\tan\alpha_{PB}-i_B=60.000+1.550+14.142\cdot\tan 0°39'38"-1.500=60.213\,(\text{m})$

C 點高程 $H_C=H_P+i_P+\overline{PC}\cdot\tan\alpha_{PC}-i_C=60.000+1.550+28.284\cdot\tan 0°49'45"-1.600=60.359\,(\text{m})$

$\Delta H_{BC}=H_C-H_B=60.359-60.213=+0.146$ (m)。

8. 計算 B 至 C 之坡度 $g_{BC}(\%)$

$\overline{BC}=\sqrt{(N_C-N_B)^2+(E_C-E_B)^2}=\sqrt{(220.000-190.000)^2+(520.000-510.000)^2}=31.623$

$$g_{BC}=\frac{\Delta H_{BC}}{\overline{BC}}=\frac{+0.146}{31.623}\times 100\%=+0.46\%$$

因施工基面設計高程爲 60.200 (m)

$$\Delta V=\frac{350.000}{3}[(60.464-60.200)+(60.213-60.200)+(60.359-60.200)]=50.9\,(\text{m}^3)$$ 。

四、竅訣提示

1. $\angle A$ 不可死背公式，建議要學會利用繪製簡圖了解 ϕ_{AB} 與 ϕ_{AC} 相互間關係。
2. 平面控制點 P 點與 Q 點位置由術科測試辦理單位依實地情況設置，不一定如試題之圖示位置，讀者可在加強練習裡面做相關之練習。
3. 現場實地測量之觀測記錄要檢查表格有無疏漏，儀器高與稜鏡高別忘了要量取並記錄。

五、加強練習

1. 已知條件

已知點 P、Q 座標如下：（單位：m）

點號	N(縱)	E(橫)	高程值(m)
P	4244.165	9557.582	99.319
Q	4219.247	9522.862	99.052
土地治理規劃時之施工基面設計高程(m)			99.000

(1) 水平角觀測紀錄表

測站	測點	正鏡讀數			倒鏡讀數			正倒鏡平均值			改正後平均值		
		度	分	秒	度	分	秒	度	分	秒	度	分	秒
P	Q	0	00	00	180	00	02						
	A	4	52	15	184	52	12						
	B	18	42	32	198	42	27						
	C	342	29	20	162	29	21						

(2) 水平距離觀測紀錄表

測站	測點	第一次測量(m)	第二次測量(m)	平均值(m)
P	A	27.1208	27.1208	
	B	7.8426	7.8426	
	C	41.7128	41.7128	

(3) 儀器高記錄表：

測站	儀器高(m)
P	1.487

(4) 稜鏡高記錄表

測站	稜鏡高(m)
A	0.893
B	0.726
C	0.744

(5) 縱角觀測記錄表：

測站	測點	正鏡讀數			倒鏡讀數			天頂距平均值			垂直角		
		度	分	秒	度	分	秒	度	分	秒	度	分	秒
P	A	91	29	23	268	30	56						
	B	95	11	45	264	47	49						
	C	91	38	48	268	21	19						

解答：

(1) 水平角觀測紀錄表

測站	測點	正鏡讀數			倒鏡讀數			正倒鏡平均值			改正後平均值		
		度	分	秒	度	分	秒	度	分	秒	度	分	秒
P	Q	0	00	00	180	00	02	0	0	01	0	0	0
	A	4	52	15	184	52	12	4	52	14	4	52	13
	B	18	42	32	198	42	27	17	42	30	18	42	29
	C	342	29	20	162	29	21	342	29	21	342	29	20

(2) 水平距離觀測紀錄表

測站	測點	第一次測量(m)	第二次測量(m)	平均值(m)
P	A	27.1208	27.1208	27.1208
	B	7.8426	7.8426	7.8426
	C	41.7128	41.7128	41.7128

(3) 縱角觀測記錄表

註：垂直角爲俯角時，必須標明「–」符號。

測站	測點	正鏡讀數			倒鏡讀數			天頂距平均值			垂直角		
		度	分	秒	度	分	秒	度	分	秒	度	分	秒
P	A	91	29	23	268	30	56	91	29	18	–1	29	18
	B	95	11	45	264	47	49	95	11	58	–5	11	58
	C	91	38	48	268	21	19	91	38	45	–1	38	45

(4) 其他計算結果

點號	N 坐標(m)	E 坐標(m)
A	4230.280	9534.285
B	4241.878	9550.080
C	4210.774	9532.582

△ABC 之面積(坪)	43.612

	度	分	秒
∠A	131	16	44

(4) 高程差 $\triangle H_{BC}$(m)	–0.346
(5) B 點至 C 點的坡度 g_{BC} (%)	–0.970
(6) 施工基面設計高程以上多餘之土方量$\triangle V$ (m^3)	21.049

2. 已知條件

已知點 P、Q 座標如下：（單位：m）

點號	N(縱)	E(橫)	高程値(m)
P	300.000	360.000	30.5000
Q	270.000	330.000	32.150
土地治理規劃時之施工基面設計高程(m)			29.000

(1) 水平角觀測紀錄表

測站	測點	正鏡讀數			倒鏡讀數			正倒鏡平均值			改正後平均值		
		度	分	秒	度	分	秒	度	分	秒	度	分	秒
P	Q	0	01	00	180	01	00						
	A	32	43	56	212	43	48						
	B	78	27	30	258	27	42						
	C	327	16	12	147	16	20						

(2) 水平距離觀測紀錄表

測站	測點	第一次測量(m)	第二次測量(m)	平均值(m)
P	A	21.208	21.216	
	B	25.975	25.985	
	C	42.420	42.432	

(3) 儀器高記錄表：

測站	儀器高(m)
P	1.555

(4) 稜鏡高記錄表

測站	儀器高(m)
P	1.555
B	0.995
C	1.150

(5) 縱角觀測記錄表：

測站	測點	正鏡讀數			倒鏡讀數			天頂距平均值			垂直角		
		度	分	秒	度	分	秒	度	分	秒	度	分	秒
P	A	92	29	26	267	30	34						
	B	93	02	32	266	57	36						
	C	88	10	20	271	49	45						

解答：

(1) 水平角觀測紀錄表

測站	測點	正鏡讀數			倒鏡讀數			正倒鏡平均值			改正後平均值		
		度	分	秒	度	分	秒	度	分	秒	度	分	秒
P	Q	0	01	00	180	01	00	0	01	05	0	00	00
	A	32	43	56	212	43	48	32	43	52	32	42	47
	B	78	27	30	258	27	42	78	27	36	78	29	31
	C	327	16	12	147	16	20	327	16	16	327	15	11

(2) 水平距離觀測紀錄表

測站	測點	第一次測量(m)	第二次測量(m)	平均值(m)
P	A	21.208	21.216	21.212
	B	25.975	25.985	25.980
	C	42.420	42.432	42.426

(3) 縱角觀測記錄表

註：垂直角爲俯角時，必須標明「–」符號。

測站	測點	正鏡讀數			倒鏡讀數			天頂距平均值			垂直角		
		度	分	秒	度	分	秒	度	分	秒	度	分	秒
P	A	92	29	26	267	30	34	92	29	26	–2	29	26
	B	93	02	32	266	57	36	93	02	28	–3	02	28
	C	88	10	20	271	49	45	88	10	19	1	49	42

(4) 其他計算結果

點號	N 坐標(m)	E 坐標(m)
A	295.486	339.274
B	314.317	338.321
C	258.540	354.996

△ABC 之面積(坪)	28.061

	度	分	秒
∠A	165	17	40

(4) 高程差 $\triangle H_{BC}$(m)	2.579
(5) B 點至 C 點的坡度 g_{BC} (%)	4.509
(6) 施工基面設計高程以上多餘之土方量$\triangle V$ (m^3)	167.619

3. 已知條件

已知點 P、Q 座標如下：（單位：m）

點號	N(縱)	E(橫)	高程值(m)
P	2008.825	2017.032	99.327
Q	1971.378	2036.480	99.082
土地治理規劃時之施工基面設計高程(m)			98.888

(1) 水平角觀測紀錄表

測站	測點	正鏡讀數			倒鏡讀數			正倒鏡平均值			改正後平均值		
		度	分	秒	度	分	秒	度	分	秒	度	分	秒
P	Q	0	00	00	180	00	04						
	A	20	27	56	200	27	48						
	B	49	31	16	229	31	08						
	C	338	12	28	158	12	18						

(2) 水平距離觀測紀錄表

測站	測點	第一次測量(m)	第二次測量(m)	平均值(m)
P	A	32.370	32.370	
	B	21.768	21.768	
	C	20.705	20.705	

(3) 儀器高記錄表：

測站	儀器高(m)
P	1.325

(4) 稜鏡高記錄表

測站	稜鏡高(m)
A	0
B	0
C	0

(5) 縱角觀測記錄表：

測站	測點	正鏡讀數			倒鏡讀數			天頂距平均值			垂直角		
		度	分	秒	度	分	秒	度	分	秒	度	分	秒
P	A	92	25	27	267	34	32						
	B	93	14	29	266	45	31						
	C	94	01	03	265	58	56						

解答：

(1) 水平角觀測紀錄表

測站	測點	正鏡讀數			倒鏡讀數			正倒鏡平均值			改正後平均值		
		度	分	秒	度	分	秒	度	分	秒	度	分	秒
P	Q	0	00	00	180	00	04	0	00	02	0	00	00
	A	20	27	56	200	27	48	20	27	52	20	27	50
	B	49	31	16	229	31	08	49	31	12	41	31	10
	C	338	12	28	158	12	18	338	12	25	338	12	21

(2) 水平距離觀測紀錄表

測站	測點	第一次測量(m)	第二次測量(m)	平均值(m)
P	A	32.370	32.370	32.370
	B	21.768	21.768	21.768
	C	20.705	20.705	20.705

(3) 縱角觀測記錄表

註：垂直角爲俯角時，必須標明「–」符號。

測站	測點	正鏡讀數			倒鏡讀數			天頂距平均值			垂直角		
		度	分	秒	度	分	秒	度	分	秒	度	分	秒
P	A	92	25	27	267	34	32	92	25	28	–2	25	28
	B	93	14	29	266	45	31	93	14	29	–3	14	29
	C	94	01	03	265	58	56	94	01	04	–4	01	04

(4) 其他計算結果

點號	N 坐標(m)	E 坐標(m)
A	1976.721	2020.957
B	1988.682	2008.845
C	1995.329	2032.711

△ABC 之面積(坪)	55.350

	度	分	秒
∠A	77	38	19

(4) 高程差 $\triangle H_{BC}$(m)	–0.221
(5) B 點至 C 點的坡度 g_{BC} (%)	–0.009
(6) 施工基面設計高程以上多餘之土方量$\triangle V$ (m^3)	75.268

4. 已知條件

已知點 P、Q 座標如下：（單位：m）

點號	N(縱)	E(橫)	高程值(m)
P	5987.376	6012.468	99.191
Q	5957.816	5980.885	98.949
土地治理規劃時之施工基面設計高程(m)			98.183

(1) 水平角觀測紀錄表

測站	測點	正鏡讀數			倒鏡讀數			正倒鏡平均值			改正後平均值		
		度	分	秒	度	分	秒	度	分	秒	度	分	秒
P	Q	0	00	00	179	59	46						
	A	16	58	53	196	58	53						
	B	74	51	16	254	51	13						
	C	340	42	05	160	42	01						

(2) 水平距離觀測紀錄表

測站	測點	第一次測量(m)	第二次測量(m)	平均值(m)
P	A	31.210	31.211	
	B	13.371	13.370	
	C	32.169	32.168	

(3) 儀器高記錄表：

測站	儀器高(m)
P	1.569

(4) 稜鏡高記錄表

測站	稜鏡高(m)
A	1.270
B	1.496
C	1.336

(5) 縱角觀測記錄表：

測站	測點	正鏡讀數			倒鏡讀數			天頂距平均值			垂直角		
		度	分	秒	度	分	秒	度	分	秒	度	分	秒
P	A	90	30	37	269	29	09						
	B	89	49	28	270	10	33						
	C	90	47	51	269	12	10						

解答：

(1) 水平角觀測紀錄表

測站	測點	正鏡讀數			倒鏡讀數			正倒鏡平均值			改正後平均值		
		度	分	秒	度	分	秒	度	分	秒	度	分	秒
P	Q	0	00	00	179	59	46	359	59	53	0	00	00
	A	16	58	53	196	58	53	16	58	33	16	59	00
	B	74	51	16	254	51	13	74	51	13	74	51	22
	C	340	42	05	160	42	01	340	42	03	340	42	10

(2) 水平距離觀測紀錄表

測站	測點	第一次測量(m)	第二次測量(m)	平均值(m)
P	A	31.210	31.211	31.211
	B	13.371	13.370	13.371
	C	32.169	32.168	32.169

(3) 縱角觀測記錄表

註：垂直角爲俯角時，必須標明「–」符號。

測站	測點	正鏡讀數			倒鏡讀數			天頂距平均值			垂直角		
		度	分	秒	度	分	秒	度	分	秒	度	分	秒
P	A	90	30	37	269	29	09	90	30	44	–0	30	44
	B	89	49	28	270	10	33	89	49	28	0	10	32
	C	90	47	51	269	12	10	90	47	51	–0	47	51

(4) 其他計算結果

點號	N 坐標(m)	E 坐標(m)
A	5973.634	5984.445
B	5994.412	6001.099
C	5958.867	5997.565

△ABC 之面積(坪)	78.429

	度	分	秒
∠A	99	40	02

(4) 高程差 $\triangle H_{BC}$(m)	–0.329
(5) B 點至 C 點的坡度 g_{BC} (%)	–0.009
(6) 施工基面設計高程以上多餘之土方量$\triangle V$ (m^3)	254.342

5. 已知條件

已知點 P、Q 座標如下：（單位：m）

點號	N(縱)	E(橫)	高程值(m)
P	2008.886	2015.089	99.324
Q	1971.378	2036.480	99.082
土地治理規劃時之施工基面設計高程(m)			98.888

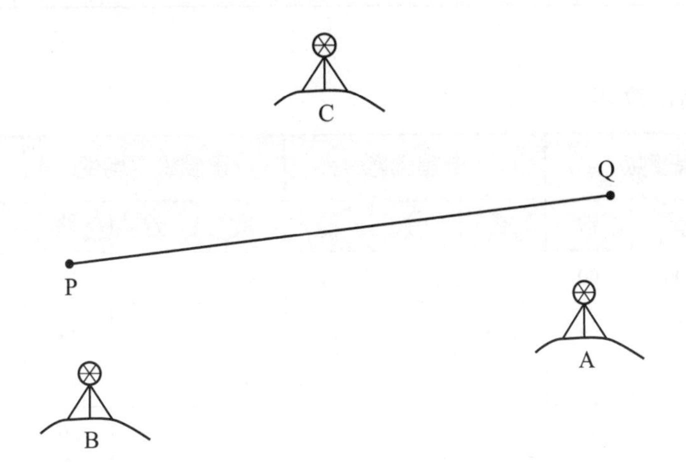

(1) 水平角觀測紀錄表

測站	測點	正鏡讀數			倒鏡讀數			正倒鏡平均值			改正後平均值		
		度	分	秒	度	分	秒	度	分	秒	度	分	秒
P	Q	0	00	00	179	59	51						
	C	19	21	34	199	21	34						
	B	46	52	32	266	52	26						
	A	337	13	48	157	13	49						

(2) 水平距離觀測紀錄表

測站	測點	第一次測量(m)	第二次測量(m)	平均值(m)
P	C	32.686	32.688	
	B	21.136	21.138	
	A	22.230	22.230	

(3) 儀器高記錄表：

測站	儀器高(m)
P	1.466

(4) 稜鏡高記錄表

測站	稜鏡高(m)
C	0
B	0
A	0

(5) 縱角觀測記錄表：

測站	測點	正鏡讀數			倒鏡讀數			天頂距平均值			垂直角		
		度	分	秒	度	分	秒	度	分	秒	度	分	秒
P	C	92	38	34	267	21	30						
	B	93	42	43	266	17	20						
	A	94	05	54	265	54	14						

解答：

(1) 水平角觀測紀錄表

測站	測點	正鏡讀數			倒鏡讀數			正倒鏡平均值			改正後平均值		
		度	分	秒	度	分	秒	度	分	秒	度	分	秒
P	Q	0	00	00	179	59	51	339	59	55	0	00	00
	C	19	21	34	199	21	34	19	21	34	19	21	39
	B	46	52	32	266	52	26	46	52	29	46	52	34
	A	337	13	48	157	13	49	337	15	49	337	15	54

(2) 水平距離觀測紀錄表

測站	測點	第一次測量(m)	第二次測量(m)	平均值(m)
P	C	32.686	32.688	32.688
	B	21.136	21.138	21.137
	A	22.230	22.230	22.230

(3) 縱角觀測記錄表

註：垂直角為俯角時，必須標明「–」符號。

測站	測點	正鏡讀數			倒鏡讀數			天頂距平均值			垂直角		
		度	分	秒	度	分	秒	度	分	秒	度	分	秒
P	C	92	38	34	267	21	30	92	38	32	–2	38	32
	B	93	42	43	266	17	20	93	42	42	–3	42	42
	A	94	05	54	265	54	14	94	05	50	–4	05	50

(4) 其他計算結果

點號	N 坐標(m)	E 坐標(m)
A	1995.342	2032.717
B	1988.671	2008.845
C	1976.728	2020.954

△ABC 之面積(坪)	55.372

	度	分	秒
∠A	42	08	25

(4) 高程差 $\triangle H_{BC}$(m)	–0.221
(5) *B* 點至 *C* 點的坡度 g_{BC} (%)	–0.009
(6) 施工基面設計高程以上多餘之土方量$\triangle V$ (m³)	75.347

6. 已知條件

已知點 P、Q 座標如下：（單位：m）

點號	N(縱)	E(橫)	高程值(m)
P	5987.376	6012.468	99.191
Q	5954.119	5986.023	98.892
土地治理規劃時之施工基面設計高程(m)			98.183

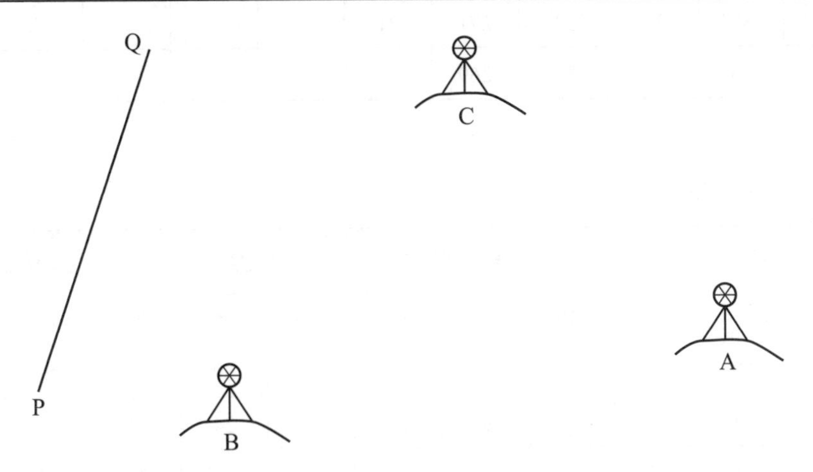

(1) 水平角觀測紀錄表

測站	測點	正鏡讀數			倒鏡讀數			正倒鏡平均值			改正後平均值		
		度	分	秒	度	分	秒	度	分	秒	度	分	秒
P	Q	180	00	00	179	59	30						
	C	8	24	20	188	24	22						
	A	30	51	35	210	31	38						
	B	85	20	37	263	20	38						

(2) 水平距離觀測紀錄表

測站	測點	第一次測量(m)	第二次測量(m)	平均值(m)
P	C	43.2565	43.2565	
	A	32.2601	32.2600	
	B	29.7310	29.7310	

(3) 儀器高記錄表：

測站	儀器高(m)
P	1.576

(4) 稜鏡高記錄表

測站	稜鏡高(m)
C	1.469
A	1.465
B	1.441

(5) 縱角觀測記錄表：

測站	測點	正鏡讀數			倒鏡讀數			天頂距平均值			垂直角		
		度	分	秒	度	分	秒	度	分	秒	度	分	秒
P	A	C	90	28	40	269	31						
	B	A	88	39	22	271	21						
	C	B	90	20	37	269	54						

解答：

(1) 水平角觀測紀錄表

測站	測點	正鏡讀數			倒鏡讀數			正倒鏡平均值			改正後平均值		
		度	分	秒	度	分	秒	度	分	秒	度	分	秒
P	Q	180	00	00	179	59	30	359	59	55	0	00	00
	C	8	24	20	188	24	22	8	24	21	8	24	26
	A	30	51	35	210	31	38	30	51	37	30	51	42
	B	85	20	37	263	20	38	85	20	38	85	20	43

(2) 水平距離觀測紀錄表

測站	測點	第一次測量(m)	第二次測量(m)	平均值(m)
P	C	43.2565	43.2565	43.257
	A	32.2601	32.2600	32.260
	B	29.7310	29.7310	29.731

(3) 縱角觀測記錄表

註：垂直角為俯角時，必須標明「–」符號。

測站	測點	正鏡讀數			倒鏡讀數			天頂距平均值			垂直角		
		度	分	秒	度	分	秒	度	分	秒	度	分	秒
P	A	C	90	28	40	269	31	31	90	28	35	–0	28
	B	A	88	39	22	271	21	03	88	39	10	1	20
	C	B	90	20	37	269	54	49	90	12	54	–0	12

(4) 其他計算結果

點號	N 坐標(m)	E 坐標(m)
A	5976.001	5982.280
B	6003.931	5987.772
C	5957.815	5980.887

△ABC 之面積(坪)	9.222

	度	分	秒
∠A	173	15	21

(4) 高程差 $\triangle H_{BC}$(m)	0.723
(5) B 點至 C 點的坡度 g_{BC} (%)	0.016
(6) 施工基面設計高程以上多餘之土方量$\triangle V$ (m^3)	47.324

測量－工程測量乙級技術士技能檢定術科測試試題(題組五)

試題編號：04202-1060205

試題名稱：單曲線中心樁坐標之計算及測設

檢定時間：80 分鐘

1. 題目：

   (1) 一單曲線如下圖所示。圖示點位僅爲示意圖，實際點位需依現地狀況而定。

   (2) 已知外偏角 I，半徑 R，交點 V(I.P.)樁號。

   (3) 圖中 D 點在第一切線上，A 點爲曲線起點(B.C.)、B 點爲曲線起點(E.C.)、P 點曲線起點後第一個副樁。(整樁爲 20m)

   (4) 已知 D、V、S、F 點之坐標。

   (5) 計算切線長 T、曲線起點(A 點)及第一個副樁(P 點)之坐標與測設之各項數據。

2. 檢定內容：

   (1) 室內計算：(使用時間 40 分鐘)

   本組試題之全體應檢人先於室內先行計算題目規定之坐標與測設之各項數據，計算式須詳列於測試答案紙上。於規定時間內收卷，並予評分(評分標準依據評審表)。

   (2) 實地操作：(使用時間 40 分鐘)

   應用室內計算所得之資料塡於放樣答案紙(資料數據不得更改，否則不予計分)，於控制點 S 點整置經緯儀，後視照準另一控制點 F 點，測設單曲線起點(A 點)及第一個副樁(P 點)。本題測設之距離不遠(在 50 公尺以內)，因此由應檢人員使用鋼捲尺測量水平距離，而不使用電子距離測量。由監評委員指定助手協助測設。

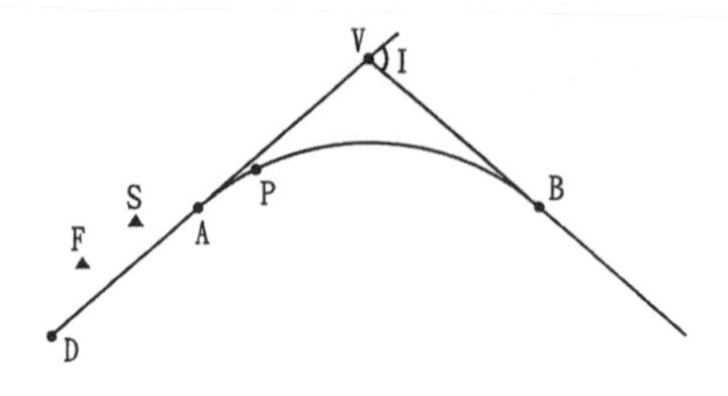

一、答案紙範例

試題編號：04202-1060205

試題名稱：單曲線中心樁坐標之計算及測設

應檢人 姓　名		准考證 號　碼		檢定 日期	＿＿年＿＿月＿＿日

注意事項：(1)長度計算至 0.001m。角度計算至秒。

(2)須詳列切線長 T、曲線起點(A 點)及第一副樁(P 點)坐標之計算式，否則該項不予計分。

(3)本頁不夠使用時，可將計算式繼續詳列於本頁之背面。

術科測試辦理單位提供之數據資料如下：

(1)已知外偏角 I＝80°，半徑 R＝500m，交點 V(I.P.)樁號＝2K＋810。

(2)已知 D、V、S、F 點之坐標資料如下表：(單位：m)

點號	縱坐標(N)	橫坐標(E)
D	100.000	200.000
V	600.000	800.000
S	330.000	460.000
F	310.000	430.000

1. 切線長 $T=\overline{VA}=\overline{VB}$ ＝ 419.550 m

   曲線起點(A 點)之樁號＝ 2K+390.450

   第一副樁(P 點)之樁號＝ 2K+400

   曲線起點(A 點)之坐標 Na＝ 331.411 m，Ea＝ 477.693 m

   第一副樁(P 點)之坐標 Np＝ 337.454 m，Ep＝ 485.088 m

2. 測設資料：

   方位角 ϕ_{SF} ＝ 236°18'36" ，水平距離 $\overline{SF}$ ＝ 36.056 m

   方位角 ϕ_{SA} ＝ 85°26'25" ，水平距離 $\overline{SA}$ ＝ 17.749 m

   方位角 ϕ_{SP} ＝ 73°27'09" ，水平距離 $\overline{SP}$ ＝ 26.172 m

3. 計算式如下：

   切線長 $T=\overline{VA}=\overline{VB}=500\text{m}\times\tan\frac{80^\circ}{2}=419.550\,(\text{m})$

   曲線起點(A 點)之樁號＝(2K+810m)−419.550m=2K+390.450m

   $\overline{VD}=781.025$ m，$\phi_{VA}=\phi_{VD}=230^\circ11'40''$

   $N_a=600.000+419.550\times\cos230^\circ11'40''=331.411(\text{m})$

   $E_a=800.000+419.550\times\sin230^\circ11'40''=477.693(\text{m})$

   $\angle VAP=d=\frac{\theta}{2}=\frac{400-390.450}{2\times500}\times\frac{180^\circ}{\pi}=0^\circ32'50''$

   $\overline{AP}=2\times500\times\sin0^\circ32'50=9.550(\text{m})$

   $\phi_{AP}=(230^\circ11'40''-180^\circ)+0^\circ32'50''=50^\circ44'30''$

   $N_p=331.411+9.550\times\cos50^\circ44'30''=337.454(\text{m})$

   $E_p=477.693+9.550\times\sin50^\circ44'30''=485.088(\text{m})$

二、放樣答案紙範例

試題編號：04202-1060205

試題名稱：單曲線中心樁坐標之計算及測設

應檢人 姓　名		准考證 號　碼		檢定 日期	___年___月___日

S 點編號：__S1__　F 點樁號：__F1__

注意事項：(1)長度計算至 0.001m。角度計算至秒。

(2)放樣答案須與計算答案相同，否則該項以零分計。

放樣答案：

方位角 ϕ_{SF} = __236°18'36"__，水平距離 $\overline{SF}$ = __36.056__ m

方位角 ϕ_{SA} = __85°26'25"__，水平距離 $\overline{SA}$ = __17.749__ m

方位角 ϕ_{SP} = __73°27'09"__，水平距離 $\overline{SP}$ = __26.172__ m

三、工程測量乙級技術士技能檢定術科測試評審表

試題編號：04202-1060205

試題名稱：單曲線中心樁坐標之計算及測設

應檢人 姓　名		准考證 號　碼		檢定 日期	___年___月___日

開始時間：________________　　交卷時間：________________

名稱	編號	評審標準	應得分數	實得分數	說明
室內計算	1	切線長 T、A 與 P 點之樁號及 NE 坐標等 7 項	28		誤差在±5mm (含)以內者各得 4 分，超出者以零分計。未詳列切線長 T、A 點及 P 點坐標之計算式者，該項各得 0 分。
	2	測設資料之方位角及水平距離等 6 項	24		水平距離誤差在±5mm(含)以內者各得 4 分，超出者以零分計。 方位角 ϕ_{SF} 誤差在±2"(含)以內者得 4 分，超出者以零分計。方位角 ϕ_{SA} 、ϕ_{SP} 誤差分別在 $\pm\frac{0.005\times206265''}{\overline{SA}}$ 、$\pm\frac{0.005\times206265''}{\overline{SP}}$ (含)以內者各得 4 分，超出者以零分計。
實地測設	3	使用儀器是否適當、熟練	6		觀察應檢人員使用儀器是否正確，定心及定平是否準確。
	4	A 與 P 點之樁位測設誤差	42		在±2.0cm(含)以內者各得 21 分， ±2.1~±3.0cm 得 14 分， ±3.1~±4.0cm 得 7 分， ±4.1cm 以上得 0 分。 放樣答案須與計算答案相同，否則該項以零分計。
	5	使用時間			超過規定之使用時間者總分以零分計。(室內計算與實地測設均依此規定扣分。)

實得分數		評分結果	□及格　□不及格
監評人員簽名 (第一閱)	(請勿於測試結束前先行簽名)	監評人員簽名 (第二閱)	(請勿於測試結束前先行簽名)

單曲線中心樁坐標之計算及測設－術科解析

一、觀念提示：

1. 偏角法是利用偏角與弦長來測設圓曲線。所謂偏角是指曲線上任意一點至切點(起點 B.C.)之連線與切線間之角。所謂弦長是指兩相鄰樁號間之直線距離，通常每隔 20m 設一整樁。
   偏角法實地測設曲線程序如下：
   (1) 將經緯儀整置 B.C.點，照準 V(I.P.)點，而後將水平度盤設定 00°00′00″，然後平轉望遠鏡，使水平度盤指向第一樁號的偏角。
   (2) 以卷尺量出 A(B.C)至第一樁號之距離，依應檢人之指揮，使中心樁在於視準軸方向上，而後將中心樁釘於地上。
   (3) 平轉望遠鏡，使水平度盤指向第二樁號的偏角。
   (4) 以卷尺量出第一樁至第二樁號之距離，依應檢人之指揮，使中心樁在於視準軸方向上，而後將中心樁釘於地上。

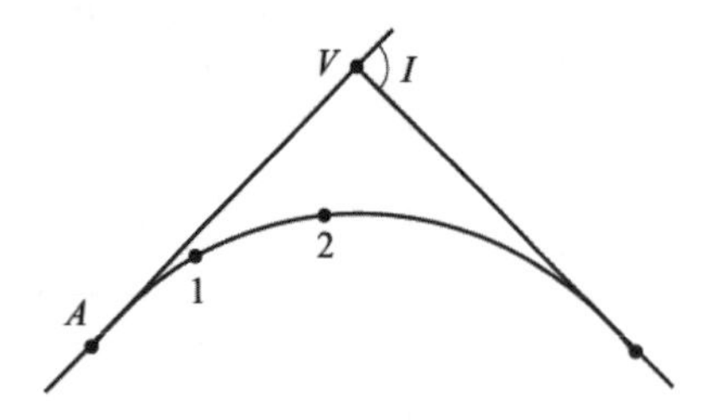

2. 切線長 $T = R \times \tan(\frac{I}{2})$
   曲線起點 A(B.C.)樁號 ＝ V(I.P.)樁號 – T
   副樁 1 樁號＝最接近A(B.C.)樁號又能被整樁長整除之樁位
   副樁 2 樁號＝副樁 1 樁號＋整樁長……餘類推。
3. 在路線測量中，路線樁號點位是依據曲線偏角值與弦長的距離值作爲放樣的依據因此在計算偏角時應考量以弧長計算，而測設放樣的距離則以弦長爲依據。

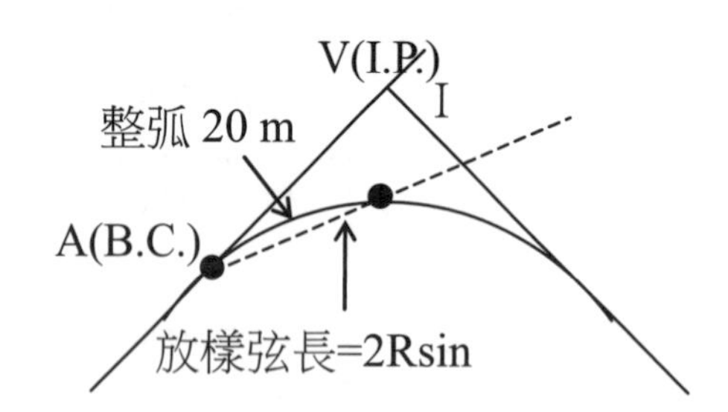

$$\text{偏角}d = \frac{\theta}{2} = \frac{1}{2R} \times \frac{180^\circ}{\pi} = \frac{\text{副樁1樁號} - \text{A(B.C.)樁號}}{2 \times R} \times \frac{180^\circ}{\pi}$$

弦長$\overline{A1} = 2 \times R \times \sin d$。

4. 當有 A(N_A，E_A)B(N_B，E_B)兩點座標，則 $\overline{AB}$ 之邊長$= \sqrt{\Delta N^2 + \Delta E^2}$
   上式中△ N=B 點之 N 座標－A 點之 N 座標
   △E=B 點之 E 座標－A 點之 E 座標
   方向角 $\theta_{AB} = \tan^{-1}\left|\frac{\Delta E}{\Delta N}\right|$。

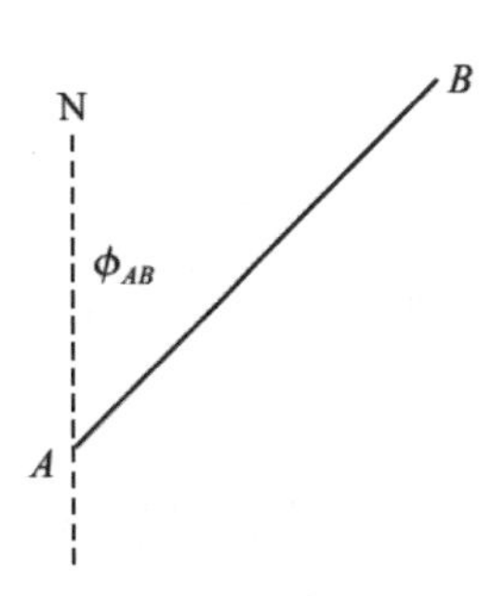

5. 當以 $\tan^{-1}\left|\frac{\Delta E}{\Delta N}\right|$ 計算出來的角度，其實是 $\overline{AB}$ 與 N 方向(N 軸)的夾角 θ_{AB}，要如何將象限角 θ_{AB} 轉換成方位角 ϕ_{AB} 呢？我們可由下圖觀察出象限角 θ_{AB} 與 ϕ_{AB} 之間的關係。

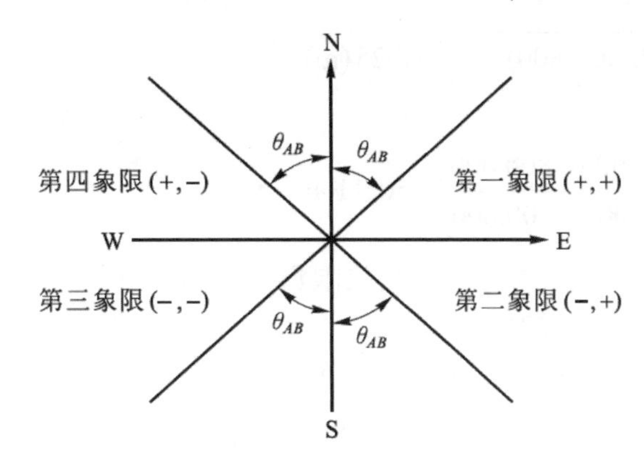

方位角之定義為自 N 軸起與順時方向旋轉至地面上一測線所夾之角度是以算出象限角 θ_{AB} 後必須判定其所在象限，再予進一步計算出方位角。

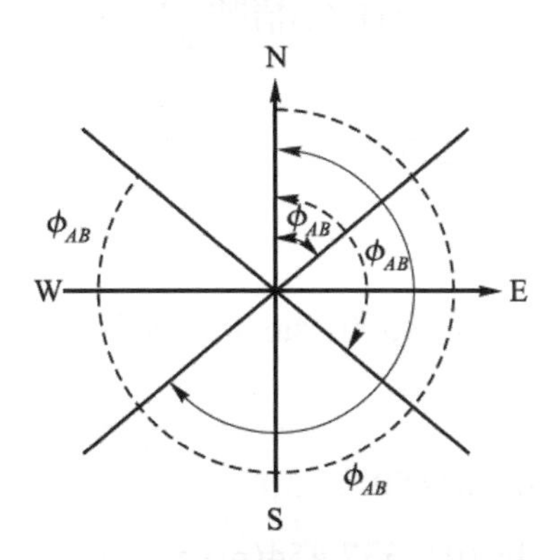

ΔN	ΔE	所在象限	方位角
+	+	第一象限	$\phi_{AB}=\theta_{AB}$
−	+	第二象限	$\phi_{AB}=180-\theta_{AB}$
−	−	第三象限	$\phi_{AB}=180+\theta_{AB}$
+	−	第四象限	$\phi_{AB}=360-\theta_{AB}$

6. 象限角 θ_{AB} 之所在象限須注意方能正確的化成方位角 ϕ_{AB}。而 $\tan^{-1}\left|\frac{\Delta E}{\Delta N}\right|$ 計算象限角角度 θ_{AB}，須特別注意絕對值部分的處理。

二、內業計算：

1. 計算切線長 T

   切線長 $T=\overline{VA}=\overline{VB}=R\times\tan(\frac{I}{2})=500\times\tan(\frac{80°}{2})=419.550\,(m)$，

   曲線起點(A 點)之樁號＝ $V(I.P.)-T=(2K+810m)\text{-}419.550m=2K+390.450(m)$。

2. 副樁 1 之樁號爲接近 BC 樁號之 20 倍數的整數樁，副樁 2 之樁號爲測點 1 樁號加 20。

   副樁 1 樁號＝2K＋400；

   副樁 2 樁號＝2K＋420，餘類推。

3. 計算 A 點坐標

   計算 $\overline{VD}$ 之邊長

   $\overline{VD}=\sqrt{(100-600)^2+(200-800)^2}=781.025\,(m)$，

   計算 ϕ_{VD} 之方位角

   方向角 $\theta_{VD}=\tan^{-1}\frac{|200.000-800.000|}{|100.000-600.000|}=50°11'40''$，

   因 ΔN 爲負，且 ΔE 亦爲負，故 θ_{VD} 所在象限爲第三象限，

   所以方位角 $\phi_{VD}=180+\theta_{VD}=230°11'40''$，

   因 A 點在 $\overline{VD}$ 上，故 $\phi_{VA}=\phi_{VD}=230°11'40''$，

   $N_A=600.000+419.550\times\cos230°11'40''=331.411(m)$，

   $E_A=800.000+419.550\times\sin230°11'40''=477.693(m)$。

4. 偏角 d 計算

   $$\angle VAP=d=\frac{1}{2R}\times\frac{180°}{\pi}=\frac{\text{副樁1樁號}-A(B.C.)\text{樁號}}{2\times R}\times\frac{180°}{\pi}$$

   $$=\frac{400-390.450}{2\times500}\times\frac{180°}{\pi}=0°32'50''\text{。}$$

5. 弦長 $\overline{AP}$ 計算

   $\overline{AP}=2\times R\times\sin d=2\times500\times\sin\frac{d}{2}=2\times500\times\sin 0°32'50=9.550''(m)$。

6. 計算 P 點坐標

   $\phi_{AP}=(230°11'40''-180°)+0°32'50''=50°44'30''$，

   $N_P=331.411+9.550\times\cos50°44'30''=337.454(m)$，

   $E_P=477.693+9.550\times\sin50°44'30''=485.088(m)$。

7. 計算測設資料

   方向角 $\theta_{SF}=\tan^{-1}\frac{|430.000-460.000|}{|310.000-330.000|}=56°18'36''$，

   因 ΔN 爲負，且 ΔE 亦爲負，故 θ_{SF} 所在象限爲第三象限，

   所以方位角 $\phi_{SF}=180+\theta_{SF}=236°18'36''$，

   水平距離 $\overline{SF}=\sqrt{(310-330)^2+(430-460)^2}=36.056(m)$。

   $\phi_{SF}=\theta_{SA}=\tan^{-1}\frac{|477.693-460.000|}{|331.411-330.000|}=85°26'25''$ (第一象限)，

   水平距離 $\overline{SA}=\sqrt{(331.411-330)^2+(477.693-460)^2}=17.749(m)$，

$\phi_{SP} = \theta_{SP} = \tan^{-1}\frac{|485.088-460.000|}{|337.454-330.000|} = 73°27'09"$，

水平距離 $\overline{SP} = \sqrt{(337.454-330)^2+(485.088-460)^2}$ =26.172(m)。

三、外業實作：

1. 在 S 點整置儀器，定心定平後以望遠鏡十字絲照準 F 點位鋼釘後，固定水平制動螺旋。
2. 照準 F 後，調整水平度盤為 $\overline{SF}$ 之方位角 236°18'36"。
3. 打開水平制動螺旋轉動望遠鏡，轉動儀器使水平度盤為 ϕ_{SA} 之方位角 85°26'37"。
4. 在望遠鏡方向指揮場務，量 $\overline{SA}$ 之距離 17.749m，讓測針調整於望遠鏡十字絲之縱絲上，即釘出 A 點。
5. 鬆開水平制動螺旋，再次轉動儀器使水平度盤讀數為 ϕ_{SP} 的方位角 73°27'09"。
6. 在望遠鏡方向指揮助手，量 $\overline{SP}$ 之距離 26.172m，讓測針調整於望遠鏡十字絲之縱絲上，即釘出 P 點。

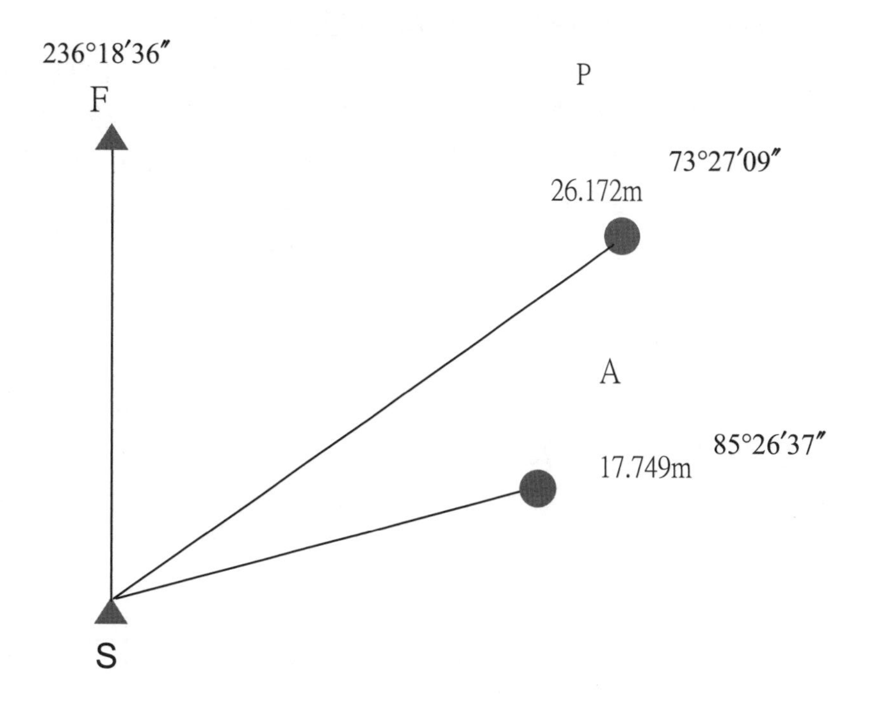

四、竅訣提示

1. 考生拿到題目，請先仔細注意整樁長度與相關數據資料。
2. 進行內業計算，在判定方位角時，須正確判斷點位間之象限關係，進而求出正確方位角。內業計算時間為 40 分鐘，計算完畢後，謹記需善用剩餘時間進行檢核驗算。且內業計算用之答案紙需要列出公式及計算過程，並記得要抄寫正確放樣數據於放樣答案紙上，否則無法進行外業放樣。
3. 評分標準室內計算部份僅要求切線長 T、A 與 P 點之樁號及 NE 坐標等 7 項要列計算式，所以測設資料部份可以以 POL 方式計算較為快速簡便。
4. 外業放樣，當助手用測針確定 A 與 P 點位後，務須由經緯儀與卷尺再次確定測針所插之點位無誤。

五、加強練習

1. 已知條件：

外偏角 I=66°50'50"，半徑 R=300 m，V(I.P.)樁號=5K+600，整樁為 20 公尺。

已知坐標資料如下表：(單位：m)

點號	縱坐標(N)	橫坐標(E)
D	750.000	1000.000
V	1000.000	1000.000
S	802.010	977.778
F	835.486	963.090

解答：切線長 $T=\overline{VA}=\overline{VB}=$ 197.991 m，

曲線起點(A 點)之樁號＝ 5K＋402.009 ，第一副樁(P 點)之樁號＝ 5K＋420 ，

偏角 d＝ 1°43'04" 。弦長 $\overline{AP}$ 17.988 m，

曲線起點(A 點)之坐標 $N_a=$ 802.009 m，$E_a=$ 1000.000 m，

第一副樁(P 點)之坐標 $N_p=$ 819.989 m，$E_p=$ 1000.539 m，

方位角 $\phi_{SF}=$ 336°18'36" ，水平距離 $\overline{SF}=$ 36.556 m，

方位角 $\phi_{SA}=$ 90°00'00" ，水平距離 $\overline{SA}=$ 22.222 m，

方位角 $\phi_{SP}=$ 51°41'35" ，水平距離 $\overline{SP}=$ 29.006 m。

2. 已知條件：

外偏角 I=22°22'22"，半徑 R=160 m，V(I.P.)樁號=6K+600，整樁為 20 公尺。

已知坐標資料如下表：(單位：m)

點號	縱坐標(N)	橫坐標(E)
D	1955.613	2064.470
V	1994.858	2096.758
S	1959.811	2074.554
F	1989.738	2098.981

解答：切線長 $T=\overline{VA}=\overline{VB}=$ 31.641 m，

曲線起點(A 點)之樁號＝ 6K＋568.359 ，第一副樁(P 點)之樁號＝ 6K＋580 ，

偏角 d＝ 2°05'03" 。弦長 $\overline{AP}$ 11.639 m，

曲線起點(A 點)之坐標 $N_a=$ 1970.424 m，$E_a=$ 2076.655 m，

第一副樁(P 點)之坐標 $N_p=$ 1979.137 m，$E_p=$ 2084.372 m，

方位角 $\phi_{SF}=$ 39°13'19" ，水平距離 $\overline{SF}=$ 38.630 m，

方位角 $\phi_{SA}=$ 11°11'52" ，水平距離 $\overline{SA}=$ 10.819 m，

方位角 $\phi_{SP}=$ 26°55'53" ，水平距離 $\overline{SP}=$ 21.677 m。

3. 已知條件：

外偏角 I=70°，半徑 R=550 m，V(I.P.)樁號=2K＋820，整樁為 20 公尺。

已知坐標資料如下表：(單位：m)

點號	縱坐標(N)	橫坐標(E)
D	4255.706	7409.434
V	4733.129	7983.440
S	4488.387	7663.033
F	4465.452	7639.662

解答：切線長 $T=\overline{VA}=\overline{VB}=$ 385.114 m，

曲線起點(A 點)之樁號＝ 2K+434.886 ，第一副樁(P 點)之樁號＝ 2K+440 ，

偏角 d＝ 2°05'03" 。弦長 $\overline{AP}$ 11.639 m，

曲線起點(A 點)之坐標 N_a＝ 4486.863m ，E_a＝ 7687.355m

第一副樁(P 點)之坐標 N_p＝ 4490.115 m ，E_p＝ 7691.302 m

方位角 ϕ_{SF} ＝ 225°32'22" ，水平距離 $\overline{SF}$ ＝ 32.745 m

方位角 ϕ_{SA} ＝ 93°35'08" ，水平距離 $\overline{SA}$ ＝ 24.370 m

方位角 ϕ_{SP} ＝ 86°30'07" ，水平距離 $\overline{SP}$ ＝ 28.322 m

測量－工程測量乙級技術士技能檢定術科測試試題(題組六)

試題編號：04202-1060206

試題名稱：水準儀視準軸誤差之檢查與附合水準測量

檢定時間：60 分鐘(含計算)

1. 試題說明：
   (1) 本術科測試分現場實地測量及內業計算兩階段，總分合計 100 分。
   (2) 應檢人先於現場實地測量，測量後立即進行內業計算，測量及計算不分別計時。
   (3) 應檢人於現場實地測量完畢後，須先確認已經填寫所有觀測數據，再向監評人員報告已經完成現場實地測量後，才可翻至內業計算之答案紙開始進行內業計算。應檢人於內業計算時若發現觀測記錄遺漏或錯誤等問題時，監評人員不得同意應檢人再進行現場實地測量。前一應檢人開始內業計算後，監評人員得安排下一位應檢人開始測試。
   (4) 由術科測試辦理單位依崗位數安排應檢人依序測試。測試開始時監評人員發給該應檢人試題及答案紙，繳卷時必須將試題及答案紙全數交回。
   (5) 計算式須詳列於答案紙。任何一項該列計算式而未詳列或計算未完成者，該項以零分計。
   (6) 計算結果須填於答案紙。答案紙上未填答案之項目以零分計。
   (7) 長度單位四捨五入計算至 0.001m，角度單位四捨五入計算至秒。若試題已經規定，則依照試題規定。
   (8) 試題紙正反面均可作爲草稿用，但不列入評分。
   (9) 應檢人須於規定之使用時間內交卷。
2. 試題：
   (1) 檢查水準儀視準軸誤差

   水準測量作業前，檢查視準軸誤差是檢查水準儀之重要程序之一。由監評人員指定一部自動水準儀，應檢人必須採用木樁校正法(定樁法)觀測及計算該水準儀之視準軸誤差。應檢人只須求出水準儀之視準軸誤差，不必採用調整十字絲等方式進行水準儀之校正。應檢人必須檢查監評人員指定之自動水準儀的視準軸誤差，並於水準測量觀測後針對該部水準儀之觀測值進行視準軸誤差之系統誤差改正。術科測試主辦單位於測試前已經確認各崗位儀器之視準軸誤差，因此本試題規定應檢人不得檢查或使用自備之其他儀器。

   (2) 附合水準測量

   假設某測量案需要由 E 及 G 點之已知高程精確引測 F 之高程，必須進行附合水準測量，依據已求解之水準儀視準軸誤差改正各觀測值，並計算及改正閉合差，以計算 F 點之高程。(已知乘常數爲 100，加常數爲 0)

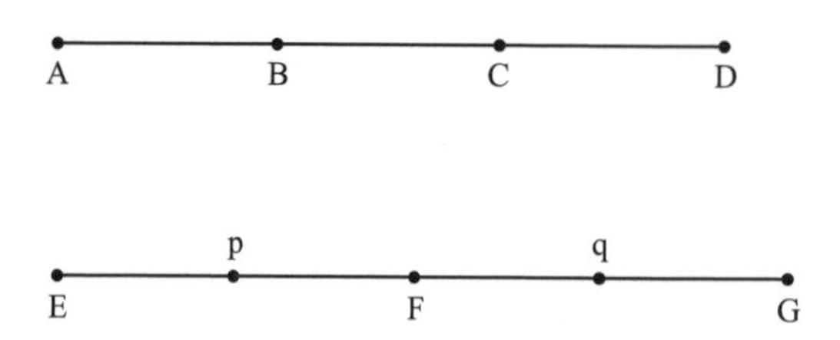

3. 現場實地測量

(1) 水準儀視準軸誤差之檢查

如圖，現場一直線上已釘定 A、B、C、D 等四點，$\overline{AB}=\overline{BC}=\overline{CD}=25m$。圖示點位僅為示意圖，實際點位需依現地狀況而定。B 點及 C 點由服務人員協助豎立水準尺。應檢人應就現場水準尺完成水準儀視準軸誤差之檢查。應檢人於答案紙註明監評人員指定之水準儀編號，並於現場 A 點與 D 點整置水準儀，採用木樁校正法(定樁法)檢查水準儀視準軸誤差。

(2) 附合水準測量

現場實地已設置 E、F 及 G 等三點，各點由服務人員協助豎立水準尺。欲由 E 及 G 點之已知高程精確引測 F 點之高程，應檢人必須依序分別於 E 與 F 之間、F 與 G 之間共二站(如圖中以 p 點及 q 點表示之概略位置)整置水準儀，讀得各水準尺之讀數，並於答案紙記錄上、中、下絲讀數。本小題係測試附合水準測量與計算，因此規定應檢人不得採用只設置一個儀器站等觀測方式，未依規定之觀測方法者扣 10 分。

4. 內業計算

(1) 計算水準儀視準軸誤差

利用兩站之觀測數據計算水準儀之視準軸誤差，答案以秒(")為單位，並以正號表示視準軸偏上，負號表示視準軸偏下。應檢人必須於答案紙中寫出計算過程，並將計算結果填於答案紙。

(2) 附合水準測量之計算

已知該部水準儀視距測量之乘常數為 100，加常數為 0m。計算各站水準儀至各水準尺之距離,再依據已求解之水準儀視準軸誤差改正各站觀測之中絲讀數。應檢人必須於答案紙中寫出視準軸誤差改正之計算過程。附合水準測量之閉合差改正計算時，雖由水準路線長度之倒數可決定各觀測值之權，但為簡化本次測試之計算，因此假設各觀測值之權相等,且假設各觀測值獨立不相關。已知 E 點及 G 點之高程，且假設已知高程無誤差。應檢人必須完成記錄表之計算，以求解 F 點之高程。

5. 工程測量乙級技術士技能檢定術科測試已知資料

點號	高程(m)
E	50.000
G	52.506

注意事項：

1. 本頁之空白表格隨同試題及答案紙一併發給應檢人員。
2. 必須於應檢人員開始進入計算階段時，監評人員始將已知資料發給該應檢人員。
3. 應檢人員將已知資料填寫於本頁之上列表格後，必須將已知資料立即歸還監評委員。
4. 應檢人員一旦進入計算階段，**不得再次使用儀器**。
5. 交卷時，本頁必須隨同試題及答案紙等一併繳回。

一、答案紙範例

技術士技能檢定工程測量乙級術科測試答案紙(1/2)

試題編號：04202-1060206

試題名稱：水準儀視準軸誤差之檢查與附合水準測量

應檢人姓 名		准考證號 碼		檢定日期	___年___月___日

(一) 現場實地水準測量之觀測記錄

水準儀編號：__1__

注意事項：

(1) 應檢人於現場實地水準測量時必須觀測及記錄本頁之所有讀數，並利用上絲及下絲之讀數檢核中絲讀數。

(2) 應檢人向監評人員報告已經完成現場實地測量後，進行內業計算時才可以開始計算水準儀至水準尺之距離等項目。

(3) 應檢人開始內業計算後，監評人員不得同意應檢人再進行現場實地測量。

1. 水準儀視準軸誤差之檢查

水準儀位置	水準尺	讀數(m)(記錄至 0.001m)
A	B	1.306
	C	1.112
D	B	1.632
	C	1.426

2. 附合水準測量

水準儀位置	水準尺	讀數(m)(記錄至 0.001m)	
p	E	上絲	2.115
		中絲	2.005
		下絲	1.895
	F	上絲	1.147
		中絲	1.007
		下絲	0.867
q	F	上絲	2.418
		中絲	2.258
		下絲	2.098
	G	上絲	0.960
		中絲	0.760
		下絲	0.560

技術士技能檢定工程測量乙級術科測試答案紙範例(2/2)

試題編號：04202-1060206　應檢人姓名：________

(二) 內業計算

注意事項：

(1) 應檢人於現場實地測量完畢後，須先確認已經填寫所有觀測數據，再向監評人員報告已經完成現場實地測量後，才可開始進行本頁內業計算。

(2) 各項若有規定必須詳列計算式而未列者，該項答案以零分計。

1. 水準儀視準軸誤差答案：(以秒為單位，以正號表示視準軸偏上，負號表示視準軸偏下。)

視準軸誤差(") =	+ 50"

計算水準儀視準軸誤差之計算式詳列於下：

[解法一]設視準軸誤差 x"

$(1.306 - 25 \cdot x/206265) - (1.112 - 50 \cdot x/206265)$

$= (1.632 - 50 \cdot x/206265) - (1.426 - 25 \cdot x/206265)$

$$x = \frac{(1.632-1.426)-(1.306-1.112)}{50} \cdot 206265" = +50"$$

[解法二]設視準軸誤差 x(m/m)

$(1.306 - 25 \cdot x) - (1.112 - 50 \cdot x) = (1.632 - 50 \cdot x) - (1.426 - 25 \cdot x)$

$$x = \frac{(1.632-1.426)-(1.306-1.112)}{50} = 0.00024(\text{m}/\text{m}) \rightarrow 0.24\text{mm}/\text{m}$$

$0.00024 \cdot 206265" = 50"$

[解法三]設 25m 時視準軸誤差之影響量為 Δ(m)

$(1.306 - \Delta) - (1.112 - 2\Delta) = (1.632 - 2\Delta) - (1.426 - \Delta)$

$$\Delta = \frac{(1.632-1.426)-(1.306-1.112)}{2} = 0.006(\text{m})，\frac{0.006}{25} \cdot 206265" = 50"$$

2. 計算各站水準儀至水準尺之距離，再依據視準軸誤差改正各站觀測之中絲讀數。

水準儀位置	水準尺	水準儀至水準尺之距離(m) (計算至 0.1m)	視準軸誤差改正量(m) (計算至 0.001m)	改正後中絲讀數(m) (計算至 0.001m)
p	E	22.0	−0.005	2.000
	F	28.0	−0.007	1.000
q	F	32.0	−0.008	2.250
	G	40.0	−0.010	0.750

必須詳列下列項目之計算過程：

水準儀位置	照準水準尺	項目	計算式
p	E	水準儀至水準尺之距離(m)	(2.115 − 1.895) · 100 = 22.0(m)
		視準軸誤差改正量(m)	− 22.0 · 50/206265 ≅ −0.005(m)
		改正後中絲讀數(m)	2.005 + (− 0.005) = 2.000(m)

3. 附合水準測量之平差改正計算(計算至 0.001m)

測點	後視	前視	高程差(m)		高程計算值(m)	改正數(m)	改正後高程(m)
			+	−			
E	2.000				50.000	0.000	50.000
F	2.250	1.000	1.000		51.000	0.003	51.003
G		0.750	1.500		52.500	0.006	52.506

閉合差 $W=$ − 0.006 m

二、工程測量乙級技術士技能檢定術科測試評審表

試題編號：04202-1060206

試題名稱：水準儀視準軸誤差之檢查與附合水準測量

應檢人姓名		准考證號碼		檢定日期	___年___月___日

開始時間：____________ 交卷時間：____________

名稱	編號	評審標準	應得分數	實得分數	說明
水準儀視準軸誤差之檢查與附合水準測量	1	使用儀器是否適當及熟練	5		觀察應檢人員使用儀器是否正確，定平是否準確。
	2	手簿記錄及計算是否正確	5		記錄是否清晰正確。
	3	水準儀視準軸誤差	25		正確詳列計算式，且計算結果與測試辦理單位提供之數值相差±20"(含)以內得 25 分， ±21"~±30"得 15 分， ±31"(含)以上得 0 分。
	4	分別檢查二站之高程差	20		正確改正中絲讀數及計算高程差，且高程差與測試辦理單位提供之數值相差±3mm 內各得 10 分， 相差±4~±5mm 得 7 分， 相差±6~±7mm 得 3 分， 超過±8mm(含)得 0 分。
	5	F 點之高程	45		正確改正中絲讀數及計算高程差，且須正確完成附合水準測量之改正計算，計算結果之高程與測試辦理單位提供之數值相差±3mm 內得 45 分， 相差±4mm~±6mm 得 20 分， ±7mm 以上得 0 分。
	6	於 p 及 q 點觀測	6		未依規定者扣 10 分。
	7	使用時間			超過規定之使用時間者總分以零分計。
		總分	100		

實得分數		評分結果	□及格 □不及格
監評人員簽名 (第一閱)	(請勿於測試結束前先行簽名)	監評人員簽名 (第二閱)	(請勿於測試結束前先行簽名)

水準儀視準軸誤差之檢查與附合水準測量－術科解析

一、觀念提示：

1. 木樁法：

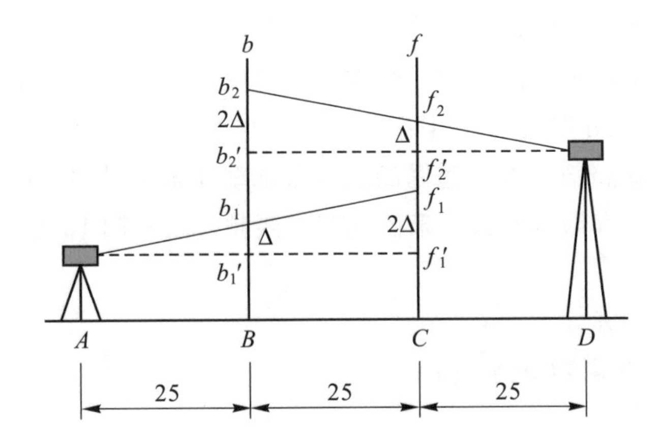

(1) 操作步驟：

① 選兩點，相距爲 25 公尺，各設置一水準尺 B、C。

② 設置水準儀 A，使 AB = BC，讀得 B、C 水準尺之讀數爲 b_1、f_1，此時可量得高程差 $\Delta H_{BC1} = b_1 - f_1$。

③ 設置水準儀 D，使 CD = BC，讀得 B、C 水準尺之讀數爲 b_2、f_2，此時可量得高程差 $\Delta H_{BC2} = b_2 - f_2$。

若視準軸應平行於水準管軸，則 $\Delta H_{BC1} = \Delta H_{BC2} = \Delta H_{BC1}$；$b_1 - f_1 = b_2 - f_2$。

(2) 校正計算：

① 計算當儀器架設於 A 時之 BC 兩點高程差 $\Delta H_{BC1} = b'_1 - f_1' = (b_1 - \Delta) - (f_1 - 2\Delta) = b_1 - f_1 + \Delta$。

② 計算當儀器架設於 B 時之 BC 兩點高程差 $\Delta H_{BC2} = b'_2 - f_2' = (b_2 - 2\Delta) - (f_2 - \Delta) = b_2 - f_2 - \Delta$。

③ 以解法三誤差 Δ，使 $\Delta H_{BC} = \dfrac{\Delta H_{BC1} + \Delta H_{BC2}}{2}$，$\Delta H_{BC} = \dfrac{(b_1 - f_1) + (b_2 - f_2)}{2}$。

④ $\Delta H_{BC} = \dfrac{(b_2 - f_2) - (b_1 - f_1)}{2}$

2. 視距測量計算水平距離

a =上絲讀數 － 下絲讀數、k =乘常數、c =加常數、平坦地 a 爲 0。

水平距離 $D = (ak + c) \times \cos^2 \alpha$

3. 附合導線閉合差

ω = [後視讀數合 － 前視讀數合] − [G 點高程 － E 點高程]

4. 水準儀上絲減中絲的值會略約等於中絲減下絲，可利用此原理偵錯。

5. Δ 爲正值，表示視準軸誤差視線往上，視準軸誤差改正量爲負值。Δ 爲負值，表示視準軸誤差視線往下，視準軸誤差改正量爲正值

二、外業實作：

(1) 水準儀視準軸誤差之檢查

如圖，現場一直線上已釘定 A、B、C、D 等四點，$\overline{AB} = \overline{BC} = \overline{CD} = 25$ m。圖示點位僅爲示意圖，實際點位需依現地狀況而定。B 點及 C 點由服務人員協助豎立水準尺。應檢人應就現場水準尺完成水準儀視準軸誤差之檢查。應檢人於答案紙註明監評人員指定之水

準儀編號，並於現場 A 點與 D 點整置水準儀，採用木樁校正法(定樁法)檢查水準儀視準軸誤差。

(2) 附合水準測量

現場實地已設置 E、F 及 G 等三點，各點由服務人員協助豎立水準尺。欲由 E 及 G 點之已知高程精確引測 F 點之高程，應檢人必須依序分別於 E 與 F 之間、F 與 G 之間共二站(如圖中以 p 點及 q 點表示之概略位置)整置水準儀，讀得各水準尺之讀數，並於答案紙記錄上、中、下絲讀數。本小題係測試附合水準測量與計算，因此規定應檢人不得採用只設置一個儀器站等觀測方式，未依規定之觀測方法者扣 10 分。

三、內業計算：

1. 計算水準儀視準軸誤差

設 25m 時視準誤差的影響量爲 Δ(m)

$$\Delta=\frac{(b_2-f_2)-(b_1-f_1)}{2}$$

$$=\frac{(1.632-1.426)^2-(1.306-1.112)}{2}=0.006\,(\text{m})$$

$$\frac{0.006}{25}\times 206265''=50''$$ 。

2. 計算 E 點之改正量(水準儀在 p 點)

$a = 2.115 - 1.895 = 0.22$、$k = 100$、$c = 0$、$\alpha = 0$

$D = (ak + c) \times \cos^2\alpha = (0.22) \times 100 \times \cos^2 0 = 22.0$ (m)

視準誤差改正量 $-22.0\times\frac{50''}{206265''}\cong -0.005\,(\text{m})$

改正後中絲讀數 $2.005 + (-0.005) = 2.000$ (m)。

3. 計算 F 點之改正量(水準儀在 p 點)

$a = 1.147 - 0.867 = 0.28$、$k = 100$、$c = 0$、$\alpha = 0$

$D = (ak + c) \times \cos^2\alpha = 0.28 \times 100 = 28.0$ (m)

視準軸誤差改正量 $-28\times\frac{50''}{206265''}\cong -0.007\,(\text{m})$

改正後中絲讀數 $1.007 + (-0.007) = 1.000$ (m)。

4. 計算 F 點之改正量(水準儀在 q 點)

$a = 2.418 - 2.098 = 0.32$、$k = 100$、$c = 0$、$\alpha = 0$

$D = (ak + c) \times \cos^2\alpha = 0.32 \times 100 = 32.0$ (m)

視準軸誤差改正量 $-32\times\frac{50''}{206265''}\cong -0.008\,(\text{m})$

改正後中絲讀數 $2.258 + (-0.008) = 2.250$ (m)。

5. 計算 G 點之改正量(水準儀在 q 點)

$a = 0.960 - 0.560 = 0.40$、$k = 100$、$c = 0$、$\alpha = 0$

$D = (ak + c) \times \cos^2\alpha = 0.40 \times 100 = 40.0$ (m)

視準軸誤差改正量 $-40\times\frac{50''}{206265''}\cong -0.010\,(\text{m})$

改正後中絲讀數 $0.760 + (-0.010) = 0.750$ (m)。

6. 將改正後之中絲讀數填入附合水準測量表格

測點	後視	前視	高程差(m)		高程計算值(m)	改正數(m)	改正後高程(m)
			+	−			
E	2.000				50.000		
F	2.250	1.000	1.000		51.000		
G		0.750	1.500		52.500		

閉合差 W = ________ m

F 點高程= E 點高程 ＋(後視 － 前視) = 50.000 + (2.000 − 1.000) = 51.000

G 點高程= F 點高程 ＋(後視 － 前視) = 51.000 + (2.250 − 0.750) = 50.500

7. 計算附合水準閉合差

閉合差 ω = [後視讀數合 － 前視讀數合] − [G 點高程 − E 點高程]

= [(2.000 + 2.250) − (1.000 + 0.750)] − [52.506 − 50.000]

= 2.5 − 2.506 = − 0.006

8. 完成附合水準

F 點改正數 $=-(-0.006)\times\frac{1}{2}=0.003$

G 點改正數= −(−0.006) = 0.006

F 點改正後高程 ＝F 點高程計算值 ＋F 點改正數 = 51.000 + 0.003 = 51.003

G 點改正後高程 ＝G 點高程計算值 ＋G 點改正數 = 52.500 + 0.006 = 52.506

測點	後視	前視	高程差(m)		高程計算值(m)	改正數(m)	改正後高程(m)
			+	−			
E	2.000				50.000	0.000	50.000
F	2.250	1.000	1.000		51.000	0.003	51.003
G		0.750	1.500		52.500	0.006	52.506

閉合差 W = <u>− 0.006</u> m

四、加強練習

1. 已知條件

點號	高程(m)
E	100.009
G	100.0201

(1) 水準儀視準軸誤差之檢查

水準儀位置	水準尺	讀數(m) (記錄至 0.001m)
A	B	1.372
	C	1.382
D	B	1.435
	C	1.410

(2) 附合水準測量

水準儀位置	水準尺	讀數(m) (記錄至 0.001m)	
p	E	上絲	1.525
		中絲	1.402
		下絲	1.278
	F	上絲	1.535
		中絲	1.410
		下絲	1.272
q	F	上絲	1.530
		中絲	1.400
		下絲	1.275
	G	上絲	1.518
		中絲	1.382
		下絲	1.270

解答：

1. 水準儀視準軸誤差答案：(以秒爲單位，以正號表示視準軸偏上，負號表示視準軸偏下。)

視準軸誤差(") =	144"

計算水準儀視準軸誤差之計算式詳列於下：

$$\Delta = \frac{(1.435-1.410)-(1.372-1.382)}{2} = 0.0175(\text{m}) \text{，} \frac{0.0175}{25} \cdot 206265'' = 144''$$

2. 計算各站水準儀至水準尺之距離，再依據視準軸誤差改正各站觀測之中絲讀數。

水準儀位置	水準尺	水準儀至水準尺之距離(m)(計算至 0.1m)	視準軸誤差改正量(m)(計算至 0.001m)	改正後中絲讀數(m)(計算至 0.001m)
p	E	24.7	−0.0169	1.385
	F	26.3	−0.0184	1.392
q	F	25.5	−0.0178	1.382
	G	24.8	−0.0173	1.365

必須詳列下列項目之計算過程：

水準儀位置	照準水準尺	項目	計算式
p	E	水準儀至水準尺之距離(m)	(1.525 −1.278) · 100 = 24.7(m)
		視準軸誤差改正量(m)	−24.7 · 144/206265 ≅ −0.0169(m)
		改正後中絲讀數(m)	1.402 + (− 0.069) =1.385(m)

3. 附合水準測量之平差改正計算(計算至 0.001m)

測點	後視	前視	高程差(m)		高程計算值(m)	改正數(m)	改正後高程(m)
			+	−			
E	1.385				100.009	0.000	100.009
F	1.382	1.392		0.007	100.002	±0.001	100.003
G		1.365	0.017		100.019	+0.002	100.021

閉合差 $W =$ <u>− 0.002</u> m

(1.385+1.382)−(1.392+1.365)−(100.021−100.009)=−0.002

測量－工程測量乙級技術士技能檢定術科測試試題(題組七)

試題編號：04202-1060207

試題名稱：閉合水準測量及間視點高程測量

檢定時間：60 分鐘(含計算)

1. 題目：
   (1) 已知水準點 A 的高程。
   (2) 實地實施閉合水準測量：
   往測：應檢人使用水準儀由 A 順(逆)時針依規定路線觀測及記錄讀數。
   返測：應檢人使用水準儀由 A 逆(順)時針依規定路線觀測及記錄讀數。
   下圖中往測轉點編號為 TP1 至 TP5，返測轉點編號為 TP1'至 TP5'。轉點處放置鐵墊。返測之轉點必須重新擺置鐵墊。
   往測時須於測站 2 觀測間視點 B、C，於測站 5 觀測間視點 D，於測站 6 觀測間視點 E。
   返測時須於測站 1'觀測間視點 E，於測站 2'觀測間視點 D，於測站 5'觀測間視點 B、C。
   圖示點位僅為示意圖，實際點位需依現地狀況而定。
   (3) 高程計算：往返測成果皆需作閉合差之平差改正，並根據已知水準點 A 的高程值計算 B、C、D、E 等間視點的高程平均值。
2. 檢定內容：
   (1) 實地操作：實施水準測量時，由監評委員指定二位助手協助持標尺，標尺須垂直置於木樁之鋼釘上。應檢人應於規定路線進行水準測量往返測。
   (2) 計算：依據測量結果計算出 B、C、D、E 等間視點閉合差改正後之高程平均值。

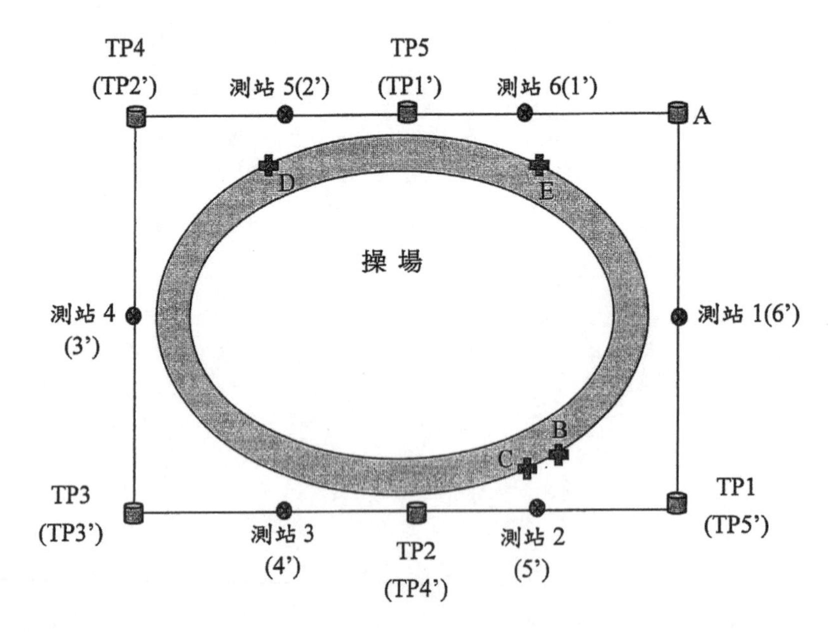

一、測試已知資料範例

試題編號：04202-1060207

點號	高程(m)
A	49.950

注意事項:

1. 本頁之空白表格隨同試題及答案紙一併發給應檢人員。
2. 必須於應檢人員開始進入計算階段時，監評人員始將已知資料發給該應檢人員。
3. 應檢人員將已知資料填寫於本頁之上列表格後，必須將已知資料立即歸還監評委員。
4. 應檢人員一旦進入計算階段，不得再次使用儀器。
5. 交卷時，本頁必須隨同試題及答案紙等一併繳回。

二、答案紙範例

試題編號：04202-1060207

試題名稱：閉合水準測量及間視點高程測量

應檢人 姓　名		准考證 號　碼		檢定 日期	___年___月___日

注意事項：(1)單位：m，高程計算至 0.001m。

(2)記算式須列計算公式及計算過程，否則不予計分。

1. 往測成果平差改正計算

測點	後視	間視	前視	高程差(m)		高程計算值	改正數	改正後高程
				+	−	(m)	(m)	(m)
A	1.252					49.950	−0.000	49.950
TP1	1.483		1.540		0.288	49.662	−0.001	49.661
B		1.321		0.162		49.824	−0.001	49.823
C		1.446		0.037		49.699	−0.001	49.698
TP2	1.642		1.797		0.314	49.348	−0.002	49.346
TP3	2.030		1.355	0.287		49.635	−0.003	49.632
TP4	1.552		1.411	0.619		50.254	−0.004	50.250
D		1.210		0.342		50.596	−0.004	50.592
TP5	1.387		1.648		0.096	50.158	−0.005	50.153
E		1.397			0.010	50.148	−0.005	50.143
A			1.589		0.202	49.956	−0.006	49.950

返測閉合差計算
後視總和【b】= 9.346m
前視總和【f】= 9.340m
閉合差 W = 9.346–9.340 = +0.006(m)

2.　返測成果平差改正計算

測點	後視	間視	前視	高程差(m)		高程計算值	改正數	改正後高程
				+	−	(m)	(m)	(m)
A	1.505					49.950	–0.000	49.950
E		1.319		0.186		50.136	–0.000	50.136
TP1'	1.697		1.250	0.255		50.205	–0.002	50.203
D		1.310		0.387		50.592	–0.002	50.590
TP2'	1.385		1.483	0.214		50.419	–0.004	50.415
TP3'	1.346		1.680		0.295	50.124	–0.006	50.118
TP4'	1.548		1.298	0.048		50.172	–0.008	50.164
C		2.010			0.462	49.710	–0.008	49.702
B		1.893			0.345	49.827	–0.008	49.819
TP5'	1.580		1.552		0.004	50.168	–0.010	50.158
A			1.786		0.206	49.962	–0.012	49.950

返測閉合差計算
後視總和【b】= 9.061m
前視總和【f】= 9.049m
閉合差 W = 9.061–9.049 = +0.012(m)

3.　計算 B、C、D、E 點高程之平均值：

$$H_B = \frac{49.823 + 49.819}{2} = 49.821(m)$$

$$H_C = \frac{49.698 + 49.702}{2} = 49.700(m)$$

$$H_D = \frac{50.592 + 50.590}{2} = 50.591(m)$$

$$H_E = \frac{50.143 + 50.136}{2} = 50.140(m)$$

三、工程測量乙級技術士技能檢定術科測試評審表

試題編號：04202-1060207

試題名稱：閉合水準測量及間視點高程測量

應檢人姓名		准考證號碼		檢定日期	___年___月___日

開始時間：______________ 交卷時間：______________

名稱	編號	評審標準	應得分數	實得分數	
閉合水準測量及間視點高程測量	1	使用儀器是否適當及熟練	4		觀察應檢人員使用儀器是否正確，定心及定平是否準確。
	2	手簿記錄及計算是否正確	4		記錄是否清晰正確。
	3	分別檢查往返測閉合差之絕對值	20		6mm(含)以內者各得 10 分， 7~9mm 得 8 分， 10~12mm 得 6 分， 13~15mm 得 4 分， 16~18mm 得 2 分， 19mm(含)以上得 0 分。
	4	分別檢查往返測之 B、C、D、E 樁改正後高程	64		±5mm(含)以內者各得 8 分， ±6~±8mm 得 6 分， ±9~±11mm 得 4 分， ±12~±14mm 得 2 分， ±15mm(含)以上得 0 分。
	5	檢查 B、C、D、E 點高程之平均值	8		±5mm(含)以內各得 2 分， ±10mm 各得 1 分， ±11mm(含)以上各得 0 分。
	6	使用時間			超過規定之使用時間者總分以零分計。

實得分數		評分結果	□及格 □不及格
監評人員簽名 (第一閱)	(請勿於測試結束前先行簽名)	監評人員簽名 (第二閱)	(請勿於測試結束前先行簽名)

閉合水準測量及間視點高程測量－術科解析

一、觀念提示：

1. 水準測量相關名詞
   (1) 後視點：將標尺置於已知高程之點，用水準儀照準水準尺上讀數以測儀器高程，以 b 或是 B.S.表示之。
   (2) 前視點：將標尺置於未知高程之點，用水準儀照準水準尺之讀數以求該點之高程，以 f 或是 F.S.表示之。
   (3) 間視點：水準標尺所立之點，其目的僅作爲前視之點而不做後視者，以 I.P.表示之。
   (4) 轉點：爲水準測量中兼作前視與後視之點，以 T.P.表示之；水準標尺豎立點，經前視及後視讀數，某高程可由已知高程點推算而得，並可供求其他點高程之媒介，該點稱爲轉點。
2. 閉合水準測量之閉合差=後視讀數之總和–前視讀數之總和
3. 本題可按水準測量之測站數比例平差進行改正值計算。

   $$V_i = -\frac{i}{n} \times W$$

   式中 i：水準路線之測站序

   n：該水準測量全線之測站總數。

二、外業實作：

1. 在 A、TP1 中間，測站 1 整置儀器。照準 A 點標尺讀數(1.252)記錄在 A 點之後視，再照準 TP1 點標尺讀數(1.540)，記錄在 TP1 點之前視。
2. 儀器移到 TP1、TP2 中間，測站 2 整置儀器。照準 TP1 點標尺讀數(1.483)，記錄在 TP1 點之後視，再照準 TP2 點標尺讀數(1.797)，記錄在 TP2 之前視，如下表所示。

測點	後視	間視	前視	高程差(m)		高程計算值 (m)	改正數 (m)	改正後高程 (m)
				+	−			
A	1.252							
TP1	1.483		1.540					
B								
C								
TP2			1.797					

3. 繼續於測站 2，間視 B 點標尺讀數(1.321)，記錄在 B 點之間視。間視 C 點標尺讀數(1.446)，記錄在 C 點之間視，如下表所示。

測點	後視	間視	前視	高程差(m)		高程計算值	改正數	改正後高程
				+	−	(m)	(m)	(m)
A	1.252							
TP1	1.483		1.540					
B		1.321						
C		1.446						
TP2			1.797					

4. 在 TP2、TP3 中間，測站 3 整置儀器。照準 TP2 點標尺讀數(1.642)記錄在 TP2 點之後視，再照準 TP3 點標尺讀數(1.355)，記錄在 TP3 點之前視。
5. 在 TP3、TP4 中間，測站 4 整置儀器。照準 TP3 點標尺讀數(2.030)記錄在 TP3 點之後視，再照準 TP4 點標尺讀數(1.411)，記錄在 TP4 點之前視。
6. 在 TP4、TP5 中間，測站 5 整置儀器。照準 TP4 點標尺讀數(1.552)記錄在 TP4 點之後視，再照準 TP5 點標尺讀數(1.648)，記錄在 TP5 點之前視。
7. 於測站 5，間視 D 點標尺讀數(1.210)，記錄在 D 點之間視。
8. 在 TP5、A 點中間，測站 6 整置儀器。照準 TP5 點標尺讀數(1.387)記錄在 TP5 點之後視，再照準 A 點標尺讀數(1.589)，記錄在 A 點之前視。
9. 於測站 6，間視 E 點標尺讀數(1.397)，記錄在 E 點之間視。
10. 搬動水準儀重新整置，進行返測。於測站 1'照準 A 點標尺讀數(1.505)記錄在 A 點之後視，再照準 TP1'點標尺讀數(1.250)，記錄在 TP1'點之前視。
11. 於測站 1'，間視 E 點標尺讀數(1.319)，記錄在 E 點之間視，如下表所示。

測點	後視	間視	前視	高程差(m)		高程計算值	改正數	改正後高程
				+	−	(m)	(m)	(m)
A	1.505							
E		1.319						
TP1'			1.250					

12. 在 TP1'、TP2'中間，測站 2'整置儀器。照準 TP1'點標尺讀數(1.697)記錄在 TP1'點之後視，再照準 TP2'點標尺讀數(1.483)，記錄在 TP2'點之前視。
13. 於測站 2'，間視 D 點標尺讀數(1.310)，記錄在 D 點之間視。
14. 在 TP2'、TP3'中間，測站 3'整置儀器。照準 TP2'點標尺讀數(1.385)記錄在 TP2'點之後視，再照準 TP3'點標尺讀數(1.680)，記錄在 TP3'點之前視。

15. 在 TP3'、TP4'中間，測站 4'整置儀器。照準 TP3'點標尺讀數(1.346)記錄在 TP3'點之後視，再照準 TP4'點標尺讀數(1.298)，記錄在 TP4'點之前視。
16. 在 TP4'、TP5'中間，測站 5'整置儀器。照準 TP4'點標尺讀數(1.548)記錄在 TP4'點之後視，再照準 TP5'點標尺讀數(1.552)，記錄在 TP5'點之前視。
17. 繼續於測站 5'，間視 C 點標尺讀數(2.010)，記錄在 C 點之間視。間視 B 點標尺讀數(1.893)，記錄在 B 點之間視。

三、內業計算：

1. 往測成果閉合差與改正數計算

   後視總和【b】=A 點後視+TP1 後視+TP2 後視+TP3 後視+TP4 後視+TP5 後視
   =1.252+1.483+1.642+2.030+1.552+1.387=9.346 m，

   前視總和【f】= TP1 前視+ TP2 前視+ TP3 前視+ TP4 前視+ TP5 前視+A 點前視
   =1.540+1.797+1.355+1.411+1.648+1.589=9.340m，

   B、C、D、E 為間視，不列入前視總和中計算，

   閉合差 $W=\left(\sum b-\sum f\right)=9.346-9.340=+0.006\,(m)$。

   TP1 點改正數 $V_{TP1}=-\frac{1}{6}\times(+0.006)=-0.001$(間視 B、C 改正數隨 TP1 改正)，

   TP2 點改正數 $V_{TP2}=-\frac{2}{6}\times(+0.006)=-0.002$，

   TP3 點改正數 $V_{TP3}=-\frac{3}{6}\times(+0.006)=-0.003$，

   TP4 點改正數 $V_{TP4}=-\frac{4}{6}\times(+0.006)=-0.004$(間視 D 改正數隨 TP4 改正)，

   TP5 點改正數 $V_{TP5}=-\frac{5}{6}\times(+0.006)=-0.005$(間視 E 改正數隨 TP5 改正)，

   A 點改正數 $V_{A}=-\frac{6}{6}\times(+0.006)=-0.006$。

2. 往測成果觀測計算

   (1) 高程差＝前一點後視減次一點前視。

   (2) 轉點高程計算值＝前一點高程加高程差。

   例：

   TP1 高程計算值=A 點高程計算值+A 點後視−TP1 前視＝49.950+(1.252−1.540)
   =49.950+0.288=49.662。

   (3) 間視點高程計算值＝轉點高程+轉點後視−間視點前視。

   B 點間視之高程計算值＝TP1 點高程計算值+ TP1 點後視−B 點前視
   ＝49.662+(1.483−1.321)＝49.662−0.162=49.824。

   C 點間視之高程計算值＝TP1 點高程計算值+ TP1 點後視−C 點前視
   ＝49.662+(1.483−1.446)＝49.662−0.037=49.699。

   (4) 改正後高程＝高程觀測值＋改正值。

   A 點改正後高程＝49.950-0.000=49.950

   TP1 點改正後高程＝49.662-0.001=49.661。

3. 返測成果閉合差與改正數計算

後視總和【b】=A 點後視+TP1'後視+TP2'後視+TP3'後視+TP'4 後視+TP5'後視

=1.505+1.697+1.385+1.346+1.548+1.580=9.061 m，

前視總和【f】= TP1'前視+ TP2'前視+ TP3'前視+ TP4'前視+ TP5'前視+A 點前視

=1.250+1.483+1.680+1.298+1.552+1.786=9.049m，

E、D、C、B 爲間視，不列入前視總和中計算，

閉合差 $W=\left(\sum b-\sum f\right)=9.061-9.049=+0.012\,(m)$。

TP1'點改正數 $V_{TP1'}=-\frac{1}{6}\times(+0.012)=-0.002$

(間視 E 點改正數隨 A 點改正數改正、間視 D 點改正數隨 TP1'改正)，

TP2'點改正數 $V_{TP2'}=-\frac{2}{6}\times(+0.012)=-0.004$，

TP3'點改正數 $V_{TP3'}=-\frac{3}{6}\times(+0.012)=-0.006$，

TP4'點改正數 $V_{TP4'}=-\frac{4}{6}\times(+0.012)=-0.008$ (間視 C、B 改正數隨 TP4'改正)，

TP5'點改正數 $V_{TP5'}=-\frac{5}{6}\times(+0.012)=-0.010$，

A 點改正數 $V_{A}=-\frac{6}{6}\times(+0.012)=-0.012$。

4. 返測成果觀測計算

(1) 高程差＝前一點後視減次一點前視。

(2) 高程計算值＝前一點高程加高程差。

例：

TP1'高程計算值＝A 點高程計算值+A 點後視−TP1'前視＝

49.950+(1.505−1.250)＝49.950−0.255=50.205。

E 點間視之高程計算值＝A 點高程計算值+A 點後視−E 點前視＝

49.950+(1.505−1.319)＝49.950−0.186=50.136。

(3) 改正後高程＝高程觀測值＋改正值。

E 點改正後高程＝50.136−0.000=50.136

TP1'點改正後高程＝50.205−0.002=50.203。

5. 計算 B、C、D、E 點高程之平均值

各間視點高程之平均值=$\frac{\text{間視點往測高程值}+\text{間視點返測高程值}}{2}$。

$H_B=\frac{49.823+49.819}{2}=49.821(m)$，

$H_C=\frac{49.698+49.702}{2}=49.700(m)$，

$H_D=\frac{50.592+50.590}{2}=50.591(m)$，

$H_D=\frac{50.143+50.136}{2}=50.140(m)$。

四、竅訣提示

1. 觀測完成後，可先用計算機將觀測值試算結果是否有誤。理論上由於觀測距離不遠，其閉合差應不會太大，再則往返觀測時，皆將儀器置於兩點之中間，其高程差會略約相近但正負號相反。因此可用以上兩觀念交互檢核觀測成果。
2. 所有先施行外業觀測之測量題目，皆要確認外業觀測無誤後，方可將儀器交回再進行內業計算，應檢人員一但進入計算階段，**不得再次使用儀器**。
3. 內業計算時，為避免搞混轉點與間視而造成計算錯誤，建議可先完成往測與返測之轉點計算，再進行間視之計算工作，如下表的範例。

測點	後視	間視	前視	高程差(m)		高程計算值(m)	改正數(m)	改正後高程(m)
				+	−			
A	1.252					49.950	0.000	49.950
TP1	1.483		1.540		0.288	49.662	0.001	49.661
B		1.321						
C		1.446						
TP2	1.642		1.797		0.314	49.348	0.002	49.346
TP3	2.030		1.355	0.287		49.635	0.003	49.632
TP4	1.552		1.411	0.619		50.254	0.004	50.250
D		1.210						
TP5	1.387		1.648		0.096	50.158	0.005	50.153
E		1.397						
A			1.589		0.202	49.956	0.006	49.950

接著再完成表格中間視的計算，以往測 B、C 二點來說，

B 點高程差= TP1 後視　B 點間視= 1.483　1.321=0.162，

C 點高程差= TP1 後視　C 點間視= 1.483　1.446=0.037。

B 點高程計算值= TP1 高程計算值+ B 點高程差=49.662+0.162=49.824，

C 點高程計算值= TP1 高程計算值+ C 點高程差=49.662+0.037=49.699，

B、C 二點改正數隨測站的後視改正值改　0.001。

測點	後視	間視	前視	高程差(m)		高程計算值(m)	改正數(m)	改正後高程(m)
				+	−			
A	1.252					49.950	0.000	49.950
TP1	1.483		1.540		0.288	49.662	0.001	49.661
B		**1.321**		**0.162**		**49.824**	**0.001**	**49.823**
C		**1.446**		**0.037**		**49.699**	**0.001**	**49.698**
TP2	1.642		1.797		0.314	49.348	0.002	49.346
TP3	2.030		1.355	0.287		49.635	0.003	49.632
TP4	1.552		1.411	0.619		50.254	0.004	50.250
D		**1.210**		**0.342**		**50.596**	**0.004**	**50.592**
TP5	1.387		1.648		0.096	50.158	0.005	50.153
E		**1.397**			**0.010**	**50.148**	**0.005**	**50.143**
A			1.589		0.202	49.956	0.006	49.950

五、加強練習

1. 已知水準點 A 的高程值為 30.000m：

往測數據				返測數據			
測點	後視	間視	前視	測點	後視	間視	前視
A	1.245			A	1.006		
TP1	1.166		0.910	E		0.811	
B		1.254		TP1'	1.587		1.184
C		1.179		D		1.288	
TP2	1.769		0.982	TP2'	1.617		1.578
TP3	0.928		1.744	TP3'	1.522		0.895
TP4	1.387		1.648	TP4'	1.324		1.546
D		1.101		C		1.525	
TP5	1.864		1.397	B		1.602	
E		1.495		TP5'	1.220		1.510
A			1.688	A			1.557

解答：

(1) 往測成果平差改正計算

測點	後視	間視	前視	高程差(m)		高程計算值(m)	改正數(m)	改正後高程(m)
				+	−			
A	1.245					30.000	+0.000	30.000
TP1	1.166		0.910	0.335		30.335	+0.002	30.337
B		1.254			0.088	30.247	+0.002	30.249
C		1.179			0.013	30.322	+0.002	30.324
TP2	1.769		0.982	0.184		30.519	+0.003	30.522
TP3	0.928		1.744	0.025		30.544	+0.005	30.549
TP4	1.387		1.648		0.720	29.824	+0.007	29.831
D		1.101		0.286		30.110	+0.007	30.117
TP5	1.864		1.397		0.010	29.814	+0.008	29.822
E		1.495		0.369		30.183	+0.008	30.191
A			1.688	0.176		29.990	+0.010	30.000

往測閉合差計算
後視總和【b】= 8.359
前視總和【f】= 8.369
閉合差 W=8.359-8.369 = −0.010(m)

(2) 返測成果平差改正計算

測點	後視	間視	前視	高程差(m)		高程計算值(m)	改正數(m)	改正後高程(m)
				+	−			
A	1.006					30.000	−0.000	30.000
E		0.811		0.195		30.195	−0.000	30.195
TP1'	1.587		1.184		0.178	29.822	−0.001	29.821
D		1.288		0.299		30.121	−0.001	30.120
TP2'	1.617		1.578	0.009		29.831	−0.002	29.829
TP3'	1.522		0.895	0.722		30.553	−0.003	30.550
TP4'	1.324		1.546		0.024	30.529	−0.004	30.525
C		1.525			0.201	30.328	−0.004	30.324
B		1.602			0.278	30.251	−0.004	30.247
TP5'	1.220		1.510		0.186	30.343	−0.005	30.338
A			1.557		0.337	30.006	−0.006	30.000

返測閉合差計算
後視總和【b】= 8.276m
前視總和【f】= 8.270m
閉合差 W=8.276-8.270= + 0.006(m)

(3) 各間視點高程之平均值

$H_B = 30.248(m)$，$H_C = 30.324(m)$，$H_D = 30.119(m)$，$H_E = 30.193(m)$。

2. 已知水準點 A 的高程值為 49.950m：

往測數據				返測數據			
測點	後視	間視	前視	測點	後視	間視	前視
A	1.402			A	1.376		
TP1	1.549		1.426	E		1.561	
B		1.728		TP1'	1.390		1.403
C		1.724		D		1.427	
TP2	1.687		1.656	TP2'	1.375		1.353
TP3	1.523		1.671	TP3'	1.710		1.496
TP4	1.556		1.427	TP4'	1.785		1.679
D		1.601		C		1.907	
TP5	1.566		1.665	B		1.909	
E		1.624		TP5'	1.664		1.869
A			1.439	A			1.501

解答：

(1) 往測成果平差改正計算

測點	後視	間視	前視	高程差(m)		高程計算值(m)	改正數(m)	改正後高程(m)
				+	−			
A	1.402					49.950	0.000	49.950
TP1	1.549		1.426		0.024	49.926	0.000	49.926
B		1.728			0.179	49.747	0.000	49.747
C		1.724			0.175	49.751	0.000	49.751
TP2	1.687		1.656		0.107	49.819	0.000	49.819
TP3	1.523		1.671	0.016		49.835	+0.001	49.836
TP4	1.556		1.427	0.096		49.931	+0.001	49.938
D		1.601			0.045	49.886	+0.001	49.887
TP5	1.566		1.665		0.109	49.822	+0.001	49.823
E		1.624			0.058	49.764	+0.001	49.765
A			1.439	0.127		49.949	+0.001	49.950

往測閉合差計算
後視總和【b】=9.283
前視總和【f】=9.284
閉合差 W=9.283－9.284=－0.001(m)

(2) 返測成果平差改正計算

測點	後視	間視	前視	高程差(m)		高程計算值 (m)	改正數 (m)	改正後高程 (m)
				+	－			
A	1.376					49.950	0.000	49.950
E		1.561			0.185	49.765	0.000	49.765
TP1'	1.390		1.403		0.027	49.923	0.000	49.923
D		1.427			0.037	49.886	0.000	49.886
TP2'	1.375		1.353	0.037		49.960	0.000	49.960
TP3'	1.710		1.496		0.121	49.839	＋0.001	49.840
TP4'	1.785		1.679	0.031		49.870	＋0.001	49.871
C		1.907			0.122	49.748	＋0.001	49.749
B		1.909			0.124	49.746	＋0.001	49.747
TP5'	1.664		1.869		0.084	49.786	＋0.001	49.787
A			1.501	0.163		49.949	＋0.001	49.950

返測閉合差計算
後視總和【b】= 9.300m
前視總和【f】= 9.301m
閉合差 W=9.300－9.301=－0.001 (m)

(3) 各間視點高程之平均值

$H_B = 49.747(m)$，$H_C = 49.750(m)$，$H_D = 49.887(m)$，$H_E = 49.765(m)$。

3. 已知水準點 A 的高程值爲 99.952m：

往測數據				返測數據			
測點	後視	間視	前視	測點	後視	間視	前視
A	0.853			A	0.768		
TP1	1.033		1.188	E		1.531	
B		1.452		TP1'	1.367		1.385
C		1.170		D		1.492	
TP2	1.006		1.203	TP2'	1.134		1.545
TP3	1.061		1.198	TP3'	1.187		1.036
TP4	1.588		1.159	TP4'	1.182		0.996
D		1.535		C		1.149	
TP5	1.384		1.410	B		1.431	
E		1.530		TP5'	1.097		1.012
A			0.767	A			0.761

解答：

(1) 往測成果平差改正計算

測點	後視	間視	前視	高程差(m)		高程計算值(m)	改正數(m)	改正後高程(m)
				+	−			
A	0.853					99.952		99.952
TP1	1.033		1.188		−0.335	99.617	0.000	99.617
B		1.452			−0.419	99.198	0.000	99.198
C		1.170			−0.138	99.480	0.000	99.480
TP2	1.006		1.203		−0.170	99.447	0.000	99.447
TP3	1.061		1.198		−0.191	99.256	0.000	99.256
TP4	1.588		1.159		−0.098	99.157	0.000	99.157
D		1.535		0.053		99.211	0.000	99.211
TP5	1.384		1.410	0.178		99.335	−0.001	99.334
E		1.530			−0.146	99.190	−0.001	99.189
A			0.767	0.617		99.953	−0.001	99.952

往測閉合差計算
後視總和【b】= 6.925m 前視總和【f】= 6.925m 閉合差 W=6.925－6.925= 0 (m)

(2) 返測成果平差改正計算

測點	後視	間視	前視	高程差(m)		高程計算值 (m)	改正數 (m)	改正後高程 (m)
				+	−			
A	0.768					99.952		99.952
E		1.531			−0.763	99.189		99.189
TP1'	1.367		1.385		−0.617	99.335	0.000	99.335
D		1.492			−0.125	99.210	0.000	99.210
TP2'	1.134		1.545		−0.178	99.157	0.000	99.157
TP3'	1.187		1.036	0.098		99.255	0.000	99.255
TP4'	1.182		0.996	0.191		99.447	0.000	99.447
C		1.149		0.033		99.479	0.000	99.479
B		1.431			−0.249	99.198	0.000	99.198
TP5'	1.097		1.012	0.170		99.617	0.000	99.617
A			0.761	0.336		99.953	0.000	99.953

返測閉合差計算
後視總和【b】= 6.734m
前視總和【f】= 6.734m
閉合差 W=6.73−6.73= 0 (m)

(3) 各間視點高程之平均值

$H_B=99.198(m)$，$H_C=99.480(m)$，$H_D=99.210(m)$，$H_E=99.189(m)$。

4. 已知水準點 A 的高程值爲 99.661m：

往測數據				返測數據			
測點	後視	間視	前視	測點	後視	間視	前視
A	1.614			A	1.616		
TP1	1.517		1.624	E		1.544	
B		1.133		TP1'	1.449		1.107
C		0.830		D		1.426	
TP2	1.580		1.138	TP2'	1.665		1.365
TP3	1.415		1.114	TP3'	1.045		1.424
TP4	1.303		1.655	TP4'	1.152		1.512
D		1.364		C		0.842	
TP5	1.099		1.392	B		1.144	
E		1.531		TP5'	1.624		1530
A			1.602	A			1.613

解答：

(1) 往測成果平差改正計算

測點	後視	間視	前視	高程差(m)		高程計算值(m)	改正數(m)	改正後高程(m)
				＋	－			
A	1.614					99.661		99.661
TP1	1.517		1.624		－0.010	99.651	－0.001	99.650
B		1.133		0.384		100.035	－0.001	100.034
C		0.830		0.687		100.338	－0.001	100.337
TP2	1.580		1.138	0.379		100.030	－0.001	100.029
TP3	1.415		1.114	0.466		100.496	－0.002	100.494
TP4	1.303		1.655		－0.240	100.256	－0.002	100.254
D		1.364			－0.061	100.195	－0.002	100.193
TP5	1.099		1.392		－0.089	100.167	－0.003	100.164
E		1.531			－0.432	99.735	－0.003	99.732
A			1.602		－0.503	99.664	－0.003	99.661

往測閉合差計算
後視總和【b】=8.528m
前視總和【f】=8.525m
閉合差 W=8.528－8.525=0.003 (m)

(2) 返測成果平差改正計算

測點	後視	間視	前視	高程差(m)		高程計算值(m)	改正數(m)	改正後高程(m)
				＋	－			
A	1.616					99.661		99.661
E		1.544		0.072		99.733		99.733
TP1'	1.449		1.107	0.509		100.170	0.000	100.170
D		1.426		0.023		100.193	0.000	100.193
TP2'	1.665		1.365	0.084		100.254	0.000	100.254
TP3'	1.045		1.424	0.241		100.495	0.000	100.495
TP4'	1.152		1.512		－0.467	100.028	0.000	100.028
C		0.842		0.310		100.338	0.000	100.338
B		1.144		0.008		100.036	0.000	100.036
TP5'	1.624		1530		－0.378	99.650	0.000	99.650
A			1.613	0.011		99.661	0.000	99.661

返測閉合差計算
後視總和【b】= 8.551m
前視總和【f】= 8.551m
閉合差 W=8.551－8.551= 0 (m)

(3) 各間視點高程之平均值

$H_B = 100.035(m)$，$H_C = 100.338(m)$，$H_D = 100.193(m)$，$H_E = 99.733(m)$。

測量－工程測量乙級技術士技能檢定術科測試試題(題組八)

試題編號：04202-1060208

試題名稱：中心樁高程測量及縱斷面圖繪製

檢定時間：60 分鐘(含計算)

1. 題目：

(1) 已知中心樁 A 點之樁號及高程，A 至 B 水平距離，B 至 C 水平距離，C 至 D 水平距離，A 點須挖填土之高度自 A 至 D 之設計坡度。圖示點位僅為示意圖，實際點位需依現地狀況而定。

(2) 實地實施水準測量：

往測：由應檢人用水準儀分別在 A、B 間，B、C 間及 C、D 間依次設站測定各樁頂間之高程差。水準測量路線方向如圖所示。

返測：由應檢人用水準儀分別在 D、C 間，C、B 間及 B、A 間，依次設站測定各樁頂間之高程差。水準測量路線方向如圖所示。

(3) 高程計算：應檢人依據其測量結果計算出往返測閉合差，並將誤差配賦，計算出 B、C、D 樁頂改正後之高程。

(4) 依據計畫路面，請完成下列各項內容，做為評分的依據：

a. 計算 B、C、D 點的計畫路面高程及挖填深度。

b. 繪出縱斷面圖。縱軸格距為 0.1m，高程值變化範圍內必須於每隔 0.5m 處標註高程值。橫軸格距為 10m，必須於 A、B、C、D 處標註樁號。

c. 計算無挖填土點位之樁號。

A　B　C　D

2. 檢定內容：

(1) 實地操作

實施水準測量時，由監評委員指定助手協助持標尺，標尺須垂直置於木樁之鋼釘上。由應檢人用水準儀進行水準測量往返測。

(2) 計算

由應檢人依據其測量結果計算出 B、C、D 樁頂改正後之高程、計畫路面高程、挖填深度、無挖填土點位之樁號及繪出縱斷面圖。計算式須詳列於測試答案紙上，否則不予計分。

一、測試已知資料範例

試題編號：04202-1060208

中心樁 A 點樁號	1K+000.000
A 點高程(m)	99.995
A 至 B 水平距離(m)	50.000
B 至 C 水平距離(m)	40.000
C 至 D 水平距離(m)	30.000
A 點須挖土(m)	0.495
自 A 至 D 之設計坡度(%)	+1

注意事項：

1. 本頁之空白表格隨同試題及答案紙一併發給應檢人員。
2. 必須於應檢人員開始進入計算階段時，監評人員始將已知資料發給該應檢人員。
3. 應檢人員將已知資料填寫於本頁之上列表格後，必須將已知資料立即歸還監評委員。
4. 應檢人員一旦進入計算階段，**不得再次使用儀器**。
5. 交卷時，本頁必須隨同試題及答案紙等一併繳回。

二、答案紙範例

試題編號：04202-1060208

試題名稱：中心樁高程測量及縱斷面圖繪製

應檢人 姓　名		准考證 號　碼		檢定 日期	___年___月___日

A 點樁號：__A1__　B 點樁號：__B1__　C 點樁號：__C1__　D 點樁號：__D1__

注意事項：(1)高程計算至 0.001m。

(2)計算式須列計算公式及計算過程，否則不予計分。

1. 水準測量

測點	後視	前視	高程差(m)		高程觀測值(m)	改正值 (m)	改正後 高程(m)
			+	−			
A	1.507				99.995	+0.000	99.995
B	1.198	1.100	0.407		100.402	+0.001	100.403
C	1.598	1.400		0.202	100.200	+0.003	100.203
D	1.630	1.564	0.034		100.234	+0.004	100.238
C	1.410	1.668		0.038	100.196	+0.005	100.201
B	1.193	1.212	0.198		100.394	+0.007	100.401
A		1.600		0.407	99.987	+0.008	99.995

閉合差＝−0.008 m

2. 挖填土深度計算

項目	計算式
平均後高程	B 點高程 H_B ＝(100.403+100.401)/2＝100.402 m C 點高程 H_C ＝(100.203+100.201)/2＝100.202 m D 點高程 H_D ＝100.238 m
計畫路面高程	B 點計劃高程 $H'_B = (99.995 - 0.495) + 50 \times 1/100 = 100.000$ m C 點計劃高程 $H'_C = 100.000 + 40 \times 1/100 = 100.400$ m D 點計劃高程 $H'_D = 100.400 + 30 \times 1/100 = 100.700$ m

3. 縱斷面圖繪製及無挖填方點位樁號計算：

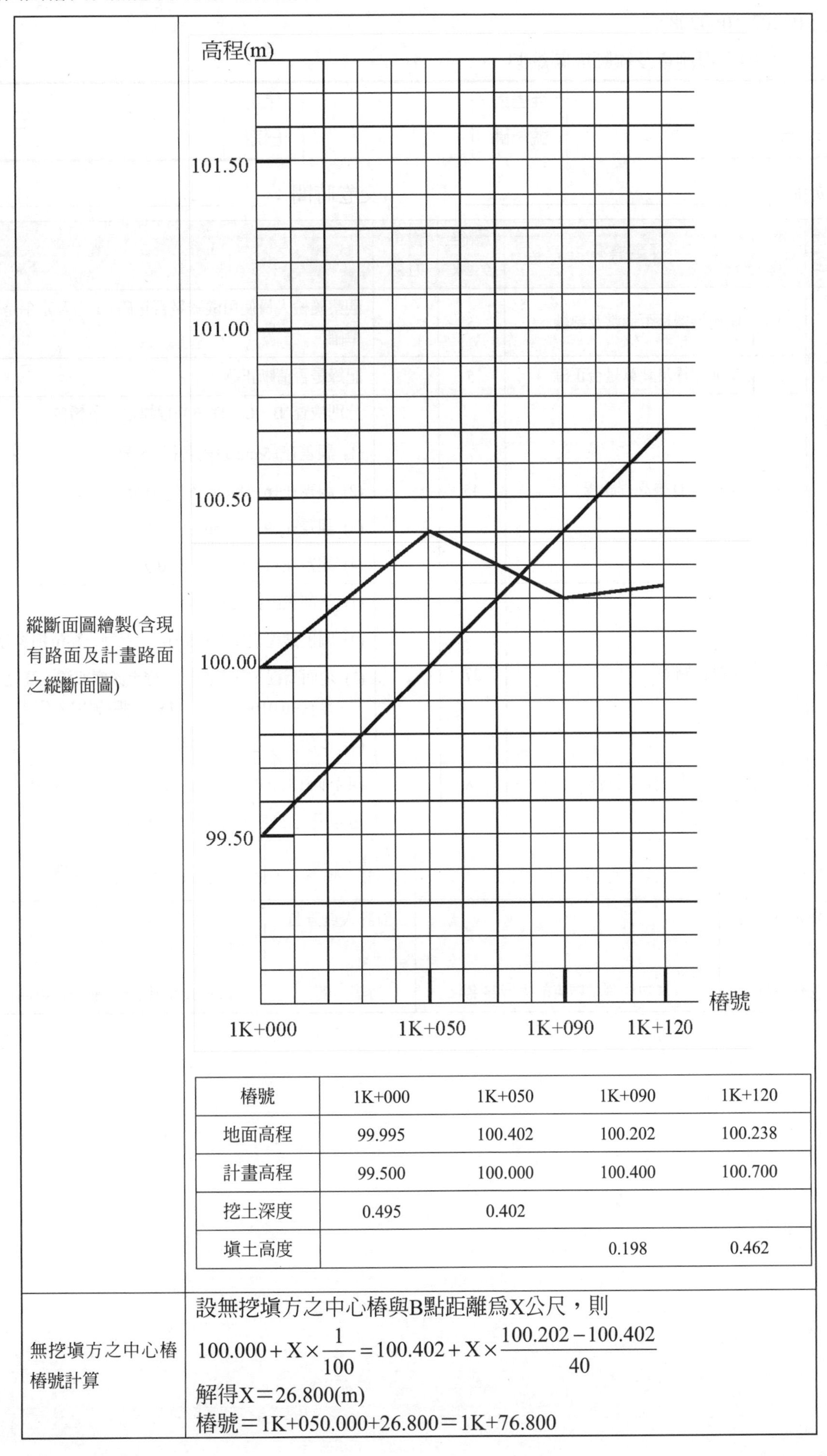

縱斷面圖繪製(含現有路面及計畫路面之縱斷面圖)

樁號	1K+000	1K+050	1K+090	1K+120
地面高程	99.995	100.402	100.202	100.238
計畫高程	99.500	100.000	100.400	100.700
挖土深度	0.495	0.402		
填土高度			0.198	0.462

無挖填方之中心樁樁號計算

設無挖填方之中心樁與B點距離爲X公尺，則

$$100.000+X\times\frac{1}{100}=100.402+X\times\frac{100.202-100.402}{40}$$

解得X＝26.800(m)

樁號＝1K+050.000+26.800＝1K+76.800

三、工程測量乙級技術士技能檢定術科測試評審表

試題編號：04202-1060208

試題名稱：中心樁高程測量及縱斷面圖繪製

應檢人 姓 名		准考證 號 碼		檢定 日期	___年___月___日

開始時間：____________________　　交卷時間：____________________

名稱	編號	評審標準	應得分數	實得分數	
中心樁高程測量及縱斷面圖繪製	1	使用儀器是否適當及熟練	5		觀察應檢人員使用儀器是否正確，定心及定平是否準確。
	2	手簿記錄及計算是否正確	5		記錄是否清晰正確。
	3	B、C、D 樁高程誤差	45		分別檢查 B、C、D 樁高程誤差，各樁位： (1) 誤差在±5mm 以內各得 15 分 (2) 誤差在±6~±8mm 各得 10 分 (3) 誤差在±9~±11mm 各得 5 分 (4) 誤差在±12mm 以上得 0 分
	4	縱斷面圖	27		(1) 全部正確得 27 分。 (2) 圖上高程誤差在±0.05m 以上每一點位扣 3 分。 (3) 地面高程、計畫高程、挖土深度與填土高度誤差在±0.010m 以上，每一個數值扣 3 分。 (4) 本項扣分至得 0 分爲止。
	5	無挖填土點位之樁號	18		誤差值在±50.0cm 以內得 18 分，超出以 0 分計。
	6	使用時間			超過規定之使用時間者總分以零分計。

實得分數		評分結果	□及格 □不及格
監評人員簽名 (第一閱)	(請勿於測試結束前先行簽名)	監評人員簽名 (第二閱)	(請勿於測試結束前先行簽名)

中心樁高程測量及縱斷面圖繪製－術科解析

一、觀念提示：

1. 水準測量時，安置儀器觀測前後視一次，即會產生一次誤差，水準路線越長，安置儀器及觀測次數越多，測量誤差會隨之增加。全線測量誤差倘若未超過界線，普通可採用簡易平差法予以分配，如按距離或測站數比例分配。水準路線成網形者，則按網形平差法平差。

   簡易平差法之平差方式茲說明如下：

   (1) 按距離比例平差之改正值計算式

   $$V_i = -\frac{l_i}{L} \times W$$

   式中 V_i：第 i 點之改正值

   l_i：自起點至第 i 點之累積長度

   L：水準路線之總長度

   W：水準測量之誤差值。

   (2) 按水準測量之測站數比例平差之改正值計算式

   $$V_i = -\frac{i}{n} \times W$$

   式中 i：水準路線之測站序

   n：該水準測量全線之測站總數。

   (3) 若表格之高程欄無另列一改正值欄時，則亦可直接分段改正高程差值，惟其計算式應以下為準

   $$V_i = -\frac{1}{n} \times W$$

   式中 n：測站數(即為分段數)。

2. 注意同一往測與返測之數據應相近，而其正負號相反。
3. 誤差值與改正值差一負號，如閉合差為負，改正值即為正。

二、外業實作：

1. 在 A、B 中間，整置儀器。
2. 照準 A 點標尺讀數(1.507)記錄在 A 點之後視，再照準 B 點標尺讀數(1.100)，記錄在 B 點之前視。
3. 儀器移到 B、C 中點整置。
4. 照準 B 點標尺讀數(1.198)，記錄在 B 點之後視，再照準 C 點標尺讀數(1.400)，記錄在 C 點之前視。
5. 儀器移到 C、D 中點整置。
6. 照準 C 點標尺讀數(1.598)，記錄在 C 點之後視，再照準 D 點標尺讀數(1.564)，記錄在 D 點之前視。
7. 儀器在原地重新整置。
8. 照準 D 點標尺讀數(1.630)，記錄在 D 點之後視，再照準 C 點標尺讀數(1.668)，記錄在 C 點之前視。
9. 儀器移到 B、C 中點整置。
10. 照準 C 點標尺讀數(1.410)，記錄在 C 點之後視，再照準 B 點標尺讀數(1.212)，記錄在 B 點之前視。

11. 儀器搬到 A、B 中間整置。
12. 照準 B 點標尺讀數(1.193)，記錄在 B 點之後視，再照準 A 點標尺讀數(1.600)，記錄在 A 點之前視。

三、內業計算：

1. 水準測量

說明：(1)高程差＝前一點後視減次一點前視。
(2)高程觀測值＝前一點高程加高程差。
(3)閉合差 W＝後視讀數和減前視讀數和
＝正高程差之和減負高程差之和
＝A 點計算值高程減 A 點已知高程。

往測 AB 段之高程差應與返測之 BA 段之高程差觀測值接近但正負號相反，同理 BC、CB 與 CD、DC 亦然。

測點	後視	前視	高程差(m)		高程觀測值(m)	改正值(m)	改正後高程(m)
			+	−			
A	1.507				99.995	+0.000	99.995
B	1.198	1.100	0.407		100.402	+0.001	100.403
C	1.598	1.400		0.202	100.200	+0.003	100.203
D	1.630	1.564	0.034		100.234	+0.004	100.238
C	1.410	1.668		0.038	100.196	+0.005	100.201
B	1.193	1.212	0.198		100.394	+0.007	100.401
A		1.600		0.407	99.987	+0.008	99.995

閉合差＝－0.008 m

2. 改正值

$V_1 = -\frac{l_1}{L} \times W = -\frac{50}{240} \times (-0.008) = 0.001$，

$V_2 = -\frac{l_2}{L} \times W = -\frac{90}{240} \times (-0.008) = 0.003$，

$V_3 = -\frac{l_3}{L} \times W = -\frac{120}{240} \times (-0.008) = 0.004$，

$V_4 = -\frac{l_4}{L} \times W = -\frac{150}{240} \times (-0.008) = -0.005$，

$V_5 = -\frac{l_5}{L} \times W = -\frac{190}{240} \times (-0.008) = 0.006$，

$V_6 = -\frac{l_6}{L} \times W = -\frac{240}{240} \times (-0.008) = 0.008$，

3. 改正後高程

改正後高程＝高程觀測值＋改正值。

4. 平均後高程

(1) B 點平均後高程爲水準測量之改正後兩個 B 點高程之平均數。故
$B=\dfrac{(100.403+100.401)}{2}=100.402$。

(2) C 點平均後高程爲水準測量之改正後兩個 C 點高程之平均數。故
$C=\dfrac{(100.203+100.201)}{2}=100.202$。

(3) D 點平均後高程 H_D 即由水準測量 D 點改正後高程抄之。D 點改正後之高程爲 100.238。

5. 計畫路面高程

(1) B 點計畫高程
$H'_B=$ A點之設計高＋AB距離×設計坡度
$B=(99.995-0.495)+50\times\dfrac{1}{100}=100.000\ \ \text{m}$。

(2) C 點計畫路面高程
$H'_C=$ B點之設計高＋BC距離×設計坡度
$C=100.000+40\times\dfrac{1}{100}=100.400\ \ \text{m}$。

(3) D 點計畫路面高程
H'_D =C 點之設計高＋CD 距離×設計坡度
$D=100.400+30\times\dfrac{1}{100}=100.700\ \ \text{m}$

註：A 點設計高等於 A 點高程加需填高度，AB、AC 距離及設計坡度爲題目之已知條件，應考時要看已知條件後再計算。

6. 依各樁號繪製現有路面及計畫路面高程，完成縱斷面圖繪製。

7. 無挖塡方之中心樁樁號計算
設無挖塡方之中心樁與 B 點距離爲 X 公尺，因此點現有路面及計畫路面高程相同，且位於 B、C 二樁間，則：
$100.000+X\times\dfrac{1}{100}=100.402+X\times\dfrac{100.202-100.402}{40}$
解得 X＝26.800(m)
樁號＝1K+050.000+26.800＝1K+76.800。

四、竅訣提示

1. 由 A 點往測到 D 點時，當由 D 點返測回 A 點時，於 CD 點位間，須注意務必要將水準儀重新架設。

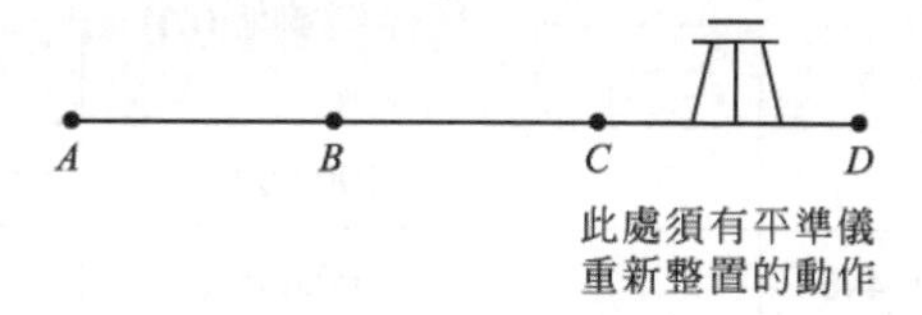

2. 水準儀與水準尺有多種形式，建議術科考試當天提前到達試場，利用時間了解儀器操作方式與水準尺形式，變免因考試緊張且不熟悉操作儀器而造成遺憾。

3. 水準儀望遠鏡瞄準的方法爲；先調整目鏡調焦螺旋使十字絲清晰；鬆開制動螺旋，轉動望遠鏡，利用鏡上照門和準星照準標尺；旋緊制動螺旋，轉動物鏡調焦螺旋，看清水準尺；利用水平微動螺旋，使十字絲縱絲瞄準尺邊緣或中央，同時觀測者的眼睛在目鏡端上下微動，檢查十字絲橫絲與物像是否存在相對移動的現象，這種現象被稱爲視差。如有視差則應消除，即繼續按以上調焦方法仔細對光，直至水準尺正好成像在十字絲分劃平面上，兩者同時清晰且無相對移動的現象時爲止。若水準儀有補償器時，於儀器整置完畢，欲觀測水準尺時，可先輕按補償器，再予以紀錄讀數值。
4. 在檢定過程中，若採用抽升式箱尺，務必要求持尺手將水準尺持直，並注意水準尺抽出時之卡榫有無充分接合，且注意持尺手箱尺抽出之高度勿超過 3.4m，以免箱尺搖晃影響觀測精度。水準測量在檢定時，水準尺之刻劃讀數或會與平常熟悉的不同，所以平常練習時，要要求以刻劃之格數來紀錄讀數。
5. 檢定時由於考場條件限制，故其 ABCD 點位不一定會在直線上，會考量環境限制而有轉折。坡度部分應練習上坡與下坡不同的計算。
6. 建議本題術科時間分配爲外業操作 30 分鐘。往返一測回後，應先檢核閉合差之值大小，確定不必重測後，方可進行內業計算。

五、加強練習

1. 已知條件：

   中心樁 A 點樁號爲 1K+000.000，高程爲 100.000m，A 至 B 水平距離 50.000m，B 至 C 水平距離 40.000m，C 至 D 水平距離 30.000m。自 A 至 D 之設計坡度爲+1%，依據計畫路面，A 點須挖低 0.100m。各點高程觀測值如下：

中心樁 A 點樁號	1K+000.000
A 點高程(m)	100.000
A 至 B 水平距離(m)	50.000
B 至 C 水平距離(m)	40.000
C 至 D 水平距離(m)	30.000
A 點須挖土(m)	−0.100
自 A 至 D 之設計坡度(%)	+1

測點	後視	前視
A	1.369	
B	1.047	0.923
C	1.165	1.036
D	1.274	1.306
C	1.049	1.133
B	0.858	1.060
A		1.302

解答：

測點	後視	前視	高程差(m)		高程觀測值(m)	改正值(m)	改正後高程(m)
			+	−			
A	1.369				100.000	−0.000	100.000
B	1.047	0.923	0.446		100.446	−0.001	100.445
C	1.165	1.036	0.011		100.457	−0.003	100.454
D	1.274	1.306		0.141	100.316	−0.004	100.312
C	1.049	1.131	0.143		100.459	−0.005	100.454
B	0.858	1.058		0.009	100.450	−0.007	100.443
A		1.300		0.442	100.008	−0.008	100.000

閉合差＝＋0.008 m

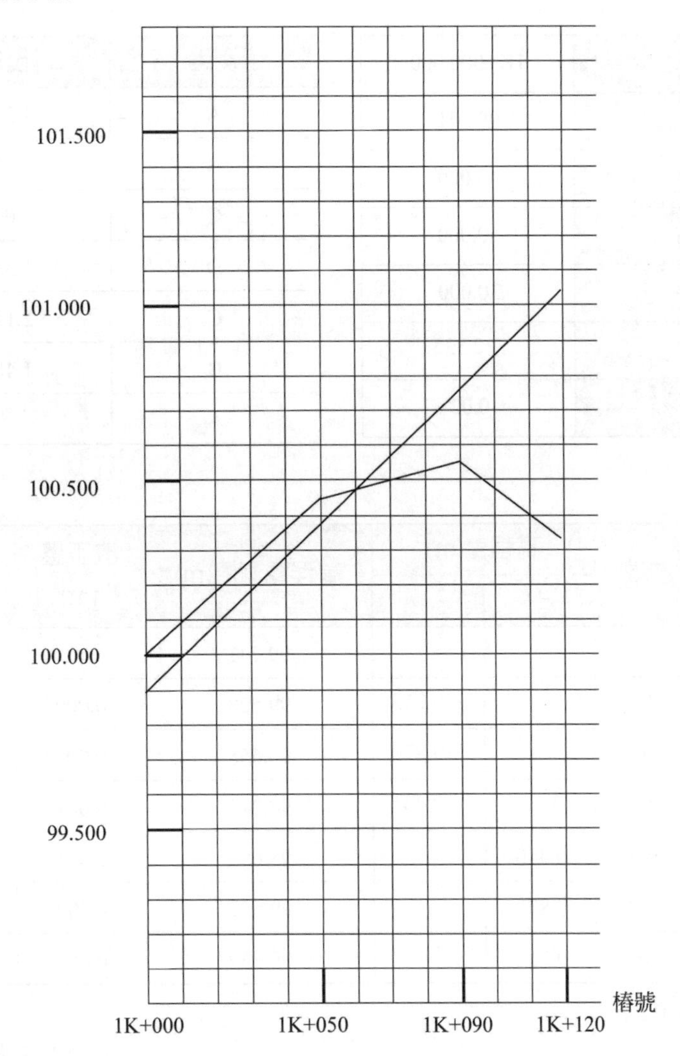

樁號	1K+000	1K+050	1K+090	1K+120
地面高程	100.000	100.444	100.454	100.312
計畫高程	99.900	100.400	100.800	101.100
挖土深度	0.100	0.044		
填土高度			0.346	0.788

無挖填方之中心樁樁號 1K+54.513

2. 已知條件：

中心樁 A 點樁號	1K+000.000
A 點高程(m)	99.741
A 至 B 水平距離(m)	40.000
B 至 C 水平距離(m)	50.000
C 至 D 水平距離(m)	30.000
A 點須挖土(m)	−2.335
自 A 至 D 之設計坡度(%)	0.02

測點	後視	前視
A	1.252	
B	1.231	1.465
C	1.006	2.101
D	1.389	1.447
C	2.114	0.949
B	1.460	1.244
A		1.248

解答：

測點	後視	前視	高程差(m)		高程觀測值(m)	改正值(m)	改正後高程(m)
			+	−			
A	1.252				99.741		99.741
B	1.231	1.465		−0.213	99.528	0.000	99.528
C	1.006	2.101		−0.870	98.658	0.001	98.659
D	1.389	1.447		−0.441	98.217	0.001	98.218
C	2.114	0.949	0.440		98.657	0.001	98.658
B	1.460	1.244	0.870		99.527	0.002	99.529
A		1.248	0.212		99.739	0.002	99.741

閉合差＝−0.002 m

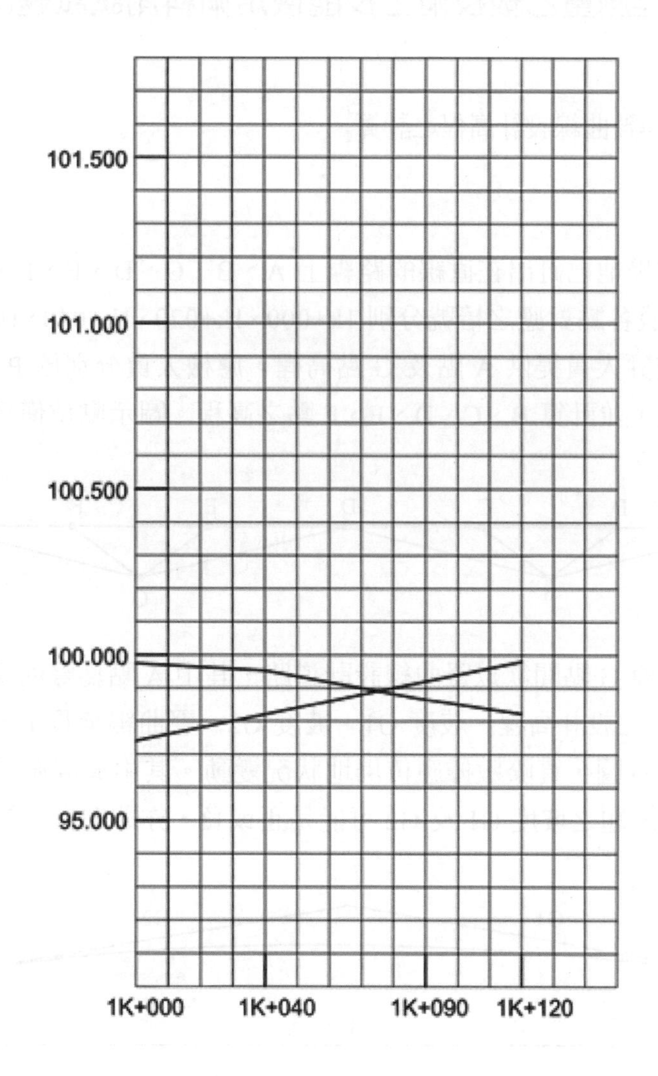

樁號	1K+000	1K+040	1K+090	1K+120
地面高程	99.741	99.530	98.659	98.218
計畫高程	97.406	98.206	99.206	99.806
挖土深度	0.020	1.323		
填土高度			0.547	1.588

無挖填方之中心樁樁號 1K+075.382

測量－工程測量乙級技術士技能檢定術科測試試題(題組九)

試題編號：04202-1060209

試題名稱：縱斷面水準測量與豎曲線設計高程之計算

檢定時間：60 分鐘(含計算)

1. 題目：

(1) 如下圖，測試場地已釘出在直線的路線上 A、B、C、D、E、F、G 等七點，兩點間距離均為 20m，假設各點對應之樁號分別 1k+000、1k+020、1k+040、1k+060、1k+080、1k+100、1k+120。由監評人員提供 A 點及 G 點高程，應檢人員分別於 P 點及 Q 點整置水準儀，進行水準測量，並計算 B、C、D、E、F 點之高程。圖示點位僅為示意圖，實際點位需依現地狀況而定。

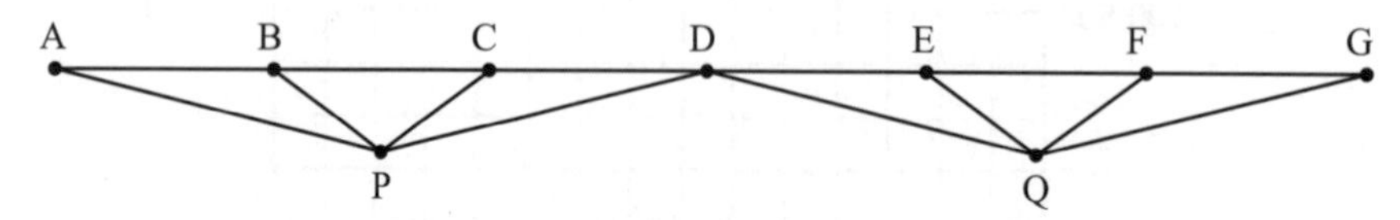

(2) 如下圖，A 點與 G 點間欲以豎曲線設計道路，其中 A 點為豎曲線起點，G 點為豎曲線終點。已知 A 點之設計高程、坡度 G1、坡度 G2、豎曲線全長 L，採用對稱型豎曲線。圖示點位僅為示意圖，實際數據應依場地狀況變動。其中坡度值為正代表上坡，坡度值為負代表下坡。試題之坡度 G1 及 G2 可能是正或負，亦即題目之豎曲線不限下圖之凸型豎曲線。

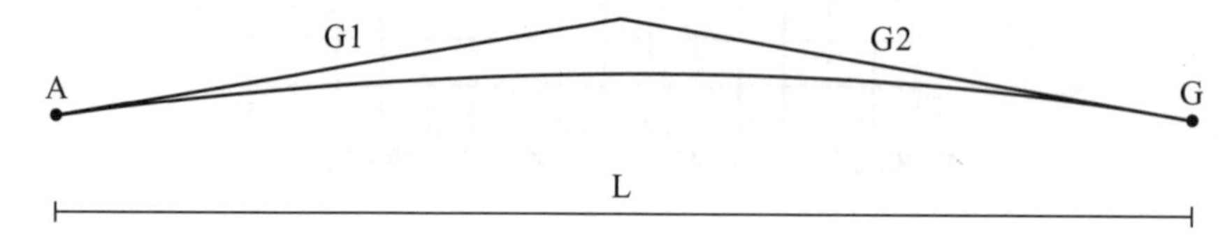

2. 檢定內容：

(1) 實地操作：

應檢人員將水準儀設置於 P 點，依序照準 A、B、C、D 點水準尺，記錄其讀數。

應檢人員再將水準儀設置於 Q 點，依序照準 D、E、F、G 點水準尺，記錄其讀數。

(2) 室內計算：

由 P 點及 Q 點之觀測資料計算 B、C、D、E、F 點之高程。

計算 B、C、D、E、F 點之設計高程。

計算 A、B、C、D、E、F、G 點之挖填土高度。

答案紙中規定須詳列計算式，而未列計算式或計算未完成者，該項以零分計。

高程計算至 0.001m。

於規定時間內收卷，並予評分。

一、工程測量乙級技術士技能檢定術科測試已知資料

A 點高程 H_A(m)	100.000
G 點高程 H_G(m)	100.066
A 點之設計高程(m)	99.900
坡度 G1(%)	+0.7
坡度 G2(%)	−0.5
豎曲線長 L(m)	120

注意事項：

1. 本頁之空白表格隨同試題及答案紙一併發給應檢人員。
2. 必須於應檢人員開始進入計算階段時，監評人員始將已知資料發給該應檢人員。
3. 應檢人員將已知資料填寫於本頁之上列表格後，必須將已知資料立即歸還監評委員。
4. 應檢人員一旦進入計算階段，**不得再次使用儀器**。
5. 交卷時，本頁必須隨同試題及答案紙等一併繳回。

二、答案紙範例

試題編號：04202-1060209

試題名稱：縱斷面水準測量與豎曲線設計高程之計算

應檢人姓名		准考證號碼		檢定日期	___年___月___日

1. 縱斷面水準測量(計算至 0.001m)

點號	後視	視準軸高程	前視		高程
			中間點	轉點	
A	+0.002 1.030	101.032			100.000
B			1.020		100.012
C			1.010		100.022
D	+0.002 1.040	101.075		+0.001 1.000	100.033
E			1.030		100.045
F			1.020		100.055
G				+0.001 1.010	100.066
	[2.070]			[2.010]	

閉合差 $W = (100.000 + 2.070 - 2.010) - 100.066 = (100.060) - 100.066 = -0.006(\text{m})$

2. 計算各樁位之挖填土深度(計算至 0.001m)

樁號	樁頂高程(m)	設計高程(m)	挖土深度(m)	填土高度(m)
A	100.000	99.900	0.100	
B	100.012	100.020		0.008
C	100.022	100.100		0.078
D	100.033	100.140		0.107
E	100.045	100.140		0.095
F	100.055	100.100		0.045
G	100.066	100.020	0.046	

必須詳列求 B 點中心樁之設計高程的計算式：(未詳列計算式或錯誤者，B 點設計高程以零分計。)

$$H = 99.900 + 0.7\% \times 20 + \frac{-0.5\% - 0.7\%}{2 \times 120} \times 20^2 = 100.020\ \text{m}$$

三、工程測量乙級技術士技能檢定術科測試評審表

試題編號：04202-1060209

試題名稱：縱斷面水準測量與豎曲線設計高程之計算

應檢人姓名		准考證號碼		檢定日期	___年___月___日

開始時間：________________　　交卷時間：________________

名稱	編號	評審標準	應得分數	實得分數	
縱斷面水準測量與豎曲線設計高程之計算	1	使用儀器是否適當及熟練	3		觀察應檢人員使用儀器是否正確，定心及定平是否準確。
	2	手簿記錄及計算是否正確	2		記錄是否清晰正確。
	3	B、C、D、E、F 等樁頂之高程	30		必須計算閉合差,並完成閉合差改正，才進行下列評分，否則本項以零分計。 (1) 誤差在±5mm 以內各得 6 分 (2) 誤差在±6~±8mm 各得 4 分 (3) 誤差在±9~±11mm 各得 2 分 (4) 誤差在±12mm 以上得 0 分
	4	B、C、D、E、F、G 等六點之設計高程	30		(1) 誤差在±3mm 以內各得 5 分 (2) 誤差在±4mm 以上得 0 分
	5	A、B、C、D、E、F、G 等七點之挖填土深度	35		(1) 誤差在±5mm 以內各得 5 分 (2) 誤差在±6~±8mm 各得 3 (3) 誤差在±9~±11mm 各得 1 分 (4) 誤差在±12mm 以上得 0 分
	6	使用時間			超過規定之使用時間者總分以零分計。
	總分				

實得分數		評分結果	□及格　□不及格
監評人員簽名 (第一閱)	(請勿於測試結束前先行簽名)	監評人員簽名 (第二閱)	(請勿於測試結束前先行簽名)

縱斷面水準測量與豎曲線設計高程之計算－術科解析

一、觀念提示：

. 豎曲線的形式有凸型及凹形二大類，依二坡度線可為上升坡或下降坡，均可再分為三種類型。

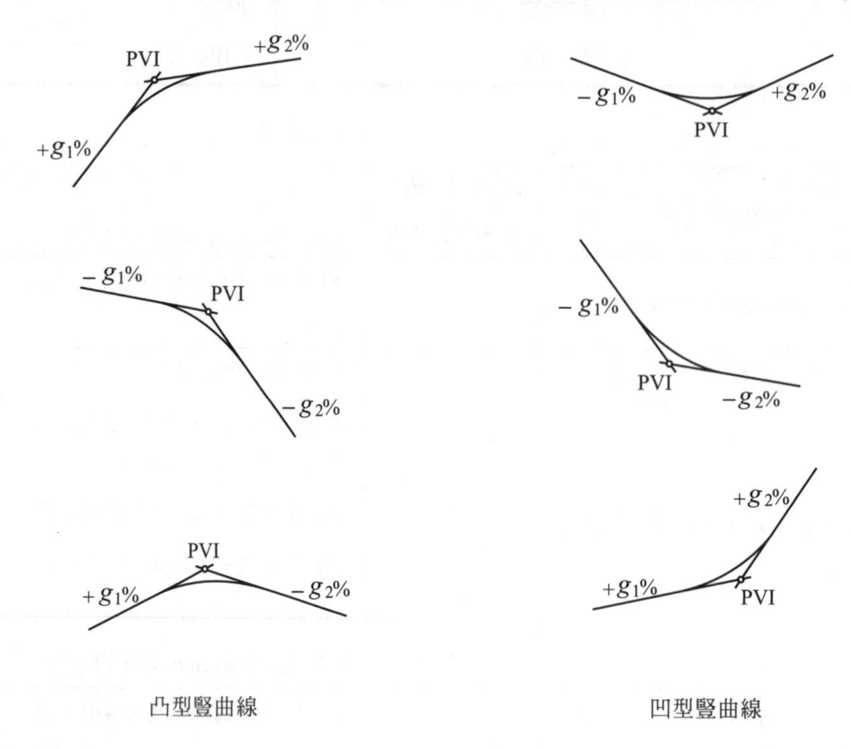

2. 豎曲線中心樁高程

$$H = H_A + g_1 x + \frac{(g_2 - g_1)}{2L} x^2$$ 。

COSIO fx-991 之%符號 [shift] [(] 。

3. 複合水準閉合差=A 點高程+後視總合−轉點(前視)總合−G 點高程。
4. 控填土深度

控填土深度 ＝ 設計高程 － 實際高程

負號填「挖土深度」欄，正號填「挖土高度」欄。

二、外業實作：

1. 於 P 點設置水準儀，依序照準 A、B、C、D 點水準 R，記錄其讀數

縱斷面水準測量(計算至 0.001m)。

點號	後視	視準軸高程	前視		高程
			中間點	轉點	
A	1.030				
B			1.020		
C			1.010		
D				1.000	
E					
F					
G					

2.　於 Q 點設置水準儀，依序照準 O、E、F、G 點，記錄其讀數

點號	後視	視準軸高程	前視		高程
			中間點	轉點	
A	1.030				
B			1.020		
C			1.010		
D	1.040			1.000	
E			1.030		
F			1.020		
G				1.010	

三、內業計算：

1.　縱斷面水準測量閉合差改正

點號	後視	視準軸高程	前視		高程
			中間點	轉點	
A	+0.002 1.030				
B			1.020		
C			1.010		
D	+0.002 1.040			+0.001 1.000	
E			1.030		
F			1.020		
G				+0.001 1.010	
	[2.070]			[2.010]	

閉合差 $W = (100.000 + 2.070 - 2.010) - 100.066 = (100.060) - 100.066 = -0.006(\text{m})$

改正數 $= \dfrac{-(-0.006)}{4} \cong 0.001$ 餘 0.002

故 A、D 二點之後視改正數爲 0.002(讀數較大者，改正數較大。)

D、G 二轉改正數爲 $+0.001$

中間點不參與平差。

2. 縱斷面水準測量計算

縱斷面水準測量(計算至 0.001m)

點號	後視	視準軸高程	前視		高程
			中間點	轉點	
A	+0.002 1.030	101.032			100.000
B			1.020		100.012
C			1.010		100.022
D	+0.002 1.040	101.075		+0.001 1.000	100.033
E			1.030		100.045
F			1.020		100.055
G				+0.001 1.010	100.066

[2.070] [2.010]

A 點視準軸高程 = 100.000 + 1.030 + 0.002 = 101.032

B 點高程 = 101.032 −1.020 = 100.012

C 點高程 = 101.032 − 1.010 = 100.022

D 點高程 = 101.032 − 1.000 + 0.001 = 100.033

D 點視準軸高程 = 100.033 + 1.040 + 0.002 = 101.075

E 點高程 = 101.075 − 1.030 = 100.045

F 點高程 = 101.075 − 1.030 = 100.055

G 點高程 = 101.075 − 1.010 + 0.001 = 100.066

3. 將上表計算結果，填入下表之樁頂高程(m)一欄

樁號	樁頂高程(m)	設計高程(m)	挖土深度(m)	填土高度(m)
A	100.000	99.900		
B	100.012			
C	100.022			
D	100.033			
E	100.045			
F	100.055			
G	100.066			

計算各點之設計高程

$$H_B = H_A + g_1 x + \frac{(g_2 - g_1)}{2L}x^2 = 99.900 + 0.7\%\times 20 + \frac{-0.5\% - 0.7\%}{2\times 120}\times 20^2 = 100.020$$

$$H_C = 99.900 + 0.7\%\times 40 + \frac{-0.5\% - 0.7\%}{2\times 120}\times 40^2 = 100.100$$

$$H_D = 99.900 + 0.7\%\times 60 + \frac{-0.5\% - 0.7\%}{2\times 120}\times 60^2 = 100.140$$

$$H_E = 99.900 + 0.7\%\times 80 + \frac{-0.5\% - 0.7\%}{2\times 120}\times 80^2 = 100.140$$

$$H_F = 99.900 + 0.7\% \times 100 + \frac{-0.5\% - 0.7\%}{2 \times 120} \times 100^2 = 100.100$$

$$H_G = 99.900 + 0.7\% \times 120 + \frac{-0.5\% - 0.7\%}{2 \times 120} \times 120^2 = 100.020$$

樁號	樁頂高程(m)	設計高程(m)	挖土深度(m)	填土高度(m)
A	100.000	99.900		
B	100.012	100.020		
C	100.022	100.100		
D	100.033	100.140		
E	100.045	100.140		
F	100.055	100.100		
G	100.066	100.020		

4. 比較樁頂高程與設計高程，決定挖、填土

樁號	樁頂高程(m)	設計高程(m)	挖土深度(m)	填土高度(m)
A	100.000	99.900	0.100	
B	100.012	100.020		0.008
C	100.022	100.100		0.078
D	100.033	100.140		0.107
E	100.045	100.140		0.095
F	100.055	100.100		0.045
G	100.066	100.020	0.046	

四、竅訣提示

1. 讀者要學習加強練習中各種形式型豎曲線的計算。
2. 使用計算機計算設計高程時，當按出 B 點設計高程公式後，可使用方向鍵去修改豎曲線的長度即可快速求得的其他點位的設計高程。如：

$$H_B = H_A + g_1 x + \frac{(g_2 - g_1)}{2L} x^2 = 99.900 + 0.7\% \times \mathbf{20} + \frac{-0.5\% - 0.7\%}{2 \times 120} \times \mathbf{20^2} = 100.020$$

將上式的二處粗體處的數值依次改成 40、60、80、100 與 120 即可求出設計高程。

五、加強練習

1. 已知條件

A 點高程 H_A (m)	99.108
G 點高程 H_B (m)	100.448
A 點之設計高程(m)	99.002
坡度 G1 (%)	+0.7
坡度 G2 (%)	−0.5
豎曲線長 L(m)	120

縱斷面水準測量(單位：m，計算至 0.001m)

樁號	後視	視準軸高程	前視		高程
			中間點	轉點	
A	1.5286				
B			1.3537		
C			1.2824		
D	1.3918			0.6820	
E			1.3070		
F			0.9708		
G				0.8943	

解答：

(1) 縱斷面水準測量

樁號	後視	視準軸高程	前視		高程
			中間點	轉點	
A	1.5286	100.6343			99.108
B			1.3537		99.281
C			1.2824		99.352
D	1.3918	101.3421		0.6820	99.952
E			1.3070		100.035
F			0.9708		100.371
G				0.8943	100.448

閉合差 $W = (100.000 + 2.070 - 2.010) - 100.060 \quad = \quad -0.006$ m

(2) 計算各樁位之挖填土深度(計算至 0.001m)

點號	樁頂高程(m)	設計高程(m)	挖土深度(m)	填土高度(m)
A	99.108	99.002	0.106	
B	99.281	99.122	0.159	
C	99.352	99.202	0.150	
D	99.952	99.242	0.710	
E	100.035	99.242	0.793	
F	100.371	99.202	1.169	
G	100.448	99.122	1.32	

$$H_B = H_A + g_1 x + \frac{(g_2 - g_1)}{2L} x^2$$

$$H_B = 99.002 + (0.7\%) \times 20 + \frac{-0.5\% - 0.7\%}{2 \times 120} \times 20^2 = 99.122\text{m}$$

2.　已知條件

A 點高程 H_A (m)	99.830
G 點高程 H_B (m)	97.847
A 點之設計高程(m)	99.666
坡度 G1 (%)	−0.7
坡度 G2 (%)	+0.5
豎曲線長 L(m)	120

縱斷面水準測量(單位：m，計算至 0.001m)

點號	後視	視準軸高程	前視		高程
			中間點	轉點	
A	1.1496				
B			1.2808		
C			1.3453		
D	0.7633			2.3489	
E			1.2634		
F			1.0567		
G				1.5482	

解答：

(1)　縱斷面水準測量

點號	後視	視準軸高程	前視		高程
			中間點	轉點	
A	1.1496	100.980			99.830
B			1.2808		99.699
C			1.3453		99.634
D	0.7633	99.395		+0.001 2.3489	98.632
E			1.2634		98.132
F			1.0567		98.339
G				1.5482	97.847
	[1.9129]			[3.8971]	

閉合差 W=99.830+1.9129−3.8971−97.847=0.001m

(2) 計算各樁位之挖填土深度(計算至 0.001m)

點號	樁頂高程(m)	設計高程(m)	挖土深度(m)	填土高度(m)
A	99.830	99.666	0.164	
B	99.699	99.546	0.153	
C	99.634	99.466	0.168	
D	98.632	99.426		0.794
E	98.132	99.426		1.294
F	98.339	99.466		1.127
G	97.847	99.546		1.699

$$H_B = H_A + g_1 x + \frac{(g_2 - g_1)}{2L} x^2$$

$$H_B = 99.666 + (-0.7\%) \times 20 + \frac{0.5\% + 0.7\%}{2 \times 120} \times 20^2 = 99.546\text{m}$$

3. 已知條件

A 點高程 H_A (m)	99.105
G 點高程 H_B (m)	101.005
A 點之設計高程(m)	98.868
坡度 G1 (%)	+0.7
坡度 G2 (%)	+0.5
豎曲線長 L(m)	120

縱斷面水準測量(單位：m，計算至 0.001m)

點號	後視	視準軸高程	前視		高程
			中間點	轉點	
A	1.512	100.617			
B			1.365		
C			0.789		
D	1.361	101.289		0.688	
E			1.441		
F			0.915		
G				0.283	

解答：

(1) 縱斷面水準測量

點號	後視	視準軸高程	前視		高程
			中間點	轉點	
A	1.512	100.617			99.105
B			1.365		99.252
C			0.789		99.828
D	1.361	101.289		−0.001 0.688	99.928
E			1.441		99.848
F			0.915		100.374
G				−0.001 0.283	101.005
	[2.873]			[0.971]	

閉合差 W=99.105+2.873−0.971−101.005=0.002m

(2) 計算各樁位之挖填土深度(計算至 0.001m)

點號	樁頂高程(m)	設計高程(m)	挖土深度(m)	填土高度(m)
A	99.105	98.868	0.238	
B	99.252	99.004	0.248	
C	99.815	99.135	0.716	
D	99.928	99.258	0.570	
E	99.848	99.375	0.473	
F	100.374	99.485	0.889	
G	101.005	99.588	1.417	

$$H_B = H_A + g_1 x + \frac{(g_2 - g_1)}{2L} x^2$$

$$H_B = 98.868 + 0.7\% \times 20 + \frac{0.7\% - 0.5\%}{2 \times 120} \times 20^2 = 99.004\text{m}$$

4. 已知條件

A 點高程 H_A (m)	99.105
G 點高程 H_B (m)	101.005
A 點之設計高程(m)	100.138
坡度 G1 (%)	−0.7
坡度 G2 (%)	−0.5
豎曲線長 L(m)	120

縱斷面水準測量（單位：m，計算至 0.001m）

點號	後視	視準軸高程	前視		高程
			中間點	轉點	
A	1.4356				
B			1.0347		
C			1.0228		
D	0.8757			0.1957	
E			0.7042		
F			0.7047		
G				0.2157	

解答：

(1) 縱斷面水準測量

點號	後視	視準軸高程	前視		高程
			中間點	轉點	
A	1.4356				99.105
B			1.0347		99.506
C			1.0228		99.518
D	0.8757			+0.0001 0.1957	100.346
E			0.7042		100.518
F			0.7047		100.517
G				0.2157	101.005

[2.3113] [0.4114]

閉合差 W=99.105+2.3113−0.4114−101.005=−0.0001m

(2) 計算各樁位之挖填土深度(計算至 0.001m)

點號	樁頂高程(m)	設計高程(m)	挖土深度(m)	填土高度(m)
A	99.105	100.138		1.033
B	99.506	100.001		0.495
C	99.518	99.871		0.353
D	100.346	99.748	0.598	
E	100.518	99.631	0.887	
F	100.517	99.521	0.996	
G	101.005	99.418	1.587	

$$H_B = H_A + g_1 x + \frac{(g_2 - g_1)}{2L} x^2$$

$$\mathrm{H}_B = 100.138 + (-0.7\%)\times 20 + \frac{(-0.5\%)-(-0.7\%)}{2\times 120}\times 20^2 = 8.808\mathrm{m}$$

測量－工程測量乙級技術士技能檢定術科測試試題(題組十)

試題編號：04202-1060210
試題名稱：方格水準測量
檢定時間：60 分鐘(含計算)

1. 題目：
   (1) 已知 A 點高程。
   (2) 於 A 點與 B 點中間設一轉點(TP1)，由應檢人用水準儀於 A 點與轉點、轉點與 B 點間依次設站測定高程差，自行記簿。必須於往測完成後進行返測，返測時之轉點(TP2)與往測時之轉點(TP1)不可以是同一位置。應檢人依據其測量結果計算往返高程差之較差絕對值，並依往返測所得高程差之平均值，計算出 B 點之平均高程。
   (3) 由 B 點測定 C 至 O 等 13 點之高程。
   (4) 擬在該地施行整地作業。若已知地面之設計高程，計算該工程土方不足之數量。
   (5) 欲使該工程之挖填平衡，試求挖填平衡時之地面設計高程。
2. 檢定內容：
   (1) 實地操作：
   由監評委員指定助手協助持水準尺，水準尺須垂直置於點位之鋼釘上。由應檢人用水準儀測定 B 點之高程、C 至 O 等 13 點之高程，並記錄於手簿。圖示點位僅爲示意圖，實際點位需依現地狀況而定。
   (2) 計算：
   若已知地面之設計高程，計算該工程土方不足之數量。計算挖填平衡時之地面設計高程。(計算式須詳列於答案紙上，否則不予計分)

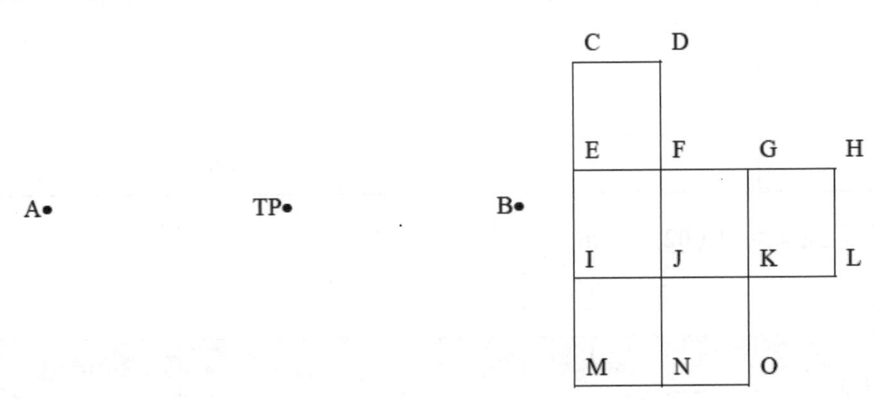

一、測試已知資料範例

試題編號：04202-1060210

A 點高程(m)	19.996
地面之設計高程(m)	24.250
各樁間距(m)	10

注意事項:

1. 本頁之空白表格隨同試題及答案紙一併發給應檢人員。
2. 必須於應檢人員開始進入計算階段時，監評人員始將已知資料發給該應檢人員。
3. 應檢人員將已知資料填寫於本頁之上列表格後，必須將已知資料立即歸還監評委員。
4. 應檢人員一旦進入計算階段，不得再次使用儀器。
5. 交卷時，本頁必須隨同試題及答案紙等一併繳回。

二、觀測紀錄及答案紙範例

觀測紀錄及答案紙範例(1/2)

試題編號：04202-1060210

試題名稱：方格水準測量

應檢人 姓　名		准考證 號　碼		檢定 日期	___年___月___日

注意事項：(1)高程計算至 0.001 m。土方計算至 0.001 m^3。

(2)觀測之數據與計算之數據不符者，總分以零分計。

(3)計算式須列公式及計算過程，否則不予計分。

1. 直接水準測量記錄表

(1) 往測

樁號	標尺讀數(m)		高程差(m)	
	後視	前視	+	−
A	1.702			
TP1	1.800	1.300	0.402	
B		1.200	0.600	

高程差 Δh_{AB} = 1.002 m

(2) 返測

樁號	標尺讀數(m)		高程差(m)	
	後視	前視	+	−
B	1.100			
TP2	1.200	1.690		0.590
A		1.606		0.406

高程差 Δh_{BA} = −0.996 m

(3) 計算往返高程差之較差的絕對值 $|W|$ = 0.006 m

計算高程差之平均值 $\Delta h'_{AB}$ = 0.999 m

計算 B 點高程 H_B = 20.995 m

觀測紀錄及答案紙範例(2/2)

試題編號：04202-1060210

試題名稱：方格水準測量

應檢人 姓　名		准考證 號　碼		檢定 日期	___年___月___日

2.　外業水準高程測量觀測紀錄(單位：m)

測點	後視	視準軸高程	前視	地面高
B	1.353	22.348		20.995
C			1.248	21.100
D			1.148	21.200
E			1.200	21.148
F			1.138	21.210
G			1.130	21.218
H			1.170	21.178
I			1.257	21.091
J			1.271	21.077
K			1.273	21.075
L			1.202	21.146
M			1.432	20.916
N			1.387	20.961
O			1.464	20.884

3.　計算

項目	計算式
若設計高程爲24.250m，土方不足之數量	h1=21.100＋21.200＋21.178＋20.916+21.146+20.884＝126.424 (m) h2=21.148＋21.218＋20.961＋21.091=84.418 (m) h3=21.210＋21.075＝42.285 (m)，h4=21.077 (m) V=(10×10/4)(126.424＋84.418×2＋42.285×3＋21.077×4) ＝12660.575 (m^3) V'=(10×10×24.250×6)－12660.575=1889.425(m^3)
挖填平衡之地面設計高程	H'=12660.575/(10×10×6)=21.101(m)

4.　答案

(1)　若設計高程爲 24.250 m，土方不足 1889.425 m^3。

(2)　挖填平衡時之地面設計高程爲 21.101 m。

三、工程測量乙級技術士技能檢定術科測試評審表

試題編號：04202-1060210

試題名稱：方格水準測量

應檢人 姓　名		准考證 號　碼		檢定 日期	___年___月___日

開始時間：________________　　交卷時間：________________

名稱	編號	評審標準	應得分數	實得分數	說明
高程測量	1	使用儀器是否適當及熟練	4		觀察應檢人員使用儀器是否正確，定心及定平是否準確。
	2	往返高程差之較差的絕對值	10		(1)在 7mm 以內得 10 分 (2)在 8~15mm 得 5 分 (3)在±16mm(含)以上得 0 分
	3	B 點平均高程值	15		(1)誤差在±5mm 以內得 15 分 (2)誤差在±6~10mm 得 8 分 (3)誤差在±11mm(含)以上得 0 分
	4	C 至 O 等 13 點之高程誤差	26		(1)誤差在±5mm 以內各得 2 分 (2)誤差在±6~±8mm 各得 1 分 (3)誤差在±9mm(含)以上得 0 分
土方計算	5	土方不足之誤差	25		(1)誤差在±3.000m^3 以內得 25 分 (2)誤差在±3.100~±6.000m^3 得 16 分 (3)誤差在±6.100~±9.000m^3 得 8 分 (4)誤差在±9.100m^3(含)以上得 0 分
	6	挖填平衡時之地面設計高程計算是否正確	20		(1)誤差在±5mm 以內得 20 分 (2)誤差在±6~±8mm 得 14 分 (3)誤差在±9~±11mm 得 7 分 (4)誤差在±12mm(含)以上得 0 分
	7	使用時間			超過規定之使用時間者總分以零分計。

實得分數		評分結果	□及格　□不及格
監評人員簽名 (第一閱)	(請勿於測試結束前先行簽名)	監評人員簽名 (第二閱)	(請勿於測試結束前先行簽名)

方格水準測量－術科解析

一、觀念提示：

1. 施測建築基地或大面積機場基地整地作業時，常將測區劃分成縱橫等間隔之方格網，各交點釘以木樁，而測出各交點之高程，此種測量方式稱為面積水準測量。本題題庫雖然公佈為六個正方形面積，但可能因考場條件限制而改變樁距甚至於考場點位數，是以應檢人應特別注意針對可能的題型變化加以練習。
2. 方格點如圖所示，可分四種類型，轉角叫角點，周圍叫邊點，拐角叫拐點，中間叫中點。不同類型的方格在計算平均高程時出現的次數有以下規律：

角	邊	邊	角
邊	中	中	邊
角	拐 角	中 邊	邊 角

角點高程出現一次；邊點高程出現二次；拐點高程出現三次；中點高程出現四次。根據這個規律整理可得平均高程的計算通式如下：

$$V=\frac{A}{4}\left[\sum H角+\sum 2H邊+3\sum H拐+4\sum H中\right]$$

整理計算範例可得知；C、G、K、L 及 N 為角點，D、F、H 及 M 為邊點，E 與 J 為拐點，I 則為中點。

二、外業實作：

1. 在 A、TP1 中間，整置儀器。
2. 照準 A 點標尺讀數(1.702)記錄在 A 點之後視，再照準 TP1 點標尺讀數(1.300)，記錄在 TP1 點之前視。
3. 儀器移到 TP1、B 中點整置。
4. 照準 TP1 點標尺讀數(1.800)，記錄在 TP1 點之後視，再照準 B 點標尺讀數(1.200)，記錄在 B 點之前視。
5. 重新整治儀器；移到 B、TP2 中點整置。
6. 照準 B 點標尺讀數(1.100)，記錄在 B 點之後視，再照準 TP2 點標尺讀數(1.690)，記錄在 TP2 點之前視。
7. 儀器移到 TP2、A 中點整置。
8. 照準 TP2 點標尺讀數(1.200)，記錄在 TP2 點之後視，再照準 A 點標尺讀數(1.606)，記錄在 A 點之前視。
9. 儀器搬到 B 與方格水準測量中間整置。
10. 實施方格水準測量，先後視照準 B 點標尺讀數(1.353)，記錄在 B 點之後視，再依次照準 C 點至 O 點標尺讀數，記錄在外業水準高程測量觀測紀錄。

三、內業計算：

1. 直接水準測量記錄表相關計算：

往測高程差 $\Delta h_{AB}=(+0.402)+(+0.600)=1.002\ (m)$，

返測高程差 $\Delta h_{BA}=(-0.590)+(-0.406)=-0.996\ (m)$，

計算往返高程差之較差的絕對值 $|W|=(1.002)+(-0.996)=0.006\ (m)$，

(絕對值符號爲 Abs)

計算高程差之平均值 $\Delta h'_{AB}=\dfrac{1.002+0.996}{2}=0.999\ (m)$，

$H_A=19.996\ m$，計算 B 點高程 $H_B=19.996+\Delta h'_{AB}=20.995m$。

2. 方格水準測量：

(1) 視準軸高程＝已知點地面高＋後視讀數

＝20.995＋1.353＝22.348 m。

C 點地面高程＝視準軸高程－前視讀數

＝22.348－1.248＝21.100 m，餘類推。

(2) 土方數量計算

$h1=21.100+21.200+21.178+20.916+21.146+20.884=126.424\ (m)$，

$h2=21.148+21.218+20.961+21.091=84.418\ (m)$，

$h3=21.210+21.075=42.285\ (m)$，$h4=21.077\ (m)$，

$$V=\left(\frac{10\times10}{4}\right)(126.424+84.418\times2+42.285\times3+21.077\times4)=12660.575\ \ m^3$$。

(3) 計算土方不足之數量

$V'=(10\times10\times24.250\times6)-12660.575=1889.425\ m^3$。

(4) 計算挖填平衡之地面設計高程

$$H'=\frac{12660.575}{(10\times10\times6)}=21.101\ \ m$$。

四、竅訣提示

1. 水準儀之題目難度不高，是以容易讓應檢人輕忽而出錯。建議水準儀題目應試的最佳時間方式爲，在 20 至 30 分鐘的時間內，進行一次的測量後，若還有剩餘時間，必須要再求持尺手再次配合進行一次的複測。亦要妥善利用剩下的 30 分鐘進行內業計算與複算。

2. 水準尺讀數之刻劃方式有多種，讀數時務必須注意，在術科考試當天可提前至試場，檢定試場會在試場展示儀器，可利用此一機會先行熟悉水準尺之讀數方式。乙級工程測量檢定時，此題術科採抽升式水準尺，在檢定過程中，務必要求持尺手將水準尺持直，並注意水準尺抽出時之卡榫有無充分接合。

3. 此一題目雖然難度不高，但在練習及應考的過程當中，應養成計算前先將題目之已知條件與表格仔細先行瀏覽一次。另外各樁之樁距甚至於點位數可能因考場限制而做調整，不可不慎。

五、加強練習

1. 已知條件：

   已知A點高程Ha=20.665 m，地面之設計高程30.000 m，各樁間距爲10 m。

   (1) 直接水準測量記錄

往測			返測		
樁號	標尺讀數(m)		樁號	標尺讀數(m)	
	後視	前視		後視	前視
A	1.403		B	1.455	
TP1	1.434	1.302	TP2	1.506	1.690
B		1.200	A		1.606

   (2) 外業水準高程測量觀測紀錄

   B 點後視 1.627m，方格水準測量個點前視如下表：

測點	後視	視準軸高程	前視	地面高
B	1.627			
C			1.291	
D			1.396	
E			0.787	
F			0.898	
G			0.790	
H			0.871	
I			1.712	
J			1.580	
K			1.065	
L			1.172	
M			1.183	
N			1.611	
O			1.525	

解答：

1. 直接水準測量記錄表

   (1) 往測

樁號	標尺讀數(m)		高程差(m)	
	後視	前視	+	−
A	1.403			
TP1	1.434	1.302	0.101	
B		1.200	0.234	

   高程差 Δh_{AB} = 0.335 m

(2) 返測

樁號	標尺讀數(m)		高程差(m)	
	後視	前視	+	−
B	1.455			
TP2	1.506	1.690		0.235
A		1.606		0.100

高程差 Δh_{BA} = －0.335 m

(3) 計算往返高程差之較差的絕對值 $|W|$ = 0 m

計算高程差之平均值 $\Delta h'_{AB}$ = 0.335 m

H_A = 20.665 m，計算 B 點高程 H_B = 21.000 m。

2. 外業水準高程測量觀測紀錄(單位：m)

測點	後視	視準軸高程	前視	地面高
B	1.627	22.627		21.000
C			1.291	21.336
D			1.396	21.231
E			0.787	21.840
F			0.898	21.729
G			0.790	21.837
H			0.871	21.756
I			1.712	20.915
J			1.580	21.047
K			1.065	21.562
L			1.172	21.455
M			1.183	21.444
N			1.611	21.016
O			1.525	21.102

(1) 若設計高程爲 30.000 m，土方不足 5159.975 m^3。

(2) 挖填平衡時之地面設計高程爲 21.400 m。

2. 已知條件：

已知 A 點高程 Ha=23.250 m，地面之設計高程 24.250 m，各樁間距爲 10 m。

(1) 直接水準測量記錄

往測			返測		
樁號	標尺讀數(m)		樁號	標尺讀數(m)	
	後視	前視		後視	前視
A	1.441		B	1.281	
TP1	1.373	1.355	TP2	1.358	1.373
B		1.281	A		1.444

(2) 外業水準高程測量觀測紀錄

測點	後視	視準軸高程	前視	地面高
B	1.387			
C			0.860	
D			0.474	
E			0.885	
F			0.682	
G			0.562	
H			0.444	
I			0.928	
J			0.840	
K			0.838	
L			0.698	
M			1.130	
N			1.118	
O			0.934	

解答：

1. 直接水準測量記錄表

(1) 往測

樁號	標尺讀數(m)		高程差(m)	
	後視	前視	+	−
A	1.441			
TP1	1.373	1.355	0.086	
B		1.281	0.092	

高程差 Δh_{AB} = 0.178 m

(2) 返測

樁號	標尺讀數(m)		高程差(m)	
	後視	前視	+	−
B	1.281			
TP2	1.358	1.373		-0.092
A		1.444		-0.086

高程差 Δh_{BA} = −0.178 m

(3) 計算往返高程差之較差的絕對值 $|W|$ = 0 m

計算高程差之平均值 $\Delta h'_{AB}$ = 0.178 m

H_A = 25.250m，計算 B 點高程 H_B = 23.428 m。

2. 外業水準高程測量觀測紀錄(單位：m)

測點	後視	視準軸高程	前視	地面高
B	1.387	24.815		23.428
C			0.860	23.955
D			0.474	24.341
E			0.885	23.930
F			0.682	24.133
G			0.562	24.253
H			0.444	24.371
I			0.928	23.887
J			0.840	23.975
K			0.838	23.976
L			0.698	24.277
M			1.130	23.685
N			1.118	23.697
O			0.934	23.881

(1) 若設計高程為 24.250 m，土方不足 147.150 m^3。

(2) 挖填平衡時之地面設計高程為 24.005 m。

專業學科 題庫解析

工作項目1 測繪資料分析

單選題

( ) 1. 誤差依其發生之來源分爲幾種？ (1)二 (2)三 (3)四 (4)五。 (2)

解 測量之誤差分為兩大類，一為誤差的來源，另一為誤差的種類。

誤差的來源：

1. 儀器誤差：因儀器在製造上不夠精密或校正不完善而產生之誤差。
   避免誤差產生之方法：使用前須作一定程序之檢驗與校正。
2. 人為誤差：測量者本身技術未達成熟或是人的習慣因素，所產生之誤差。
   避免誤差產生之方法：作業時僅能予小心謹慎，養成良好之觀測習慣使之減少。
3. 自然誤差：受到自然環境、氣候之影響所產生之誤差。

避免誤差產生之方法：施測後加以改正或是採用適當方法減少其影響。

誤差的種類：

1. 錯誤(過失誤差)：測量員之疏忽，缺乏經驗而產生，此影響甚大。
   避免誤差產生之方法：增加測量次數、重複檢查、熟練施測技巧。
2. 系統誤差：儀器未經準確校正，多次使用後，累積而成大誤差，又稱累積誤差或常差。
   避免誤差產生之方法：施測前儀器必須要加以校正、觀測時採適當測法、施測後所得數值必須要加以改正。
3. 偶然誤差：儀器不夠精密或是自然氣候之變化所引起之誤差，此誤差值有大有小，甚至很小不易查出。
   避免誤差產生之方法：施測時使用不同方法，其結果再加以修正。觀測多次取其平均值亦可消除。

(　　) 2.　在平面測量中，各點之方格北均視為　(1)指向同一點　(2)相交　(3)平行　(4)垂直。　(3)

解　平面測量與大地測量之差異性：

項目	平面測量	大地測量	說明
距離	直線	弧線	每 10 公里弧距與弦長相差 1 公分。
水準面	視為水平面	視為球面	地球曲率影響兩點相距 1 公里有 8 公分之誤差。
水準線	直線	弧線	
子午線與北方方向	視為平行	僅在赤道平行	
垂直線與重力方向	平行	不平行	
三角形內角和	180°	180°＋球面角超	球面三角形之內角和大於相同三點所形成之平面三角形內角和，兩者之差稱為球面角超，以面積 200 公里之三角形，其球面角超約 1 秒。
自然誤差	溫度	溫度、地球曲率及大氣折光差	
精度	低	高	

(　　) 3.　觀測一測線之磁方向角為 $N88°45'E$；而其真方向角為 $N89°45'E$，則觀測地之磁偏角為　(1)1°偏東　(2)1°偏西　(3)2°偏東　(4)2°偏西。　(1)

解
1. 方位角：自子午線北方順時鐘向右旋轉至觀測點與照點之方向線間所夾之水平角。
2. 方向角：自子午線量測觀測點與照點之方向線之間所夾之水平銳角，方向角分成四個象限，符號以南、北兩極(S、N)為主；如 $N\theta W$ 或 $S\theta E$，θ 代表銳角。

   磁偏角為磁北($M.N$)對真北($T.N$)偏轉之角度，本題磁針北端所指方向 $89°45'-88°45'=1°$，偏於真子午線之東，稱磁偏東 1°。

(　　) 4.　子午線收斂角為　(1)方格北與磁北之夾角　(2)磁北與正北之夾角　(3)正北與方格北之夾角　(4)磁針受磁性物質影響偏離磁北所成之夾角。　(3)

解　方格北與真子午線偏轉之角度稱為子午線收斂角(製圖角)。

(　　) 5.　一測線之方位角與其反方位角相差　(1)90°　(2)180°　(3)270°　(4)45°。　(2)

解　方位角與反方位角相差 180°；反方位角＝方位角±180°。

(　　) 6.　若二測線之方向角為 $S30°40'W$；$S50°55'W$，則其夾角為　(1)
(1)20°15'　(2)20°25'　(3)40°25'　(4)81°35'。

解　如圖所示，兩側線均由 NS 軸之 S 方向分別順時針 30°40'與 50°55'，故其夾角應為
$50°55'-30°40'=20°15'$。

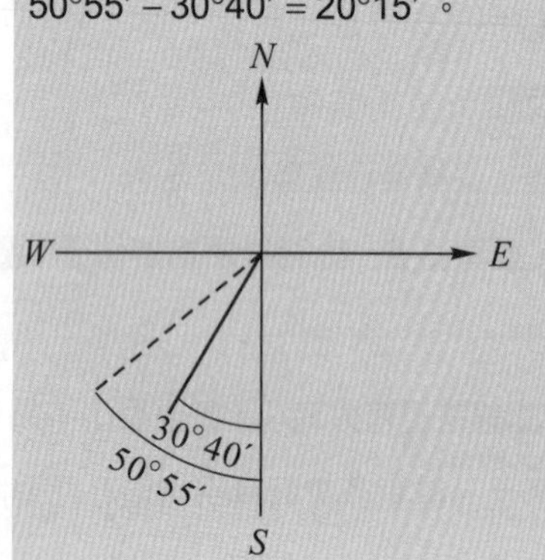

(　) 7. 一測線之方向角爲 $N30°W$，則相當於方位角　(1)150°　(2)210°　(3)240°　(4)330°。　(4)

解　$\phi_{AB} = 360° - 30° = 330°$

(　) 8. 於水準面上任一點作一切面，則在此面上距該點一公里遠處離水準面約有 (1)3cm　(2)5cm　(3)8cm　(4)15cm　之高差。　(3)

解　地球曲率差之改正值 $= \dfrac{D^2}{2R} = \dfrac{1000^2}{2 \times 6370000}(\dfrac{m^2}{m}) = 0.078$ m，地球曲率影響兩點相距 1 公里約有 8 公分之誤差。

(　) 9. 設 AB 及 AC 兩測線之方位角分別爲 165°及 265°，則 $\angle BAC$ 爲 (1)70°　(2)100°　(3)215°　(4)95°。　(2)

解　$\angle BAC = 265° - 165° = 100°$。

(　) 10. 台灣地區水準基面係使用何處之平均海水面？ (1)高雄港　(2)花蓮港　(3)基隆港　(4)蘇澳港。　(3)

解　台灣地區高程系統以基隆驗潮站測得 18.6 年之潮汐觀測值之平均值為起算依據之正高系統。

(　) 11. 作爲高程起算之面爲　(1)水準面　(2)水平面　(3)大地水準面　(4)海平面。　(3)

解　水準基面(大地水準面為)一預先測定之水準面，此面上各點之高程為零，一般以平均海水面為水準基面。

(　) 12. 測量之精度，一般係以 (1)標準誤差（中誤差）　(2)真誤差　(3)平均誤差　(4)或是誤差　表示之。　(1)

解　測量之精度的表示可用標準誤差或是中誤差來表示最為適宜，可分為兩種精度之解題方式來表示，第一、以較差之方式，第二、以標準誤差或是中誤差來表示，以第二種解題方式最為普遍。

(　) 13. AB 長度用鋼卷尺量了 n 次，獲得每次量距之改正數爲 v_i，【vv】$= v_1v_1 + v_2v_2 + \ldots\ldots + v_nv_n$，則最或是值之標準誤差（中誤差）爲 (1) $\pm\sqrt{\dfrac{[vv]}{n-1}}$　(2) $\pm\sqrt{\dfrac{vv}{n+1}}$　(3) $\pm\sqrt{\dfrac{[vv]}{n(n-1)}}$　(4) $\pm\sqrt{\dfrac{[vv]}{n(n+1)}}$。　(3)

解　最小自乘法之算術平均法：同一量複測數次時，各觀測值之標準誤差 $m = \pm\sqrt{\dfrac{[vv]}{n-1}}$ 最或是值之標準誤差 $M = \pm\dfrac{m}{\sqrt{n}} = \pm\sqrt{\dfrac{[vv]}{n(n-1)}}$。

(　) 14. AB 長度用鋼卷尺量了 n 次，獲得每次量距之改正數爲 v_i，$[vv] = v_1v_1 + v_2v_2 + \ldots\ldots + v_nv_n$，則觀測值之標準誤差(中誤差)爲 (1) $\pm\sqrt{\dfrac{[vv]}{n-1}}$　(2) $\pm\sqrt{\dfrac{vv}{n+1}}$　(3) $\pm\sqrt{\dfrac{[vv]}{n(n-1)}}$　(4) $\pm\sqrt{\dfrac{[vv]}{n(n+1)}}$。　(1)

解　參閱第 13 題解析。

( ) 15. 下列各項誤差中，何者不屬於累積誤差？ (1)

(1)量距所用之拉力與標準拉力不同，有時大、有時小所產生之誤差

(2)尺長不合標準又未校正

(3)捲尺量水平距離時未保持水平

(4)標定直線不準確。

解 選項(1)屬於偶然誤差，為相消誤差，多次觀測可減小或相消。餘選項為累積誤差，誤差之大小與觀測次數成正比。

( ) 16. 下列哪一個方向角之讀法錯誤？ (3)

(1)A 點方向角爲 $N35°E$ (2)B 點方向角爲 $S19°E$

(3)C 點方向角爲 $S28°E$ (4)D 點方向角爲 $N20°W$。

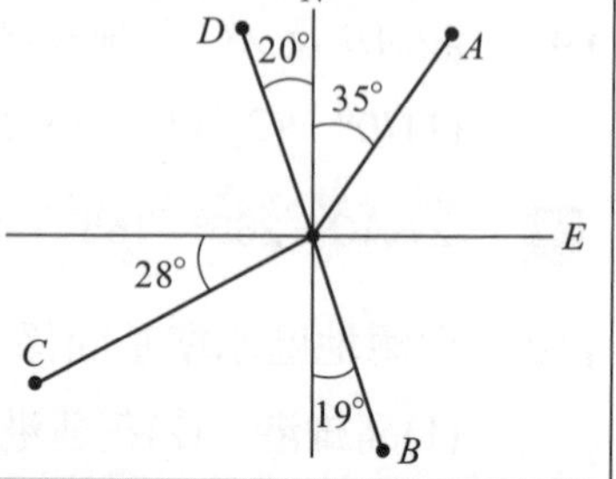

解 方向角為自子午線量測觀測點與照點之方向線之間所夾之水平銳角，分成四個象限；選項(3)之方向角位於第三象限，應記為 $S\theta E$，而 θ 所代表銳角為 $90° - 28° = 62°$。故 C 點方向角為 $S62°E$。

( ) 17. 1970 年測出之磁方向角爲 $N23°E$，磁偏角爲 $1°E$；2000 年時磁偏角爲 $2°W$，則磁方向角讀數變爲 (1)$N26°E$ (2)$N24°E$ (3)$N22°E$ (4)$N20°E$。 (1)

解 依題意如圖(A)所示，1970 年時之磁偏角是 $1°E$，故其真方向角為 $N24°E$。依題意如圖(B)所示，2000 年時磁偏角是 $2°W$ 時，磁方向角讀數 $N(24° + 2°)E = N26°E$。

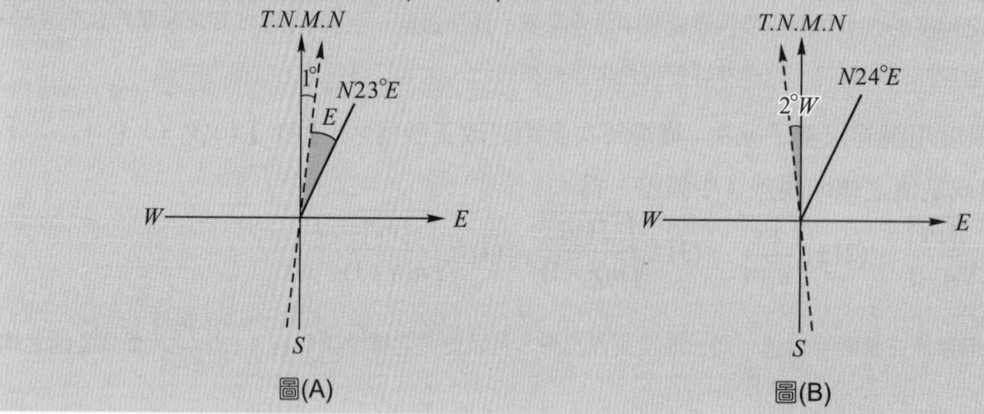

圖(A) 圖(B)

( ) 18. 緯度差 1"，則其對應之地表距離約爲 (1)21m (2)31m (3)41m (4)51m。 (2)

解 緯度為南北緯各九十度(1 度＝六十分)，每一條經線上的一分長度，定義為一海浬。

1 海浬＝1.85 公里，$1.85 \times 60 = 111$ 公里。

1 度約為 111 公里，1"約為 31m。

另解：將地球視為一球體，地球半徑約為 6378000m，半徑角為 206265″ 。

$\frac{1''}{206265''} = \frac{x}{6378000}$ ；$x \approx 31$m。

( ) 19. 若二測線之方向角爲 $N30°40'W$、$S50°55'W$，則其夾角爲 (2)

(1)20°15' (2)98°25' (3)200°15' (4)81°35'。

解 $180° - 30°40' - 50°55' = 98°25'$或 $180° + 30°40' + 50°55' = 261°35'$。

(　) 20. 台灣地區採用 2°分帶 TM 投影，在中央經線測得一段距離在平均海水面長度為 1000.00m，欲求投影面上之長度，其改正數為　(1)0.01m　(2)0.10m　(3)-0.01m　(4)-0.10m。 (4)

解 國際橫麥卡脫投影坐標系統乃係利用以一圓柱體橫切於地球表面，並將地表上之地形投射於此柱面上展開而成。圓柱面與地球相切於一條子午線上，稱為中央經線。在這條經線上，投影面與地球表面是密合相切的，其圖形變形量最小。不同的投影帶，其中央經線也不同。中央經線與與圓柱面相切密合，所以尺度為 1，造成圖面其它地方均被放大。為了讓尺度變化較為均勻，於是將投影坐標乘以某一常數，略為縮小，讓中央經線的尺度略小於 1，逐漸往兩側放大，到投影帶邊緣則略大於 1。這個常數即為中央經線尺度。2°分帶 TM 投影中央經線尺度比為 0.9999，故改正數 $\nu = 1000 \times 0.9999 - 1000 = -0.10$ m。

(　) 21. AB 之方向角為 $S30°W$，則方位角 ϕ_{AB} 為　(1)60°　(2)150°　(3)210°　(4)330°。 (3)

解 $\phi_{AB} = 180° + 30° = 210°$ 。

(　) 22. 一測線之磁方向角為 $S27°40'E$，該地磁偏角為 1°15'偏東，則該測線之真方位角為 (1)153°35'　(2)151°5'　(3)28°55'　(4)26°25'。 (1)

解 依題意如圖(A)所示，磁偏角為偏東能讓讀數減少，該測線之真方向角為 $S(27°40' - 1°15' = 26°25')E$ 。
依題意如圖(B)所示，因為於第二象限，真方位角為 90°+(90° − 26°25') =153°35'

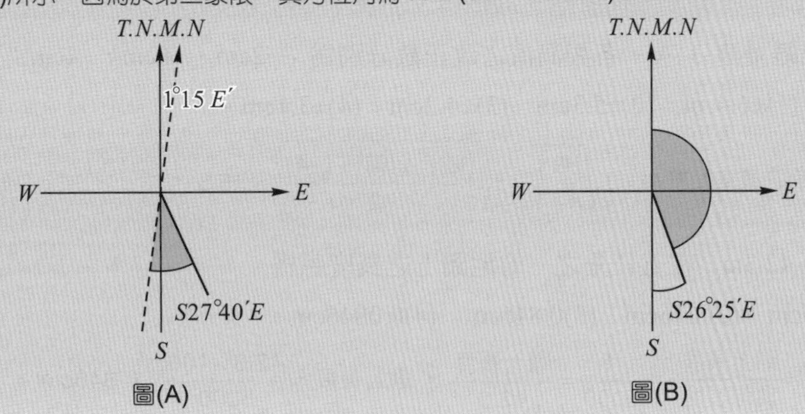

圖(A)　　圖(B)

(　) 23. 已知 AB 測線之方位角為 200°，BC 測線之方向角為 $S80°W$，則兩測線之夾角為 (1)10°　(2)60°　(3)80°　(4)120°。 (4)

解 $\phi_{AB} = 200°$ ，$\phi_{AB} = \phi_{AB} - 180° = 20°$ ，$\phi_{BC} = 80° + 180° = 260°$ ，此題所指兩測線之夾角為兩側線所夾之銳角 = 10°(第三象限) + 90°(第四象限) + 20°(第一象限) = 120°

(　) 24. 平面圖上，一般不需要　(1)圖例　(2)指北線　(3)等高線　(4)接合表。 (3)

解 平面圖僅表示地物之位置，不需等高線來表示地貌起伏之狀態。

(　) 25. 表示比例尺之方法有 (2)
(1)記述法、圖示法、文字法　(2)分數法、文字法、圖示法
(3)長度法、厚度法、深度法　(4)長柱型法、圓柱型法、三角柱法。

解 比例尺之表示法：

1. 分數法：可寫做 1：1000(用「比」表示)或 $\frac{1}{1000}$ (用「比值」表示)。即分數之分子與分母或比例之前項與後項長度單位應相同。且其中分子數值或比例前項數值常以 1 表之，因此分母越大，比例尺越小；分母越小，比例尺越大。此種表示法的優點為便於運算，不必顧慮各國慣用單位之不同。
$比例尺 = \frac{圖上距離}{實際距離}$

2. 文字法：直接用文字說明圖上距離與地面實際距離的比例，如 1 吋比 100 呎或 6 吋比 1 哩等，在使用英制長度單位的國家常見之。由於各國習慣使用之單位不同，有時會為讀圖者帶來困擾，此種表示法較不常用。
3. 圖示法：利用繪出長條形狀的圖以表示比例尺，並等距分隔加註來表示實際代表的距離。此種表示法可兼用分數比例尺或用文字說明其他比例尺之大小。其優點為便於度量，即使地圖影印放大或縮小，亦無礙其正確性。

( ) 26. 下列各比例尺，以何者爲最大？ (1)1/2000 (2)1/1200 (3)1/1000 (4)1/500。 (4)

解 比例尺分子通常為 1。分母越小，比例尺就越大，在同樣圖幅上，比例尺越大，地圖所表示的範圍越小，圖內表示的內容越詳細，精度越高。分母越大，比例尺就越小，地圖上所表示的範圍越大，反應的內容越簡略，精確度越低。

( ) 27. 某一距離量測 3 次，各觀測值之改正數分別爲：−2cm，+6cm，−4cm；則該距離最或是值之標準誤差爲 (1)±6.4cm (2)±5.3cm (3)±4.2cm (4)±3.1cm。 (4)

解 最或是值之標準誤差 $M=\pm\sqrt{\dfrac{[vv]}{n(n-1)}}=\pm\sqrt{\dfrac{(-2)^2+(6)^2+(-4)^2}{3(3-1)}}=\pm3.1$。

( ) 28. 某一距離量測 3 次，各觀測值之改正數分別爲：−2cm，+6cm，−4cm；則觀測值之標準誤差爲 (1)±6.4cm (2)±5.3cm (3)±4.2cm (4)±3.1cm。 (2)

解 各觀測值之標準誤差 $M=\pm\sqrt{\dfrac{[vv]}{n-1}}=\pm\sqrt{\dfrac{(-2)^2+(6)^2+(-4)^2}{2}}\approx\pm5.3$。

( ) 29. 實地長 42.3m，在五仟分之一的地圖上之長度應爲 (1)84.6cm (2)8.46cm (3)0.846cm (4)0.0846cm。 (3)

解 $比例尺=\dfrac{圖上長度}{實際長度}$，$\dfrac{1}{5000}=\dfrac{圖上長度}{42.3}$，$圖上長度=\dfrac{42.3\times100}{5000}=0.846\text{cm}$。

( ) 30. 地形圖比例尺爲 1：25000，已知兩點間之圖面距離爲 50cm，則兩點間實際距離爲 (1)50km (2)25km (3)12.5km (4)5km。 (3)

解 $比例尺=\dfrac{圖上長度}{實際長度}$，$\dfrac{1}{25000}=\dfrac{50}{實際長度}$，$實際長度=1250000\text{cm}=12.5\text{km}$。

( ) 31. 土地面積爲 1 公頃 2 公畝 3 平方公尺，等於 (1)123m^2 (2)1023m^2 (3)1203m^2 (4)10203m^2。 (4)

解 1 公頃＝10000 平方公尺，2 公畝＝200 平方公尺。

( ) 32. 有一塊長方形土地長 400m，寬 100m，其面積爲 (1)0.4 公頃 (2)4 公頃 (3)40 公頃 (4)400 公頃。 (2)

解 公制單位：1 公頃＝100 公畝，1 公畝＝100 平方公尺。

( ) 33. 有一塊長方形土地長爲 100m，寬爲 20m，試問其面積約爲 (1)60.5 坪 (2)121.0 坪 (3)605 坪 (4)1210 坪。 (3)

解 1 平方公尺＝0.3025 坪。

(　　) 34. 在 1/500 比例尺的圖上，量得 *AB* 兩點之距離爲 12cm，則該兩點在 1/1000 比例尺的圖上，其長度爲　(1)3cm　(2)6cm　(3)24cm　(4)48cm。 (2)

解 比例尺 $=\dfrac{圖上長度}{實際長度}$，$\dfrac{1}{500}=\dfrac{12\text{ cm}}{實際長度}$，實際長度 $=12\text{ cm}\times 500=6000\text{ cm}$。

當比例尺變為 $\dfrac{1}{1000}$ 時，$\dfrac{1}{1000}=\dfrac{圖上長度}{6000}$。

圖上長度 $=\dfrac{6000}{1000}=6\text{ cm}$。

另解：比例尺縮小 $\dfrac{1}{2}$，則圖上長度少了 $\dfrac{1}{2}$。$\dfrac{1}{1000}$ 圖上長度 $=12\text{cm}\times\dfrac{1}{2}=6\text{cm}$。

(　　) 35. 假設一直線分爲 3 段施測，各段距離值與標準誤差分別爲：30.000±0.004m、30.000±0.003m、20.000±0.002m，該直線之距離值與標準誤差爲
(1)80.000±0.003m　(2)80.000±0.005m　(3)80.000±0.007m　(4)80.000±0.009m。 (2)

解 該直線之距離 $=30+30+20=80\text{m}$，
標準差 $M_y=\pm\sqrt{0.004^2+0.003^2+0.002^2}=\pm0.005\text{m}$。

(　　) 36. 目前我國五萬分一地形圖是使用
(1)三度分帶 TM 投影　(2)二度分帶 TM 投影　(3)UTM 投影　(4)圓錐投影。 (3)

解 台灣地區各種分帶投影的特性整理如附表，其演進如下：

1. 1949 年，採用國際橫麥卡脫投影坐標系統(簡稱 UTM)，按精度每六度分為一帶，沿赤道自西經 180° 起向東推算，而取每帶之中央經線與赤道交點為該帶區內之坐標原點，如此台灣地區係屬於 50、51 帶之邊緣。
2. 1969 年，台灣地區進行一萬分之一地圖測繪時，鑑於 UTM 坐標系統所測地圖上之尺度比例精度不敷所需，乃改用以經度 121°為中央子午線，三度分帶之 3°TM。
3. 1974 年，為配合五千分之一基本圖測繪及地籍測量上之坐標應用決定採用二度分帶之 2°TM。

坐標系統	修正年度	適用比例尺	中央子午線	尺度比	原點坐標西移(橫坐標平移量)
6°TM (UTM)	1949	$\le\dfrac{1}{25000}$	台灣：東經 123° 澎湖：東經 117°	0.9996	500000m
3°TM	1969	$\dfrac{1}{25000}$ 至 $\dfrac{1}{5000}$	台灣：東經 121°	1.0000	350000m
2°TM	1974	$\ge\dfrac{1}{5000}$	台灣、琉球嶼、綠島、蘭嶼及龜山島等地區：東經 121° 澎湖、金門及馬祖等地區：東經 119° 東沙地區：東經 117° 南沙地區：東經 115°	0.9999	250000m

(　　) 37. 在一地圖上，量度出三點坐標是(20,0)、(0,40)、(30,50)，則此三點所圍之面積是
(1)1400　(2)700　(3)1000　(4)600。 (2)

解 $A=\dfrac{1}{2}\begin{Vmatrix}20 & 0 & 30 & 20\\ 0 & 40 & 50 & 0\end{Vmatrix}=700$

( ) 38. 10cm×10cm 之正方形，在 1/1000 地圖上所表示出之面積是 (3)
(1)$100m^2$ (2)$1000m^2$ (3)$10000m^2$ (4)$100000m^2$。

解 比例尺$^2 = \frac{圖上面積}{實際面積}$，$\left(\frac{1}{1000}\right)^2 = \frac{10\times10}{實際面積}$，實際面積 = 100 cm^2×1000000 = 10000 m^2。

( ) 39. 只顯示地物位置之地圖為 (1)平面圖 (2)斷面圖 (3)地籍圖 (4)地形圖。 (1)

解 地形測量繪製而成之圖籍，如僅表示地物之位置者，稱為平面圖，若表示地物與地貌者稱為地形圖，另外比例尺甚小如百萬分之一以下之地圖，僅能顯示重要地點之地理位置及全區之山脈主峰或河川主流等概況，不能真正表示地形者，為與地形圖有別，特稱為輿圖。

( ) 40. 將地球表面投影於平面上，測繪面積愈大，則畸變差 (2)
(1)不變 (2)愈大 (3)愈小 (4)視經緯度而定。

解 畸變差有分正畸變(枕形畸變)與負畸變(桶形畸變)二種，會隨輻射距離的增大，正負畸變差的絕對值也將增大。

( ) 41. 磁偏角為 (2)
(1)方格北與磁北之夾角 (2)磁北與正北之夾角
(3)正北與方格北之夾角 (4)子午線與正北之夾角。

解 磁偏角：正北量至磁北之夾角。
方格偏角：正北量至方格北之夾角。此角度稱為製圖角。

( ) 42. 1/50000 地圖之四圖隅點，均註有 (3)
(1)方格坐標數值 (2)地籍坐標數值 (3)經緯度數值 (4)縱橫距坐標數值。

解 採用矩形分幅的大比例尺地形圖分有內圖廓和外圖廓。內圖廓就是地形圖的邊界線，也是坐標格網線。在內圖廓外四角處註有坐標值，在內圖廓的內側，每隔 10 cm 繪有 5 mm 長的坐標短線，並在圖幅內繪製為每隔 10 cm 的坐標格網交叉點。

( ) 43. 在甲圖上量得兩叉路間之長為 12cm，另於 1/25000 之乙圖上量得相同兩點間長為 2.4cm，則甲圖之比例尺為 (1)1/10000 (2)1/15000 (3)1/5000 (4)1/500。 (3)

解 甲圖上量得之長為乙圖之$\frac{12}{2.4}=5$倍，故比例尺增加五倍$\frac{1}{25000}\times5=\frac{1}{5000}$。
另解：比例尺 = $\frac{圖上長度}{實際長度}$，$\frac{1}{25000}=\frac{2.4\ cm}{實際長度}$，實際長度 = 2.4 cm×25000 = 60000 cm。
比例尺 = $\frac{12}{60000}=\frac{1}{5000}$。

( ) 44. UTM 之帶區劃分自西經 180°起，每 6°為一帶，全球共 (3)
(1)30 帶 (2)40 帶 (3)60 帶 (4)70 帶。

解 UTM 帶區的劃分是自西經 180° 起，向東量至東經 180° 止，每隔 6°分為一帶，共有 60 帶，以阿拉伯數字 1 至 60 為註記。另自南緯 80° 起至北緯 80° 止，每隔 8° 劃分為一區共有 20 區，以英文母 C 至 X (I、Q 不用)為註記，亦即在此範圍內共形成 1,200 個帶區。

( ) 45. 在 1/5000 圖上量得 $1cm^2$ 之面積相應實地多少 m^2？ (1)50 (2)250 (3)2500 (4)5000。 (3)

解 比例尺$^2 = \frac{圖上面積}{實際面積}$，$\left(\frac{1}{5000}\right)^2 = \frac{1}{實際面積}$，實際面積 = $1cm^2$ × 25000000 = 2500 m^2。

( ) 46. 在一 1/1000 比例尺圖上長 100mm、寬 50mm 圍成之面積，其實地面積爲 (2)

(1)151.25 坪 (2)50 公畝 (3)0.68 甲 (4)5800 平方公尺。

解 比例尺$^2=\dfrac{圖上面積}{實際面積}$，$\left(\dfrac{1}{1000}\right)^2=\dfrac{100\times 5cm^2}{實際面積}$，實際面積$=5\times10^7 cm^2=5000m^2=50$ 公畝$=1512.5$ 坪$=0.5155$ 甲。

( ) 47. 台灣本島(不含澎湖)所採用之橫麥卡托投影座標系統，其帶寬(經度間距)爲 (1)

(1)2° (2)3° (3)4° (4)6°。

解 参閱第 36 題解析。

( ) 48. 正三角形邊長爲 47 公里，則其面積爲多少 km^2？ (4)

(1)1005.3 (2)896.7 (3)935.2 (4)956.5。

解 正三角形之邊長為 47 公里所圍之面積 $A=\dfrac{\sqrt{3}}{4}a^2=\dfrac{\sqrt{3}}{4}47^2=956.5\,km^2$。

( ) 49. $85m^2$ 相當 (1)22.7 坪 (2)23.7 坪 (3)24.7 坪 (4)25.7 坪。 (4)

解 公制、台制互換：1 平方公尺＝0.3025 坪；1 坪＝3.3058 平方公尺；1 甲＝0.9699 公頃＝2934 坪。
$85\times0.3025\approx25.7$ 坪。

( ) 50. 台灣地區採用二度 TM 座標系統，其中央子午線之尺度比率爲 (2)

(1)1 (2)0.9999 (3)0.9996 (4)0.9993。

解 参閱第 36 題解析。

( ) 51. 下列各種不同比例尺的地形圖中，何者精度最高？ (1)

(1)1：500 (2)1：1000 (3)1：5000 (4)1：25000。

解 参閱第 26 題解析。

( ) 52. 台灣地區採用二度 TM 座標系統，其中央子午線爲 (2)

(1)120°E (2)121°E (3)122°E (4)123°E。

解 参閱第 36 題解析。

( ) 53. 在圖上量得一面積爲 $500m^2$，但因圖紙係縱向縮小 1%，橫向縮小 3%，故真正面積應爲 (1)

(1)$521m^2$ (2)$512m^2$ (3)$490m^2$ (4)$480m^2$。

解 $A'=A\left[1+(\pm p\pm q)\%\right]$ 伸縮後真正面積 A'，實地面積 A，$A'=500\times(1+0.01+0.03)=521$。

( ) 54. 目前台灣地區使用二度 TM 座標系統，其中央子午線與赤道交點之橫座標爲 (3)

(1)500000m (2)350000m (3)250000m (4)150000m。

解 参閱第 36 題解析，TM2 度分帶因東經 120 至 122 兩度的範圍正好涵蓋整個台灣地區，可以減少跨區計算的不便，且恰好可與南北狹長的地形相吻合。但如此會有部分地區落於坐標的第三象限，即橫坐標為負值，故將橫坐標西移 250,000 公尺，而台灣位於赤道的北邊，縱坐標皆為正值，如此可令橫坐標與縱坐標同為正值。

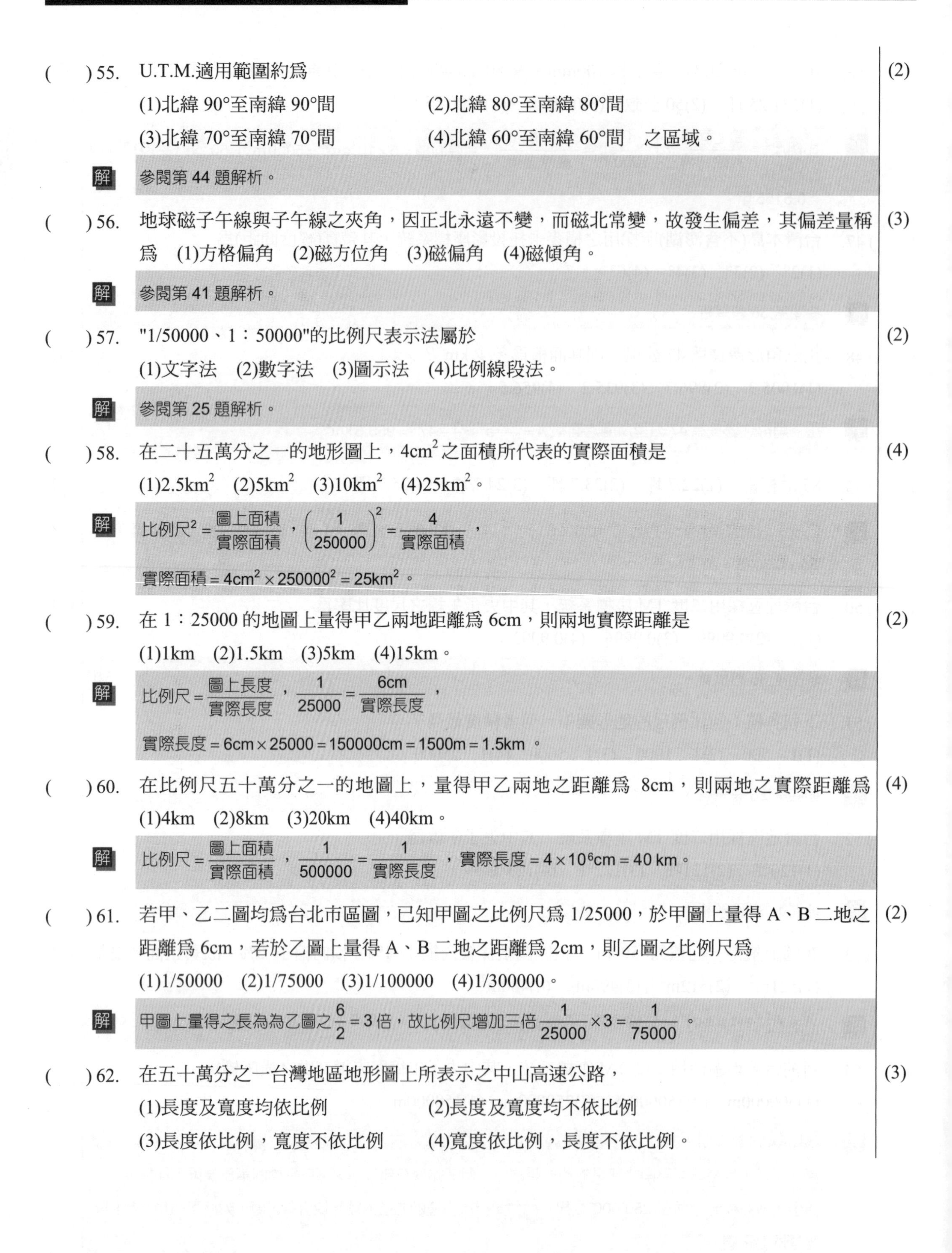

( ) 55. U.T.M.適用範圍約為 (2)

(1)北緯 90°至南緯 90°間 (2)北緯 80°至南緯 80°間

(3)北緯 70°至南緯 70°間 (4)北緯 60°至南緯 60°間 之區域。

解 參閱第 44 題解析。

( ) 56. 地球磁子午線與子午線之夾角，因正北永遠不變，而磁北常變，故發生偏差，其偏差量稱為 (1)方格偏角 (2)磁方位角 (3)磁偏角 (4)磁傾角。 (3)

解 參閱第 41 題解析。

( ) 57. "1/50000、1：50000"的比例尺表示法屬於 (2)

(1)文字法 (2)數字法 (3)圖示法 (4)比例線段法。

解 參閱第 25 題解析。

( ) 58. 在二十五萬分之一的地形圖上，$4cm^2$ 之面積所代表的實際面積是 (4)

(1)$2.5km^2$ (2)$5km^2$ (3)$10km^2$ (4)$25km^2$。

解 $比例尺^2 = \frac{圖上面積}{實際面積}$，$\left(\frac{1}{250000}\right)^2 = \frac{4}{實際面積}$，

$實際面積 = 4cm^2 \times 250000^2 = 25km^2$。

( ) 59. 在 1：25000 的地圖上量得甲乙兩地距離為 6cm，則兩地實際距離是 (2)

(1)1km (2)1.5km (3)5km (4)15km。

解 $比例尺 = \frac{圖上長度}{實際長度}$，$\frac{1}{25000} = \frac{6cm}{實際長度}$，

$實際長度 = 6cm \times 25000 = 150000cm = 1500m = 1.5km$。

( ) 60. 在比例尺五十萬分之一的地圖上，量得甲乙兩地之距離為 8cm，則兩地之實際距離為 (4)

(1)4km (2)8km (3)20km (4)40km。

解 $比例尺 = \frac{圖上面積}{實際面積}$，$\frac{1}{500000} = \frac{1}{實際長度}$，$實際長度 = 4 \times 10^6cm = 40\ km$。

( ) 61. 若甲、乙二圖均為台北市區圖，已知甲圖之比例尺為 1/25000，於甲圖上量得 A、B 二地之距離為 6cm，若於乙圖上量得 A、B 二地之距離為 2cm，則乙圖之比例尺為 (2)

(1)1/50000 (2)1/75000 (3)1/100000 (4)1/300000。

解 甲圖上量得之長為為乙圖之 $\frac{6}{2} = 3$ 倍，故比例尺增加三倍 $\frac{1}{25000} \times 3 = \frac{1}{75000}$。

( ) 62. 在五十萬分之一台灣地區地形圖上所表示之中山高速公路， (3)

(1)長度及寬度均依比例 (2)長度及寬度均不依比例

(3)長度依比例，寬度不依比例 (4)寬度依比例，長度不依比例。

解 地物符號根據地物的大小、測圖比例尺和描繪方法的不同，可分為以下幾類：

1. 地物註記：用文字、數字或特有符號對地物加以說明。
2. 比例符號：有些地物的輪廓較大，如房屋、運動場、湖泊、森林等，他們的形狀和大小可依比例尺縮繪在圖上，稱為比例符號。在用圖時，可以從圖上量得他們的大小和面積。
3. 非比例符號：有些地物，如三角點、水準點等，輪廓較小，無法將其形狀、大小依比例畫到圖上，則不考慮其實際大小，而採用規定的符號表示之，這種符號稱非比例符號。
4. 半比例符號(線形符號)：對於一些帶狀延伸地物(如道路、通訊線、管道等)，其長度可依測圖比例尺縮製，而寬度無法依比例表示的符號，稱為半比例符號。

題目中的中山高速公路為半比例符號，因此可以從圖上量取他們的長度，而不能確定他們的寬度。

(　　) 63. 台灣地區 1/5000 基本圖方格線之實際長度爲　(1)100m　(2)200m　(3)500m　(4)1000m。 (3)

解 地圖之方格線一格為 10 cm。

比例尺 $=\frac{\text{圖上面積}}{\text{實際面積}}$，$\frac{1}{5000}=\frac{10\text{ cm}}{\text{實際長度}}$，實際長度 $=10\text{ cm}\times 5000=50000\text{ cm}=500\text{ m}$。

(　　) 64. 相同經緯距之圖幅所涵蓋實地面積，低緯度者較高緯度者爲 (2)
(1)小　(2)大　(3)相等　(4)視比例尺而定。

(　　) 65. 若一捲尺之刻劃長度爲 20m，但實際長度比 20m 多出 Δ，假設以一捲尺量測距離 D，則 D 含有因尺長不準確所產生之誤差，此誤差稱爲 (3)
(1)大誤差　(2)偶然誤差　(3)系統誤差　(4)粗差。

解 卷尺直接量距之誤差來源有下：

1. 人為誤差：拉力不均、對準、讀數或是記錄錯誤。
   避免誤差產生之方法：作業時僅能予小心謹慎，養成良好之觀測習慣使之減少。
2. 儀器誤差：卷尺長度不準確、測針或是標桿不直。
   避免誤差產生之方法：使用前須作一定程序之檢驗與校正。
3. 自然誤差：卷尺受溫度、風、重力等影響，結果造成誤差。
   避免誤差產生之方法：施測後加以改正或是採用適當方法減少其影響。

卷尺直接量距之誤差種類：

1. 錯誤：測量員之疏忽，缺乏經驗而產生，此影響甚大。例如讀數錯誤、記錄錯誤、誤認零點。
   避免誤差產生之方法：增加測量次數、重複檢查、熟練施測技巧。
2. 系統誤差：儀器未經準確校正，多次使用後，累積而成大誤差，又稱累積誤差。
   例如
   (1) 卷尺與標準尺比較時兩者長度不符。
   (2) 所量得的距離為斜距。
   (3) 因溫度變化造成尺長改變。
   (4) 因拉力變化造成尺長改變。
   (5) 卷尺因懸空而下垂，使讀數大於實際長度。
   (6) 量距處高於或低於平均海水面甚多時，造成尺長改變。
   避免誤差產生之方法：施測前儀器必須要加以校正、施測後所得數值必須要加以改正。

3. 偶然誤差：儀器不夠精密或是自然氣候之變化，所引起之誤差，此誤差值有大有小，甚至很小不易查出。

避免誤差產生之方法：施測時使用不同方法，其結果再加以修正，或多次觀測取平均值。

( ) 66. 如下圖所示，假設 A、B、O、O' 位於一平面上，O 為測站地面點位，A、B 分為照準點地面點位，O' 為經緯儀中心於地面之投影點位，因定心不正確所造成之偏心距 $OO'=3\text{mm}$，距離 $OA=OB=60\text{m}$，$O'A=O'B$，觀測水平角 $\angle AO'B=100°$(內角)，則定心誤差對正確水平角 $\angle AOB$(內角)之影響量為何？ (1)14.3 秒 (2)14.8 秒 (3)15.8 秒 (4)16.5 秒。 (3)

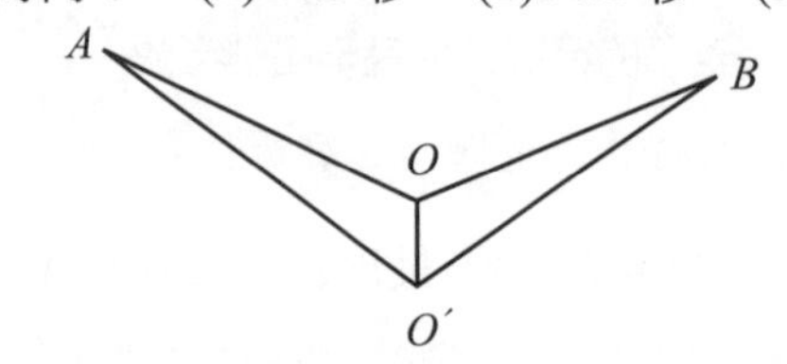

( ) 67. 於 GIS 中，下列何者非向量式之單一空間物件格式？ (1)點 (2)線 (3)面 (4)像元。 (4)

解 GIS 圖形資料中，一般使用二種主要基本資料模型，分別為向量式(Vector)與網格式(Raster)二者。向量式資料模型是以<u>點、線與多邊形(面)</u>所構成，點圖徵的位置(如鑽探孔位)，可以用一個單一的坐標點表示；線圖徵(如道路與河流)是以一連串的坐標點所表示；多邊形圖徵(如銷售範圍或河流集水區)是以一連串封閉迴路的坐標點所表示。向量式資料模型非常適合用來表示離散式(Discrete)的資料，但對於連續性變化的資料如土壤性質或到達某地所需花費的時間則無法表達。網格式資料模型就是因應連續性資料需求日益增多逐漸演進而來。不管採用向量式或網格式資料模型來儲存地理資料，各有其優缺點，現在大部分的 GIS 系統均能同時處理與應用這兩種資料模型。

( ) 68. 於 GIS 中，下列何者非位相(Topology)關係？ (4)
(1)連結性接 (2)區域定義 (3)鄰接性 (4)方位角。

解 位相關係：也可稱為拓樸關係，主要在描述圖形間相對位置的關聯性。因地圖中的空間相互關係可由地圖使用者來推倒獲判讀，但在數值資料庫中，電腦卻無此能力，所以我們必須另外將這些互相關係的資訊是先儲存於電腦中。其模式包含：

1. 連結性(Connectivity)：每一線段均紀錄其起點與終點節點(Node)的代碼，因此因此共用一節點的線段是相連接的線段。
2. 區域定義(Area Definition)：區域 (Area)的定義乃是記錄其所組成的線段，每一線段有一碼，區域僅需紀錄組成各線段的代碼。因此相鄰區域可共用一線段，減少了重覆線段儲存的浪費及可能誤差。
3. 鄰接性(Contiguity)：每一線段均有方向性(起點→ 終點)，因此各線段在左、右兩邊區域代碼亦可記錄下來，系統可由此資料推導兩個區域是否相鄰。

( ) 69. 以電子測距儀測量一段斜距，其值為 828.119m，電子測距儀之精度為±(3mm+2ppm)，儀器定心誤差為±3mm，稜鏡定心誤差為±5mm，請估計此段斜距之誤差 (2)
(1)±5.8mm (2)±6.8mm (3)±7.8mm (4)±8.8mm。

解 常數部分誤差量為 $M_a=3$，比例部分誤差量為 $m_b=B\text{ppm}\times D=2\times10^{-6}\times828.119\times1000=2\text{mm}$，儀器定心誤差量為 $m_c=3$，儀器照準誤差量為 $M_d=5$，觀測量之誤差 m 依誤差傳播定律可知 $m^2=m_a^2+m_b^2+m_c^2+m_d^2$，$m=\pm\sqrt{3^2+2^2+3^2+5^2}=\pm6.8\text{mm}$。

(　　) 70.　於 GIS 空間分析中，沿著所選定的道路建立新多邊形，此功能稱爲　(2)

(1)點環域功能　(2)線環域功能　(3)面環域功能　(4)多邊形環域功能。

解　向量資料是由點、線、面所組成，其進行環域分析時各有不同的成果產生。點環域是以點為中心向外設定距離或以某一筆屬性定義環域的範圍，最常用在服務圈、商圈或是視域分析上。<u>線環域乃沿著所選定的道路建立新多邊形，在道路拓寬或徵收道路兩旁土地時，可分析拓寬範圍或徵收的影響範圍</u>。面環域功能可用於動植物生態保育區的劃定。

(　　) 71.　下列各種攝影測量，何者非以攝影方式來區分？　(4)

(1)航空攝影測量　(2)近景攝影測量　(3)地面攝影測量　(4)解析攝影測量。

解
1. 以距離遠近的攝影方式來區分：可分為航天攝影測量、航空攝影測量、近景攝影測量、地面攝影測量、顯微攝影測量。
2. 以用途來區分：可分為地形攝影測量與非地形攝影測量
3. 以技術來區分：可分為模擬攝影測量、解析攝影測量與數字攝影測量。
4. 以特殊性來區分：可分為雷達攝影測量、雙介質(多介質)攝影測量、X 射線攝影測量。

解析攝影測量是指通過攝像機的參數，測量相片坐標和地面控制點，經縝密地數學計算得出物體空間坐標的一種方法。

(　　) 72.　如下圖所示，假設 A、O、C 位於一平面上，O 爲測站地面點位，A 爲照準點地面點位，B 爲稜鏡中心點，C 爲 B 於地面之投影點位，A 與 B 不在同一垂線上，距離 $OA=60.0$m，距離 $AB=1.6$m，$\angle ABC=15$ 秒，觀測水平角時照準 B，此時對正確水平方向觀測之影響爲何？　(2)

(1)0.2 秒　(2)0.4 秒　(3)0.6 秒　(4)0.8 秒。

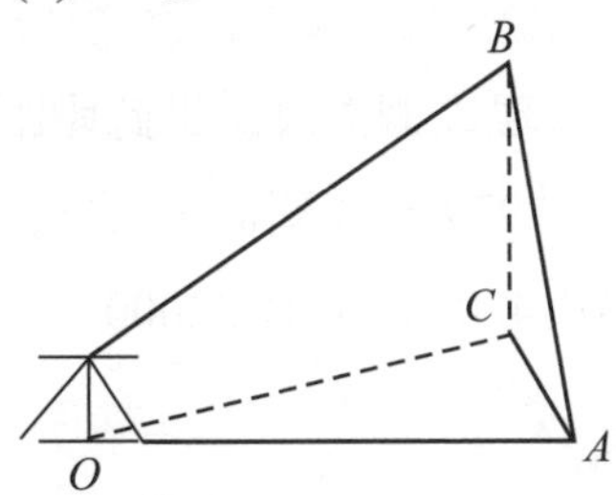

(　　) 73.　於遙感探測(Remote Sensing)中，若一物體吸收所有綠、紅波譜的能量，則其呈現何種顏色　(1)

(1)藍色　(2)黃色　(3)白色　(4)紫色。

解　紅綠藍三原色(即 RGB)，可用加色法或減色法合成物體的色彩。

減色法(濾光法)，其中一種方式是僅讓一種光線透過。如：

(1)吸收綠、藍光，呈現紅色。

(2)吸收紅、藍光，呈現綠色。

<u>(3)吸收綠、紅光，呈現藍色。</u>

( ) 74. 於電子經緯儀之光柵度盤測角系統中，其於光學玻璃上依一定密度及方向均勻交替刻劃透明與不透明輻射狀線條，如將兩塊刻劃密度相同之光柵度盤重疊，並使其刻劃相互傾斜一個很小的角度，此時就會產生明暗相間的條紋，此稱為 (2)

(1)斯涅爾條紋 (2)莫爾條紋 (3)高斯條紋 (4)邁克森條紋。

解 為了能提高測角精度，電子經緯儀之光柵度盤必須再做進一步的細分，所以在光柵度盤測角系統中採用了莫爾條紋技術。

莫爾條紋原理如題目所敘述。電子經緯儀使用的光柵度盤，發光管發出的光信號通過莫爾條紋落到光電接收管上，度盤每轉動一柵距，莫爾條紋就移動一個周期。為了提高測角精度和角度分辨率，在每個週期內再均勻地內插 n 個脈衝信號，相當於光柵刻劃線的條術又增加了 n 倍，即角度分辨率就提高了 n 倍。

( ) 75. 下列何者非雷射掃瞄儀(地面光達)最大可測距離之受限因素？ (3)

(1)雷射強度 (2)目標物反射率 (3)定心誤差 (4)光束散射。

解 定心誤差影響測距精度，與最大可測距離無關。

( ) 76. 某段距離之真值為 49.984m，現以鋼捲尺測量此段距離 6 次，讀數如下：49.988、49.986、49.981、49.980、49.988、49.979，請問該鋼捲尺 6 次測量距離平均值的中誤差為 (1)

(1)±1.55mm (2)±2.55mm (3)±1.69mm (4)±4.55mm。

解

$v_1=(49.984-49.988)^2=0.0000160$

$v_2=(49.984-49.986)^2=0.0000040$

$v_3=(49.984-49.981)^2=0.0000090$

$v_4=(49.984-49.980)^2=0.0000160$

$v_5=(49.984-49.988)^2=0.0000160$

$v_6=(49.984-49.979)^2=0.0000250$

$$\sigma=\pm\sqrt{\frac{\sum_{i=1}^{n}[vv_i]}{n}}=\pm\sqrt{\frac{v_1+v_2+v_3+v_4+v_5+v_6}{6}}=\pm0.00379\ (m)$$

$$M=\pm\frac{\sigma}{\sqrt{n}}=\pm0.00155\ (m)=\pm1.55\ mm$$ 。

( ) 77. 某段距離之真值為 49.984m，現以鋼捲尺測量此段距離 6 次，讀數如下：49.988、49.986、49.981、49.980、49.988、49.979，請問該鋼捲尺 6 次測量距離平均值的相對誤差為 (4)

(1)1/12000 (2)1/22000 (3)1/42000 (4)1/32000。

解 相對誤差 $M=\frac{0.00155}{49.984}\approx\frac{1}{32000}$ 。

( ) 78. 某段距離之真值未知，現以鋼捲尺測量此段距離 6 次，讀數如下：49.988、49.986、49.981、49.980、49.988、49.979，請問該距離最或是值的中誤差為 (1)

(1)±1.69mm (2)±2.55mm (3)±1.55mm (4)±4.43mm。

解　最或是值 $\frac{49.988+49.986+49.981+49.980+49.988+49.979}{6}=49.984\ (m)$。

$v_1=(49.984-49.988)^2=0.0000160$

$v_2=(49.984-49.986)^2=0.0000040$

$v_3=(49.984-49.981)^2=0.0000090$

$v_4=(49.984-49.980)^2=0.0000160$

$v_5=(49.984-49.988)^2=0.0000160$

$v_6=(49.984-49.979)^2=0.0000250$

觀測值中誤差

$$\sigma=\pm\sqrt{\frac{\sum_{i=1}^{n}[vv_i]}{n-1}}=\pm\sqrt{\frac{v_1+v_2+v_3+v_4+v_5+v_6}{6-1}}=\pm0.00415\ (m)$$

本題與 76 題不同之處，76 題真值已知，本題真值是未知，僅能求得最或是值，故自由度少一：$n-1=5$。

$3\sigma=\pm0.01245$，利用來因達準則判別，6 個測量值之殘餘誤差絕對值均小於 3σ，故沒有粗大誤差。

最或是值中誤差

$$M=\pm\frac{\sigma}{\sqrt{n}}=\pm0.00169\ (m)=\pm1.69\ mm$$ 。

(　　) 79. 如下圖所示，$\angle C=90°$，斜邊 $S=163.563m\pm0.004m$，角度 $\alpha=32°15'26''\pm5''$，假設 S 與 α 之觀測誤差獨立，請問高差 Δh 之中誤差為　(1)±2mm　(2)±3mm　(3)±4mm　(4)±5mm。　(3)

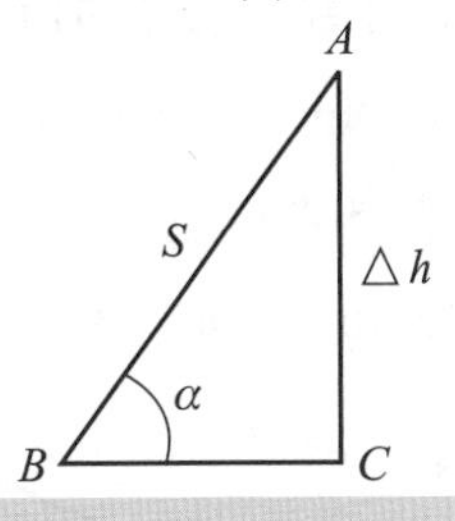

解

$$\sigma_{\Delta h}=\pm\sqrt{\left(\frac{\partial\Delta h}{\partial S}\right)^2\times\sigma_S{}^2+\left(\frac{\partial\Delta h}{\partial\alpha}\right)^2\times\sigma_\alpha{}^2}$$

$$=\pm\sqrt{\sin\alpha^2\times\sigma_S{}^2+(S\times\cos\alpha)^2\times\sigma_\alpha{}^2}$$

$$=\pm\sqrt{\sin 32°15'26''\times0.004^2+(163.563\times\cos 32°15'26'')^2\times\left(\frac{5''}{206265''}\right)^2}$$

$\approx\pm4$ mm。

(　　) 80. (本題刪題)假設地球上某位置，其沿經線方向之長度比為 1.21，沿緯線方向之長度比為 1.11，投影後經緯線夾角為 89°55'30"，則於方位角 45°時，其投影後長度比為　(1)1.06　(2)1.16　(3)1.26　(4)1.37。　(2)

(　　) 81. (本題刪題)假設地球上某位置，其沿經線方向之長度比為 1.21，沿緯線方向之長度比為 1.11，投影後經緯線夾角為 89°55'30"，其投影後長度比最大值為　(1)1.11　(2)1.21　(3)1.31　(4)1.41。　(2)

(　　) 82. (本題刪題)假設地球上某位置，其沿經線方向之長度比為 1.21，沿緯線方向之長度比為 1.11，投影後經緯線夾角為 89°55'30"，其投影後長度比最小值為　(1)0.02　(2)1.11　(3)1.21　(4)1.31。　(2)

( ) 83. (本題刪題)假設地球上某位置，其沿經線方向之長度比為 1.21，沿緯線方向之長度比為 1.11，投影後經緯線夾角為 89°55'30"，其投影後面積比為 (1)1.09 (2)1.14 (3)1.24 (4)1.34。 (4)

( ) 84. (本題刪題)假設地球上某位置，其沿經線方向之長度比為 1.21，沿緯線方向之長度比為 1.11，投影後經緯線夾角為 89°55'30"，其最大角度變形量為 (1)2°28'27" (2)3°28'51" (3)3°56'49" (4)4°56'27"。 (4)

( ) 85. (本題刪題)點位於 x 及 y 方向之均方根誤差分為 1.21cm 及 1.11cm，請問其均方根點位位置誤差(Root Mean Square Positional Error)為 (1)1.16cm (2)1.34cm (3)1.56cm (4)1.68cm。 (2)

( ) 86. (本題刪題)點位於 x 及 y 方向之均方根誤差分為 1.21cm 及 1.11cm，請問其圓機率誤差(Circular Probable Error)為 (1)1.16cm (2)1.27cm (3)1.37cm (4)1.47cm。 (3)

( ) 87. (本題刪題)點位於 x 及 y 方向之均方根誤差分為 1.21cm 及 1.11cm，請問其圓標準誤差(Circular Standard Error)為 (1)1.16cm (2)1.27cm (3)1.37cm (4)1.64cm。 (1)

( ) 88. 不規則三角網(TIN)上某一三角形之平面方程式為 Z＝1.2+0.4X+0.3Y，請計算此三角形之坡度為 (1)26°31'54" (2)26°32'54" (3)26°33'54" (4)26°34'54"。 (3)

解 $\tan^{-1}(\sqrt{0.4^2+0.3^2})=26°33'54''$。

( ) 89. 如下圖所示，P 點不易到達，若 A 點高程為 91.029m，B 點高程為 91.906m，A 點儀器高 h_{iA}＝1.692m，B 點儀器高 h_{iB}＝1.670m，A 點與 B 點之水平距離為 41.590m，水平角 $\angle PAB$＝44°12'34"，水平角 $\angle ABP$＝39°26'56"，垂直角 $\angle V_1$＝8°12'47"，垂直角 $\angle V_2$＝5°50'10"，P 點之平均高程為 (1)96.459m (2)96.559m (3)96.569m (4)96.579m。 (2)

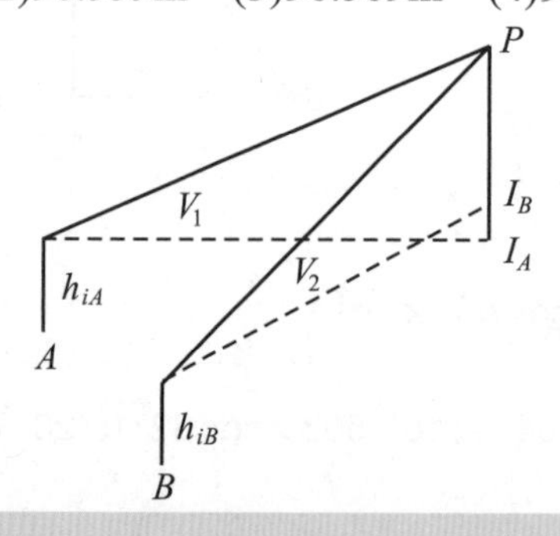

解 $\angle APB=180°-44°12'34''-39°26'56''=96°20'30''$。

由正弦定理 $\dfrac{41.590}{\sin 96°20'30''}=\dfrac{\overline{PA}}{\sin 39°26'56''}$，得 $\overline{PA}=26.589$ m，

$\dfrac{41.590}{\sin 96°20'30''}=\dfrac{\overline{PB}}{\sin 44°12'34''}$，得 $\overline{PB}=29.179$ m。

由 A 點求 P 點高程：

$H_P=H_A+\overline{PA}\times\tan\angle V_1+h_{iA}=91.029+26.593\times\tan 8°12'47''+1.692=96.559$ m。

由 B 點求 P 點高程：

$H_P=H_B+\overline{PB}\times\tan\angle V_2+h_{iB}=91.906+29.179\times\tan 5°50'10''+1.670=96.558$ m。

P 點平均高程：$H_P=\dfrac{96.559+96.558}{2}\cong 96.559$ m。

(　　) 90. 於地理資訊系統中，下列何者非網格式資料之優點？　(2)

(1)成本低　(2)適合資料庫處理　(3)顯示速度快　(4)資料結構簡單。

解 比較網格式與向量式之優缺點如下表：

	網格式	向量式
優點	成本低 資料結構簡單 儲存空間固定 顯示速度快	精確度高 初始儲存空間小 易於分析 適合資料庫處理
缺點	精確度低 初始儲存空間大 難顯示位相資料	成本高 資料結構複雜 儲存空間差異大 顯示速度慢

複選題

(　　) 91. 目前我國採用的高程基準為 2001 臺灣高程基準(Taiwan Vertical Datum 2001,TWVD2001)，有關 TWVD2001，下列敘述哪些正確？　(124)

(1)TWVD2001 採用正高系統

(2)TWVD2001 採用基隆潮位站的潮汐資料化算而得

(3)臺灣一等水準網包含一等一級、一等二級與一等三級水準網

(4)臺灣一等水準點除了進行水準測量外，亦施測衛星定位測量及重力測量。

解 選項(1)(2)台灣現行高程系統，係採用正高系統，定義在 1990 年 1 月 1 日標準大氣環境情況下，並採用基隆驗潮站 1957 年至 1991 年之潮汐資料化算而得，命名為 2001 台灣高程基準(TaiWan Vertical Datum 2001，簡稱 TWVD 2001)。

選項(3)(4)內政部自 88 年度起至 91 年度止，分 4 年在臺灣本島施測 2,065 個一等水準點，並於一等水準點上加測衛星定位測量及重力測量。其中 88 及 89 年度先行辦理臺灣環島路線一等一級水準網測量工作，90 及九 91 年度辦理一等二級水準網測量工作。

(　　) 92. 目前我國採用的大地基準為 1997 臺灣大地基準(Taiwan Datum 1997,TWD97)，有關 TWD97，下列敘述哪些正確？　(123)

(1)TWD97 建構於 1994 國際地球參考框架(1994 International Terrestrial Reference Frame 1994,ITRF94)之下

(2)TWD97 採用 1980 年公布的 GRS80 參考橢球體

(3)TWD97 的投影方式採用橫麥卡托(Transverse Mercator,TM)投影，經差二度分帶，中央子午線尺度比為 0.9999

(4)臺灣與澎湖地區採用相同的中央子午線定於東經 121 度，金門及馬祖地區則定於東經 119 度。

解 TWD97：在採用 GPS 衛星定位測量技術進行精確測量後所公佈之新國家坐標系統，該座標系統為三維大地基準。其最大特色為各點位之三維座標(經度、緯度、橢球高)之精度分佈均勻，且量級一致。是適用於全球的一套座標系統。採用 GRS80 橢球參數，其扁平率為，TWD97 座標系統其建構係採用國際地球參考框架(簡稱為 ITRF)。ITRF 為利用全球測站網之觀測資料成果推算所得之地心坐標系統，其方位採國際時間局(Bureau International de l`Heure，簡稱為 BIH)定義在 1984.0 時刻之方位。

TWD97 的投影方式採用橫麥卡托(Transverse Mercator,TM)投影，經差二度分帶，中央子午線尺度比為 0.9999。台灣、琉球嶼、綠島、蘭嶼及龜山島等地區中央子午線定於東經 121°，澎湖、金門及馬祖等地區則定於東經 119°。

( ) 93. 應用電子測距(Electronic Distance Measurement,EDM)技術實施距離測量時，下列敘述哪些正確？ (124)
(1)EDM 依照採用的載波不同，可以分爲光波測距與微波測距
(2)大氣折射改正爲 EDM 的主要改正項目
(3)稜鏡反射中心與其對點中心之間的差異量爲 EDM 的偶然誤差之一
(4)EDM 的成果須化算至橢球面上，始與全球導航衛星系統(Global Navigation Satellite System,GNSS)測得的距離相同。

解 稜鏡反射中心與其對點中心之間的差異量屬系統誤差。

( ) 94. 依據內政部一等水準測量作業規範，下列哪些爲一等水準測量系統誤差的改正項目？ (1)直立軸誤差 (2)折射誤差 (3)視準軸誤差 (4)正高改正。 (234)

解 內政部一等水準測量作業規範之系統誤差的改正項目包含：視準軸誤差改正、折射誤差改正、地球曲率改正、正高改正、水準尺溫度改正、水準尺刻劃改正等。

( ) 95. 相對於全測站(Total Station)儀器的定位誤差，就全球導航衛星系統(Global Navigation Satellite System,GNSS)定位技術而言，下列哪些爲 GNSS 新增的定位誤差？ (234)
(1)定水平、對點誤差 (2)電離層折射延遲誤差
(3)接收器的時鐘誤差 (4)環境遮蔽引起的誤差。

( ) 96. 如下圖所示，有關 A、B、C、D 四個目標的方向表示方法，下列敘述哪些正確？ (234)
(1)D 點的方位角爲 20° (2)B 點的方位角爲 161°
(3)C 點的方向角爲 $S\,62°W$ (4)A 點的方向角爲 $N\,35°E$。

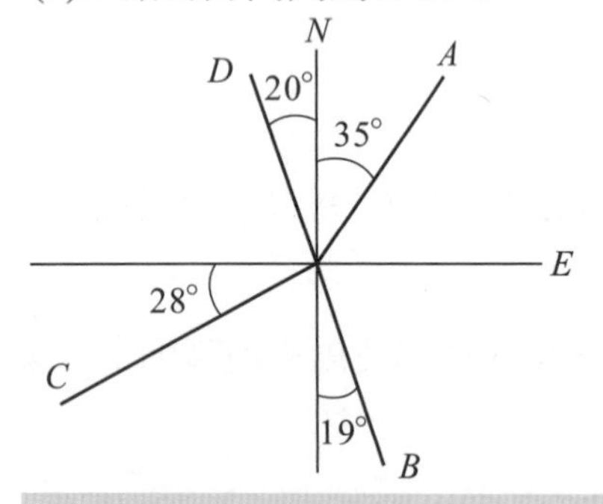

解 D 點的方位角應為 340°

( ) 97. 若 AB 測線的方位角爲 200°，BC 測線的方向角爲 $S80°W$，下列敘述哪些正確？ (23)
(1)BC 的方位角爲 280° (2)AB、BC 兩測線夾角爲 120°(或 240°)
(3)BA 測線的方位角爲 20° (4)C 點在 A 點的東南方。

解　(1) BC 的方位角為 260°
(2) C 點在 A 點的西南方。

(　　) 98. 在相同觀測條件下，重複觀測一段距離 n 次，得到每次距離觀測量的改正數爲 v_i，則下列敘述哪些正確？ (24)
(1)此段距離的最或是值爲 $\frac{[vv]}{n}$　(2)此段距離的平均誤差爲 $\pm\frac{[|v|]}{n}$
(3)觀測值的中誤差爲 $\pm\sqrt{\frac{[vv]}{n(n+1)}}$　(4)最或是值的中誤差爲 $\pm\sqrt{\frac{[vv]}{n(n-1)}}$。

解　(1) 最或是值 $=\frac{\text{長度的總和}}{n}$；
(3) 觀測值的中誤差為 $m=\pm\sqrt{\frac{[VV]}{n-1}}$。

(　　) 99. 有關測繪資料的精度分析，下列敘述哪些正確？ (134)
(1)若測距的相對精度爲 $\frac{1}{35000}$，則對應的測角精度約爲±5.9"
(2)等精度重複觀測 n 次，其平均值中誤差爲觀測值中誤差的 $\frac{1}{n}$ 倍
(3)不同觀測條件下，各觀測值之間的權比值，通常與各觀測值中誤差的平方成反比
(4)在正常的觀測過程中，觀測值的改正數大於其三倍觀測值中誤差的機率通常小於 0.3%。

解　選項(1)測距精度=測角精度，$\frac{\varepsilon s}{S}=\frac{\varepsilon_\theta}{\rho}$，$\frac{1}{35000}=\frac{\varepsilon_\theta}{206265''}$，$\varepsilon_\theta=5.9''$。

選項(2)最或是值之標準誤差為 $M=\pm\frac{m}{\sqrt{n}}$，等精度重複觀測 n 次，若

$$m_y^2=\left(m_1^2+m_2^2+m_3^2+......+m_n^2\right)\left(\frac{1}{n}\right)^2$$，如果 $m_1=m_2=m_3=.......=mn=m$，則可簡化為

$$m_y^2=\frac{n\times m^2}{n^2}=\frac{m^2}{n}，m_y=\pm\frac{m}{\sqrt{n}}$$ (表觀測 n 次取平均值，其中誤差縮小 $\sqrt{n}$ 倍)。

選項(3)不同觀測條件之權比值與各觀測值中誤差的平方成反比。

選項(4)觀測值的改正數大於 1 倍中誤差的發生機率為 68.3%，落於 2 倍中誤差的發生機率為 95.5%，3 倍中誤差的發生機率為 99.7%。實務上以 2 倍中誤差值為「容許誤差」；大於 3 倍中誤差的偶然誤差出現機率僅有 0.3%，稱為「誤差極限」。故當某個觀測值之改正數大於 3 倍單位權中誤差時，便視此觀測值為錯誤而去除之。

(　　) 100. 測得一塊矩形土地的長邊爲 400m±0.04m，寬邊爲 100m±0.01m，下列敘述哪些正確？ (134)
(1)矩形面積爲 4 公頃　(2)矩形面積爲 9800 坪
(3)長邊約爲 1320 台尺　(4)矩形面積的誤爲約爲±5.7 平方公尺。

解　面積單位：
1. 公制單位：1 公頃＝100 公畝，1 公畝＝100 平方公尺。
2. 台制單位：1 坪＝6 台尺×6 台尺＝36 平方台尺，1 甲＝10 分。
3. 公制、台制互換：1 平方公尺＝0.3025 坪；1 甲＝2934 坪；1 甲＝0.9699 公頃。

長度單位：
1. 公制單位：1 公里＝1000 公尺；1 公尺＝100 公分；1 公分＝10 公厘

2. 台制單位：1 台尺＝0.303 公尺

3. 英制單位：1 英哩＝1.6 公里；1 碼＝3 英呎；1 英呎＝12 英吋；1 英吋＝2.54 公分。

矩形面積 400×100＝40000 平方公尺＝400 公畝＝4 公頃＝40000×0.3025＝12100 坪；

長邊約為 $\frac{400}{0.303}=1320$ 台尺

矩形面積誤差 $m_A=\pm\sqrt{\left(\frac{\partial A}{\partial a}\right)^2 m_a^2+\left(\frac{\partial A}{\partial b}\right)^2 m_b^2}=\pm\sqrt{100^2\times0.04^2+400^2\times0.01^2}=\pm5.7\ m^2$

( ) 101. 臺灣大地基準(Taiwan Datum 1997,TWD97)採用橫麥卡托(Transverse Mercator,TM)投影，下列敘述哪些正確？ (13)

(1)臺灣地區目前採用經差二度分帶的 TM 投影

(2)澎湖地區與臺灣地區 TM 投影的坐標原點相同

(3)TM 投影屬於正形投影

(4)臺灣地區 TM 投影採取切圓柱投影的方式。

解 選項(2)澎湖與臺灣屬不同之分帶。

選項(4)橫麥卡托投影係利用以一圓柱體橫切於地球表面，並將地表上之地形投射於此柱面上展開而成。此種投影方法之特性為投影後之形狀保持不變，稱為正形投影(正形投影投影後角度值不變，又稱為等角投影；投影後面積不變者，稱為等積投影)。

( ) 102. 測量的誤差可以分類爲錯誤、系統誤差與偶然(隨機)誤差，有關各種誤差處理，下列敘述哪些正確？ (12)

(1)進行重複觀測可以有效篩選、剔除錯誤的觀測資料

(2)觀測量改正數的大小可以作爲判斷是否爲錯誤觀測量之依據

(3)系統誤差爲測量平差計算的主要對象

(4)偶然(隨機)誤差出現的大小與其正負號具有規律性。

解 測量之誤差分為兩大類，一為誤差的來源，另一為誤差的種類。

選項(3)應為測量平差計算的主要對象為偶然誤差。

選項(4)應為系統誤差出現的大小與其正負號具有規律性。

( ) 103. 有關地圖比例尺，下列敘述哪些正確？ (13)

(1)地圖比例尺爲實地距離與圖面距離的比值

(2)一座邊長 1m 的正方形花圃可以在 $\frac{1}{25000}$ 的地圖上顯示其輪廓形狀

(3)地圖上各處的比例尺並不相同

(4) $\frac{1}{10000}$ 的地形圖較 $\frac{1}{5000}$ 的地形圖具有更細緻的地物、地貌資訊。

解 選項(2)大比例尺之地圖上可不必描繪為小物件之輪廓形狀。

選項(4)比例尺越小，地形圖有更細緻的地物、地貌資訊。

( ) 104. 有關圖廓上的偏角圖，下列敘述哪些正確？ (124)

(1)偏角圖描述真北、磁北與方格北之間的關係

(2)磁北與真北之間的夾角稱爲磁偏角

(3)方格北與磁北之間的夾角稱爲磁傾角

(4)真北與方格北之間的夾角稱爲子午線收斂角。

解　方格北與磁北之間的夾角稱為磁偏角。

(　　) 105. 有關等高線，下列敘述哪些正確？ (34)

(1)若某區域的等高線既平行又密集，表示該區域爲一平緩變化的坡地

(2)兩相鄰等高線之間的距離稱爲等高距

(3)等高線可以表示出山脊、山谷、河床、河岸等地形

(4)等高線的精度爲其等高距的一半。

解　選項(1)該區域為陡坡坡面。

選項(2)兩相鄰等高線之垂直距離稱為等高距，亦即兩等高線之高程差。

(　　) 106. 下列哪些屬於等高線的性質？ (13)

(1)等高線是閉合的曲線

(2)同一條的等高線上之各點高程不必然相等

(3)除了懸崖、峭壁外，不等值的等高線不會相交

(4)具等高線的地圖稱爲平面圖。

解　選項(2)高程相等。選項(4)地形圖。

(　　) 107. 若某一段距離量測 6 次，各觀測值與其平均值的差異分別爲：-2cm，-6cm，-4cm，+4cm，+5cm，+3cm，則下列敘述哪些正確？ (12)

(1)該段距離最或是值的中誤差爲±1.9cm　(2)該距離觀測值的中誤差爲±4.6cm

(3)該段距離的平均誤差爲±6.0cm　(4)該段距離的或是誤差±4.5cm。

解　觀測值中誤差

$$\sigma=\pm\sqrt{\frac{\sum_{i=1}^{n}[vv_i]}{n-1}}=\pm\sqrt{\frac{v_1+v_2+v_3+v_4+v_5+v_6}{6-1}}=\pm4.604\ (\text{cm})$$

最或是值中誤差

$$M=\pm\frac{\sigma}{\sqrt{n}}=\pm1.880\ (\text{cm})。$$

(　　) 108. 若某段距離的真值爲 49.984m，以鋼捲尺量重覆量取此段距離 6 次，獲得結果爲 49.988m，49.986 m，49.981m，49.980m，49.988m，49.979m，則下列敘述哪些正確？ (24)

(1)此鋼捲尺的量測誤差爲±5.22 mm

(2)此段距離最或是值的中誤差約爲±1.55mm

(3)此段距離最或是值的相對誤差約爲 $\frac{1}{25000}$

(4)此段距離最或是值的中誤差相當於±6.4"的測角精度。

解　選項(1)最或是值

$$\frac{49.988+49.986+49.981+49.980+49.988+49.979}{6}=49.984\ (\text{m})。$$

$$v_1=(49.984-49.988)^2=0.0000160$$

$$v_2=(49.984-49.986)^2=0.0000040$$

$$v_3=(49.984-49.981)^2=0.0000090$$

$$v_4=(49.984-49.980)^2=0.0000160$$

$$v_5=(49.984-49.988)^2=0.0000160$$

$$v_6=(49.984-49.979)^2=0.0000250$$

因真值已知，觀測值中誤差

$$\sigma = \pm\sqrt{\frac{v_1^2+v_2^2+v_3^2+v_4^2+v_5^2+v_6^2}{6}} = \pm 0.00379\text{ m} = \pm 3.79\text{ mm}。$$

$3\sigma = 0.01245$，利用來因達準則判別，6 個測量值之殘餘誤差絕對值均小於 3σ，故沒有粗大誤差。

選項(2)最或是值中誤差

$$M = \frac{\sigma}{\sqrt{n}} = \pm 0.00155\text{ m} = \pm 1.55\text{ mm}。$$

選項(3)最或是值相對誤差 $\frac{1.55}{49984} = \frac{1}{32248}$。

選項(4) $\frac{1}{32248} = \frac{X}{206265}$，$X = 6.4''$。

(　　) 109. 若某一角度重複量測 6 次，分別為 100°30'00"，100°30'20"，100°30'40"，100°30'10"，100°30'50"，100°30'30"，則下列敘述哪些正確？ (123)

(1)此角度觀測值的中誤差為±19"

(2)此角度最或是值的中誤差約為±7.6"

(3)就原始的觀測成果無法判斷有無明顯的錯誤觀測資料存在

(4)則與此角度之精度相當的測距精度約為 $\frac{1}{10300}$。

解　選項(1)秒數最或是值

$$\frac{0''+20''+40''+10''+50''+30''}{6} = 25''；$$

$v_1 = -25''$；$v_2 = -5''$；$v_3 = 15''$；$v_4 = -15''$；$v_5 = 25''$；$v_6 = 5''$。

因真值未知，自由度少一，觀測值中誤差

$$\sigma = \pm\sqrt{\frac{v_1^2+v_2^2+v_3^2+v_4^2+v_5^2+v_6^2}{(6-1)}} = \pm 19''。$$

選項(2)最或是值中誤差

$$M = \frac{\sigma}{\sqrt{n}} = \pm 7.7''。$$

選項(3) $3\sigma = 57''$，利用來因達準則判別，6 個測量值之殘餘誤差絕對值均小於 3σ，故沒有粗大誤差。

選項(4) $\frac{1}{X} = \frac{7.6''}{206265}$，$\frac{1}{X} = \frac{1}{27140}$。

(　　) 110. 若某電子測距儀 *A* 的精度為±(3mm+2ppm)，電子測距儀 *B* 的精度為±(3mm+5ppm)，電子測距儀 *C* 的精度為±(6mm+2ppm)，假設三部電子測距儀之儀器定心誤差均為±3mm，稜鏡定心誤差為±5mm，若量得一段距離為 828.119m，下列敘述哪些正確？ (234)

(1) 以電子測距儀 *A* 測量此段距離的測距誤差約為±5.1mm

(2) 若考慮測角與測距的精度相當，則以電子測距儀 *A* 測量此距離的精度相當於±1.7"的測角精度

(3) 當測距越長時，電子測距儀 *A* 的測距精度會較 *B* 測距儀為佳

(4) 不論測距的遠近，*A* 測距儀的精度均會較 *C* 測距儀為佳。

解　選項(1)常數部分誤差量為 $m_a=3$，比例部分誤差量為 $m_b=2\times10^{-6}\times1000\times828.119=1.7$，

對點誤差量為 $m_a=3$，照準誤差量為 $m_d=5$，

觀測量之誤差為 m 依誤差傳播定律可知：

$m^2=m_a^2+m_b^2+m_c^2+m_d^2$，$m=\pm\sqrt{3^2+1.7^2+3^2+5^2}=6.77\text{mm}$。

故知選項(1)之描述有誤。

選項(2)考慮測角與測距的精度相當，測量此距離的精度相當於 $\frac{6.77}{828119}\times206265"=1.7"$。

選項(3)電子測距儀 A 比例部分誤差量為 $2\times10^{-6}\times1000\times D$，電子測距儀 B 比例部分誤差量為 $5\times10^{-6}\times1000\times D$。因兩測距儀常數部分誤差量皆為 3，故當測距 D 越長時，電子測距儀 A 的測距精度會較 B 測距儀為佳。

選項(4)兩測距儀比例部分誤差量皆為 $2\times10^{-6}\times1000\times D$，電子測距儀 A 常數部分誤差量為 3，電子測距儀 C 常數部分誤差量為 6，量測同一段距離，不論測距的遠近，A 測距儀的精度均會較 C 測距儀為佳。

(　　) 111. 有關測量誤差傳播，下列敘述哪些正確？ (14)

(1)若某未知數為若干觀測量的函數，則該未知數的誤差將由所有相關觀測量的誤差傳遞累積而來

(2)將各觀測量的誤差直接累積相加為誤差傳播計算的基本分析方式

(3)觀測量誤差傳遞的過程中，可以利用正負號誤差相消的方式降低累積誤差的影響

(4)泰勒(Taylor)展開級數可以作為非線性函數的觀測誤差傳播計算使用。

解　在測量作業中，待求之未知數常常無法直接觀測得到，必須將直接觀測值經由某種數學函數式關係來求得未知數。而此直接觀測值含有不可避免的誤差，所以該數學函數式必然含有誤差。而說明觀測值與觀測值函數之間中誤差關係的定律，稱為誤差傳播定律。

如該數學函數式為一個非線性函數時，必須利用泰勒級數展開式(Taylor series function)取一階係數，用一階的值採趨近逼近法求解，將函數線性化。

(　　) 112. 有關高斯最小自乘法，下列敘述哪些正確？ (134)

(1)高斯最小自乘法的原理為使得所有觀測量誤差的加權平方和為最小之未知數估計值即為最佳的估計結果

(2)高斯最小自乘法得到的未知數估計值為有偏的估值

(3)高斯最小自乘法得到的未知數估計值具有與其期望值一致的性質

(4)高斯最小自乘法可以評估觀測量的精度。

解　解算任一平差問題時，在相等精度之觀測值上應加之改正數，其平方之和應為最小，此即為高斯最小自(二)乘法。高斯最小自乘法得到的未知數估計值為無偏的估值。

(　　) 113. 有關間接平差模式之未知數變方-協變方矩陣，下列敘述哪些正確？ (234)

(1)矩陣的主對角線元素即為未知數的中誤差值

(2)矩陣內的非對角線元素表達各未知數之間的相關程度

(3)各未知數之間的相關係數值介於±1 之間

(4)該矩陣為一對稱矩陣。

解　變方－協變方矩陣 (Variance-Covariance；或稱為方差-協方差矩陣)定義為：

$$\Sigma xx=\begin{bmatrix}\sigma_{X1}^2 & \sigma_{X1X2} & \cdots & \sigma_{X1Xn}\\ \sigma_{X2X1} & \sigma_{X2}^2 & \cdots & \sigma_{X2Xn}\\ \vdots & \vdots & \ddots & \vdots\\ \sigma_{XnX1} & \sigma_{XnX2} & \cdots & \sigma_{Xn}^2\end{bmatrix}$$

選項(1)矩陣的主對角線元素為各觀測量的方差。

選項(2)(3)兩個隨機變量 X、Y 的相關性可以用相關係數 $\rho=\dfrac{\sigma_{xy}}{\sigma_x\sigma_y}$，其值介於±1 之間，式中 σ_x 、σ_y 分別為隨機變量 X、Y 的標準差，其性質如下：

1. 當 $\sigma>0$ 時，表示隨機變量 X、Y 為正相關。
2. 當 $\sigma<0$ 時，表示隨機變量 X、Y 為負相關。
3. 當 $\sigma=0$ 時，表示隨機變量 X、Y 為不相關。

選項(4)當方差－協方差矩陣為對稱矩陣，意即 $\sigma_{x1x2}=\sigma_{x2xn}\ldots\sigma_{x1xn}=\sigma_{xnx1}$ 、$\sigma_{x2xn}=\sigma_{xnx2}$ 。

(　　) 114. 有關導線測量，下列敘述哪些正確？　(124)

(1)自由導線沒有檢核觀測量誤差的能力

(2)在附合導線中，距離已知點最遠的點位，其精度通常最差

(3)導線形狀應儘量簡單，避免形成網狀，造成分析困難以及誤差累積

(4)導線測量的閉合比數爲導線誤差相對於導線總長度的比值。

解　1. 閉合導線：

(1) 意義：導線自一點出發作環狀推展，其終點回到原起點，形成了閉合多邊形者稱之此種導線之角度閉合差的大小，可由多邊形幾何條件檢核。

(2) 適用地區：閉合導線適用於都市地區及施測範圍集中之處。

2. 附合導線：

(1) 意義：導線之起、終點不同，但均為已知點(三角點或導線點)、已知邊，自起點測量推展至終點者稱之。如同閉合導線具有角度和水平位置之閉合條件，可供檢核。

(2) 適用地區：附合導線常用於道路或狹長地帶地形圖測繪及中心樁測設之控制測量。

3. 展開導線：

(1) 意義：導線自起點為已知點、已知邊按測量需要自由伸展者稱之。此種導線無角度及水平位置之閉合條件供檢核，無法獲知其測量誤差，故一般均限制推展一至二點為止；或另以一自由展開導線求算新點水平位置以檢核之。

(2) 適用地區：此種導線僅適用於單方向可供通視之處或不講求精度的路線初測。

4. 導線網：

(1) 意義：由上述三種導線組合而成網狀，於一閉合導線中，設置有多條相關聯之附合導線而形成一網狀者稱之。導線網之各導線點水平位置一次計算求得，故精度相近，而且可供檢核之角度、水平位置等閉合條件較多，故容易偵測出其誤差部分，重新測量改正，以提高測量精度。

(2) 適用地區：導線網適用於都市、地籍、工程等測量之控制測量。

(　　) 115. 在 1：500 的地圖上，量得某兩點的距離爲 d=36.4mm，若 d 的誤差爲±0.2mm，則下列敘述哪些正確？　(234)

(1)該兩點的實地距離爲 20.12m

(2)實地距離的中誤差約爲±0.1m

(3)以該兩點爲邊長的正方形實地面積誤差爲±3.64 平方公尺

(4)該段距離若在某地圖上顯示爲 9.1mm，則該地圖的比例尺爲 1/2000。

解 選項(1) $36.4 \times 500 = 18200\text{mm} = 18.2\text{m}$ 。

選項(2) $0.2 \times 500 = 100\text{mm} = 0.1\text{m}$ 。

選項(3)面積函數式 $A = a \times b$ ：

$\sigma_A = \sqrt{\left(\frac{\partial A}{\partial a}\right) \times \sigma a^2 + \left(\frac{\partial A}{\partial b}\right) \times \sigma_b^2} = \sqrt{b^2 \times \sigma a^2 + a^2 \times \sigma b^2} = \sqrt{\left(18.2^2 \times 0.1^2\right)^2} \approx \pm 3.31\text{m}$。

選項(4) $\frac{1}{x} = \frac{9.1}{18200}$ ； $x = 2000$ 。

( ) 116. 如下圖所示，A、P、B 近似成一直線，若欲監測 P 點，則下列敘述哪些正確？ (234)

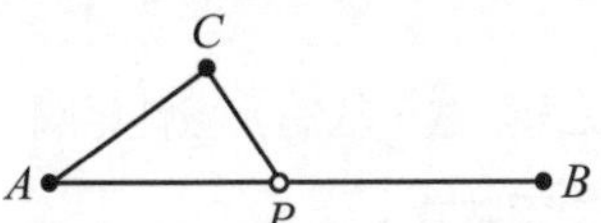

(1)若已測得 $\overline{AP}$ 的距離，則自 B 點量測 $\overline{BP}$ 距離可以提升 P 點垂直於 $\overline{AB}$ 方向的定位結果精度

(2)若已測得 $\overline{AP}$ 的方向，則自 B 點量測 $\overline{BP}$ 距離可以提升 P 點平行於 $\overline{AB}$ 方向的定位結果精度

(3)若 $\angle ACP$ 接近 90 度，並已測得 $\overline{AC}$ 的距離，則量測 $\overline{PC}$ 距離可以提升 C 點的定位結果精度

(4)若 $\overline{AC}$ 的距離小於 $\overline{AB}$ 的距離，則宜以 $\overline{AB}$ 爲後視參考基準線定 C 點的方向，可以獲得較好的結果。

解 選項(1)因測距與定位方向互相垂直，故無法提升定位精度。

( ) 117. 若有二段距離的觀測函數分別爲 $L = L_1 + 2L_2 + 4L_3$ 與 $S = L_1 - 3L_3$，其中 $L_1 = 20.02 \pm 0.01\text{m}$ 、 $L_2 = 30.03 \pm 0.02\text{m}$ 、 $L_3 = 40.05 \pm 0.03\text{m}$ ，則下列敘述哪些正確？ (23)

(1) L 的長度爲 90.1m
(2) L 的長度誤差約爲±0.13 m
(3) S 的長度誤差約爲±0.09m
(4) L 與 S 兩者長度彼此獨立不相關。

解 (1) $L = L_1 + 2L_2 + 4L_3 = 20.02 + 2 \times 30.03 + 4 \times 40.05 = 240.28\text{m}$。

(4) 因 $S = L_1 - 3L_3$，L 與 S 相關。

( ) 118. 若有一函數爲 $\theta = \beta^3 - 25°$ ，其中 $\beta = 7° \pm 0.0083$ ，則下列敘述哪些正確？ (12)

(1) θ 爲 318
(2) θ 的誤差約爲±1.2
(3) β 的相對誤差約爲 $\frac{1}{840}$
(4) β 與 θ 爲線性函數關係。

解 選項(1) $\theta = \beta^3 - 25° = (7°00'00'')^3 - 25° = 318°$

選項(2)

$\frac{\partial \theta}{\partial \beta} = 3\beta^2 = 147°$

$\sigma = \pm\sqrt{\left(\frac{\partial \theta}{\partial \beta}\right) \times (30'')^2} \approx \pm 1.2°$

選項(3)相對誤差

選項(4)因 $\theta = \beta^3 - 25°$，故為非線性之函數關係。

( ) 119. 若△N=S×cosθ，△E=S×sinθ，其中，S=50.05±0.02m，θ=120°30'40"±20"，則下列敘述哪些正確？ (12)

(1)△N=−25.411m
(2)△N 的誤差約爲±0.011m
(3)△N 與△E 呈現線性相關
(4)△E 的誤差約爲±0.025m。

解 選項(1) $\Delta N = S \times \cos\theta = 50.05 \times \cos 120°30'40'' = -25.411$ m。

選項(2)因△N=S×cosθ，依誤差傳播定律：

$$\sigma_{\Delta N} = \pm\sqrt{\left(\frac{\partial \Delta N}{\partial \Delta S}\right)^2 \times \sigma_{S^2} + \left(\frac{\partial \Delta N}{\partial \Delta \theta}\right)^2 \times \sigma_\theta^2}$$

$$= \pm\sqrt{\cos\theta^2 \times \sigma_{S^2} + \left(S \times -\sin\theta\right)^2 \times \sigma_\theta^2}$$

$$= \pm\sqrt{\cos(120°30'40'')^2 \times 0.02^2 + \left(50.05 \times -\sin(120°30'40'')\right)^2 \times \left(\frac{20''}{206265}\right)^2}$$

$\approx \pm 0.010$ m。

選項(3) △N 與△E 因式中含有三角函數，故為非線性相關。

線性函數：參閱 117 題之函數式。

非線性函數：參閱 118 題之函數式。

選項(4) 因 $\Delta E = S \times \sin\theta$，依誤差傳播定律：

$$\sigma_{\Delta E} = \pm\sqrt{\left(\frac{\partial \Delta E}{\partial \Delta S}\right)^2 \times \sigma_{S^2} + \left(\frac{\partial \Delta E}{\partial \Delta \theta}\right)^2 \times \sigma_\theta^2}$$

$$= \pm\sqrt{\sin\theta^2 \times \sigma_{S^2} + \left(S \times \cos\theta\right)^2 \times \sigma_\theta^2}$$

$$= \pm\sqrt{\sin(120°30'40'')^2 \times 0.02^2 + \left(50.05 \times \cos(120°30'40'')\right)^2 \times \left(\frac{20''}{206265}\right)^2}$$

$\approx \pm 0.017$ m。

(　　) 120. 如下圖所示，$\angle CBA$ 為直角，若測得 $\overline{AC}$=40.05±0.04m，$\angle CAB$=30°00'00"±30"，則下列敘述哪些正確？ (23)

(1) $\overline{BC}$=25.85m　　(2) $\overline{BC}$ 的誤差約為±0.02m

(3) $\overline{AB}$=34.68m　　(4) $\overline{AB}$ 與 $\overline{BC}$ 彼此獨立不相關。

 選項(1) $\overline{BC} = \overline{AC} \times \sin\angle CAB = 40.05 \times \sin 30° = 20.025$ m。

選項(2)因 $\overline{BC} = \overline{AC} \times \sin\angle CAB$，依誤差傳播定律：

$$\sigma_{\Delta N} = \pm\sqrt{\left(\frac{\partial \overline{BC}}{\partial \overline{AC}}\right)^2 \times \sigma_{AC^2} + \left(\frac{\partial \overline{BC}}{\partial \angle CAB}\right)^2 \times \sigma_{\angle CAB}^2}$$

$$= \pm\sqrt{\left(\sin\theta\right)^2 \times \sigma_{AC^2} + (\overline{AC} \times \cos\angle CAB)^2 \times \sigma_{\angle CAB}^2}$$

$$= \pm\sqrt{\left(\sin 30°\right)^2 \times 0.04^2 + (40.05 \times \cos 30°)^2 \times \left(\frac{30''}{206265}\right)^2}$$

$= \pm 0.02$ m。

選項(3) $\overline{AB} = \overline{AC} \times \cos\angle CAB = 40.05 \times \cos 30° = 34.68$ m。

選項(4) $\overline{AB}$ 與 $\overline{BC}$ 有共同之變數 $\overline{AC}$、$\angle CAB$，故為相關。

觀測量進行誤差傳播之三大考慮因素：1.獨立、不獨立。

2.線性、非線性。

3.相關、不相關。

工作項目② 基本測量方法

單選題

( ) 1. 用鋼卷尺量得 A、B 兩點間之斜距為 50.000m，已知 A、B 兩點之高程差為 4.310m，則 AB 之水平距離為　(1)50.186m　(2)49.814m　(3)50.093m　(4)49.907m。 (2)

解 $C_h=-\dfrac{h^2}{2S}=-\dfrac{4.310^2}{2\times 50}=-0.816$，$50-0.816=49.814$m。

( ) 2. 於傾斜地量距，設傾斜角為 θ，斜距為 S，則水平距離為 (2)
(1)$S\cdot\sin\theta$　(2)$S\cdot\cos\theta$　(3)$S\cdot\tan\theta$　(4)$S\cdot\sec\theta$。

解 水平距離為 $S\times\cos\theta=\dfrac{H}{\tan\theta}$。($H$ 表垂距。)

( ) 3. 在 3%斜坡上量距 50m，若視為水平距離時，則其誤差為 (1)
(1)0.022m　(2)0.033m　(3)0.044m　(4)0.088m。

解 如圖所示，傾斜為 3%，50 m 之高差為 h，$\dfrac{3}{100}=\dfrac{h}{50}$，$h=\dfrac{3}{100}\times 50=1.5$ (m)

代入傾斜改正公式 $C_h=\dfrac{h^2}{2S}=\dfrac{1.5^2}{2\times 50}=0.022$(m)。

( ) 4. 設一斜距離為 S，其兩端之高程差為 h，則水平距離 D 可依下列何者近似公式計算？ (1)
(1) $D=S-\dfrac{h^2}{2S}$　(2) $D=S+\dfrac{h^2}{2S}$　(3) $D=S-\dfrac{2S}{h^2}$　(4) $D=S+\dfrac{2S}{h^2}$。

解 傾斜改正公式：

1. 已知高程差值 h：

   $D=\sqrt{S^2-h^2}=S\sqrt{1-\dfrac{h^2}{S^2}}=S-\dfrac{h^2}{2S}-\dfrac{h^4}{8S^3}$ 故改正數之值如下式，

   $C_h=D-S=-\dfrac{h^2}{2S}-\dfrac{h^4}{8S^3}$，

   若坡度很小，高程差 h 值不大時，

   上式亦可改寫為傾斜改正數 $C_h=-\dfrac{h^2}{2S}$

2. 已知坡度角度 α：$D=S\times\cos\alpha$

( ) 5. 設一名義長 30m 之鋼卷尺，當溫度在 26.7°C 時，真長與名義長相等，假定量距時之平均溫度為 14.3°C，量得一測線之距離為 358.297m，鋼卷尺之膨脹係數 0.0000116，則經溫度改正後之距離為　(1)358.245m　(2)358.348m　(3)358.358m　(4)358.402m。 (1)

解　溫度改正值 C_t ： $C_t = L \times \alpha \times (t - t_s)$

α ：該尺之膨脹係數(1/℃)

t ：量距時之平均溫度

t_s ：標準尺檢定時之平均溫度

經溫度改正後正確的距離＝該卷尺所測得距離＋溫度改正值

代入溫度改正公式 $C_t = L \times \alpha \times (t - t_s) = 358.297 \times 0.0000116 \times (14.3 - 26.7) = -0.052$

經溫度改正後正確的距離 $= 358.297 + (-0.052) = 358.245$ (m)。

(　　) 6.　用刻劃為 30m 之鋼卷尺測得 A、B 二點間之距離為 210.00m，事後與標準尺比較得實長為 30.01m，則 A、B 二點間之實長應為　(3)

(1)209.93m　(2)209.97m　(3)210.07m　(4)210.03m。

解　$\frac{\text{真實距離}}{\text{卷尺真實長度}} = \frac{\text{測量距離}}{\text{卷尺刻劃長度}}$

$\text{真實距離} = \frac{\text{卷尺真實長度}}{\text{卷尺刻畫長度}} \times \text{測量距離}$

$\frac{\text{真實距離}}{30.01} = \frac{210}{30.00}$

$\text{真實距離} = \frac{30.01}{30.00} \times 210.00 = 210.07(\text{m})$ 。

(　　) 7.　下列有關水準器靈敏度之敘述，何者正確？　(2)

(1)靈敏度主要視水準管縱斷面之圓弧半徑而定，半徑愈大，靈敏度愈低

(2)靈敏度主要視水準管縱斷面之圓弧半徑而定，半徑愈大，靈敏度愈高

(3)靈敏度主要視水準管之長度大小而定，長度愈長，靈敏度愈高

(4)靈敏度主要視水準管之長度大小而定，長度愈長，靈敏度愈低。

解　水準器靈敏度與玻璃管之曲率半徑 R 有關，圓弧半徑愈大，靈敏度愈高。

(　　) 8.　水準器之曲率半徑為 21m，則其靈敏度為　(2)

(1)10"/2mm　(2)20"/2mm　(3)30"/2mm　(4)40"/2mm。

解　$r'' = \frac{2\,\text{mm}}{R} \times 206265'' = \frac{2}{21 \times 100 \times 10} \times 206265'' = \frac{20''}{2\,\text{mm}}$ 。

(　　) 9.　水準測量時，　(3)

(1)前視距離大於後視距離　(2)前視距離小於後視距離

(3)前視距離約等於後視距離　(4)不必考慮前後視距離之關係。

解　前後視之距離約略相等，可消除以下三種誤差：

(1)視準軸誤差：視準軸不平行水準軸的誤差。

(2)地球曲率差。

(3)大氣折光差。

(　　) 10.　經緯儀觀測水平角時，常取正鏡及倒鏡觀測之平均值，其目的在消除　(4)

(1)垂直軸不垂直之誤差　(2)度盤刻劃之誤差

(3)水準軸不與垂直軸垂直之誤差　(4)視準軸不與橫軸垂直之誤差。

解 經緯儀之橫軸須垂直於直立軸。此為具有橫軸校正螺絲之舊式儀器方需檢測，現今新式精密儀器則無須校正，若有問題應送廠檢修。校正採用一次縱轉法。消除方法採用正倒鏡觀測取平均值。

( ) 11. 使用天頂距式垂直度盤之經緯儀，觀測一測點之天頂距，設正鏡讀數爲 Z_1，倒鏡讀數爲 Z_2，則其正確天頂距爲
(1)$\frac{Z_1+Z_2}{2}+180°$ (2)$\frac{Z_1-Z_2}{2}+180°$ (3)$\frac{Z_1+Z_2}{2}-180°$ (4)$\frac{Z_2-Z_1}{2}+180°$ 。 (2)

解 天頂距式度盤計算公式：正確天頂距式 $Z=\frac{Z_1-Z_2}{2}+180°=\frac{正鏡讀數-倒鏡讀數}{2}+180°$

垂直角 $\alpha=90°-Z$

當望遠鏡呈現水平時，縱角讀數應為 90°或 0°，否則讀數與 90°或 0°之差值便為指標差。正倒鏡之縱角觀測讀數之和應為 360°，若否，則含有指標差。

指標差 $i=\frac{Z_1+Z_2}{2}-180°=\frac{正鏡讀數+倒鏡讀數}{2}-180°$ 。

( ) 12. 使用經緯儀測水平角時，下列何種儀器誤差不能藉正倒鏡觀測取其平均值而消除之？ (4)
(1)視準軸不垂直於橫軸
(2)橫軸不垂直於直立軸
(3)視準軸與橫軸交點不在垂直軸之垂直面上
(4)水準軸不垂直於垂直軸

解 經緯儀觀測水平角採正倒鏡觀測取平均，可以消除下列儀器誤差：
1.視準軸誤差；2.橫軸(水平軸)誤差；3.視準軸偏心誤差；4.十字絲偏斜誤差；5.縱角指標差。

( ) 13. 應用經緯儀觀測天頂距，如正鏡讀數爲 94°12'44"；倒鏡讀數爲 265°47'24"，則其垂直角爲 (1) −4°12'40" (2)+4°12'40" (3) −81°34'40" (4)+81°34'40"。 (1)

解 指標差 $i=\frac{(94°12'44''+265°47'24'')-360°}{2}=4''$

正確天頂距 $Z=94°12'44''-4''=94°12'40''$

垂直角 $\alpha=90°-Z=-4°12'40''$ 。

( ) 14. 以方向組法觀測水平角三測回，則每一測回開始時水平度盤分別爲 (3)
(1)0°、45°、90° (2)0°、120°、240° (3)0°、60°、120° (4)0°、90°、180°。

解 施測 $n=3$ 方向組，則每測完一測回，度盤位置移動約 $\frac{180°}{3}=60°$，即第一方向組後視點為 0°，第二、三組後視時分別移動至 60°、120°。

( ) 15. 水準測量標尺微小讀數估讀不準之誤差爲 (3)
(1)累積誤差 (2)系統誤差 (3)偶然誤差 (4)平均誤差。

解 估讀不準在誤差的種類屬偶然誤差，乃因儀器不夠精密或是自然氣候之變化，所引起之誤差，此誤差值有大有小，甚至很小不易查出。

( ) 16. 水準測量時，讀完後視後如儀器稍有下陷，將使前視點之高程 (2)
(1)減小 (2)加大 (3)不變 (4)不一定。

解 儀器下陷會使水準儀所讀之尺讀數變小，高程變大。

(　　) 17. 水準測量若標尺扶持不直 (3)

(1)向前傾斜時讀數減小　(2)向後傾斜時讀數增大

(3)向前向後傾斜時讀數均增大　(4)向前向後傾斜時讀數均減小。

解 水準尺不垂直：將使讀數變大，正確讀數為水準尺傾角的餘弦值。

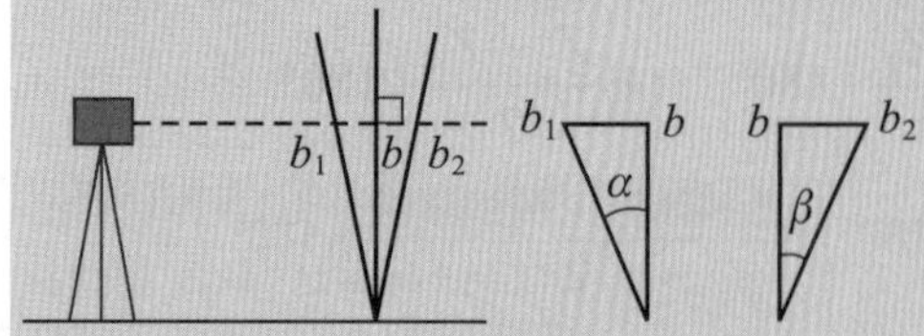

防範方式：令執尺者輕緩地前後搖動水準尺，則「最小的讀數」即為正確讀數，或將尺背輔以圓盒水準器。

(　　) 18. 下列各種高程測量，以何者精度最高？ (1)

(1)直接水準測量　(2)三角高程測量　(3)視距高程測量　(4)氣壓高程測量。

解 間接高程測量之分類：

間接高程測量之分類	使用儀器	適用情況	精度比較
三角高程測量	經緯儀	兩點之間距離高程都較大者	最佳
視距高程測量	經緯儀	小地區地形測量高程及距離	較差
氣壓高程測量	氣壓計		最差

選項(1)為直接水準測量，選項(2)至(4)皆為間接水準測量，直接水準測量之精度優於間接水準測量。

(　　) 19. 設水平面上二點間距離為 1000m 時，則地球曲率對此二點之高程差為 (1)

(1)0.08m　(2)0.7m　(3)0.05m　(4)0.5m。

解 地球曲率差 $\dfrac{D^2}{2R}=\dfrac{1000^2}{2\times 6370000}\cong 0.08\text{ m}$。

(　　) 20. 已知 A 點高程為 31.157m，B 點高程為 31.166m，今自 A 點施實水準測量測至 B 點，得後視讀數和為 16.420m，前視讀數和為 16.431m，則水準閉合差為 (2)

(1)+0.020m　(2) −0.020m　(3)+0.002m　(4) −0.002m。

解 $\omega=31.157+16.420-16.431-31.166=-0.020$

另解：閉合差＝觀測值－已知值＝$(16.420-16.431)-(31.166-31.157)=-0.020$ m。

(　　) 21. 水準測量各點之距離大約相等，若閉合差未逾規定界限，分配予各點改正數之原則為 (1)

(1)與點數成正比例分配　(2)與距離平方成正比例分配

(3)與點數成反比例分配　(4)與距離平方成反比例分配。

解　按測站數比例分配平差之改正數計算方式：

$V_i = -\frac{i}{n} \times \omega$

各測站間距離大約相等，可與「測站數」成正比而平差。

V_i：第 i 點之改正值

ω：水準測量之閉合差

i：水準路線之測站第 i 點

n：水準測量路線之全線測站總數。

(　) 22. 水準測量時，水準儀至前後視標尺距離無法相等且相差甚大，應用何種測量方法以消除視準軸誤差、地球曲面差、大氣折光差？
(1)精密水準測量　(2)逐差水準測量　(3)對向水準測量　(4)校核水準測量。　(3)

解　對向水準測量用於通過河流、峽谷、巨型水域時，無法將儀器置於兩測點之間，不能平衡前後照準距離時，又稱渡河水準測量。其應用時機如下：

1. 測量寬河、山谷、沼澤兩岸之高程差，儀器無法架設於兩點中間。
2. 於土質鬆軟之山坡地實施水準測量時，為降低下陷誤差。
3. 消除視準軸誤差、地球曲率差及大氣折光差。

(　) 23. 一水準器之靈敏度爲 40"/2mm，當氣泡移動一格，讀相距 100m 之標尺，其相對應之讀數差爲　(1)0.2cm　(2)2cm　(3)0.1cm　(4)1cm。　(2)

解　$r_2 - r_1 = \frac{n \times D \times r''}{\rho''} = \frac{1 \times 100 \times 40''}{206265''} = 0.02\,\text{m} = 2\,\text{cm}$。

(　) 24. 爲提高水準測量之精度，視準軸不可過分接近地面，標尺讀數不得低於
(1)2cm　(2)5cm　(3)30cm　(4)50cm。　(3)

解　標尺讀數不得低於 30cm，高過 3m。

(　) 25. 在三角高程測量中，兩站對向觀測垂直角以求兩點之高程差，可消除
(1)地球曲率差及折光差　(2)水準軸不垂直於垂直軸之誤差
(3)視準軸不垂直於橫軸之誤差　(4)儀器下陷之誤差。　(1)

解　三角高程測量時，因地球曲率差與大氣折光差之合為 $f = \frac{(1-K) \times D^2}{2R}$，由於折光係數 K 不能精確測定，使兩差改正 f 有誤差；距離 D 愈長，誤差也愈大。減少兩差改正的一個方法是，在兩點同時進行對向觀測，此時可以認定 K 值是相同的，兩差改正 f 也相等，可以相互抵消掉。

(　) 26. 零度在天頂方向之全周式垂直度盤，正鏡時所讀之角度爲
(1)垂直角　(2)天頂距　(3)360°減天頂距　(4)180°減天頂距。　(2)

2

解 整理縱角度盤公式如下表：

種類		公式	說明
天頂距式		天頂距 $Z=\frac{Z_1-Z_2}{2}+180°=\frac{(正鏡讀數-倒鏡讀數)}{2}+180°$ 垂直角 $\alpha=90°-Z=\frac{Z_2-Z_1}{2}-90°=\frac{(倒鏡讀數-正鏡讀數)}{2}-90°$ 指標差 $i=\frac{Z_1+Z_2}{2}-180°=\frac{(正鏡讀數+倒鏡讀數)}{2}-180°$	1.判斷方式：正+倒 ≈ 360° 2.讀數顯示屬天頂距
全圓周式	仰角	垂直角 $\alpha=90°+\frac{\alpha_1-\alpha_2}{2}=90°+\frac{(正鏡讀數-倒鏡讀數)}{2}$ 指標差 $i=90°-\frac{\alpha_1+\alpha_2}{2}=90°-\frac{(正鏡讀數+倒鏡讀數)}{2}$	1.判斷方式：正+倒 ≈ 180° 2.讀數顯示屬垂直距
	俯角	垂直角 $\beta=90°-\frac{\beta_1-\beta_2}{2}=90°-\frac{(正鏡讀數-倒鏡讀數)}{2}$ 指標差 $i=270°-\frac{\beta_1+\beta_2}{2}=270°-\frac{(正鏡讀數+倒鏡讀數)}{2}$	1.判斷方式：正+倒 ≈ 540° 2.讀數顯示屬垂直距

( ) 27. 設一名義長 30m 之鋼尺，當溫度在 14.3°C 時，真長與名義長相等，當量距時之平均溫度爲 26.7°C，量得一測線之距離爲 358.297m，熱膨脹係數爲 0.0000116，則經溫度改正後之距離爲 (1)358.245m (2)358.348m (3)358.358m (4)358.402m。 (2)

解 代入溫度改正公式：

$C_t=L\times\alpha\times(t-t_s)=30\times0.0000116\times(26.7-14.3)=0.0043152\text{ m}$，

經溫度改正後正確的鋼尺長 $=30+0.004315=30.0043152\text{ m}$。

經溫度改正後正確的測線距離為 x，

$\frac{30}{358.297}=\frac{30.0043152}{x}$；$x=358.348\text{ m}$。

( ) 28. AB、BC、CA 間距離各爲 5km、2km、3km，今作水準測量，A 點高程爲 52.460m，由 A 測至 B、C、A，直接算得 B、C、A 高程分別爲 85.258m、61.376m、52.470m，平差後，B 點高程應爲 (1)85.263m (2)85.253m (3)85.260m (4)85.256m。 (2)

解 閉合差 $=52.470-52.460=0.010\text{ m}$

總距離為 10 km，因誤差與距離成正比，$\varepsilon_{AB}=\frac{5}{10}\times(-0.010)=-0.005$，$\varepsilon_{BC}=-0.007$，$\varepsilon_{CA}=-0.010$，

$H_B=85.258-0.005=85.253\text{ m}$，$H_C=61.376-0.007=61.369\text{ m}$。

( ) 29. AB、BC、CA 間距離各爲 1km、2km、3km，今作水準測量，A 點高程爲 52.460m，由 A 測至 B、C、A，直接算得 B、C、A 高程分別爲 85.258m、61.376m、52.472m，平差後，B 點高程應爲 (1)85.254m (2)85.256m (3)85.260m (4)85.262m。 (2)

解 閉合差 $=52.472-52.460=0.012\text{m}$，總距離為 6km，因誤差與距離成正比，

$\varepsilon_{AB}=\frac{1}{6}\times(-0.012)=-0.002$，$\varepsilon_{BD}=-0.006$，$\varepsilon_{CA}=-0.012$，$H_B=85.258-0.002=85.256\text{m}$，

$H_C=61.376-0.006=61.370\text{m}$。

( ) 30. AB、BC、CA 間距離各為 1km、2km、3km，今作水準測量，A 點高程為 52.460m，由 A 測至 B、C、A，直接算得 B、C、A 高程分別為 85.258m、61.376m、52.472m，平差後，C 點高程應為 (1)61.368m (2)61.370m (3)61.372m (4)61.374m。 (2)

解 參閱第 29 題解析。

( ) 31. 使用 0°在天頂方向之經緯儀，觀測天頂距正鏡測得 84°20'24"，倒鏡測得 275°39'24"，則天頂距應為 (1)84°20'54" (2)84°20'40" (3)84°20'30" (4)84°20'24"。 (3)

解 正確天頂距 $Z=\dfrac{Z_1-Z_2}{2}+180°=\dfrac{84°20'24''-275°39'24''}{2}+180°=84°20'30''$

垂直角 $\alpha=90°-Z=1°26'30''$ (仰角)。

( ) 32. 使用 0°在天頂方向之經緯儀，觀測天頂距正鏡測得 84°20'24"，倒鏡測得 275°39'24"，則指標差應為 (1)-4" (2)-6" (3)-8" (4)-10"。 (2)

解 指標差 $i=\dfrac{Z_1+Z_2}{2}-180°=\dfrac{84°20'24''+275°39'24''}{2}-180°=-0°00'06''$。

( ) 33. 普通水準測量若有閉合差，其高程差之改正數與下列何者成正比？ (2)
(1)距離平方之倒數 (2)距離 (3)距離之倒數 (4)距離平方。

解 按距離比例分配平差之改正數計算方式：$V_i=-\dfrac{L_i}{L_t}\times\omega$

各測站間距離不相等，可與「距離」成正比而平差。

V_i：第 i 點之改正值

ω：水準測量之閉合差

L_i：自起點至第 i 點之累積長度

L_t：水準路線之總長度。

( ) 34. 今以一支名義長 30m 鋼卷尺量得兩點間距為 584.720m，但後來發現此鋼卷尺實際長為 30.004m，則此兩點間距實際長度為 (4)
(1)583.940m (2)585.500m (3)584.642m (4)584.798m。

解 $\text{真實距離}=\dfrac{\text{卷尺真實長度}}{\text{卷尺刻畫長度}}\times\text{測量距離}$

$=\dfrac{30.004}{30.000}\times 584.720=584.798\ (\text{m})$

( ) 35. 某尺在溫度改變前，名義長＝實長，若溫度升高使測距尺增長，則所量測長度 (4)
(1)變長，改正數為負 (2)變長，改正數為正
(3)變短，改正數為負 (4)變短，改正數為正。

解 尺長改正：當測距尺與標準尺比較長度不同時，即產生誤差，不論是正負值，均具有累積性。若卷尺比標準尺「長」，則卷尺所量得之距離比標準尺所量得之距離為「短」，若卷尺比標準尺「短」，則卷尺所量得之距離比標準尺所量得之距離為「長」。

( ) 36. 已知 A 點高程為 300.18m，今在 B 點觀測 A 點覘標之垂直角為仰角 5°58'01"，AB 兩點之水平距離為 750.123m，儀器高為 1.51m，覘標高為 11.17m，求 B 點之高程為 (3)
(1)238.60m (2)240.20m (3)231.40m (4)225.70m。

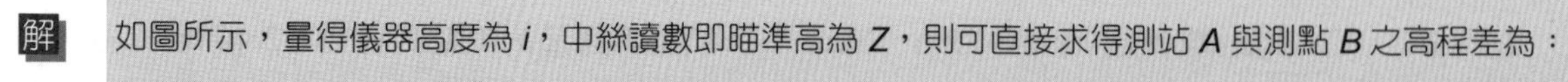

解　如圖所示，量得儀器高度為 i，中絲讀數即瞄準高為 Z，則可直接求得測站 A 與測點 B 之高程差為：

$H_A=H_B+i+V-Z$；$\Delta H_{AB}=H_A-H_B=V+i-Z$

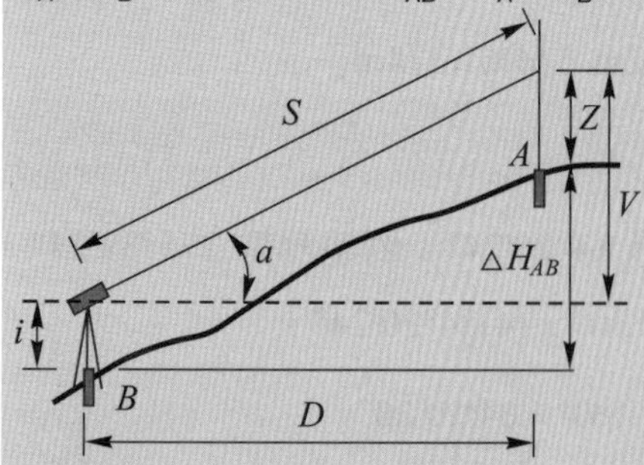

倘瞄準標尺時，能使中絲讀數 Z 恰等於儀器高度 $i(Z=i)$，如圖所示，則上式可簡化為

$\Delta H_{AB}=V+i-Z=V+i-i=V$。

本題 $V=750.123\times\tan 5°58'01''=78.404$ ；$H_A=H_B+i+V-Z$；

$300.18=H_B+78.404+1.51-11.17$；$H_B=231.40\text{m}$。

(　　) 37. 以水準儀觀測 A、B、C 三點，得讀數分別為 0.86m、1.52m、2.79m，則下列何者正確？　(1)

(1)C 比 B 低 1.27m　(2)B 比 A 高 0.66m　(3)C 比 A 低 0.66m　(4)B 比 A 低 1.93m。

解　讀數愈大高程愈低。$\Delta H_{C-B}=1.52-2.79=-1.27$ (負為低)，$\Delta H_{A-C}=0.86-2.79=-1.93$ (低)，$\Delta H_{A-B}=0.86-1.52=-0.66$ (低)。

(　　) 38. 在 15%斜坡上量距，得 240.60m，其水平距離應為　(2)

(1)237.84m　(2)237.94m　(3)238.04m　(4)238.14m。

解　$h=240.60\times15\%=36.09$

$$C_h=-\frac{h^2}{2S}=-\frac{36.09^2}{2\times240.60}=-2.707$$

$$D=240.60\times\frac{100}{\sqrt{100^2+15^2}}=237.94\text{m}$$ 。

(　　) 39. 電子測距儀之加常數改正，係改正　(3)

(1)頻率誤差　(2)溫度誤差　(3)零點誤差　(4)氣壓誤差。

解　若用垂球、光學定心器、定心桿等所定之機械中心與信號發射或反射之起點(電子中心)不相吻合，則生零點誤差。零點誤差之改正數，又稱為加常數。測距時必須加上加常數之修正，不同一套稜鏡，加常數不同。加常數至少須每年校正一次。

(　　) 40. 下列水準器之靈敏度值中，何者靈敏度最高？　(4)

(1)1'/2mm　(2)30"/2mm　(3)20"/2mm　(4)10"/2mm。

解　水準管靈敏度數值愈小靈敏度愈高。

(　　) 41. 若測線傾斜為 10%而視為水平時，50m 之誤差將為　(4)

(1)0.188m　(2)0.208m　(3)0.228m　(4)0.248m。

解 $\frac{10}{100}=\frac{h}{50}$，$h=\frac{10}{100}\times 50=5(\text{m})$

代入傾斜改正公式 $C_h=\frac{h^2}{2S}=\frac{5^2}{2\times 50}=0.250\ (\text{m})$。

另解 $S=\sqrt{100^2+10^2}=100.499$

$\frac{100.499}{100}=\frac{50}{X}$，$X=49.752$，誤差量 $\Delta X=50-49.752=0.248\ (\text{m})$。

( ) 42. 於水準面上任一點作一切面，則在此面上距該點 2km 遠處離水準面約有 (3)
(1)10cm (2)20cm (3)30cm (4)40cm 之高差。

解 地球曲率差之改正值 $=\frac{2000^2}{2\times 6370000}(\frac{\text{m}^2}{\text{m}})=0.314\ \text{m}\approx 30\ \text{cm}$。

( ) 43. 水準器之曲率半徑為 41m，則其靈敏度為 (1)
(1)10"/2mm (2)20"/2mm (3)30"/2mm (4)40"/2mm。

解 $r''=\frac{2\text{mm}}{R}\times 206265''=\frac{2}{41\times 100\times 10}\times 206265''=\frac{10''}{2\text{mm}}$。

( ) 44. 在上下坡路段實施水準測量時，在水準尺上的讀數最小值為 (2)
(1)5cm (2)30cm (3)3m (4)5m。

解 水準尺的讀尺範圍，最低不可少於 30cm；可避免大氣折光差所造成的影響。

( ) 45. 在上下坡路段實施水準測量時，在水準尺上的讀數最大值為 (3)
(1)無限制 (2)1m (3)3m (4)5m。

解 水準尺的讀尺範圍，最大不可超過 340 cm，以免水準尺傾斜造成讀尺誤差。本題選最接近之數值 3m。

( ) 46. 在斜坡設置儀器時，儀器之三腳架應 (2)
(1)一支腳在下坡，另二支腳在上坡 (2)一支腳在上坡，另二支腳在下坡
(3)三支腳分居上中下 (4)三腳併攏。

解 以此方式架設儀器，能確保儀器在斜坡上穩固安全。

( ) 47. 三角高程測量公式 $H_B-H_A=i_A+V-z_B+\frac{S^2}{2R}+\frac{-KS^2}{2R}$，公式中 K 為大氣折光係數，R 為地球曲率半徑，而 $\frac{S^2}{2R}$ 稱為 (1)
(1)地球曲率改正 (2)大氣折光改正 (3)地球曲率及大氣折光改正 (4)氣壓高程改正。

解 令距離為 S；地球曲率改正為 Δh。

$(R+\Delta h)^2=R^2+S^2$；$2R\Delta h^2+\Delta h^2=S^2$；$\Delta h=\frac{S^2}{2R+\Delta h}=\frac{S^2}{2R}$。

(因 Δh 相對於 $2R$ 很小，可略去不計。)

( ) 48. 三角高程測量公式 $H_B-H_A=i_A+V-z_B+\frac{S^2}{2R}+\frac{-KS^2}{2R}$，公式中 K 為大氣折光係數，R 為地球曲率半徑，而 $\frac{-KS^2}{2R}$ 稱為 (2)
(1)地球曲率改正 (2)大氣折光改正 (3)地球曲率及大氣折光改正 (4)氣壓高程改正。

解 $\frac{-KS^2}{2R}$ 為大氣折光改正，K 值為 0.13，亦即大氣折光改正為地球曲率改正 $\frac{S^2}{2R}$ 之 $\frac{1}{7}$。

( ) 49. 長距離三角高程測量時，最好採用 (1)
(1)同時對向觀測取平均 (2)對向觀測取平均 (3)單向觀測 (4)重複單向觀測取平均。

解 三角高程測量時，因地球曲率差與大氣折光差之合為 $f=\dfrac{(1-K)\times D^2}{2R}$，由於折光係數 K 不能精確測定，使兩差改正 f 有誤差；距離 D 愈長，誤差也愈大。減少兩差改正的一個方法是，在 A、B 兩點同時進行對向觀測，此時可以認定 K 值是相同的，兩差改正 f 也相等，可以相互抵消掉。

( ) 50. 大氣折光差與地球曲率差改正中，大氣折光差約爲地球曲率差之幾倍？ (2)
(1)1/3 (2)1/7 (3)3 倍 (4)7 倍。

解 大氣折光差 $=-K\dfrac{S^2}{2R}$，地球曲面差 $=\dfrac{S^2}{2R}$。K 為折射係數，台灣地區之折射係數 K 約為 0.13。將 0.13 代入上兩式得兩者之比為 $\dfrac{0.13}{1}=\dfrac{1}{7}$。

( ) 51. 某次視距測量，垂直角 $\alpha=8°10'00''$，視距間隔 $a=0.762$m，乘常數 $K=100$，加常數 $C=0.23$m，高差 V 等於 (1)10.75m (2)15.75m (3)18.75m (4)22.75m。 (1)

解 $V=\dfrac{1}{2}(0.762\times100+0.23)\times\sin(2\times8°10'00'')=10.75\text{m}$。

( ) 52. 水準儀置於 A，B 兩點之間，觀測得 A，B 兩點水準尺讀數分別爲 1.235m 及 1.430m，若 B 點高程爲 20.750m，問 A 點高程爲 (1)20.555m (2)20.945m (3)21.555m (4)21.945m。 (2)

解 因前後視視準軸高相同，$H_A+1.235=20.750+1.43$
$H_A=20.750+1.43-1.235=20.945$。

( ) 53. 用經緯儀觀測一目標，得天頂距 86°12'30"，則其垂直角爲 (2)
(1)＋4°47'30" (2)＋3°47'30" (3)−4°47'30" (4)−3°47'30"。

解 天頂距＋垂直角＝90°，垂直角＝90°－86°12'30"＝3°47'30"。
(正號表仰角，負號表俯角)

( ) 54. 令甲＝「稜鏡數目」，乙＝「空氣之清晰度」，丙＝「測距儀之功率」，下列何者與電子測距儀之測距長度有關？ (1)甲乙 (2)乙丙 (3)甲丙 (4)甲乙丙。 (4)

( ) 55. 設置經緯儀時，通常允許定心誤差爲 2mm，氣泡偏差 1/4 格，令甲＝「鉛垂」，乙＝「光學定心器」，丙＝「定心桿」，依定心精度由高而低排列爲 (2)
(1)甲乙丙 (2)乙丙甲 (3)丙甲乙 (4)三者相同。

解 鉛垂不易準確定心，精度最差。定心桿因其桿本身對心範圍大，精度不如光學定心器。

( ) 56. 經緯儀設置於 A 點，十字絲之上、中、下絲對 B 點標尺之讀數分別爲 1.200m，0.900m，0.600m，垂直角爲仰角 30°00'，視距乘常數爲 100，加常數爲 0，又設儀器高爲 1.20m，B 點之標高爲 100.00m，則 A 點之標高爲 (2)
(1)126.28m (2)73.72m (3)113.14m (4)86.86m。

解 $V=\dfrac{1}{2}\times100\times(1.200-0.600)\times\sin60°=25.980$；$H_B=H_A+i+V-Z$；
$H_A=100.00-1.200-25.980+0.900=73.72\text{m}$。

( ) 57. 自動水準儀是藉下列何項裝置自動水平？ (2)
(1)平行玻璃 (2)補償器 (3)傾斜螺旋 (4)符合水準器。

解 自動水準儀內裝置有自動水平補償器，在補償範圍內將視準軸自動導正水平。一般補償範圍約在±10'內，因內置水平補償器，所以僅裝有圓盒水準器。亦即當圓盒水準器之氣泡居中時，即使儀器稍微傾斜時，補償器能自動使物鏡中心之水平光線折射至十字絲中心。

( ) 58. 經緯儀天頂距正鏡讀數 80°，若儀器無誤差，則天頂距倒鏡讀數應為 (4)
(1)10° (2)100° (3)260° (4)280°。

解 正鏡＋倒鏡＝360°，倒鏡＝360°－80°＝280°。

( ) 59. 水準管氣泡居中後，再平轉 180°，若此時氣泡偏移二格，則須調整水準管校正螺絲，使氣泡改正 (1)半格 (2)一格 (3)二格 (4)四格。 (2)

解 半半改正法腳螺旋及水準管校正螺旋各改正一半，因氣泡偏離二格，故水準管校正螺旋改正氣泡偏移量一半，故氣泡改正一格。

( ) 60. 若水準儀之視準軸誤差 0.0001rad(弧度)，當標尺距離為 60m 時，高程誤差為 (3)
(1)1mm (2)3mm (3)6mm (4)12mm。

解 高程誤差 $=60\times1000\times0.0001=6$ (mm)。

( ) 61. 若觀測目標之天頂距為 90°，則下述何種儀器誤差對水平角觀測誤差之影響為零？ (4)
(1)視準軸偏心 (2)度盤偏心 (3)視準軸未垂直橫軸之誤差 (4)橫軸誤差。

解 橫軸誤差導致水平角觀測誤差，當天頂距為 90°時，垂直角為 0°，而水平角觀測誤差公式為 $I=i\times\tan(\alpha)=i\times\tan(0)=0$ (式中 i 為橫軸與垂直軸未垂直誤差量，h 是垂直角)。
視準軸誤差對水平角的影響量與垂直角 α 成正比。垂直軸誤差對水平角的影響量與水平角及垂直角成正比。

( ) 62. 令：甲＝「水準器」，乙＝「目鏡或物鏡鏡片」，丙＝「制動或微動螺旋」，丁＝「調焦螺旋」。有一位測量員直接用手抓炸雞吃，吃後尚未擦手即測量，他的手指碰到儀器何處會干擾測量工作？ (1)全部都會 (2)甲乙丙 (3)乙丙丁 (4)丙丁甲。 (3)

( ) 63. 視差係於眼睛稍微上下移動時，發生讀數(例如水準尺讀數)改變之現象，其原因係目標(例如水準尺)未能成像於 (1)目鏡內表面 (2)目鏡外表面 (3)十字絲面 (4)物鏡面。 (3)

解 視差產生的原因可能是觀測目標未能成像於十字絲面，此時可調整物鏡來改善，另一原因為目鏡所見之十字絲像不清晰，此時可調整物鏡使望遠鏡上十字絲清晰明顯。

( ) 64. 水準尺前後傾斜時，在水準尺上之讀數 (1)不變 (2)變小 (3)變大 (4)不一定。 (3)

解 參閱第 17 題解析。

( ) 65. 設經緯儀之指標差為零，正鏡天頂距讀數為 89°12'40"，倒鏡觀測時，則其讀數為 (3)
(1)269°12'30" (2)270°22'10" (3)270°47'20" (4)271°04'30"。

解 正鏡＋倒鏡＝360°，倒鏡＝360°－89°12'40"＝270°47'20"。

( ) 66. 測量垂直角時，正倒鏡觀測取平均可以消除 (2)

(1)直立軸誤差 (2)指標差 (3)橫軸誤差 (4)垂直度盤偏心誤差。

解 測量垂直角時，正倒鏡觀測取平均可以消除縱角指標差。而所謂縱角指標差乃當望遠鏡水平時，縱角讀數不是 0°或 90°。

( ) 67. 令甲＝「使目標清晰成像在十字絲面」，乙＝「使十字絲清晰」，丙＝「旋轉目鏡環」，丁＝「旋轉調焦螺旋」，則甲乙丙丁之正確排列為 (4)

(1)甲乙丙丁 (2)丁甲丙乙 (3)丁乙丙甲 (4)丙乙丁甲。

解 望遠鏡之用法：首先將目鏡之焦距調整清晰，再利用望遠鏡之調焦螺旋使物體清晰。

1.調整目鏡之焦距：目的在使望遠鏡上十字絲清晰明顯。

2.調整物鏡之焦距：目的在使被觀看之物體清晰明顯。

( ) 68. 假設水準尺直立，水準儀至前後視水準尺之距離均為 50 公尺，觀測前後水準尺時，發現水準管氣泡中心均偏向物鏡端 1.1 格，該水準管靈敏度為 30"/格，則所求高程差之誤差為 (2)

(1)8mm (2)0mm (3)-16mm (4)16mm。

解 $r_2-r_1=\dfrac{n\times D\times r''}{\rho''}=\dfrac{1.1\times 50\times 30''}{206265''}=0.008\text{m}=8\text{mm}$

但因前後視距離相等，可消除視準軸誤差，故誤差為 0 mm。

( ) 69. 望遠鏡物鏡口徑為 4.0cm，分解力 $R''=\dfrac{140''\ \text{mm}}{D}$，則該望遠鏡之分解力為 (2)

(1)35" (2)3.5" (3)56" (4)560"。

解 $R=\dfrac{140''\ \text{mm}}{40\text{mm}}=3.5''$。

( ) 70. 望遠鏡物鏡口徑為 4.0cm，將望遠鏡朝向明亮的白色牆壁，此時物鏡端之圓孔在目鏡鏡片上形成一個圓形亮板，量其直徑得 1.5mm，則該望遠鏡之近似倍數為 (4)

(1)6X (2)60X (3)2.7X (4)27X。

解 近似倍數 $=\dfrac{40\text{mm}}{1.5\text{mm}}=26.67$。

( ) 71. 經緯儀設置於 A 點，十字絲之上、中、下絲對 B 點標尺之讀數分別為 1.200m、0.900m、0.600m，垂直角為仰角 30°00'，視距乘常數為 100，加常數為 0，則 AB 之平距為 (4)

(1)55.0m (2)50.0m (3)60.0m (4)45.0m。

解 $a=1.200-0.600=0.600$

水平距離 $D=(aK+C)\cos^2\alpha=(0.6\times 100+0)\cos^2 30^\circ=45.0$。

( ) 72. 設 b 為標尺上下二覘標之間距，α_1 及 α_2 分別為上下覘標之俯仰角，求水平距離 D 之公式為 (1)

(1) $D=\dfrac{b}{\tan\alpha_1-\tan\alpha_2}$ (2) $D=\dfrac{b}{\cot\alpha_1-\cot\alpha_2}$

(3) $D=\dfrac{b}{\sin\alpha_1-\sin\alpha_2}$ (4) $D=\dfrac{b}{\cos\alpha_1-\cos\alpha_2}$。

解　使用一般視距標尺或特製標桿，將標尺或標桿垂直豎立於地面上之一端點，另一端點安置經緯儀觀測標尺上二固定分劃或桿上之二覘板之垂直角，以推算得水平距離；此種測量方法稱為正切視角測量，又稱為雙高測距法。

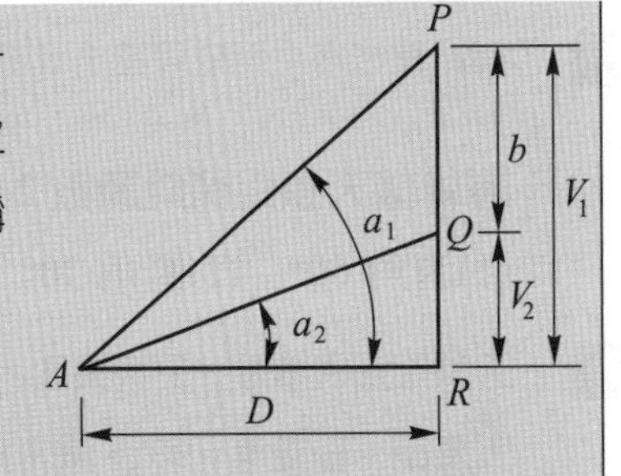

$V_1 = D\cdot\tan\alpha_1$

$V_2 = D\cdot\tan\alpha_2$

且 $V_1 - V_2 = b$，

$V_1 - V_2 = D\times(\tan\alpha_1 - \tan\alpha_2)$

$b = D\times(\tan\alpha_1 - \tan\alpha_2)$

故水平距離 $D = \dfrac{b}{\tan\alpha_1 - \tan\alpha_2}$

高差 $V_1 = \dfrac{b}{\tan\alpha_1 - \tan\alpha_2}\times\tan\alpha_1$

或 $V_2 = \dfrac{b}{\tan\alpha_1 - \tan\alpha_2}\times\alpha_2$。

(　　) 73. 直接水準測量時，已知 A 點之高程為 100.000m，若 A 點標尺讀數為 0.800m，B 點標尺讀數為 1.050m，則 B 點之高程為　(1)101.850m　(2)100.250m　(3)99.750m　(4)98.150m。　(3)

解　如圖所示

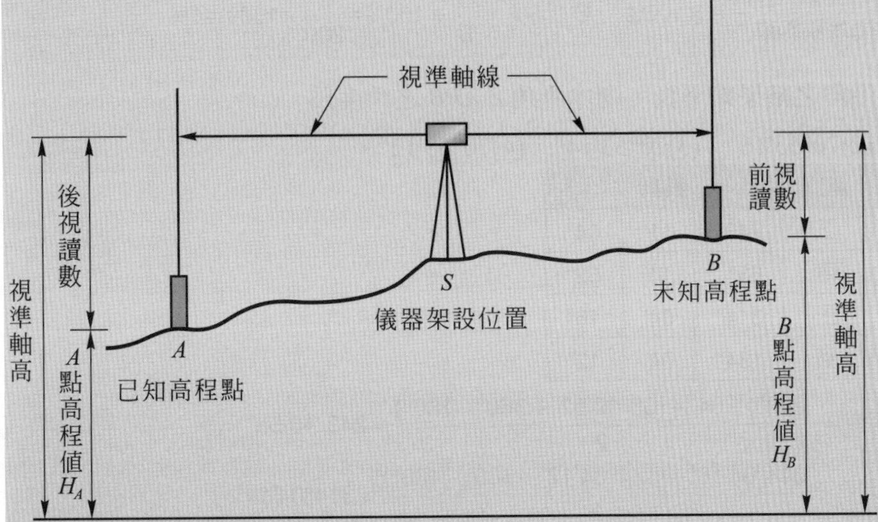

視準軸高＝後視點(已知)高程 H_A＋後視讀數 b

視準軸高＝前視點(未知)高程 H_B＋前視讀數 f

由上二式得到：後視點(已知)高程 H_A＋後視讀數 b＝前視點(未知)高程 H_B＋前視讀數 f

整理可得 $H_B = H_A + b - f = 100.000 + 0.800 - 1.050 = 99.750$ m。

(　　) 74. 已知 A 點高程為 62.00m，在 A 點整置電子測距經緯儀，儀器高 1.50m，照準 B 點覘標，得傾斜距離為 120.000m，垂直角為俯角 15°00'00"，覘標高為 1.40m，則 B 點高程為　(1)29.95m　(2)30.84m　(3)31.04m　(4)31.84m。　(3)

解　本題垂直角為俯角，故為負值。

$H_B = H_A + V + i - z = 62 + 120\times\sin(-15°) + 1.5 - 1.4 = 31.04$ m。

(　　) 75. 採用橫距桿法測距時，橫距桿長為 2m，觀測水平角為 2°00'00"，垂直角為 10°00'，則水平距為　(1)114.58m　(2)57.29m　(3)56.83m　(4)56.42m。　(2)

解 橫距桿法水平距離可按下式計算：$D=\frac{b}{2}\times\cot\frac{\theta}{2}=\frac{2}{2}\times\cot\frac{2°00'00''}{2}=57.29(\text{m})$。

( ) 76. 經緯儀天頂距倒鏡讀數 240°，則其垂直角爲 (1)俯角 60° (2)俯角 30° (3)仰角 60° (4)仰角 30°。 (2)

解 天頂距正鏡讀數＋倒鏡讀數＝360°，天頂距正鏡讀數＝360°－240°＝120°。
天頂距＋垂直角＝90°，垂直角＝90°－120°＝－30°。(負值表為俯角。)

( ) 77. 水平角觀測時，由 *A* 點觀測 *B* 點，其正鏡讀數 26°14'34"，倒鏡讀數 206°14'50"；觀測 C 點，其正鏡讀數 69°25'47"、倒鏡讀數 249°25'51"，則∠*BAC* 等於 (1)43°11'07" (2)43°11'17" (3)43°11'27" (4)43°11'37"。 (1)

解 測點 *B* 正倒鏡平均值 $=\frac{26°14'34''+(206°14'50''-180°)}{2}=26°14'42''$

測點 *C* 正倒鏡平均值 $=\frac{69°25'47''+(249°25'51''-180°)}{2}=69°25'49''$

∠*BAC*角度值 $=69°25'49''-26°14'42''=43°11'07''$。

( ) 78. 若兩點間距離爲 200m，而兩點間高程差爲 2m，則其坡度爲 (1)0.5% (2)1% (3)2% (4)10%。 (2)

解 已知 *AB* 水平距離 *D*、*AB* 之垂直高程差 Δh，而坡度以 *S*%表示，其計算方式：
坡度 $=\frac{\text{兩點間垂直距離(高程差)}}{\text{兩點間水平距離}}\times100\%$。坡度 $S\%=\frac{\Delta h}{D}\times100\%=\frac{2}{200}\times100\%=1\%$。

( ) 79. 經緯儀觀測水平角之結果如下表，則水平角∠*APB* 之角度爲 (1)70°53'20" (2)70°53'16" (3)70°53'14" (4)70°53'12"。 (2)

測站	測點	鏡位	讀數		
P	*A*	正	243°	11'	04"
		倒	63°	10'	52"
	B	正	314°	04'	16"
		倒	134°	04'	12"

解 測點*A*正倒鏡平均值 $=\frac{243°11'04''+(63°10'52''+360°-180°)}{2}=243°10'58''$

測點*B*正倒鏡平均值 $=\frac{314°04'16''+(134°04'12''+360°-180°)}{2}=314°04'14''$

∠*APB*角度值 $=314°04'14''-243°10'58''=70°53'16''$。

( ) 80. 以具有天頂距式縱角度盤的經緯儀，測得正鏡讀數爲 91°15'56"，倒鏡讀數爲 268°44'40"，則垂直角爲 (1)仰角 1°15'38" (2)仰角 1°15'48" (3)俯角 1°15'38" (4)俯角 1°15'48"。 (3)

解 垂直角 $\alpha=90°-Z=\frac{Z_2-Z_1}{2}=90°-\frac{(\text{倒鏡讀數}-\text{正鏡讀數})}{2}$

$=90°-\frac{(268°44'40''-91°15'56'')}{2}=-1°15'38''$

( ) 81. 已知 *A* 點高程爲 50.000m，在 *A* 點整置電子測距經緯儀，儀器高 1.500m，照準 *B* 點稜鏡，得傾斜距離爲 85.000m，垂直角爲仰角 5°10'，覘標高爲 1.450m，則 *B* 點高程爲 (1)57.705m (2)57.736m (3)58.705m (4)58.736m。 (1)

解 $H_B=H_A+V+i-z=50.000+85\times\sin(5°10')+1.500-1.450=57.705\text{ m}$。

(　　) 82. 在傾斜地作視距測量，設標尺夾距為 S，垂直角(俯仰角)為 α，K 為乘常數，C 為加常數，則水平距離 D 之計算公式為
(1)$D=K\cdot S\cdot \sin\alpha+C\cdot \sin\alpha$　(2)$D=K\cdot S\cdot \cos^2\alpha+C\cdot \cos\alpha$
(3)$D=K\cdot S\cdot \sin\alpha\cdot \cos\alpha+C\cdot \sin\alpha$　(4)$D=0.5K\cdot S\cdot \sin\alpha+C\cdot \sin\alpha$。　(2)

解 傾斜地視距測量計算公式

水平距離 $D=(a\cdot K+C)\cos^2\alpha$

高差 $V=\frac{1}{2}(a\cdot K+C)\sin^2\alpha$

高差求法也可靠斜距 L 或平距 S 求出，$V=L\cdot\sin\alpha$ 或 $V=S\cdot\tan\alpha$

說明：夾距 a 表夾距＝上絲讀數－下絲讀數

α 表垂直角，即俯仰角。

K 表乘常數，一般值等於 100

C 表加常數，一般值等於 0 或 0.3 公尺。

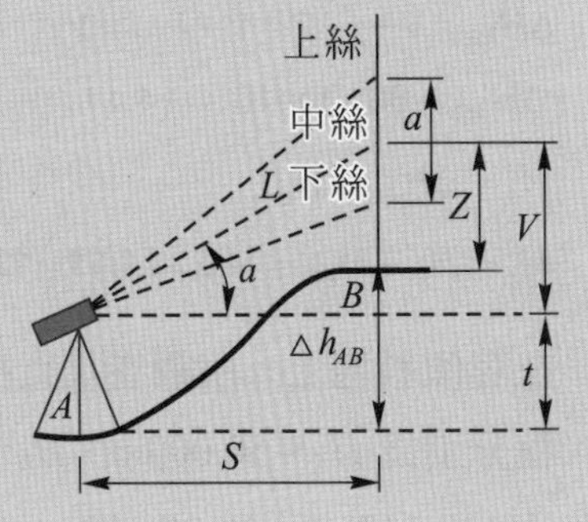

(　　) 83. 設經緯儀置於 A 點，儀器高為 1.50m，A 點高程為 50.00m，照準垂直豎立於 B 點之標尺，讀得夾距為 0.32m，垂直角為仰角 5°，中絲在標尺上讀數為 1.40m，設 $K=100$；$C=0$，則 AB 之水平距離為　(1)32.00m　(2)31.89 m　(3)31.76m　(4)29.00m。　(3)

解 水平距離 $D=(aK+C)\cos^2\alpha=(0.32\times100+0)\cos^2 5°=31.76$。

(　　) 84. 設經緯儀置於 A 點，儀器高為 1.50m，A 點高程為 50.00m，照準垂直豎立於 B 點之標尺，讀得夾距為 0.32m，垂直角為仰角 5°，中絲在標尺上讀數為 1.40m，設 K＝100；C＝0，則 B 點高程為　(1)52.88m　(2)44.54m　(3)44.34m　(4)55.46m。　(1)

解 高差 $V=\frac{1}{2}(aK+C)\sin 2\alpha=\frac{1}{2}(0.32\times100+0)\sin(2\times5°)=2.78$

B 點高程 $H_B=H_A+V+i-Z=50.00+2.78+1.50-1.4=52.88$。

(　　) 85. 經緯儀設置於 A 點，十字絲之上、中、下絲對 B 點標尺之讀數分別為 1.2m、0.9m、0.6m，垂直角為+20°，視距乘數為 100，加常數為 0，則 AB 之平距為
(1)56m　(2)53m　(3)50m　(4)47m。　(2)

解 水平距離 $D=(a\cdot K+C)\cos^2\alpha$

$=[(1.2-0.6)\times100+0]\times(\cos20°)^2\approx53\text{m}$。

(　　) 86. 已知 B 點高程為 140.00m，整置經緯儀於 A 點，照準 B 點之覘標，測得垂直角為 10°(仰角)，且儀器高等於覘標高，AB 之水平距離為 80.00m，則 A 點之高程為
(1)125.89m　(2)126.11m　(3)153.89m　(4)154.11m。　(1)

解　如圖所示，量得儀器高度為 i，中絲讀數即瞄準高為 Z，則可直接求得測站 A 與測點 B 之高程差為：

$H_B = H_A + i + V - Z$

$\Delta H_{AB} = H_B - H_A = V + i - Z$

倘瞄準標尺時，能使中絲讀數 Z 恰等於儀器高度 $i(Z = i)$，如圖所示，則上式可簡化為

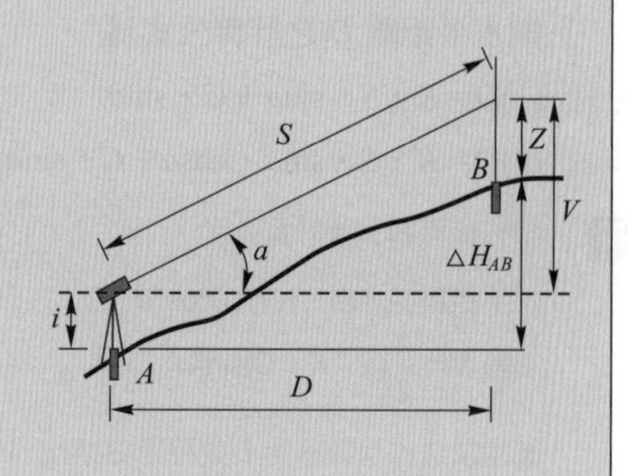

$\Delta H_{AB} = V + i - Z = V + i - i = V$

$\Delta H_{AB} = 80 \times \tan 10° = 14.11$

$H_A + \Delta H_{AB} = H_B$

$H_A = H_B - H_{AB} = 140 - 14.11 = 125.89$

(　　) 87. 在等傾斜地上，用鋼卷尺直接量得 A、B 二點之斜距爲 140.000m，已知 A、B 兩點之高程分別爲 $H_A = 50.000$m、$H_B = 60.000$m，則 A、B 二點間之水平距離爲 (1)139.642m　(2)139.682m　(3)139.722m　(4)139.762m。　(1)

解　$C_h = -\frac{h^2}{2S} = -\frac{(60.000 - 50.000)^2}{2 \times 140} = -0.357(\text{m})$

A、B 之水平距 $= 140 - 0.357 = 139.643$(m)。

(　　) 88. A、B 兩點水平距離 33.68m，於 A 點整置經緯儀，儀器高 1.450m，觀測 B 點之水準尺得中絲讀數 1.328m，此時經緯儀仰角爲 12°，則 B 點比 A 點高若干？ (1)6.425m　(2)7.958m　(3)7.281m　(4)6.084m。　(3)

解　$V = 33.68 \times \tan 12° = 7.159\,\text{m}$，

$\Delta H_{AB} = V + i - z = 7.159 + 1.450 - 1.328 = 7.281\,\text{m}$。

(　　) 89. 於 A、B 兩點間整置水準儀觀測，於點 A 正立水準尺得讀數爲 1.257m，於點 B 倒立水準尺得讀數爲 3.275m，若已知點 A 高 16.978m，則點 B 高程爲 (1)14.960m　(2)21.510m　(3)19.585m　(4)15.271m。　(2)

解　$H_B = H_A + b - f = 16.987 + 1.257 - (-3.275) = 16.987 + 1.257 + 3.275 = 21.510\,\text{m}$。

(　　) 90. 水準儀之整置須：　(1)定平後再定心　(2)定心後再定平　(3)定心即可　(4)定平即可。　(4)

解　水準測量時，水準儀係整置於前視點與後視點之間，並無特定之位置，故不須定心動作，但未保持視準線之水平，觀測時應將水準儀定平，故整置水準儀須定平不須要定心。

(　　) 91. 地表某點與水準基面之垂直距離，稱爲　(1)高程　(2)標高差　(3)海拔差　(4)高程差。　(1)

解　水準測量相關名詞定義如下：

1. 水準面：為一不規則包於地球表面之曲面，於此面上各點垂線與重力線方向相符。水準面之物理意義為一等位面。
2. 水準基面：為一預先測定之水準面，此面上各點之高程為零，一般以平均海水面為水準基面。
3. 高程：為地球表面上某一點離水準基面之垂直距離，又稱標高。
4. 高程差：兩點間之高程差即為分別過該兩點之二水準面間之垂直距離，又稱比高。

(　) 92. 水準管軸垂直直立軸之檢定採用 (3)

(1)定樁法　(2)固定點檢驗　(3)半半改正法　(4)縱轉法。

解 經緯儀儀器誤差產生原因及消除方法

儀器誤差	產生原因	消除方法
水準管軸誤差	水準管軸未垂直於垂直軸	半半改正法
視準軸誤差	視準軸未垂直於水平軸	雙軸用二次縱轉法，單軸用正倒鏡觀測取平均
橫軸(水平軸)誤差	橫軸未垂直於垂直軸	正倒鏡觀測取平均
水平度盤偏心誤差	垂直軸未通過水平度盤的圓心	讀 I、II 游標取平均
視準軸偏心誤差	視準軸、橫軸及垂直軸未能交於一點	正倒鏡觀測取平均
度盤刻劃不均勻誤差	度盤刻劃不均勻	變換度盤重複觀測取平均
十字絲偏斜誤差	十字絲環產生偏斜	正倒鏡觀測取平均值
縱角指標差	當望遠鏡水平時，縱角讀數不是 0°或 90°	正倒鏡觀測取平均

(　) 93. 設 A 點之標高為 55.123m，B 點之標高為 60.145m，今自點 A 實施水準測量至點 B，得後視讀數總和為 5.432m，前視讀數總和為 0.422m，則水準閉合差為 (1)

(1) −0.012m　(2)+0.012m　(3)+0.011m　(4) −0.011m。

解 $\omega = 55.123 + 5.432 - 0.422 - 60.145 = -0.012$。

(　) 94. 水準儀定樁法主要目的在校正 (3)

(1)水準管軸是否垂直直立軸

(2)橫十字絲是否水平

(3)視準軸是否平行於水準管軸

(4)氣泡是否居中。

解 水準測量之儀器誤差來源及防範方式：

1. 視準軸不平行水準管軸：

   防範方式：以「定樁法」校正儀器，或於「施測時使前後視距離約相等」，以消除此項誤差。

2. 水準管軸不垂直直立軸：

   防範方式：以「半半改正法」校正儀器。

3. 水準尺底端磨損：此種水準尺同時用於前視及後視時可抵消此種誤差，若僅當前視或後視時，則須量出此項誤差並加以改正。

   防範方式：最好「換水準尺」避免之。

4. 水準尺接縫誤差：使用抽升式或折疊式水準尺便有此項誤差，當讀數超過此接縫處時便會發生。

   防範方式：可改採「固定式水準尺」。

5. 水準尺非標準尺：即有尺長誤差，可持施測所得之值乘以此尺與標準尺之讀數比值，便能得到應有

   防範方式：尺長改正選項(4)為自然誤差。

( ) 95. 於測站 B 整置經緯儀，對測點 A、C 做水平角觀測，觀測記錄如下表，則∠CBA 為 (2)

(1)125°10'10" (2)234°49'45" (3)125°10'15" (4)234°10'25"。

測站	測點	鏡位	水平度盤讀數
B	A	正	0°00'00"
		倒	179°59'30"
	C	正	125°10'20"
		倒	305°09'40"

解 當倒鏡讀數減 180°為負時，應將倒鏡讀數加上 360°再減 180°，但零方向之起始讀數除外，即零方向倒鏡讀數減 180°為負時，以負數計算

$$測點A正倒鏡平均值=\frac{0°00'00''+(179°59'30''-180°)}{2}=-0°00'15''$$

$$測點C正倒鏡平均值=\frac{125°10'20''+(305°09'40''-180°)}{2}=125°10'00''$$

$\angle ABC角度值=125°10'00''-(-0°00'15'')=125°10'15''$

另解：

$\angle ABC正鏡值=125°10'20''-0°00'00''=125°10'20''$

$\angle ABC倒鏡值=305°09'40''-179°59'30''=125°10'10''$

$$\angle ABC正倒鏡平均值=\frac{125°10'20''+125°10'10''}{2}=125°10'15''$$

$\angle CBA=360°-125°10'15''=234°49'45''$。

( ) 96. 整置經緯儀於 A 點，照準 B 點之覘標，測得垂直角為 45°，且儀器高等於覘標高，A、B 之水平距離為 120.678 公尺，A 點高程為 69.785 公尺，則 B 點之高程為 (2)

(1)200.643 公尺 (2)190.463 公尺 (3)220.135 公尺 (4)2100.876 公尺。

解 儀器高等於覘標高，則 $H_B=H_A+V+i-Z=H_A+V+i-i=H_A+V$

$=69.785+120.678\times\tan45°=190.463$ m。

( ) 97. 以測站 P 對測點 A 之實測資料值如下表，點 A 高程值為 (3)

(1)24.353m (2)24.551m (3)24.534m (4)24.371m。

點號	斜距	天頂角距	稜鏡/儀器高	高程
P			1.572	20.000
A	50.987	85°00'00"	1.482	

( ) 98. 以測站 S 對測點 B 之實測資料值如下表，點 B 高程值為 (3)

(1)25.151m (2)25.708m (3)25.511m (4)25.779m。

點號	平距	天頂角距	稜鏡/儀器高	高程
S			1.468	30.116
B	52.268	95°00'00"	1.500	

( ) 99. 在 A 點向 B 點實施三角高程測量，A 點之儀器高為 i，A、B 之水平距離為 D，B 點之覘標高為 Z，觀測之垂直角為 α，則 A、B 兩點之高程差為 (2)

(1)$D\times\tan\alpha+i+Z$ (2)$D\times\tan\alpha+i-Z$ (3)$D\times\tan\alpha-i-Z$ (4)$D\times\tan\alpha-i+Z$。

解　如圖所示，量得儀器高度為 i，中絲讀數即瞄準高為 Z，則可直接求得測站 A 與測點 B 之高程差為：

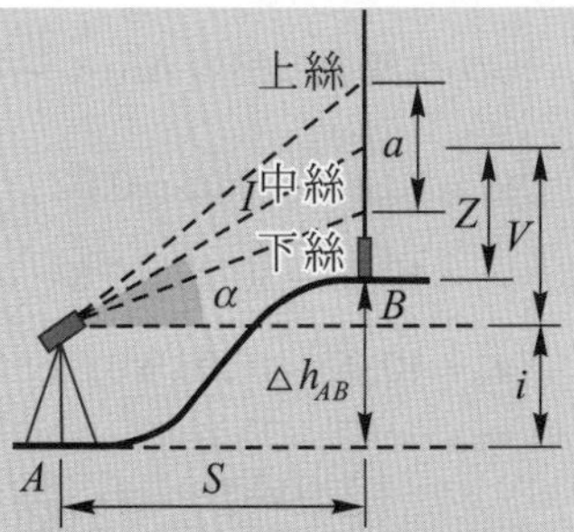

$H_A+i+V=H_B+Z$，$H_B=H_A+i+V-Z$，

$\triangle H_{AB}=H_B-H_A=V+i-Z$。

式中：

H_B：欲求之未知高程點(擺設稜鏡處)

H_A：已知點高程(架設儀器處)

i：儀器高

Z：稜鏡高。

倘瞄準標尺時，能使中絲讀數 Z 恰等於儀器高度 $I(Z=I)$，

則上式可簡化為 $\triangle h_{AB}=V+i-Z=V+i-i=V$。

(　　) 100. 欲測得某大樓的高度，在 A 點整置經緯儀(儀器高爲 1.56m)，觀測該大樓頂端 C 點天頂距讀數正鏡爲 69°13'12"，倒鏡爲 290°47'06"，該大樓平面處 B 點且 B 點至經緯儀測站 A 點水平距離爲 110 公尺，A、B 兩點高程差爲 8.59m，試求該大樓高度 BC 爲多少公尺？ (1)34.717　(2)43.307　(3)33.157　(4)41.747。　(1)

解　$H_{BC}=110\times\tan 20°46'57''-8.59+1.56=34.717\text{m}$。

(　　) 101. 水準測量中對某點僅施行前視而不施行後視者，稱爲 (1)轉點　(2)水準點　(3)中間點　(4)正視點。　(3)

解　水準測量之重要名詞：

1. 後視(*B.S.*)：水準測量時水準儀照準已知高程點上之標尺讀數。
2. 前視(*F.S.*)：水準測量時水準儀照準未知高程點上之標尺讀數。
3. 轉點(*T.P.*)：水準測量作為標尺豎立之點，兼作後視及前視者，其高程可由已知高程點推算而得，並可供求其它點高程之媒介。
4. 中問點(*I.P.*)：水準測量作為標尺豎立之點，只有前視而無後視。其目的僅測定此點高程，並不作為推求其他點高程之用。
5. 視準軸高(*H.I.*)：當視準軸水平時，此軸線所在之高程。
6. 高程差 ΔH：兩點分別由平均海水面起算的垂直距離差值，應用於水準測量中，即為後視讀數減前視讀數。

(　　) 102. C、D 兩點間距離量測 5 次，其數值分別爲 10.05 公尺、10.09 公尺、10.03 公尺、10.10 公尺及 10.06 公尺，請問 CD 距離平均值之標準偏差爲 (1)±0.013 公尺　(2)±0.023 公尺　(3)±0.033 公尺　(4)±0.043 公尺。　(1)

解　CD 距離最或是值 $\Delta\Delta_1=\dfrac{10.05+10.09+10.03+10.10+10.06}{5}=10.07$，

$v_1=10.07-10.05=0.02$；$v_2=10.07-10.09=-0.02$；

$v_3=10.07-10.03=0.04$；$v_4=10.07-10.10=-0.03$；

$v_5=10.07-10.06=0.01$。

$$m=\pm\sqrt{\frac{\sum_{i=1}^{n}[\Delta\Delta_i]}{n(n-1)}}=\pm\sqrt{\frac{0.02^2+(-0.02)^2+0.04^2+(-0.03)^2+0.01^2}{5\times4}}\approx\pm0.013\ (m)$$。

(　　) 103. 視距量測時，若已知水平距離 100m 時，上、下絲夾距爲 1m，已知水平距離 152m 時，上、下絲夾距爲 1.5m，垂直角爲 0 度，則儀器視距常數 K，C 數值爲何？
(1)$K=103$，$C=-3$m　(2)$K=102$，$C=-2$m　(3)$K=101$，$C=-1$m　(4)$K=104$，$C=-4$m。　(4)

解　$100=1\times K+C$.......①；$152=1.5\times K+C$.......②。

②－① 解聯立方程式得 $0.5K=52$；$K=104$。

將 K 值帶入①　得 $100=104+C$；$C=-4$。

(　　) 104. 在均勻斜坡地量距，量得傾斜角爲 α，斜距爲 L，則水平距離＝
(1)$L\times\cos\alpha$　(2)$L\times\sin\alpha$　(3)$L\times\tan\alpha$　(4)$L\times\cot\alpha$。　(1)

解　参閱第 2 題解析。

(　　) 105. 以水準儀觀測 A、B、C 三點處水準尺，得讀數分別爲 1.427m、1.482m、1.534m，若 A 點高程爲 55.127m，則下列何者正確？
(1)B 比 A 高 0.055m　(2)C 比 B 低 0.052m　(3)C 比 A 高 0.107m　(4)B 點高程 55.609m。　(2)

解　$H_B=H_A+BS-FS_B=55.127+1.427-1.482=55.072$

$H_C=H_A+BS-FS_C=55.127+1.427-1.532=55.02$

或 $\Delta H_{BC}=FS_B-FS_C=1.478-1.536=-0.058$，前視 C 比後視 B 低。

(　　) 106. 設以一名義長爲 30m 之卷尺，實地測量得 358.273m，後經檢定，知該卷尺之實長爲 30.002m，則實際之距離應爲　(1)358.297m　(2)358.249m　(3)358.288m　(4)358.076m。　(1)

解　$\dfrac{30}{358.273}=\dfrac{30.002}{x}$；$x=358.297$ m。

(　　) 107. 某角度分別由經驗技術相當之甲、乙、丙三人觀測，所使用同精度之經緯儀，甲觀測三次爲 52°35'30"，乙觀測二次其平均值爲 52°35'40"，丙觀測五次其平均值爲 52°35'20"，則此角度最或是值爲　(1)52°35'20"　(2)52°35'27"　(3)52°35'30"　(4)52°35'40"。　(2)

解　$\dfrac{3\times52°35'30''+2\times52°35'40''+5\times52°35'20''}{3+2+5}=52°35'27''$

(　　) 108. 經緯儀觀測一天頂距式垂直度盤讀數，測得正鏡爲 92°35'40"，倒鏡爲 267°24'30"，則其垂直角應爲　(1)+2°35'35"　(2)-2°30'40"　(3)-2°35'35"　(4)+2°30'40"。　(3)

解　天頂距 $Z=\dfrac{Z_1-Z_2}{2}+180°=\dfrac{(92°35'40''-267°24'30''+360°)}{2}=92°35'35''$，

垂直角 $\alpha=90°-Z=-2°35'35''$。

(　) 109. 設 Z＝視準軸、L＝水準管軸、V＝垂直軸、H＝水平(橫)軸，則經緯儀之裝置原則為 　(4)

(1)$L\perp V$、$Z''H$、$H\perp V$　(2)$L\parallel V$、$Z\perp H$、$H\perp V$

(3)$L\perp V$、$Z\perp H$、$H''V$　(4)$L\perp V$、$Z\perp H$、$H\perp V$。

解 經緯儀之主軸如圖所示：

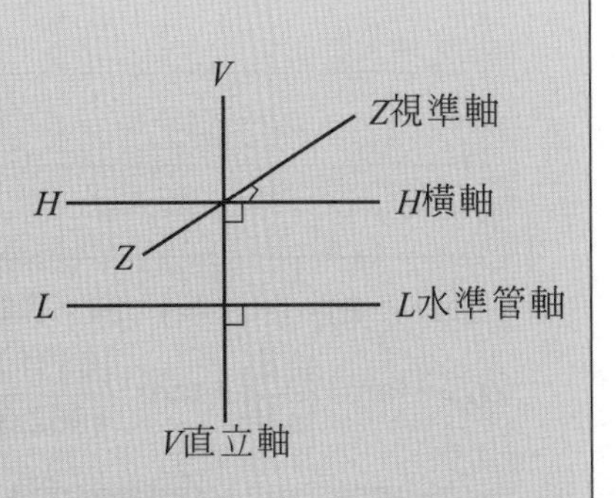

1. 直立軸(VV)：為經緯儀水平旋轉之中心線，施測時須與重力線相符合，垂直於水平面。
2. 橫軸(HH)：為望遠鏡上下仰俯或縱轉旋轉之軸線，又稱水平軸。
3. 視準軸(ZZ)：為望遠鏡之物鏡主點與十字絲中心交點之連線。
4. 水準軸(LL)：為水準器呈水平時，切於水準器之縱向斷面圓弧中點之切線，又稱水準管軸。

主軸相互關係(裝置原則)：

1. 水準管軸垂直於直立軸($LL\perp VV$)
2. 橫軸垂直於直立軸($HH\perp VV$)
3. 視準軸垂直於橫軸($ZZ\perp HH$)
4. 橫軸平行於水準管軸($HH//LL$)
5. 視準軸(ZZ)與橫軸(HH)之交點應在直立軸(VV)上
6. 立軸旋轉中心應與水平度盤中心一致。

(　) 110. 已知地面兩點間之真長為 287.484，今以一長 25m 之鋼卷尺量測結果為 287.132m，則此尺之真長為　(1)25.0030m　(2)25.0103m　(3)25.0306m　(4)25.0406m。 　(3)

解 $\dfrac{287.132}{25}=\dfrac{287.484}{\text{鋼卷尺實長}}$，鋼卷尺實長＝25.0306 m。

(　) 111. 在距離測量中，下列何者為量測的系統誤差？ 　(4)

(1)捲尺與草叢纏繞使捲尺彎曲所引起的誤差

(2)每次量距時所施的拉力微小變化不同所引起的誤差

(3)由定線不直所引起的誤差

(4)由較標準尺長的捲尺量距所引起的誤差。

解 由較標準尺長的卷尺量距所引起的誤差會隨測量次數增加而累積誤差，屬於系統誤差。系統誤差可藉施測前儀器加以校正或是施測後數值加以改正來消除。

(　) 112. 已知 A、B 兩點 N、E 坐標如下：$A(E=2235.656$，$N=4668.249)$，$B(E=6331.366$，$N=962.365)$，求 A 對 B 之方位角為？ 　(2)

(1)47°51'38"　(2)132°08'22"　(3)227°51'38"　(4)312°08'22"。

解

ΔN	ΔE	所在象限	方位角
+	+	第一象限	$\phi AB=\theta_{AB}$
−	+	第二象限	$\phi AB=180-\theta_{AB}$
−	−	第三象限	$\phi AB=180+\theta_{AB}$
+	−	第四象限	$\phi AB=360-\theta_{AB}$

(△N，△E)=(−，+)，由上表判定為第二象限。

$\theta_{AB}=\tan^{-1}\dfrac{|\Delta E|}{|\Delta N|}=\tan^{-1}\dfrac{|6331.366-2235.656|}{|962.365-4668.249|}=47°51'38"$，

$\phi_{AB}=180°-\theta_{AB}=132°08'22"$。

(　　) 113. 天頂距 64°28'41"相當於　(2)

(1)仰角 64°28'41"　(2)仰角 25°31'19"　(3)俯角 64°28'41"　(4)俯角 25°31'19"。

解

1. 垂直角：測線與水平面間之縱向夾角，仰角為正，俯角為負，範圍自 0°～±90°。
2. 天頂距：由天頂方向依順時針方向到測線的角度。正鏡 0°～180°，倒鏡 180°～360°。對同一目標而言，天頂距＋垂直角＝90°。

依題意天頂距讀數為 64°28'41"，即 64°28'41"＋垂直角＝90°，故知垂直角為＋25°31'19"(仰角)。

(　　) 114. 在測量中，以北方爲基準方向，從北方順時鐘旋轉至方向線，稱爲該方向線之　(3)

(1)方向角　(2)偏角　(3)方位角　(4)測線角。

解

1. 方位角：由子午線北方起算順時針至測線的水平夾角。若所依據的子午線是真子午線，則稱為真方位角；若依據的是磁子午線，則稱為磁方位角，如圖 1 所示。
2. 反方位角：某測線方向之反向方位角，稱為該方向之反方位角。例如：與互為對方的反方位角，如圖 2 所示。
3. 方向角：南北子午線與測線間的水平銳角，以。若所依據的子午線是真子午線，則稱為真方向角；若依據的是磁子午線，則稱為磁方向角，如圖 1 所示。

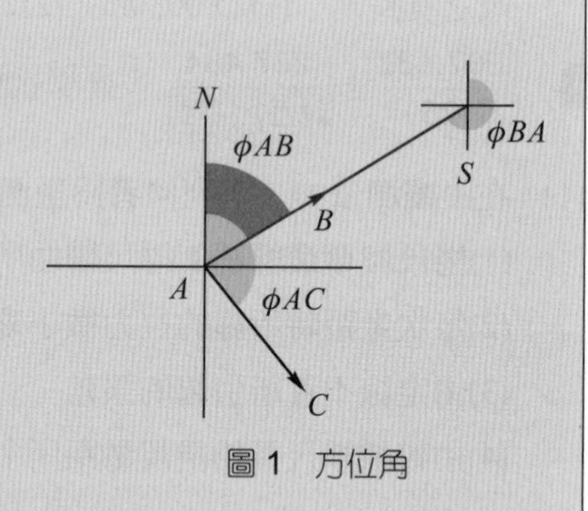

圖 1　方位角

4. 反方向角：某測線方向之反向方向角，稱為該方向之反方向角。例如：$N60°E$ 與 $S60°W$ 互為對方的反方向角，如圖 2 所示。
5. 方位角、方向角、反方位角及反方向角之間的互換，有下列結論：
   (1) 同一測線之方位角與其反方位角相差 180°。
   (2) 同一測線之方向角與其反方向角之角度值不變，但方向 N 與 S 和 E 與 W 同時互換。

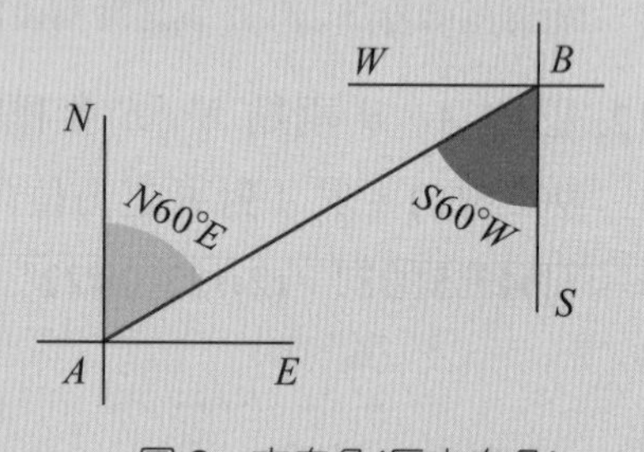

圖 2　方向角(反方向角)

(　　) 115. 有一方向線之方向角 S20°E，換算該測線之方位角爲　(2)

(1)110°　(2)160°　(3)200°　(4)250°。

解　S20°E 為中央子午線與測線在第二象限所夾之銳角。

$180° - 20° = 160°$。

(　　) 116. 使用經緯儀時，即使採用正倒鏡觀測，也無法消除之誤差爲　(3)

(1)視準軸與橫軸不垂直　(2)橫軸與直立軸不垂直

(3)直立軸不真正垂直　(4)視準軸偏心。

解　經緯儀觀測水平角採正倒鏡觀測取平均，可以消除下列儀器誤差：

1、視準軸誤差；2、橫軸(水平軸)誤差；3、視準軸偏心誤差；4、十字絲偏斜誤差；5、縱角指標差。

2

(　　) 117. 一方向線之方位角 75°，試問其該測線之反方向角爲　(4)

(1)$N75°E$　(2)$N15°W$　(3)$S15°E$　(4)$S75°W$。

解　該方向線之反方位角 $75° + 180° = 255°$，

反方向角為 $S75°W$。

(　　) 118. 水準測量常用何者表示精度？　(2)

(1)高程差　(2)閉合差　(3)閉合比數　(4)儀器誤差。

解　在閉合水準測量中所測得起點及終點高程差不為零或是在附合水準測量中，測量所測得之高程差值不等於起點及終點高程差值，其差異量均稱為閉合差。

水準測量精度：可用水準測量之閉合差及測線長度化算成誤差界限值來表示。

(　　) 119. 點 P 對點 R 之方向角爲 $N60°W$，距離爲 100.00m，若已知 R 點之坐標爲 E_R＝500.00m，N_R＝500.00m，則 P 點之平面坐標(E_P，N_P)爲？　(4)

(1)413.40m，550.00m　(2)550.00m，586.60m

(3)550.00m，413.40m　(4)586.60m，450.00m。

解　$N\,60°W$ 為中央子午線與測線在第四象限所夾之銳角。

$\phi_{PQ} = 360° - 60° = 300°$，

$\phi_{QP} = 300° - 180° = 120°$，

$E_P = 500 + 100 \times \sin 120° = 586.60$，

$N_P = 500 + 100 \times \cos 120° = 450.00$。

複選題

(　　) 120. 在 3%斜坡上量距 50 公尺，則下列哪些正確？　(123)

(1)水平距離爲 49.978m　(2)高差爲 1.499m　(3)改正數爲-0.022m　(4)坡度爲 3°。

解　$\frac{3}{100} = \frac{h}{50}$，$h = \frac{3}{100} \times 50 = 1.5$ (m)

代入傾斜改正公式 $C_h = \frac{h^2}{2S} = \frac{1.5^2}{2 \times 50} = 0.022$ (m)。

水平距離為 $50 - 0.022 = 49.978$ m。

(　　) 121. 有關水準器靈敏度，下列敘述哪些錯誤？ (134)

(1)靈敏度主要視水準管縱斷面之圓弧半徑而定，半徑越大，靈敏度越低

(2)靈敏度主要視水準管縱斷面之圓弧半徑而定，半徑越大，靈敏度越高

(3)靈敏度主要視水準管之長度大小而定，長度越長，靈敏度越高

(4)靈敏度主要視水準管之管徑大小而定，管徑越粗，靈敏度越低。

解　水準器靈敏度與玻璃管之曲率半徑 R 有關，圓弧半徑愈大，靈敏度愈高。

(　　) 122. 老王有一塊土地其界址坐標(E,N)為$A=(10,10)$、$B=(10,20)$、$C=(25,25)$、$D=(35,15)$，單位 m，該基地面積下列哪些正確？ (24)

(1)2.306 公頃　(2)68.06 坪　(3)252m^2　(4)2.25 公畝。

解　$A=\frac{1}{2}\left[\begin{vmatrix}10 & 10 & 25 & 35 & 10\\10 & 20 & 25 & 15 & 10\end{vmatrix}\right]=225m^2$。

$225m^2=225\times0.3025=68.06$ 坪$=2.25$ 公畝$=0.0225$ 公頃。

(　　) 123. 以經緯儀觀測天頂距，其正鏡讀數為 94°12'44"，倒鏡讀數為 265°47'24"，則下列哪些正確？　(1)指標差為+4"　(2)天頂距為 94°12'40"　(3)改正數為-4"　(4)垂直角為 94°12'48"。 (123)

解　天頂距 $Z=\frac{Z_1-Z_2}{2}+180°=\frac{(\text{正鏡讀數}-\text{倒鏡讀數})}{2}+180°=94°12'40"$

指標差 $i=\frac{Z_1+Z_2}{2}-180°=\frac{(\text{正鏡讀數}+\text{倒鏡讀數})}{2}-180°=+4"$

垂直角 $\alpha=90°-Z=\frac{Z_2-Z_1}{2}-90°=\frac{(\text{倒鏡讀數}-\text{正鏡讀數})}{2}-90°=-4°12'40"$

(　　) 124. 有關路線測量基本意涵，下列敘述哪些正確？ (1234)

(1)測量作業中距離、方位角與坐標之間的關係與路線里程之意義

(2)了解路線單曲線主要點位 *BC*、*MC*、*EC*、及圓心之幾何關係

(3)緩和曲線路線主要點位有 *TS*、*SC*、*MC*、*CS*、*ST* 等點位

(4)路線的功能與設計原則，含括直線、曲線(圓曲線與介曲線)等各類線形均須考量。

(　　) 125. 假設水準視線距所有之地面觀測點約一樣高，經由前視距離等於後視距離的效應，可消除下列哪些誤差？ (123)

(1)地球曲率影響　(2)大氣折光影響　(3)視準軸偏差影響　(4)標尺傾斜影響。

解　參閱第 9 題解析。

(　　) 126. 已知 *A*、*B* 兩點高程分別為 31.157m、31.166m，今自 *A* 點實施水準測量至 *B* 點，共擺測站 10 站，得後視讀數和為 16.420m，得前視讀數和為 16.431m，則下列哪些正確？ (13)

(1)閉合差為-0.020m　(2)閉合差為 0.011m

(3)各站高程差之改正數為+0.002m　(4)各站高程差之改正數為-0.020m。

解　閉合差＝觀測值－已知值＝(16.420－16.431)－(31.157－31.166)＝－0.020 m。

各站高程差之改正數$=\frac{0.020}{10}=0.002m$。

2

(　　) 127. 今欲以三角高程之方法測量一未知點之高程，於已知高程點 A(高程 10.500m)架設經緯儀，於未知點 B 架設稜鏡，其觀測數值如下；A 點儀器高：1.500m，B 點稜鏡高：1.432m，A 至 B 水平距：100.000m，A 點觀測 B 點天頂距：正鏡：92°15'30"、倒鏡：267°44'36"，則下列敘述哪些正確？　(1234)

(1)垂直角爲－2°15'27"　(2)斜距應爲 100.078m

(3)B 點高程爲 6.626m　(4)儀器中心至稜鏡中心高差爲－3.942m。

解 選項(1)天頂距 $Z=\frac{Z_1-Z_2}{2}+180°=\frac{(92°15'30''-267°44'36''+360°)}{2}=92°15'27''$，

垂直角 $\alpha=90°-Z=-2°15'27''$。

選項(2) $\frac{100.000}{\cos(2°15'27'')}=100.078$ m。

選項(3) $H_B=10.500+100\times\tan(-2°15'27'')+1.500-1.432=6.626''$ m。

選項(4) $100\times\tan(-2°15'27)=-3.942$ m。

(　　) 128. 有關路線測量基本技能要素，下列哪些正確？　(1234)

(1)里程確認　(2)距離計算　(3)坐標認知　(4)方位角運用。

(　　) 129. AB、BC、CA 間距離各爲 1km、2km、3km，今施作水準測量，A 點高程爲 52.460m，由 A 測至 B、C、A，直接算得 B、C、A 高程分別爲 85.258m、61.376m、52.472m，平差後之高程，則下列敘述哪些正確？　(13)

(1)B 點高程 85.256m　(2)閉合差爲 0.002m

(3)C 點高程 61.370m　(4)改正數每 km 爲 0.012m。

解 閉合差 $=52.472-52.460=0.012$ m

總距離為 6 km，因誤差與距離成正比，$\varepsilon_{AB}=\frac{1}{6}\times(-0.012)=-0.002$，$\varepsilon_{BD}=-0.006$，$\varepsilon_{CA}=-0.012$，

$H_B=85.258-0.002=85.256$m，$H_C=61.376-0.006=61.370$m。

(　　) 130. 已知 A 點高程爲 300.18m，今在 B 點觀測 A 點覘標之天頂距正鏡 84°01'56"，倒鏡 275°57'58"，AB 兩點水平距離爲 750.123m，儀器高爲 1.51m，覘標高爲 11.17m，下列敘述哪些正確？　(124)

(1)改正後垂直角爲仰角 5°58'01"　(2)天頂距觀測值指標差爲-3"

(3)B 點高程爲 251.40m　(4)AB 兩點之斜距爲 754.209m。

解 選項(1)天頂距 $Z=\frac{Z_1-Z_2}{2}+180°=\frac{(84°01'56''-275°57'58''+360°)}{2}=84°01'59''$，

垂直角 $\alpha=90°-Z=5°58'01''$。

選項(2) $i=\frac{Z_1+Z_2}{2}-180°=\frac{(84°01'56''+275°57'58''-360°)}{2}=-3''$。

選項(3) $H_B=300.18-750.123\times\tan(5°58'01'')+11.17-1.51=231.436$m。

選項(4) $\frac{750.123}{\cos 5°58'01''}=754.209$ m。

(　　) 131. 在 15%斜坡上量距，得 240.60m，則下列哪些正確？　(123)

(1)水平距離爲 237.94m　(2)高差爲 35.691m

(3)其斜坡向上角度爲 8°31'51"　(4)水平距離爲 237.49m。

解　化算此斜坡之角度為 $\tan^{-1}(0.15)=8°31'51''$。

將斜距化算水平距離為 $240.60\times\cos(8°31'51'')=237.94$ m。

高差為 $240.60\times\sin(8°31'51'')=35.691$m。

(　　) 132. 經緯儀之儀器誤差中，下列哪些會影響所測得之水平角度？ (124)

(1)視準軸不垂直橫軸　(2)直立軸誤差　(3)縱角指標差　(4)視準軸偏心誤差。

解　縱角指標差影響垂直角精度。

(　　) 133. 有一單曲線其半徑 R 為 480.000m，其切線交角為 14°00'38"時，該單曲線交點起點(*I.P.*)之樁號為 3*K*+395.131 時，則 (134)

(1)其切線長度為 58.981m　(2)曲線終點(*E.C.*)之樁號為 3K+454.112

(3)該單曲線弧長為 117.375m　(4)該單曲線之起點(*B.C.*)之樁號 3K+336.150。

解　切線長 $T=480\times\tan(\frac{14°00'38''}{2})=58.981$ m，

弧長 $L=480\times\frac{\pi}{180°}\times14°00'38''=117.345$ m，

B.C.= *I.P.*–*T*=3K+395.131–58.981=3K+336.150，

E.C. = *B.C.*+*L*=3K+336.150+117.345=3K+453.525。

(　　) 134. 有一三角形土地，$A(E,N)=(100,100)$、$B(E,N)=(150,200)$、$C(E,N)=(155,350)$，若從 C 做一分割線，使分割點 D 在 AB 線上，使三角形 ACD 與三角形 BCD 面積比為 3：2，求 (14)

(1)D 點坐標(130,160)　(2)AD 距離為 68.124m

(3)AB 之方位角為 63°26'06"　(4)$\angle CAB$＝14°09'27"。

解　選項(1)　$E_D=100+50\times\left(\frac{3}{3+2}\right)=130$；$N_D=100+100\times\left(\frac{3}{3+2}\right)=160$。

選項(2)　$\sqrt{(160-100)^2+(130-100)^2}=67.082$ m。

選項(3)　$\phi_{AB}=\theta_{AB}=\tan^{-1}\left|\frac{150-100}{200-100}\right|=26°33'54''$ (第一象限)。

選項(4)　$\phi_{AC}=\theta_{AC}=\tan^{-1}\left|\frac{155-100}{350-100}\right|=12°24'27''$ (第一象限)。

$\angle CAB=\phi_{AB}-\phi_{AC}=14°09'27''$。

(　　) 135. 導線平差計算若經距閉合差 $W_E=-0.030$m，緯距閉合差 $W_N=0.040$m，導線全長為 600m，下列敘述哪些正確？ (24)

(1)導線閉合差為 0.100m　(2)導線閉合差為 0.050m

(3)導線精度為 1/6000　(4)導線精度為 1/12000。

解　位置閉合差 $W_S=\sqrt{0.03^2+0.04^2}=0.050$，導線精度：$\frac{W_S}{|S|}=\frac{0.050}{600}=\frac{1}{12000}$。

(　　) 136. 道路測量中測設單曲線，A 點為曲線起點，B 點為曲線終點，R 為曲線半徑，I 為交角，則下列哪些正確？ (123)

(1)切線長度 $T=R\times\tan(\frac{I}{2})$　(2)AB 弧長為 $R\times I$

(3)單曲線之曲度愈大，半徑愈小　(4)切線與 AB 弦之總偏角為 I。

解　切線與 AB 弦之總偏角為 $\frac{I}{2}$。

(　) 137. 已知三角形各內角為：$\angle A=58°18'34"$，$\angle B=62°07'51"$，$\angle C=59°33'44"$，則有關平差後三角形，下列敘述哪些正確？ (124)

(1)$\angle A=58°18'31"$　(2)$\angle B=62°07'48"$

(3)$\angle C=59°33'39"$　(4)閉合差+9"。

解 閉合差＝(58°18'34"＋62°07'51"＋59°33'44")－180°＝＋9"，各角改正數$=-\frac{9''}{3}=-3''$。

改正後∠A＝58°18'31"；∠B＝62°07'48"；∠C＝59°33'41"。

(　) 138. 下列哪些以經緯儀測量水平角時，取正倒鏡觀測仍無法消除？ (1234)

(1)度盤刻劃誤差　(2)直立軸不垂直之誤差　(3)水準軸誤差　(4)望遠鏡視差誤差。

解 經緯儀觀測水平角採正倒鏡觀測取平均，可以消除下列儀器誤差：

1.視準軸誤差；2.橫軸(水平軸)誤差；3.視準軸偏心誤差；4.十字絲偏斜誤差；5.縱角指標差。

(　) 139. 已知一山路兩端點以衛星定位測量測得之三維坐標經投影後分別為 $P(E,N,h)=(100.00,320.00,21.00)$、$Q(E,N,h)=(500.00,620.00,52.00)$，則下列敘述哪些正確？ (13)

(1)山路 PQ 之坡度約為 6.2%　(2)PQ 之水平距為 750.00m

(3)PQ 之方位角為 53°07'48.37"　(4)PQ 之反方位角為 36°52'12"。

解 水平距 $\sqrt{(500.00-100.00)^2+(620.00-320.00)^2}=500.00\text{ m}$，

坡度$=\frac{52.00-21.00}{500.00}\approx 6.2\%$。

$\phi_{PQ}=\theta_{PQ}=\tan^{-1}\left|\frac{500.00-100.00}{620.00-320.00}\right|=53°07'48.37''$ (第一象限)。

$\phi_{QP}=53°07'48.37''+180°=233°07'48.37''$。

(　) 140. 圓心角 6°52'12"，半徑 $R=320\text{m}$，則下列敘述哪些正確？ (134)

(1)該夾角為 0.11990412 弳度量(radian)　(2)圓曲線弦長為 38.236m

(3)該夾角為 7g63c33.33cc　(4)圓弧曲線長為 38.369m。

解 曲線弦長$=2\times320\times\sin\left(\frac{6°52'12''}{2}\right)=38.346\text{ m}$。

(　) 141. 於測量工作內容的基本要素，下列哪些正確？ (124)

(1)角度測量　(2)距離測量　(3)方位測量　(4)高差測量。

解 測量之三大基本觀測量為距離、方向(角度)、高程(高度)。

(　) 142. 下列哪些與精密度(Precision)有關？ (123)

(1)觀測量　(2)觀測量最或是值　(3)標準偏差　(4)真誤差。

解 精度可區分為以下兩種：

1. 精確度(Accuracy)：表示系統誤差對觀測成果影響的程度，即測量成果與真值間之差異程度。
   一般所談的測量精度是指準確度，一般以「中誤差」表示精度之大小。
   即精度為測量成果與真值之近似程度，通常以測量誤差的大小來表示，測量誤差愈大則精度愈低；反之，誤差愈小，精度愈高。
2. 精密度(Precision)：表示偶然誤差對觀測成果影響的程度。
   指測量誤差的限制標準，一般所談的儀器精度是指精密度。

(　　) 143. 我國現行坐標與高程系統採用的基準，下列敘述哪些正確？ (123)

(1)坐標系統 TWD97　　(2)高程系統爲 TWVD2001

(3)地圖投影方式爲 TM2°分帶　　(4)坐標基準採用的橢球體爲 GRS97。

解 選項(4)為 GRS80。

(　　) 144. 有關經緯儀因結構所產生之觀測誤差，下列敘述哪些正確？ (123)

(1)橫軸不垂直於直立軸　　(2)視準軸不垂直於橫軸

(3)水準軸不垂直於直立軸　　(4)視準軸不垂直於直立軸。

解 經緯儀主軸相互關係(裝置原則)：

1.水準管軸垂直於直立軸($LL \perp VV$)，

2.橫軸垂直於直立軸($HH \perp VV$)，

3.視準軸垂直於橫軸($ZZ \perp HH$)，

4.橫軸平行於水準管軸($HH // LL$)，

5.視準軸(ZZ)與橫軸(HH)之交點應在直立軸(VV)上，

6.直立軸旋轉中心應與水平度盤中心一致。

(　　) 145. 颱風過後蔥價上漲，於宜蘭縣三星鄉之 1 坪農地約可生產 2.8 斤的蔥，今有一塊圓形農地半徑長 38.156m，該農地 (124)

(1)面積約爲 45.738 公畝　　(2)面積約爲 1383.57 坪

(3)約可生產 128.066 斤之蔥　　(4)約可生產 3874 斤之蔥。

解 面積 $= 38.156^2\pi = 4573.8\ m^3 = 45.738$ 公畝 $= 4573.8 \times 0.3025 = 1383.57$ 坪。

可生產 $= 2.8 \times 1383.57 = 3874$ 斤。

工作項目③　控制測量

單選題

(　　) 1.　三點法又稱　(1)前方交會法　(2)側方交會法　(3)後方交會法　(4)四方交會法。　(3)

解　測量基本原理定點種類如下表，由說明可知前方及側方交會法須二已知點；後方交會法須三點已知點。

測量基本原理之定點種類	圖形	說明
距離交會法(三邊法)	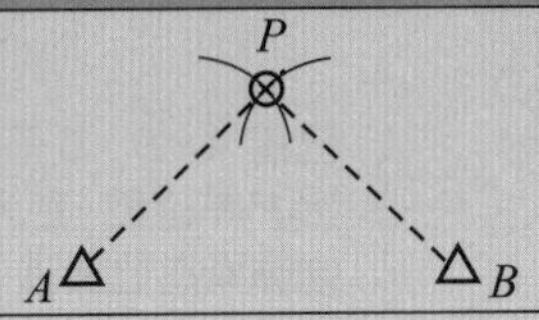 P A B	量測 AP 與 BP 實地距離，以圖中 A、B 兩點為圓心，AP、BP 為半徑畫弧，兩弧相交於 C 點，即可定出 C 點位置，又稱交弧法。兩段邊長最好成正交，30°<任一角<120°。
支距法	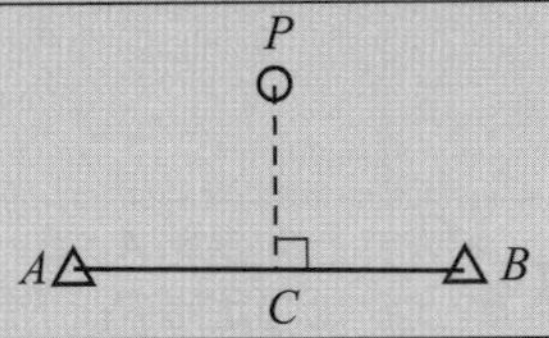 P A C B	由 P 點作垂直 AB 之直線 CP(CP⊥AB)並量 CP，再量得 AC 或 CB，即可定出 P 點位置。
方向交會法	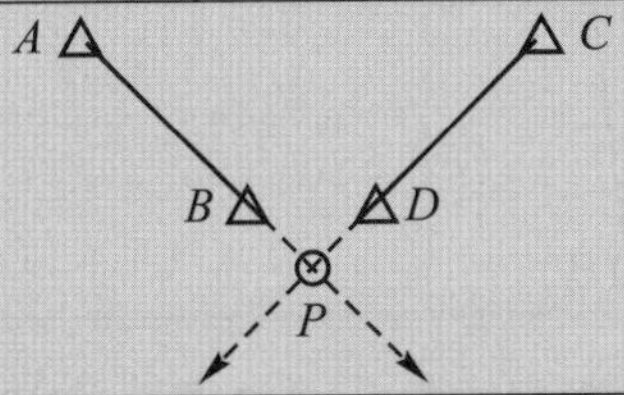 A C B D P	在 A、B、C、D 四點中，量 AB、CD 並使 AB 及 CD 延長線交於 P 點，即可定出 P 點位置。
導線法	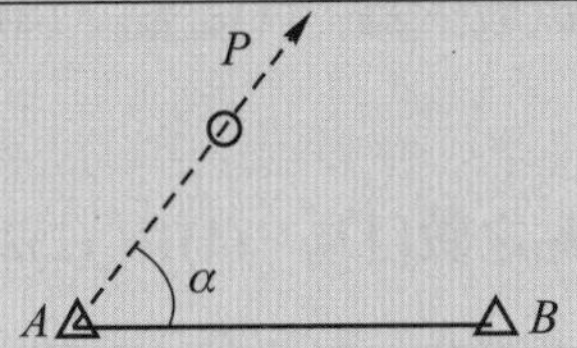 P α A B	由已知兩點 A、B，量得 AP 及 α 角，即可定出 P 點位置。
半導線法	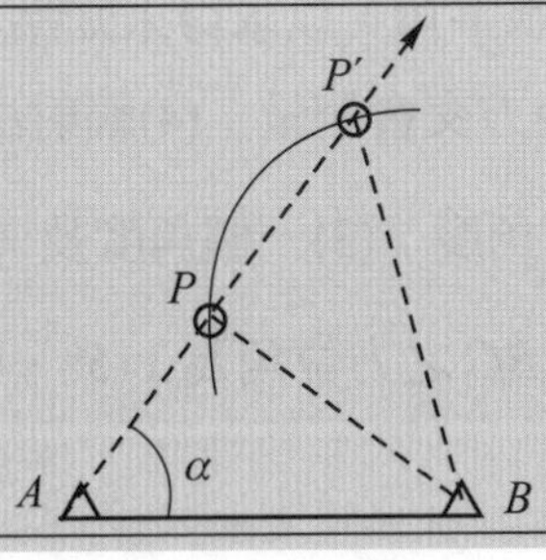 P' P α A B	由已知兩點 A、B，但 AP 距離無法量測時，可量得 BP'及 α 角，以 B 點為圓心，BP'為半徑畫弧，使弧相交於 AP'線上之 P 點，即可定出 P 點位置。半導線法，如果邊長 BP 和 AP 方向線接近直角，則誤差極大。

測量基本原理之定點種類		圖形	說明
交會法	前方交會法		已知兩點 A、B，若 AP、BP 不可量測時，可由量得 α、β，即可定出 P 點位置。
	側方交會法		已知兩點 A、B，在 B 點上有障礙物時，可量得 α、γ，即可定出 P 點位置。
	後方交會法		已知 A、B、C 三點，量得 α、β，即可定出 P 點位置。若 $ABCP$ 位於同一圓周上，此圓稱為危險圓，因 P 有無限多點。
雙點定位法			已知兩點 A、B，量得 α_1、α_2、β_1、β_2，即可定出 P_1、P_2 兩點位置。

(　) 2. 實施交會測量之各種方法，應依據已知點數最少為 (1)2 點 (2)3 點 (3)4 點 (4)5 點。 (1)

(　) 3. 雙點定位法求交會點之位置，可求得交會點之數目為 (1)1 (2)2 (3)3 (4)無限。 (2)

(　) 4. 將儀器分別整置於二已知點上，觀測二個水平角，以求得未知點之位置，稱為 (1)前方交會測量 (2)側方交會測量 (3)後方交會測量 (4)輻射法。 (1)

(　) 5. 光線法之觀測量為 (1)四個角度 (2)二個角度 (3)一個角度及一邊長 (4)二邊長。 (3)

(　) 6. 一正三角形 ABC，三點依順時針排列，若 BC 之方位角為 115°，則 AC 之方位角為 (1)55° (2)175° (3)355° (4)235°。 (1)

解　$\phi_{CA}=\phi_{CB}-\angle BCA=180°+115°-60°=235°$

$\phi_{AC}=\phi_{CA}-180°=55°$

(　) 7. 已知 A 點橫坐標為 215.00m，AB 水平距離為 80.00m，AB 之方位角 ϕ_{AB}=285°，則 B 點橫坐標為 (1)127.29m (2)137.73m (3)235.71m (4)292.27m。 (2)

解　B 點橫坐標 $E_B=E_A+L_{AB}\times\sin\phi_{AB}=215.00+80\times\sin 285°=137.73$。

(　) 8. 已知 A 點縱座標為 215.00m，AB 水平距離為 80.00m，AB 之方位角為 285°，則 B 點縱座標為 (1)127.29m (2)137.73m (3)235.71m (4)292.27m。 (3)

解　B 點縱坐標 $N_B=N_A+L_{AB}\times\cos\phi_{AB}=215.00+80\times\cos 285°=235.71$。

$E_B=E_A+L_{AB}\times\sin\phi_{AB}=215.00+80\times\sin 285°=137.73$。

(　) 9. 交弧法之觀測量為 (1)四個角度 (2)二個角度 (3)一個角度及一邊長 (4)二邊長。 (4)

(　　) 10. 一正三角形 ABC，三點依順時針排列，若 AC 之方位角為 225°，則 BC 之方位角為 (1)345°　(2)105°　(3)165°　(4)285°。 (4)

解 $\phi_{CB}=\phi_{AC}-(180°-\angle ACB)=225°-120°=105°$

$\phi_{BC}=\phi_{CB}+180°=285°$。

(　　) 11. 導線 AB 邊與 BC 邊所成之順時針角為 230°23'，則 AB 邊與 BC 邊所成之偏角為 (1)50°23'(R)　(2)50°23'(L)　(3)129°37'(R)　(4)129°37'(L)。 (1)

(　　) 12. 已知導線之折角，欲推算各邊之方位角，應先知起算邊之 (1)坐標　(2)方位角　(3)偏角　(4)垂直角。 (2)

(　　) 13. 三角形閉合導線，已測得各點之偏角如下，如有閉合差時，則各角之改正數應為 (1)−1"　(2)+1"　(3)−2"　(4)+2"。 (3)

點	偏角(右旋)
1	102°35'40"
2	120°19'35"
3	137°04'51"

解 偏角和＝360°

偏角閉合差：$f_w=(102°35'40''+120°19'35''+137°04'51'')-360°=+6''$

改正數$=-\frac{6}{3}=-2''$。

(　　) 14. 令右偏角為正，左偏角為負。閉合導線偏角值之總和，應等於 (1)±90°　(2)±180°　(3)±270°　(4)±360°。 (4)

解 閉合導線內角和$=[n-2]\times180°$

閉合導線外角和$=[n+2]\times180°$

偏角和＝360°。

(　　) 15. 測線 AB 長 100m，方位角為 150°，若 A 點之 EN 座標為(1000m，500m)，E 表橫座標，N 表縱座標，則 B 點之(E，N)座標應為 (1)(1050m，413m)　(2)(950m，587m)　(3)(1087m，450m)　(4)(913m，550m)。 (1)

解 未知點坐標值

$N_B=N_A+\triangle N_{AB}=N_A+L_{AB}\times\cos\phi_{AB}=500+100\times\cos150°=413$

$E_B=E_A+\triangle E_{AB}=E_A+L_{AB}\times\sin\phi_{AB}=1000+100\times\sin150°=1050$。

(　　) 16. 一閉合導線 $ABCDE$ 依順時針方向進行，觀測 C 點之夾角時，若以 B 為零方向，所測出之角度為 (1)多邊形之內角　(2)多邊形之外角　(3)BC 之方位角　(4)CB 之方位角。 (2)

解 如圖所示，以 C 為測站，以 B 為零方向。則 $\angle BCD$ 所測方向為順時針方向，所測角度為此多邊形之外角。

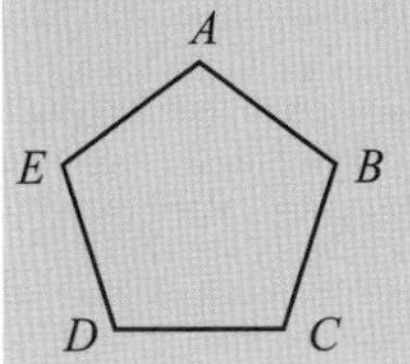

( ) 17. 導線 ABC 依順時針方向前進，設 AB 之方位角為 60°，B 點之偏角為 30°(R)，則 BC 之方位角為 (1)120° (2)270° (3)30° (4)90°。 (4)

解 $\phi_{BC} = 60° + 30° = 90°$。

( ) 18. 一導線之縱橫距閉合差分別為 3cm 及 4cm，導線之總邊長為 550m，則此導線之閉合比數為 (1)1/110 (2)1/1100 (3)1/11000 (4)1/550。 (3)

解 $W_S = \sqrt{W_N^2 + W_E^2} = \sqrt{0.03^2 + 0.04^2} = 0.05$

$Y = \frac{W_S}{[S]} = \frac{0.05}{550} = \frac{1}{11000}$。

( ) 19. 輻射法測量，邊長為 100m，角誤差為 20 秒時，其橫(側)向偏差量為 (1)1cm (2)0.1cm (3)0.01cm (4)10cm。 (1)

解 $\frac{\varepsilon_\theta}{\rho''} = \frac{\varepsilon_D}{D}$，$\frac{20}{206265} = \frac{\varepsilon_D}{100 \times 100}$，$\varepsilon \approx 1\text{cm}$。

( ) 20. 附合導線 $AB1CD$，其中 $ABCD$ 為已知點，方位角 ϕ_{AB} =200°30'30"，ϕ_{CD} =357°58'15"，各點之折角值如下表，其角度閉合差為 (1)+2'40" (2)-2'40" (3)+4'30" (4)−4'30"。 (2)

點	折角(右旋)
B	185°29'04"
1	218°18'32"
C	293°37'29"

解 附合導線 f_w = 折角總和 − n×180° + 起始已知邊方位角 − 終止已知邊方位角

= (185°29'04" + 218°18'32" + 293°37'29") − 3×180° + 200°30'30" − 357°58'15"

= −2'40"。

( ) 21. 一導線各點之折角經平差後之值如下表，今已知點 1 至點 2 之方位角為 215°16'47"，則點 2 至點 3 之方位角為 (1)6°41'24" (2)243°52'10" (3)109°11'18" (4)353°03'28"。 (2)

點號	折角(右旋)
1	
2	208°35'23"
3	

解 $\phi_{23} = \phi_{12} + \beta - 180° = 215°16'47'' + 208°35'23'' - 180° = 243°52'10''$

( ) 22. 設導線有 N 個折角，則該導線的角度閉合差限度為(其中 C 為常數) (1)$C\sqrt{N}$ (2)CN (3)$\frac{C}{\sqrt{N}}$ (4)$\frac{\sqrt{N}}{C}$。 (1)

解　精密導線測量之精度規範如下：

名稱	一等導線	二等導線	三等導線	四等導線
導線	在10至20公里為原則	甲級以在 5 至 10 公里為原則，乙級以在2至5公里為原則。	在1至3公里為原則	在0.3至1.5公里為原則
使用儀器	0.2"	0.2"～1"	1"	1"
天文方位角相隔	5～6站	10～20站	20～25站	30～40站
位置閉合差或閉合比限制	$0.04\text{m}\sqrt{K}$ 或 $\frac{1}{100,000}$	甲級 $0.08\text{m}\sqrt{K}$ 或 $\frac{1}{50,000}$ 乙級 $0.2\text{m}\sqrt{K}$ 或 $\frac{1}{20,000}$	$0.4\text{m}\sqrt{K}$ 或 $\frac{1}{10,000}$	$0.8\text{m}\sqrt{K}$ 或 $\frac{1}{5,000}$
方位角閉合差	每測站 1".0 或 $2''.0\sqrt{N}$	甲級每測站 1".5 或 $3''.0\sqrt{N}$ 乙級每測站 2".0 或 $6''.0\sqrt{N}$	每測站 3".0 或 $10''.0\sqrt{N}$	每測站 8".0 或 $30''.0\sqrt{N}$

(　　) 23. 導線閉合差之計算公式為　(1)$\sqrt{W_E^{\ 2}+W_N^{\ 2}}$　(2)$\sqrt{W_E^{\ 2}-W_N^{\ 2}}$　(3)$\frac{W_E^{\ 2}+W_N^{\ 2}}{[L]}$　(4)$\frac{W_E^{\ 2}-W_N^{\ 2}}{[L]}$，式中 W_E 表橫距閉合差，W_N 表縱距閉合差，$[L]$ 表導線長度總和。　(1)

解　位置閉合差 $W_S=\sqrt{W_N^{\ 2}+W_E^{\ 2}}$，閉合比數 $Y=\frac{W_S}{[S]}=\frac{\sqrt{W_N^{\ 2}+W_E^{\ 2}}}{\text{導線邊長的總合}}=\frac{1}{N}$。

(　　) 24. 導線選點以何者為先決條件
(1)邊長約相等　(2)展望良好　(3)便於測圖　(4)能與前後兩點通視。　(4)

解　導線點之選點注意事項：

1. 前後兩導線點間應能互相通視，俾便觀測。(首要先決條件)
2. 導線點宜選於方向變化或足以控制地形變化與地物位置之處；所選之導線點數不宜過多過少。
3. 同一導線之邊長，應近於相等為原則，若相差太大，將影響角度觀測之精度，宜避免之。
4. 導線點應選擇於不易被毀損破壞之處及便利設置儀器之地點，以利測圖或測設樁點應用。
5. 導線之路線，如沿測區已有之道路進行，應避免選擇車輛來往頻繁或交會錯車之處，以免儀器易受車輛震動而發生變動或影響作業人員之安全。

(　　) 25. 一導線之縱距閉合差為 10cm，橫距閉合差為 12cm，導線之全長為 2500m，則該導線之閉合比數為　(1)1/16000　(2)1/11363　(3)1/2083　(4)1/2000。　(1)

解　$W_S=\sqrt{W_N^{\ 2}+W_E^{\ 2}}=\sqrt{0.1^2+0.12^2}=0.1562$

$Y=\frac{W_S}{[S]}=\frac{0.1562}{2500}\approx\frac{1}{16000}$。

( ) 26. 設導線之橫距閉合差為W_E，縱距閉合差為W_N，導線之總長為[L]，則導線閉合比數計算公式為 (1)$\frac{[L]}{\sqrt{W_E^2 - W_N^2}}$ (2)$\frac{\sqrt{W_E^2 - W_N^2}}{[L]}$ (3)$\frac{[L]}{\sqrt{W_E^2 + W_N^2}}$ (4)$\frac{\sqrt{W_E^2 + W_N^2}}{[L]}$。 (4)

( ) 27. 三角形之內角為 A=60°，B=78°，C=42°，ABC 按順時針方向排列，若 CA 之方位角為 60°，則 AB 方位角為 (1)120° (2)138° (3)102° (4)180°。 (4)

解 $\phi_{AB} = \phi_{CA} - (180° - \angle CAB) = 60° - 120° = 180°$。

( ) 28. 已知三角形三內角 A、B、C，及角 B 之對邊 b，則角 A 對邊等於 (4)

(1)$\frac{b \cdot \sin B}{\sin A}$ (2)$\frac{\sin B}{b \cdot \sin A}$ (3)$\frac{\sin A}{b \cdot \sin B}$ (4)$\frac{b \cdot \sin A}{\sin B}$。

解 正弦定理$\frac{BC}{\sin\angle A} = \frac{AC}{\sin\angle B} = \frac{AB}{\sin\angle C}$，$\frac{b}{\sin\angle B} = \frac{a}{\sin\angle A}$，$a = b\frac{\sin\angle A}{\sin\angle B}$。

( ) 29. 四邊形如下圖示，其中角度 1 至 8 為平差後之角度，其邊條件方程式為下列何者？ (3)

(1)$\frac{\sin 1 + \sin 2 + \sin 3 + \sin 4}{\sin 5 + \sin 6 + \sin 7 + \sin 8} = 1$

(2)$\frac{\sin 1 \cdot \sin 2 \cdot \sin 3 \cdot \sin 4}{\sin 5 \cdot \sin 6 \cdot \sin 7 \cdot \sin 8} = 1$

(3)$\frac{\sin 2 \cdot \sin 4 \cdot \sin 6 \cdot \sin 8}{\sin 1 \cdot \sin 3 \cdot \sin 5 \cdot \sin 7} = 1$

(4)$\frac{\overline{AB} \cdot \sin 2 \cdot \sin 4 \cdot \sin 6 \cdot \sin 8}{\overline{CD} \cdot \sin 1 \cdot \sin 3 \cdot \sin 5 \cdot \sin 7} = 1$。

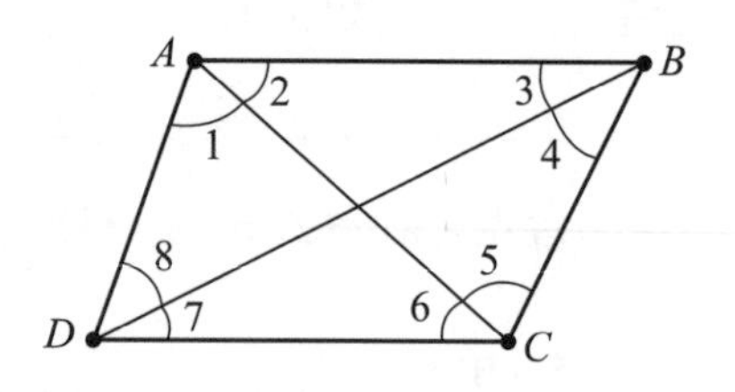

解 由正弦定理可知$\frac{\overline{AB}}{\sin 5} = \frac{\overline{BC}}{\sin 2}$，$\overline{BC} = \frac{\overline{AB} \times \sin 2}{\sin 5}$，$\frac{\overline{BC}}{\sin 7} = \frac{\overline{CD}}{\sin 4}$，

$\overline{CD} = \frac{\overline{BC} \times \sin 4}{\sin 7} = \frac{\overline{AB} \times \sin 2 \times \sin 4}{\sin 5 \times \sin 7}$，$\frac{\overline{CD}}{\sin 1} = \frac{\overline{AD}}{\sin 6}$，

$\overline{AD} = \frac{\overline{CD} \times \sin 6}{\sin 1} = \frac{\overline{AB} \times \sin 2 \times \sin 4 \times \sin 6}{\sin 5 \times \sin 7 \times \sin 1}$，$\frac{\overline{AD}}{\sin 3} = \frac{\overline{AB}}{\sin 8}$，

$\overline{AB} = \frac{\overline{AD} \times \sin 8}{\sin 3} = \frac{\overline{AB} \times \sin 2 \times \sin 4 \times \sin 6 \times \sin 8}{\sin 3 \times \sin 5 \times \sin 1}$，$\frac{\sin 2 \times \sin 4 \times \sin 6 \times \sin 8}{\sin 1 \times \sin 3 \times \sin 5 \times \sin 7} = \frac{\overline{AB}}{\overline{AB}} = 1$。

( ) 30. 一單三角鎖如下圖示，已知 AB 邊長為S_1，DE 邊長為S_2，其中角度 A1 至 A3、B1 至 B3 為平差後之角度，則基線條件長條件方程式為 (1)

(1)$\frac{S_1 \cdot \sin A1 \cdot \sin A2 \cdot \sin A3}{S_2 \cdot \sin B1 \cdot \sin B2 \cdot \sin B3} = 1$

(2)$\frac{S_1 \cdot \sin B1 \cdot \sin B2 \cdot \sin B3}{S_2 \cdot \sin A1 \cdot \sin A2 \cdot \sin A3} = 1$

(3)$\frac{S_1 \cdot \sin A1 \cdot \sin A2 \cdot \sin A3}{S_2 \cdot \sin C1 \cdot \sin C2 \cdot \sin C3} = 1$

(4)$\frac{S_1 \cdot \sin B1 \cdot \sin B2 \cdot \sin B3}{S_2 \cdot \sin C1 \cdot \sin C2 \cdot \sin C3} = 1$。

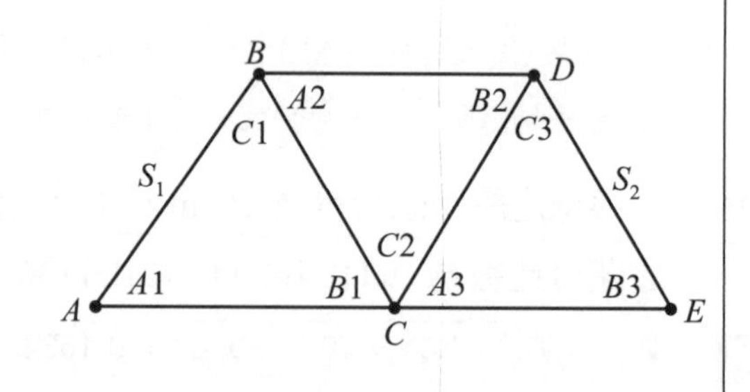

解　利用正弦定理，由$\triangle ABC$中可知$\dfrac{S_1}{\sin B_1}=\dfrac{\overline{BC}}{\sin A_1}$，

$\triangle BCD$中可知$\dfrac{\overline{BC}}{\sin B_2}=\dfrac{\overline{CD}}{\sin A_2}$，

$\triangle CDE$中可知$\dfrac{\overline{CD}}{\sin B_3}=\dfrac{S_2}{\sin A_3}$，

$S_1\times\dfrac{\sin A_1\times\sin A_2\times\sin A_3}{\sin B_1\times\sin B_2\times\sin B_3}-S_2=0$，

$S_1\times\dfrac{\sin A_1\times\sin A_2\times\sin A_3}{\sin B_1\times\sin B_2\times\sin B_3}=S_2$，

邊長條件方程式：$\dfrac{S_1\times\sin A_1\times\sin A_2\times\sin A_3}{S_2\times\sin B_1\times\sin B_2\times\sin B_3}=1$。

(　　) 31. 如下圖，設 C 為標石中心，B 為經緯儀中心，e 及 ϕ 為歸心元素，則水平角 a 等於　(3)

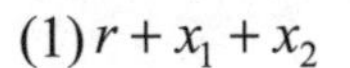

(1) $r+x_1+x_2$

(2) $r+x_1-x_2$

(3) $r-x_1+x_2$

(4) $r-x_1-x_2$。

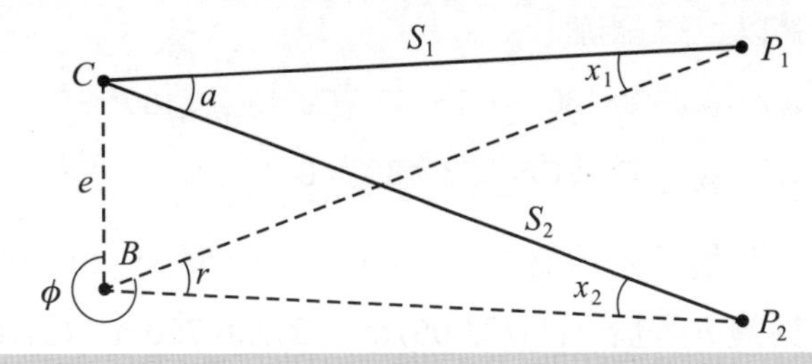

解　$a+x_1=r+x_2$，$a=r-x_1+x_2$。

(　　) 32. 如下圖，設 C 為標石中心，B 為經緯儀中心，e 及 ϕ 為歸心元素，$\overline{CP}_1=S_1$，$\overline{CP}_2=S_2$，已知 S_1 及 S_2，則水平角 X_1 等於：(式中 $\rho''=206265''$)　(2)

(1) $\rho''\cdot\dfrac{e}{S_2}\cdot\sin(360^\circ-\phi)$　(2) $\rho''\cdot\dfrac{e}{S_1}\cdot\sin(360^\circ-\phi)$

(3) $\rho''\cdot\dfrac{e}{S_1}\cdot\sin(360^\circ-\phi+r)$　(4) $\rho''\cdot\dfrac{e}{S_2}\cdot\sin(360^\circ-\phi+r)$。

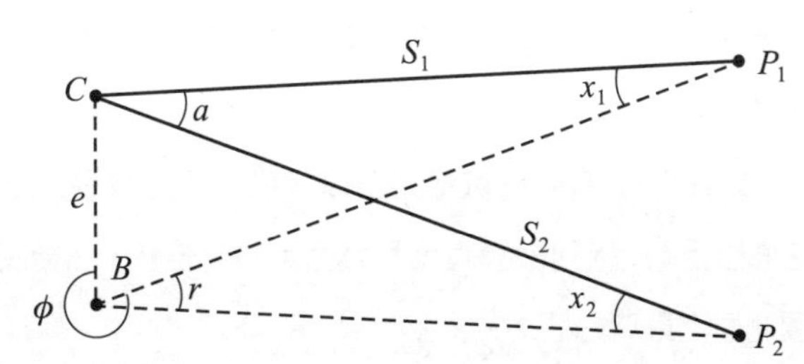

解　$a=r-X_1+X_2$，由正弦定理知

在$\triangle CP_1B$中$\dfrac{e}{\sin X_1}=\dfrac{S_1}{\sin(360-\phi)}$

因$\sin X_1\approx X_1$

故$X_1=\rho''\times\dfrac{e}{S_1}\times\sin(360-\phi)$

同理，$\triangle CP_2B$得到$X_2=\rho''\times\dfrac{e}{S_2}\times\sin(360-\phi+r)$。

(　　) 33. 三角形 ABC，已知 AB 邊長 1000.000m，又測得$\angle A$=60°，$\angle B$=45°，則 AC 邊長為多少 m？　(1)732.051　(2)816.497　(3)896.575　(4)1360.025。　(1)

解　正弦定理$\dfrac{BC}{\sin\angle A}=\dfrac{AC}{\sin\angle B}=\dfrac{AB}{\sin\angle C}$，　$\angle C=180^\circ-\angle A-\angle B=75^\circ$

$AC=\dfrac{AB}{\sin\angle C}\times\sin\angle B=\dfrac{1000}{\sin 75^\circ}\times\sin 45^\circ=732.051$。

3

( ) 34. 如下圖之三角鎖，AB 及 DE 之方位角均為已知，其中角度 $C1$ 至 $C3$ 平差後之角度，則方位角條件為 (3)

(1) $\phi_{AB}-\phi_{DE}+C1-C2+C3+180°=0$

(2) $\phi_{DE}-\phi_{AB}+C1-C2+C3+180°=0$

(3) $\phi_{AB}-\phi_{DE}-C1+C2-C3+180°=0$

(4) $\phi_{DE}-\phi_{AB}-C1+C2-C3+180°=0$ 。

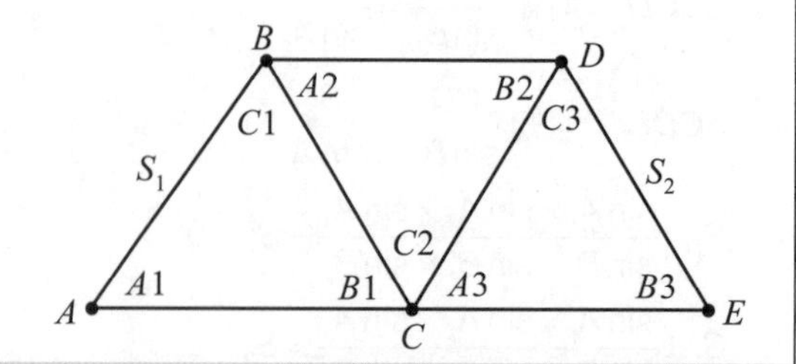

解 由△ABC 中 $\phi_{BC}=\phi_{AB}-180°-C1$；

△BCD 中可知 $\phi_{CD}=\phi_{BC}-180°+C2$；

△CDE 中可知 $\phi_{DE}=\phi_{CD}-180°-C3$，

將以上三式相加

$\phi_{DE}=\phi_{AB}-3\times180°-C1+C2-C3=\phi_{AB}-180°-C1+C2-C3$

$\phi_{AB}-\phi_{DE}-C1+C2-C3+180°=0$。

( ) 35. 三角形三內角為：∠A=60°，∠B=55°，∠C=65°。已知∠A 對邊 a=800.000m，則∠B 對邊 b 等於 (1)723.067m (2)756.700m (3)764.443m (4)837.211m。 (2)

解 正弦定理 $\dfrac{a}{\sin\angle A}=\dfrac{b}{\sin\angle B}=\dfrac{c}{\sin\angle C}$

$b=\dfrac{a}{\sin\angle A}\times\sin\angle B=\dfrac{800}{\sin 60°}\times\sin 55°=756.700$ 。

( ) 36. 三角測量中，觀測得三角形三內角為∠A=30°28'39"，∠B=78°18'28"，∠C=71°12'44"，則各角度之改正數應為 (1)−9" (2)+9" (3)−3" (4)+3"。 (4)

解 最小自乘法之算術平均法：

1. 同一量複測數次：用多次複測取得數個觀測值後求其平均值，即所有之偶然誤差當為最小，故該平均值即為最或是值。
2. 觀測值總和等於一已知值：如有數個數量須予以測量，而此數個數量之總和應等於已知之固定值，且各觀測值之權值相同時，可計算其總和與固定值之差數，然後將此差數平均分配於該數個觀測值，即得各觀測值之最或是值。
3. 觀測值總和等於總量觀測值：如有數個數量須予以測量，而此數個觀測值之總和應等於總量之觀測值，且各觀測值之權值相同時，可計算該數個觀測值之總和與總量觀測值之差數，然後將此差數平均分配於各觀測值。因總量之觀測值亦在同一環境、條件下作業，故分配時必須包含總量之觀測值。

   總量觀測值之改正數符號與各分量觀測值之符號相反。

   閉合差為 $(\angle A+\angle B+\angle C)-180°=-9°$，故改正數應為 +9"。

( ) 37. 五邊形之多邊形全網，其平差條件有 (1)六個角條件 (2)一個邊條件 (3)一個邊條件，六個角條件 (4)三個角條件，三個邊條件。 (3)

解 如圖所示，角條件包含 5 個三角形內角和為 180 度，以及一個測站角度和 360 度。

邊條件有一：為由一已知邊利用正弦定理推算至其餘之邊，其值相等。

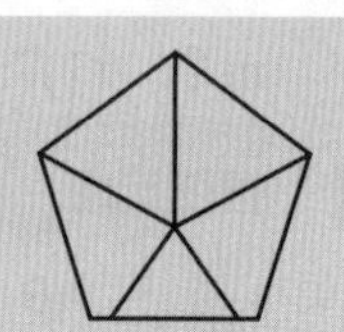

(　) 38. 已知 A、B 兩點(E，N)座標為 A(0.000m，0.000m)；B(200.000m，300.000m)，E 表橫座標，N 表縱座標，則 AB 之水平距離等於
(1)500.000m　(2)360.555m　(3)250.000m　(4)180.278m。　(2)

解　$\overline{AB}=\sqrt{(200-0)^2+(300-0)^2}=360.555$ 。

(　) 39. 已知 A、B 兩點(E，N)座標為 A(0.000m，0.000m)；B(200.000m，300.000m)，E 表橫座標，N 表縱座標，則 AB 之方位角等於
(1)236°18'36"　(2)213°41'24"　(3)56°18'36"　(4)33°41'24"。　(4)

解　($\triangle N$，$\triangle E$)=(+，+)，為第一象限。

$\phi_{AB}=\theta_{AB}=\tan^{-1}\dfrac{|\Delta E|}{|\Delta N|}=\tan^{-1}\dfrac{|200-0|}{|300-0|}=33°41'24''$ 。

(　) 40. 三角網邊長之計算係利用
(1)正弦定律　(2)正切定律　(3)正弦半角公式　(4)餘弦半角公式。　(1)

解　參閱 35 題解析。

(　) 41. 設一半網如下圖示，觀測三角形各內角，$\angle ADF$，及基線 $\overline{AD}$、$\overline{DF}$，其平差條件有　(2)
(1)六個角條件
(2)一個基線條件，五個角條件
(3)一個基線條件，四個角條件
(4)二個基線條件，四個角條件。

E
C
D
F
B
A

解　因已加測$\angle ADF$，因此該半網基線有全網基線圓心 360 度之幾何條件，加上四個三角形$\triangle ABD$、$\triangle BCD$、$\triangle CED$、$\triangle EFD$ 內角和 180 度，因此共有五個角條件。邊條件有一：由 AD(或 DF)用正弦公式推算至 DF(或 AD)須吻合。

(　) 42. 下列有關導線測量之敘述，何者為正確？　(1) n 邊形閉合導線之內角和應等於(n−2)×180°　(2)四邊形閉合導線應觀測 8 個內角　(3)測角之精度要低於量距之精度　(4)導線測量祇能作高程控制。　(1)

解　選項(2)四邊形閉合導線應觀測 4 個內角或外角。
選項(3)測角之精度要等於量距之精度。
選項(4)導線測量可用於平面座標與高程控制。

(　) 43. 下列有關導線測量之敘述，何者為錯誤？　(1)在兩已知三角點間佈置一附合導線，該導線之橫距和應等於兩三角點之橫座標差　(2)閉合導線之橫距和應等於零　(3)閉合導線之精度以平面閉合差表示　(4)導線測量亦可用羅盤儀及卷尺施測。　(3)

解　選項(3)以閉合比來表示，閉合比 $\gamma=\dfrac{W_S}{[S]}=\dfrac{\sqrt{W_N{}^2+W_E{}^2}}{\text{導線邊長的總合}}=\dfrac{1}{N}$ 。

( ) 44. 圖形為四邊形附對角線之三角測量，應測之水平角數為 (1)4 (2)8 (3)10 (4)12。 (2)

解 應測之水平角數如圖所示應有 8 個。

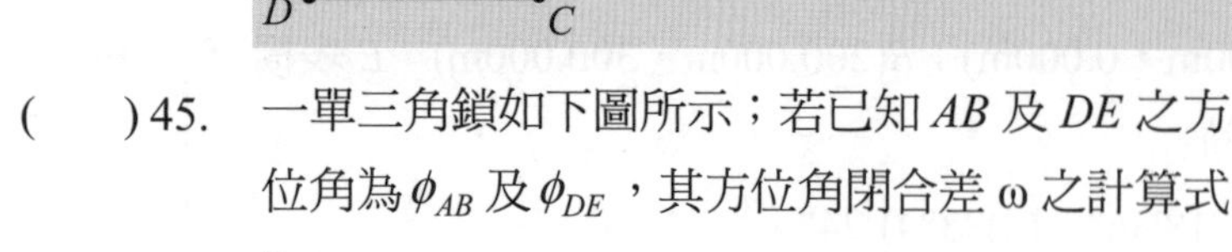

( ) 45. 一單三角鎖如下圖所示；若已知 AB 及 DE 之方位角為 ϕ_{AB} 及 ϕ_{DE}，其方位角閉合差 ω 之計算式為 (1)

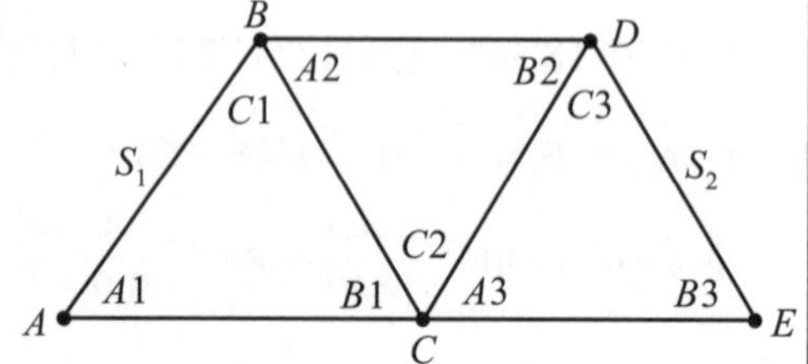

(1) $\omega = \phi_{AB} - \phi_{DE} + 180° - C1 + C2 - C3$

(2) $\omega = \phi_{DE} - \phi_{AB} + 180° - C1 + C2 - C3$

(3) $\omega = \phi_{AB} - \phi_{DE} - C1 + C2 - C3$

(4) $\omega = \phi_{DE} - \phi_{AB} - C1 + C2 - C3$。

解 $\phi_{BC} = \phi_{AB} - 180° - C1$；$\phi_{CD} = \phi_{BC} - 180° + C2$；

$\phi_{DE} = \phi_{CD} - 180° - C3$，將以上三式相加

$\phi_{DE} = \phi_{AB} - C1 + 3\times180° + C2 - C3 = \phi_{AB} + 180° - C1 + C2 - C3$

因閉合差是觀測值減已知值

$\omega = \phi_{AB} - \phi_{DE} + 180° - C1 + C2 - C3$。

( ) 46. 已知三角形各內角為：∠A＝84°18'25"，∠B＝47°07'56"，∠C＝48°33'45"，則該三角形之閉合差為 (1)+2" (2)−2" (3)+6" (4)−6"。 (3)

解 閉合差＝內角和－180°＝(84°18'25"＋47°07'56"＋48°33'45")－180°＝＋6"。

( ) 47. 設 AB 方位角為 45°00'00"，BC 方位角 135°00'00"，則在 B 點以 A 為後視，C 為前視所成之順時針角為 (1)90°00'00" (2)180°00'00" (3)270°00'00" (4)315°00'00"。 (3)

解 其所構成之順時針角＝45°＋180°＋45°＝270°。

( ) 48. 輻射法測距與測角精度應互相配合，如量距精度為 1/10000 時，相當之測角精度約為 (1)10" (2)20" (3)30" (4)40"。 (2)

解 $\frac{\varepsilon_\theta}{\rho''} = \frac{\varepsilon_D}{D}$，$\varepsilon_\theta = \frac{200000}{10000} = 20''$。

( ) 49. 如下圖示，AB 方位角為 140°，B 角為 120°，C 角為 230°，則 CD 之方位角為 (1)110° (2)120° (3)130° (4)140°。 (3)

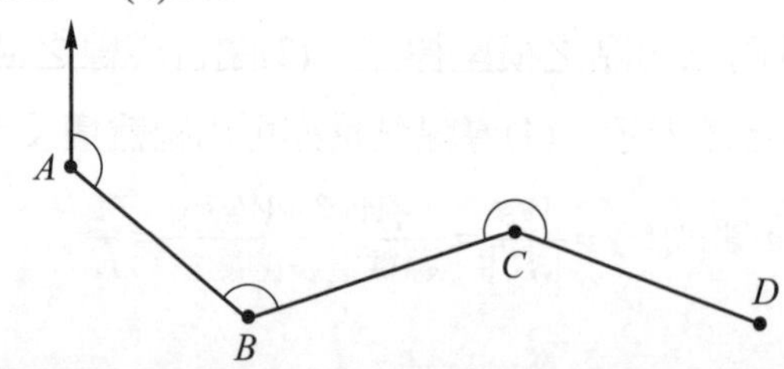

解 $\phi_{BC} = \phi_{AB} - (180° - \angle ABC) = 140° - 60° = 80°$

$\phi_{CD} = \phi_{BC} + (\angle BCD - 180°) = 80° + 50° = 130°$。

(　　) 50. 如下圖示，AB 方位角為 150°，B 角為 110°，C 角為 220°，則 CD 之方位角為 (1)110°　(2)120°　(3)130°　(4)140°。　　(2)

解 CD 之方位角 $\phi_{CD} = 220° - 180° + (110° - 180° + 150°) = 120°$。

(　　) 51. 如下圖示，四邊形中之八角皆已測出，則其獨立角條件計有 (1)2　(2)3　(3)4　(4)5　個。　　(2)

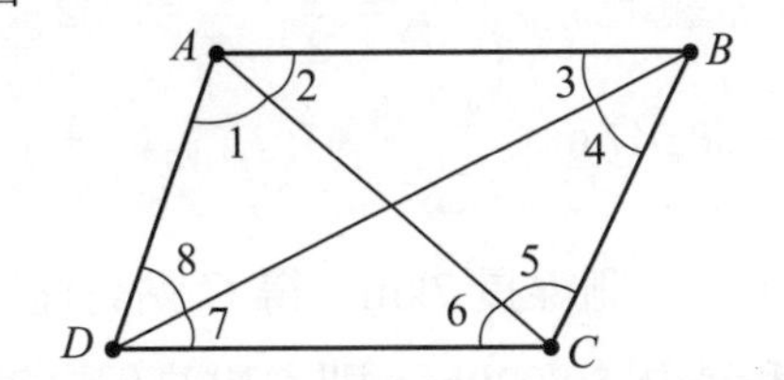

解 角條件

1. $\angle 1 + \angle 2 + \angle 3 + \angle 4 + \angle 5 + \angle 6 + \angle 7 + \angle 8 = 360°$
2. $\angle 1 + \angle 8 + \angle 7 + \angle 6 = 180°$
3. $\angle 4 + \angle 5 + \angle 6 + \angle 7 = 180°$。

(　　) 52. 已知 AB 點之座標為(E_A, N_A)，(E_B, N_B)，E 表橫座標，N 表縱座標，則 AB 之方位角為　(1) $\phi = \tan^{-1}\dfrac{E_A - N_A}{E_B - N_B}$　(2) $\phi = \tan^{-1}\dfrac{E_A - E_B}{N_A - N_B}$　(3) $\phi = \tan^{-1}\dfrac{E_B - E_A}{N_B - N_A}$　(4) $\phi = \tan^{-1}\dfrac{N_B - N_A}{E_B - E_A}$。　　(3)

(　　) 53. 計算方位角時，已知 A、B 點橫坐標差△E 為負(B 減 A)，縱坐標差△N 為正(B 減 A)，則 AB 線之方位角應在 (1)0°～90°間　(2)90°～180°間　(3)180°～270°間　(4)270°～360°間。　　(4)

解 測量學上所使用之高斯平面直角坐標與數學上的笛卡爾平面坐標系有以下幾方面的不同：

1. 高斯坐標系中縱坐標為 x，正向指北，橫軸為 y，正向指東；而笛卡爾坐標系中縱坐標是 y，橫坐標為 x，正好相反。
2. 兩者直線方向的方位角定義不同，高斯坐標系是以縱坐標 x 的北端起算順時針方向到測線的角度；而笛卡爾坐標是以橫軸的 x 東端起算，逆時針計算。
3. 坐標象限不同。高斯坐標以北東為第一象限，順時針劃分為為四個象限；笛卡爾坐標也是從北東為第一象限，逆時針劃分成四個象限。

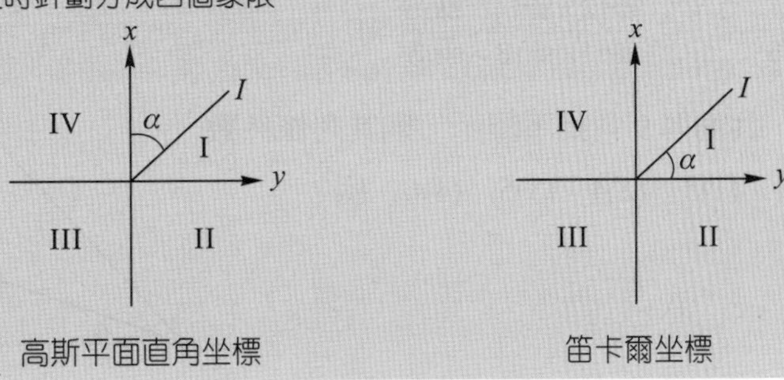

高斯平面直角坐標　　　　笛卡爾坐標

如下表所示，(ΔN，ΔE)＝(＋，－)，為第四象限。

ΔN	ΔE	所在象限	方位角
+	+	第一象限	$\phi_{AB}=\theta_{AB}$
−	+	第二象限	$\phi_{AB}=180-\theta_{AB}$
−	−	第三象限	$\phi_{AB}=180+\theta_{AB}$
+	−	第四象限	$\phi_{AB}=360-\theta_{AB}$

(　　) 54. 施行水準測量，由 A 測至 C，測線長 2km，得 C 點高程值為 50.010m。由 B 測至 C，測線長 1km，得 C 點高程值為 50.020m。則 C 點高程之最或是值為 (1)50.014m　(2)50.015m　(3)50.017m　(4)50.018m。　(3)

解　不等權觀測，需算出各測線之權值比 $P_{AC}:P_{BC}=\frac{1}{2}:\frac{1}{1}=1:2$。

$$H_C=\frac{1\times 50.10+2\times 50.020}{1+2}=50.017\text{ m}$$。

(　　) 55. 施行水準測量，由 A 測至 C，測線長 2km，得 C 點高程值為 50.010m。由 B 測至 C，測線長 4km，得 C 點高程值為 50.020m。則 C 點高程之最或是值為 (1)50.013m　(2)50.015m　(3)50.017m　(4)50.018m。　(1)

解

$$H_C=\frac{50.010\times\frac{1}{2}+50.020\times\frac{1}{4}}{\frac{1}{2}+\frac{1}{4}}=50.013$$。

(　　) 56. 做偏心觀測時，需另加測歸心元素偏心距 e 及偏心角 r，對於 e 及 r 值 (1)e 值愈大愈好，r 值不限制　(2)e 值愈小愈好，r 值不限制　(3)e 值愈小愈好，但 r 應小於 90°　(4)e 值愈小愈好，但 r 值應小於 180°。　(2)

解　參閱 32 題解析，公式 X_1 與 X_2 中之 e 值愈小，修正量 X_1 與 X_2 愈小，偏心角 r 不限制。

(　　) 57. 如下圖示，一多邊三角網，其中角度 1 至 9 為平差後之角度，則其邊條件方程式為　(1)

(1)$\frac{\sin 2\cdot\sin 4\cdot\sin 6}{\sin 1\cdot\sin 3\cdot\sin 5}=1$　(2)$\frac{\sin 1\cdot\sin 2\cdot\sin 3}{\sin 4\cdot\sin 5\cdot\sin 6}=1$

(3)$\frac{\sin 2+\sin 4+\sin 6}{\sin 1+\sin 3+\sin 5}=1$　(4)$\frac{\sin 1+\sin 2+\sin 3}{\sin 4+\sin 5+\sin 6}=1$。

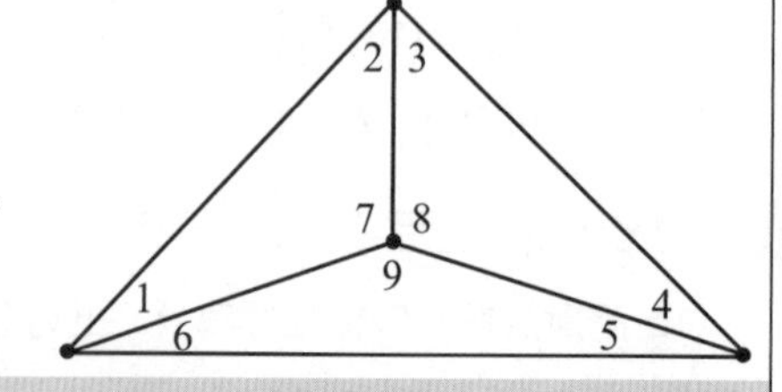

解　由圖可知，$\frac{a}{\sin 2}=\frac{b}{\sin 1}$，$b=a\times\frac{\sin 1}{\sin 2}$。

$\frac{b}{\sin 4}=\frac{c}{\sin 3}$，$c=b\times\frac{\sin 3}{\sin 4}=a\times\frac{\sin 1}{\sin 2}\times\frac{\sin 3}{\sin 4}$。

$\frac{c}{\sin 6}=\frac{a}{\sin 5}$，$a=c\times\frac{\sin 5}{\sin 6}=\left(a\times\frac{\sin 1}{\sin 2}\times\frac{\sin 3}{\sin 4}\right)\times\frac{\sin 5}{\sin 6}$。

$\frac{\sin 1\times\sin 3\times\sin 5}{\sin 2\times\sin 4\times\sin 6}=1$，$\therefore\frac{\sin 2\times\sin 4\times\sin 6}{\sin 1\times\sin 3\times\sin 5}=1$。

(　　) 58. 一多邊三角網，共測得 9 角如下圖示，則其角條件數(含測站條件)為　(1)3　(2)4　(3)5　(4)6　個。　(2)

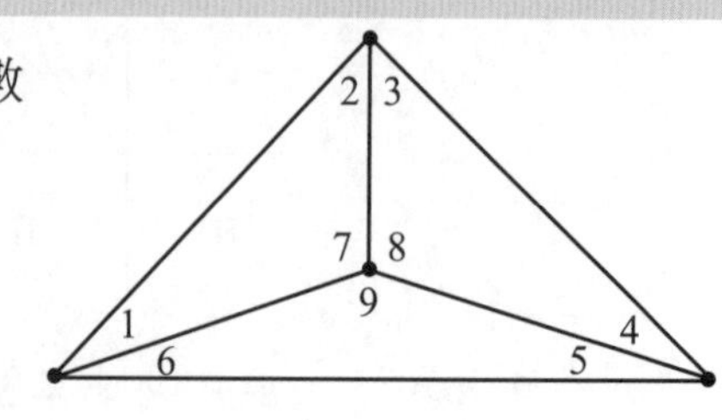

解　內角條件數：$C_a = n' - s' + 1 = 6 - 4 + 1 = 3$，即三個三角形內角和 180 度，加上一測站條件 $\angle 7 + \angle 8 + \angle 9 = 360°$，共有四個角條件數。

(　) 59. 三角測量中之水平角觀測方法是採用　(1)外角觀測法　(2)偏角觀測法　(3)方向觀測法　(4)方位角觀測法。　(3)

解　三角測量需觀測各三角形之每頂點上測定各邊所夾之水平角，因此採用方向觀測法可在一個測回中測出多個水平角度。

(　) 60. 導線測量有關之原理中，下列何者錯誤？　(1)
(1)閉合導線外角和為 360 度　(2)距離與角度的不夠準確，是引起導線測量誤差的主要原因　(3)為考慮導線之精度，導線邊長宜均勻　(4)導線測量時，前後點位應相互通視。

解　閉合導線外角和 $= [n+2] \times 180°$。

(　) 61. 下列控制測量之方法，何者成果精度最佳？　(3)
(1)三角測量　(2)三邊測量　(3)三角三邊測量　(4)閉合導線測量。

解　選項(1)三角測量：選定若干之控制點連成有系統之三角形，觀測各三角形之每頂點上測定各邊所夾之水平角，於實地上精密測定一基線之長，由基線之長及水平角即可算得各頂點之平面坐標，用以控制平面位置，用為測製地形圖及工程測量之根據。

選項(2)三邊測量：在進行測量中所佈設之三角形，不直接測量各點之水平角而改為測量各三角形之邊長，再換算得各點之水平角，據以計算各點之平面坐標者，則稱為三邊測量。

選項(3)三角三邊測量：由測定之基線長、三角形之內角及邊長，可計算各三角形間之邊長及各三角點之平面坐標，此種作業由三角測量及三邊測量混合觀測，因有大量之多餘之觀測，在大區域的控制測量方法中，**其成果精度最佳**。

選項(4)閉合導線測量：導線自一點出發作環狀推展，其終點回到原起點，目的為測量各導線點間之距離、各導線連線間所成之水平角(方向)或是高程，並計算各導線點平面坐標或是高程值，以確定各點平面位置。

(　) 62. 輻射法測角精度±10"，若測角與測距之精度應配合，當距離 100m 時，測距標準誤差應等於　(1)±0.5cm　(2)±1cm　(3)±2cm　(4)±3cm。　(1)

解　$\dfrac{\varepsilon_\theta}{\rho''} = \dfrac{\varepsilon_D}{D}$，$\dfrac{10''}{206265''} = \dfrac{\varepsilon_D}{100 \times 100}$　(將公尺換算成公分)，為簡化計算，可將 206265"視為 200000"，則上式可寫為 $\varepsilon_D = \dfrac{10'' \times 10000}{200000} = 0.5\ \text{cm}$。

(　) 63. 五邊形閉合導線，外角和應等於　(1)360°　(2)540°　(3)900°　(4)1260°。　(4)

解　閉合導線內角和 $= [n-2] \times 180°$
閉合導線外角和 $= [n+2] \times 180°$
偏角和 = 360°
$\Sigma\beta = (n+2) \times 180° = (7+2) \times 180° = 1260°$。

(　) 64. 五邊形閉合導線，偏角和應等於　(1)360°　(2)540°　(3)900°　(4)1260°。　(1)

解　參閱 63 題解析。

( ) 65. 若導線測量之縱距閉合差 W_N 及橫距閉合差 W_E 太大時，假設只有一個邊長量錯，應檢查下列何一方向及其相反方向之邊長？ (2)

(1) $\sin^{-1}\dfrac{W_E}{W_N}$ (2) $\tan^{-1}\dfrac{W_E}{W_N}$ (3) $\sin^{-1}\dfrac{W_N}{W_E}$ (4) $\tan^{-1}\dfrac{W_N}{W_E}$ 。

解 邊長偵錯方法：

若某一條導線邊的坐標方位角與位置閉合差方位角 $\tan^{-1}\dfrac{W_E}{W_N}$ 很接近，或相差近 180°，則該導線邊最有可能測錯。本法僅允許一個邊長測錯，否則上述檢核方法無效。

由此可見，位置閉合差 W_L，即「1→1'邊」或「C→C'邊」的方位角與測錯的「2→3 邊」的方位角很接近或相差 180°，故查核時，先以下式計算位置閉合差 W_L，之方位角 ϕ_L：

$$\phi_L = \tan^{-1}\left(\frac{W_E}{W_N}\right)$$

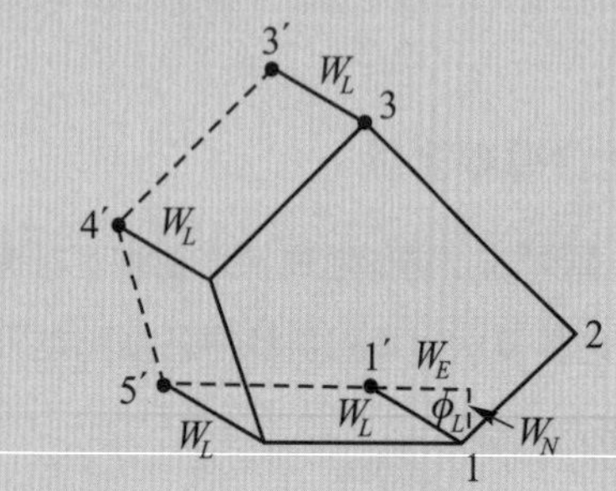

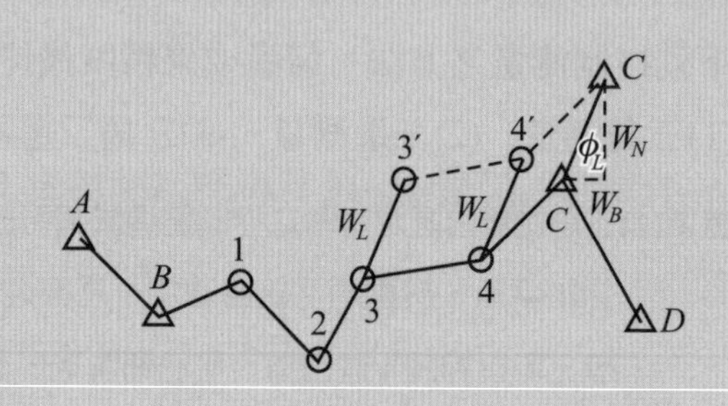

( ) 66. 如下圖示，設 C 為標石中心，B 為經緯儀中心，e 及 ϕ 為歸心元素，$\overline{CP_1}=S_1$，$\overline{CP_2}=S_2$，已知 S_1 及 S_2，則水平角 x_2 等於：(式中 $\rho''=206265''$) (4)

(1) $\rho''\cdot\dfrac{e}{S_2}\cdot\sin(360°-\phi)$

(2) $\rho''\cdot\dfrac{e}{S_1}\cdot\sin(360°-\phi)$

(3) $\rho''\cdot\dfrac{e}{S_1}\cdot\sin(360°-\phi+r)$

(4) $\rho''\cdot\dfrac{e}{S_2}\cdot\sin(360°-\phi+r)$ 。

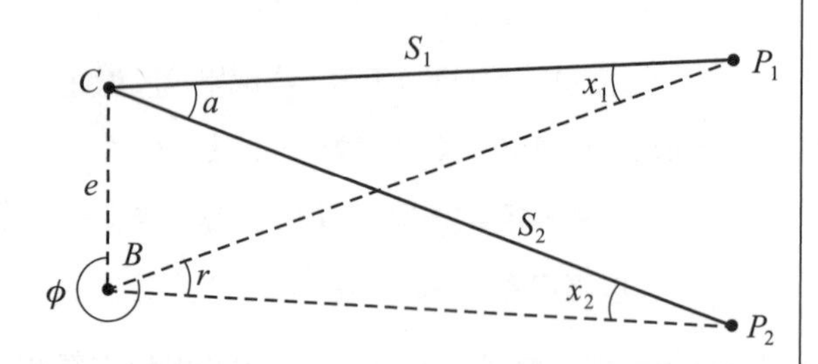

解 參閱第 32 題解析。

( ) 67. 導線 A、B、C 三點，設 AB 之方位角為 160°，B 點之左偏角為 30°，則 BC 之方位角為 (1)

(1)130° (2)190° (3)310° (4)330°。

解 160° − 30° = 130° 。

( ) 68. 已知 *AB* 邊與 *BC* 邊所成之順時針角為 130°23'，則 *AB* 邊與 *BC* 邊所成之偏角為 (1)50°23'® (2)50°23'(*L*) (3)49°37® (4)49°37'(*L*)。 (4)

解 *AB* 邊與 *BC* 邊所成之偏角為在延長線之左；是為左偏角。偏角角度為 180° − 130°23' = 49°37'。

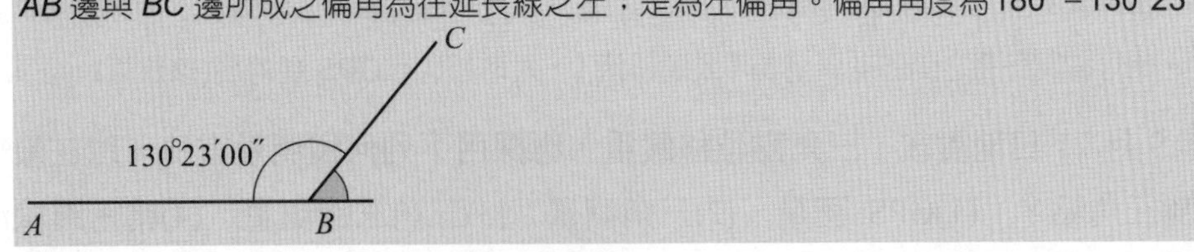

( ) 69. 計算方位角時，已知 *A*、*B* 點橫坐標差△*E* 為正(*B* 減 *A*)，縱坐標差△*N* 為負(*B* 減 *A*)，則 *AB* 線之方位角應在
(1)0°～90°間 (2)90°～180°間 (3)180°～270°間 (4)270°～360°間。 (2)

解 參閱第 53 題解析。

( ) 70. 下列 GPS 衛星測量方法中，何者之觀測時間最長？ (1)動態定位測量 (2)快速靜態定位測量 (3)靜態定位測量 (4)即時動態(RTK)定位測量。 (3)

解
1. 靜態定位測量(STS)：以採用兩部接收儀以上分別架設在施測基線端點，同時接收衛星訊號，觀測時間長短與基線長度成正比，通常為 2~4 小時(**觀測時間最長，精度最高**)，作連續性的施測，用以提升其觀測精度。
2. 快速靜態測量：適合於短邊長(5km 以內)控制測量，加密測量及導線測量。細部點位測量及界址測量亦可應用。高精度(數公分)以及快測(3 分鐘以內)定位為其優點。
3. 半動態測量(SGS)：適用於空曠地區，點與點間距離在數十公尺以內者，且點位密集之小規模測量。如地形測量、土地界址測量等。每個測站停留時間小於 1 分鐘。
4. 虛擬動態快速測量：適用對象與靜態快速測量類似。但每一測站需重複擺站一次，間隔 1 小時，每次停留 3~5 分鐘。
5. 純動態(KIS)：適用於移動物體之軌跡定位，道路中心線測量及水道測量等。
6. 即時動態定位測量(RTK)：此種衛星測量方式為目前最常用之測量方法，將兩部以上之 GPS 同步接收衛星的情形下，將其中一部設立為主站，其它為移動站，透過地面無線電系統將主站所接收之衛星資訊加以廣播，而其他各部 GPS 接收儀則以此廣播資訊，即時解算出與主站之相對向量，便可決定移動站之坐標。應用時可代入地區坐標系統，與儀器本身之應用軟體相結合可即時定出地區坐標，因其不須通視條件且精度可達公分級(因施測方法及儀器精度而定)，故於施測未知點位坐標及放樣點位上極其方便。

( ) 71. 下列 GPS 衛星測量方法中，何者之精度最高？
(1)動態定位測量 (2)半動態定位測量 (3)靜態定位測量 (4)即時動態(RTK)定位測量。 (3)

解 靜態定位其優點為精度最高，缺點需長時間觀測。

( ) 72. 以 *a* 表座標轉換，*b* 表 GPS 基線計算，*c* 表 GPS 網形平差，則 GPS 靜態觀測之處理程序為 (1)*abc* (2)*bca* (3)*cab* (4)*cba*。 (2)

解 首先將外業之結果進行基線計算，之後進行網形平差，由於 GPS 測出為(ϕ，λ，h)坐標，要在進行坐標轉換；轉換成需要之(E，N，h)坐標。

3

(　) 73. 幾何高與正高之差值，稱為 (1)正高改正 (2)力高改正 (3)高程差 (4)大地起伏。 (4)

解 GPS 測量所得之「GPS 高程」是以參考橢球面作為高度起算的原點，又稱為「橢球高」或「幾何高」。地表面上某點到平均海水面之垂線長度即為「正高」，正高之量測可藉直接水準測量加上重力測量得到。幾何高與正高之間的差異稱為「大地起伏」，大地起伏＝GPS 幾何高(橢球高)－正高。

(　) 74. 民國 88 年 9 月 21 日地震後，三角點位移嚴重，應採用下列何種測量方法，以在最短時間內檢測三角點？ (1)GPS 測量 (2)三角測量 (3)三角三邊測量 (4)精密導線測量。 (1)

解 GPS 衛星測量的優點與特點：

1. 觀測站間無須通視：其作業方式，除觀測點仰角 15° 以上之上空必須無遮蔽外，其餘如觀測之時間、地點、天候狀況等，均不受限制。
2. 相對定位精度高。
   (1) 50km 以內：基線精度可達 1～2ppm。
   (2) 100～500km：基線精度可達 0.1～1ppm。
   (3) 1000km 以上：基線精度可達 0.01ppm。
3. 觀測時間短。
4. 可立即求得三維坐標。
5. 儀器操作簡便，觀測、定位時間亦短。
6. 全天候作業，且內業可完全由電腦軟體求解，不受使用者專業背景的影響。
7. 經濟效益高。
8. 使用者不必付費。
9. 目前已漸有取代傳統三角測量之趨勢。

(　) 75. GPS 系統之 24 顆衛星分佈於幾個軌道面上？ (1)3 (2)4 (3)6 (4)8。 (3)

解 目前 GPS 衛星軌道分布的概況如下：

1. GPS 之運行衛星係由 21 顆衛星組成；包含外加 3 顆備用衛星。(至 1993 年止完成上述之佈設，目前有超過 30 顆衛星在天空運作)
2. 均勻分布於 6 個軌道面上。
3. 衛星軌道和地球赤道面的傾角為 55°。
4. 每個軌道面上的衛星相距 120 度(各軌道平面升交點的赤經相差 60°)。
5. 軌道面與另一次軌道面相差 40°，以方便全球各地在任何時刻都可同時觀測到至少 4 顆以上之衛星。
6. 軌道高度約 20200 公里。
7. 衛星繞行地球一周約需 12 小時。

( )76. GPS 採用下列何種座標系統？ (1)WGS84 (2)WGS80 (3)WGS48 (4)TWD67。 (1)

解 GPS 坐標系統採用 WGS84 坐標系統，為地心地固坐標系統(ECEF)，其三軸及原點規定如下：

1. 原點：地球質心。
2. *X* 軸：指向赤道上的經度零點格林威治天文台。
3. *Z* 軸：指向協議的平均地極。
4. *Y* 軸：與 *X*、*Z* 軸正交而構成一右旋系統。

( )77. 台灣地區之大地基準係採用 (1)WGS84 (2)WGS80 (3)WGS48 (4)TWD97。 (4)

解
1. TWD67：該坐標系統為一古典的二維水平坐標系統，採用 GRS67 之參考橢球；其扁平率為 $\frac{1}{298.25}$，以南投縣埔里鎮之虎子山一等三角點為基準點。假設虎子山原點之大地起伏值為零，也就是假設在該基準點上選用之參考橢球面與大地水準面為一致。TWD67 之水平精度遠高於高程精度，且由於受到地球重力場分布不均勻等因素影響，所測得之點位只適用於台灣附近的局部區域。
2. TWD97：因 TWD67 大地基準受限於當時測量技術的限制，加上台灣地殼變動激烈，部分地區 TWD67 控制點精度已不符合測量需求。在採用 GPS 衛星定位測量技術進行精確測量後公佈新國家坐標系統，於民國八十七年命名為 1997 台灣大地基準(TWD97)，採用 GRS80 橢球參數其扁平率為 $\frac{1}{298.25722101}$。TWD97 坐標系統則是採用全球性地心地固大地參考系統，配合 IGS(International GPS Service for Geodynamics)全球框架站所定義出的三維大地基準，其最大特色為各點位之三維坐標(經度、緯度、橢球高)之精度分布均勻，且量級一致。是適用於全球的一套坐標系統。

( )78. GPS 衛星繞行地球一周之時間約為 (1)6 小時 (2)12 小時 (3)24 小時 (4)48 小時。 (2)

解 參閱第 75 題解析。

( )79. GPS 定位測量時，衛星在下列哪一位置時，對流層之影響最小？ (2)
(1)仰角 10 度 (2)天頂 (3)仰角 45 度 (4)與衛星高度無關。

解 衛星的角度會影響對流層的測距，在天頂時對流層之影響最小，而衛星之觀測角度應避免低角度(<15 度)。

( )80. 下列關於 GPS 衛星定位測量之概念，何者錯誤？ (1)可提供全天候導航與定位 (2)可提供即時連續導航與定位 (3)可全天候授時 (4)目前僅提供北半球地區定位測量。 (4)

解 只要能接受到足夠的衛星數量，GPS 可做全球地區定位、測速與授時。

( )81. 導線測量時，由於測量水平角及邊長的誤差，將導致 (3)
(1)垂直角閉合差 (2)高程閉合差 (3)平面座標閉合差 (4)基線條件閉合差。

解 測角誤差與測距誤差將造成化算平面點位坐標之誤差，最後將導致平面座標產生閉合差。

( )82. 下列何者不為導線之檢查條件？ (1)方位角或水平角度閉合條件 (2)橫座標閉合(符合)條件 (3)垂直角度閉合條件 (4)縱座標閉合(符合)條件。 (3)

解 導線測量為線狀之控制測量，僅有平面坐標檢查條件。

( ) 83. 以全測站經緯儀施行導線測量，如欲同時求得導線點的高程，最經濟有效的方法為 (1)直接水準測量 (2)三角高程測量 (3)氣壓計高程測量 (4)視距法高程測量。 (2)

解 利用全測站直接量測距離與高差，可利用三角高程測量求得導線點的高程。

( ) 84. 導線點也可稱為 (1)三角點 (2)圖根點 (3)水準點 (4)GPS 衛星點。 (2)

解 導線測量其所佈置之點稱為導線點。導線點常為測繪平面圖、地形圖、地籍圖及其他各種工程圖籍之基準；與測設界址點、計畫樁及各種工程設施之依據，故又稱圖根點、控制點。

( ) 85. 下列何者不含檢查條件？ (1)附合導線 (2)自由導線 (3)閉合導線 (4)導線網。 (2)

解
1. 閉合導線：
   (1) 意義：導線自一點出發作環狀推展，其終點回到原起點，形成了閉合多邊形者稱之。此種導線之角度閉合差的大小，可由多邊形幾何條件檢核。
   (2) 適用地區：閉合導線適用於都市地區及施測範圍集中之處。
2. 附合導線：
   (1) 意義：導線之起、終點不同，但均為已知點(三角點或導線點)、已知邊，自起點測量推展至終點者稱之。如同閉合導線具有角度和水平位置之閉合條件，可供檢核。
   (2) 適用地區：附合導線常用於道路或狹長地帶地形圖測繪及中心樁測設之控制測量。
3. 展開導線：
   (1) 意義：導線自起點為已知點、已知邊按測量需要自由伸展者稱之。此種導線無角度及水平位置之閉合條件供檢核，無法獲知其測量誤差，故一般均限制推展一至二點為止；或另以一自由展開導線求算新點水平位置以檢核之。
   (2) 適用地區：此種導線僅適用於單方向可供通視之處或不講求精度的路線初測。
4. 導線網：
   (1) 意義：由上述三種導線組合而成網狀，於一閉合導線中，設置有多條相關聯之附合導線而形成一網狀者稱之。導線網之各導線點水平位置一次計算求得，故精度相近，而且可供檢核之角度、水平位置等閉合條件較多，故容易偵測出其誤差部分，重新測量改正，以提高測量精度。
   (2) 適用地區：導線網適用於都市、地籍、工程等測量之控制測量。

( ) 86. 有一封閉之五邊形 $ABCDE$，假設各內角均已改正，$\angle A$=117°36'00"，$\angle B$=90°32'00"，$\angle C$=142°54'00"，$\angle D$=132°18'00"，則$\angle E$ 應為 (1)126°20'00" (2)86°40'00" (3)66°20'00" (4)56°40'00"。 (4)

解 $\Sigma\beta=(n-2)\times 180°=(5-2)\times 180°=540°$。

因各角均已改正完畢，$\angle A+\angle B+\angle C+\angle D+\angle E=540°$，

$\angle E=540°-\angle A-\angle B-\angle C-\angle D=540°-117°36'00"-90°32'00"-142°54'00"-132°18'00"$
$=56°40'00"$。

( ) 87. 測站 A 至 B 之方位角為 50°，測站 B 至 C 之偏角為 50°R，求測站 C 至測站 B 之方位角為 (1)50° (2)230° (3)280° (4)100°。 (3)

解 $\phi_{BC}=\phi_{AB}+50°=100°$，$\phi_{CB}=\phi_{BC}+180°=280°$。

( ) 88. 有一閉合導線共 5 個導線點，今測得外角總和為 1260°00'45"，則各角之改正數為 (1)+9" (2)−9" (3)+7" (4)−7"。 (2)

解 外角閉合差 $f_w = [\beta] - [n+2] \times 180° = 1260°00'45" - 7 \times 180° = 45"$

閉合差改正值 $= -\frac{45"}{5} = -9"$。

( ) 89. 使用雙頻道之 GPS 衛星接收儀，主要目的在消除 (1)週波未定值誤差 (2)多路徑誤差 (3)對流層誤差 (4)電離層誤差。 (4)

解 修正電離層延遲誤差之方式：

1. 採用雙頻接收儀。
2. 使用高精度之精密星曆。
3. 若使用單頻接收儀，可利用廣播星曆之電離層模式加以修正。
4. 儘量於晚上觀測，且衛星位於天頂方向。因水平最大誤差約為三倍天頂最大誤差量；白天最大誤差量約為晚上最大誤差量之五倍。

( ) 90. GPS 衛星定位測量中，L_1 觀測量調制了下列何種電碼？ (1)*C*/*A* 碼 (2)*P* 碼 (3)*C*/*A* 碼及 *P* 碼 (4)*M* 碼。 (3)

解 GPS 衛星定位系統中每一個衛星均以兩種不同的頻率發射其訊號：

1. L_1 載波，可發射開放所有用戶均可接收與取用 *C*/*A* 碼與 *P* 碼，*P* 碼在必要時可以進行加密，又稱軍用碼。而 *C*/*A* 碼稱民用碼。頻率 $L_1 = 1575.42$ MHz，波長 λ1 = 19.03 cm。
2. L_2 載波，僅可發射 *P* 碼。頻率 $L_2 = 1277.60$ MHz，波長 λ2 = 24.42 cm 接收儀檢查此兩碼之頻率變化，便可以修正前述電離層所引起的誤差。

( ) 91. GPS 衛星定位系統中，GPS 衛星距離地表高度約為 (1)1100km (2)11000km (3)2200km (4)20200km。 (4)

解 參閱第 75 題解析。

( ) 92. 利用 GPS 衛星定位測量，欲得到三度空間位置至少需接收幾個衛星？ (1)二個 (2)三個 (3)四個 (4)五個。 (3)

解 接收器接收到三顆 GPS 衛星便可對接收端進行定位，第四顆衛星是用來做參考，以修正三度空間定位之誤差。但一般最好有 5 顆或以上，多餘的衛星可預防其中有衛星失鎖，並加速未定值之求解。

( ) 93. GPS 衛星定位測量各種誤差中，下列何者不屬於信號傳播誤差？ (1)電離層誤差 (2)對流層誤差 (3)多路徑誤差 (4)衛星星曆誤差。 (4)

解 影響 GPS 觀測量精度的主要誤差來源分為下表四大類：

誤差來源	誤差種類	誤差屬性
與衛星有關誤差	衛星軌道誤差	系統誤差
	衛星時表(衛星鐘)誤差	
與訊息傳播有關的誤差	電離層延遲誤差(大氣折射差)	
	對流層延遲誤差(大氣折射差)	
	多路徑效應	偶然誤差
	其他雜訊	
與接收儀有關誤差	觀測誤差	
	天線相位中心變化	
	接收儀時表誤差	系統誤差
	整數周波未定値	
	周波脫落	
與地球整體運動有關	地球潮汐影響	
	負荷潮影響	

選項(1)：電離層其產生影響的首要原因是，因電子密度發生變化。例如當太陽黑子活動較頻繁時，其影響亦隨之增大。夜間電離層的影響量較小，大約只有白天的十分之一。尤其是午夜至清晨 5 點前後，影響最小，最適合於觀測。每天正午之後，變化即達最高，宜儘量避免觀測。此外低緯度地區所受之影響，較中、高緯度地區為大。

選項(2)：對流層的干擾主要是受空氣的乾濕、水蒸氣的濃稀，及溫度的高低等因素所造成。當兩測站間之高程相差甚大時，受對流層的影響亦較大。

選項(3)：多路徑效應為接收儀在接收衛星傳輸之訊號時，因受地面上反射物的影響，使訊號直接、間接的被天線所接收。觀測點附近之大型水泥廣場、水面、或金屬板等，都是造成多路徑誤差現象的因素。除設站點應避開上述之地形、地物外，並應儘量將天線放低或使用大地測量專用天線。

選項(4)：衛星星曆誤差為星曆所計算得到的空間位置與實際位置之差，它是一種起算數據誤差，屬於系統誤差。

( ) 94. GPS 衛星定位系統中，載波 L_1 頻率之波長為 (1)0.19m (2)1.9m (3)19m (4)190m。 (1)

解 GPS 衛星訊號資本資料如下表：

訊號	頻率	波長
L_1	1575.42 MHz	19.0cm
L_2	1227.60 MHz	24.4 cm
L_5	1176.45 MHz	25.4 cm
C/A	1.023 MHz	293.3 m
P	10.23 MHz	29.3 m

( ) 95. GPS 衛星測量，信號由衛星傳遞至地面過程中，對流層折射的影響在下列何種角度最小？ (1)高度角 90° (2)高度角 60° (3)高度角 45° (4)高度角 15°。 (1)

解 當 GPS 訊號通過對流層時，傳播的路徑則發生彎曲，從而使測量距離發生偏差，這種偏差稱為對流層折射。對流層折射與大地氣候、大氣壓力、溫度和濕度變化密切相關，比電離層折射的情況複雜。對流層折射誤差與信號的高度有關，在天頂方向(高度角為 90°)達到 2.3m，在地面方向(高度角為 10°)則達到 20m。

(　) 96. GPS 衛星定位系統，是利用何種電波測量？
(1)雷射波　(2)光波　(3)紅外線　(4)無線電波。　(4)

解 全球定位系統衛星測量(GPS)係利用 GPS 衛星接收儀於任何時間與天候，架設在地球表地點，接收 GPS 衛星訊息，以計算所在位置之測量方法。基本上它是距離交會法，應用之已知點為太空中的衛星，利用無線電波傳遞的速度與時間算出電波發射點(衛星)及電波接收點(接收儀)間的距離，運用三維距離後方交會法(空間距離後方交會法)，以求出接收儀所在位置之三度空間坐標。

(　) 97. 有一導線全長 1762m，E 方向閉合差 W_E =0.196m，N 方向閉合差 W_N =0.297m，則導線閉合比數為　(1)1/2500　(2)1/3600　(3)1/4900　(4)1/7100。　(3)

解 $W_S=\sqrt{{W_N}^2+{W_E}^2}=\sqrt{0.196^2+0.279^2}=0.356$，$\gamma=\frac{W_S}{[S]}=\frac{\sqrt{{W_N}^2+{W_E}^2}}{\text{導線邊長的總和}}=\frac{0.356}{1762}\approx\frac{1}{4900}$。

(　) 98. 導線測量之目的為　(1)測導線點之夾角　(2)測兩導線間之距離　(3)求得控制點之坐標　(4)求得控制點之高程。　(3)

解 導線測量之目的為測量各導線點間之距離、各導線連線間所成之水平角(方向)或是高程，並計算各導線點平面坐標或是高程值，以確定各點平面位置。

(　) 99. 三角測量為　(1)點　(2)線　(3)面　(4)空間　狀的控制測量。　(3)

解 三角測量：利用三角學之原理，所作大區域之控制測量，選定若干之控制點連成有系統之三角形，觀測各三角形之每頂點上測定各邊所夾之水平角，於實地上精密測定一基線之長，由基線之長及水平角即可算得各頂點之平面坐標，用以控制平面位置，用為測製地形圖及工程測量之根據。

(　) 100. 導線測量為　(1)點　(2)線　(3)面　(4)空間狀的控制測量。　(2)

解 參閱 82 題解析。

(　) 101. 一般使用於公路或狹長地區之控制測量常用
(1)導線或三角鎖　(2)基線網　(3)三角網　(4)閉合導線。　(1)

解 公路或狹長地區之控制測量為線狀之控制測量，因此常用導線或三角鎖。

(　) 102. 三角形三內角和等於 180 度，稱為
(1)內角條件　(2)偏角條件　(3)方位角條件　(4)測站條件。　(1)

解 三角形內角條件為三內角和等於 180 度，外角與偏角條件為 360 度。

(　) 103. 某一測量工作規定附合導線角度閉合差之容許值 U=20"+15"$\sqrt{N}$，今有一條附合導線 $AB123CD$，其中 A、B、C、D 為已知點，則其 U 值為　(1)57"　(2)54"　(3)50"　(4)46"。　(2)

解 附合導線 $AB12CD$ 中 A、B、C、D 為已知點，故所需施測之導線點有 B、1、2、3、C 五點。所以 n 值為 5。$U=20"+15"\sqrt{N}=20"+15"\times\sqrt{5}=54"$。

(　) 104. 某一測量工作規定附合導線角度閉合差之容許值 U=20"+15"$\sqrt{N}$，今有一條附合導線 $AB12CD$，其中 A、B、C、D 為已知點，則其 U 值為　(1)57"　(2)54"　(3)50"　(4)46"。　(3)

解 附合導線 $AB12CD$ 中 A、B、C、D 為已知點，故所需施測之導線點有 B、1、2、C 四點。所以 n 值為 4。$U=20"+15"\sqrt{N}=20"+15"\times2=50"$。

( ) 105. 不完整之附合導線 $AB12C$，其中 A、B、C 為已知點，測量水平角 $\angle B$、$\angle 1$、$\angle 2$，距離 $\overline{B1}$、$\overline{12}$、$\overline{2C}$，令甲=「縱座標附合條件」、乙=「橫座標附合條件」、丙=「方位角或角度附合條件」，該導線之條件為 (1)甲乙丙 (2)甲乙 (3)乙丙 (4)丙甲。 (2)

解 因該附合導線 AB 為已知點，可計算方位角。但另一端僅有 C 點，所以無法提供方位角可供此導線做方位角或角度檢核。

( ) 106. 某一導線之角度閉合差 W=+2°10'，假設只有一個水平角用錯內外角，則該錯誤水平角之近似值為 (1)182°10' (2)177°50' (3)181°05' (4)178°55'。 (3)

解 內角+外角=360°，因誤差為兩倍，故 $=\dfrac{2°10'}{2}=1°05'$，該角的近似值為 181°05'。

另解：設錯誤角度為 X，其外(內)角為 Y。

$X+Y=360°$...... (1)

$X+Y=2°10'$...... (2)

((1)+(2))/2

$X=181°05'$。

( ) 107. 某一導線之角度閉合差 W=+2°10，假設只有一個水平角用錯內外角，將該水平角由內(外)角改為外(內)角，改正後之近似值為 (1)182°10' (2)177°50' (3)181°05' (4)178°55'。 (4)

解 參閱第 106 題解析。

改正後之近似值 $=180°-\dfrac{2°10'}{2}=178°55'$。

( ) 108. 測繪地形圖工作需要較多之控制點，在加密控制點測量邊長時，令：甲=「歸化於海水面之改正」，乙=「投影改正」，其他改正不論，只論甲乙，則
(1)甲乙均需要 (2)甲乙均不需要 (3)甲需要，乙不需要 (4)甲不需要，乙需要。 (1)

( ) 109. A、B 為已知點，彼此不能通視，至少須要加密一個控制點，該點能通視 A 及 B 二點。可供使用之儀器為全測站儀，以採用何種方法為佳？
(1)前方或側方交會法 (2)後方交會法 (3)雙點定位法 (4)自由測站法。 (4)

解 自由測站法乃是以一測站為一座標，不同之觀測站具有不同之測站座標系，最後以座標轉換將各測站座標系轉換至相同之座標系(全區座標系或全域座標系)，故施測時可以任意點為測站，任一方向為北方，觀測得測站附近各點之以測站座標系為基準之座標值。

( ) 110. 三角形 ABC 各角對應邊為 abc，已知 $\angle A$=50°00'00"，$\angle B$=80°00'00"，b=80.000m，求 a 的長度為 (1)50.000m (2)128.000m (3)102.846m (4)62.229m。 (4)

解 由正弦定理 $\dfrac{a}{\sin\angle A}=\dfrac{b}{\sin\angle B}=\dfrac{c}{\sin\angle C}$，$a=80\times\dfrac{\sin 50°}{\sin 80°}=62.229\text{ m}$。

( ) 111. 三角形 ABC 各角對應邊為 abc，已知 $\angle A$=50°00'00"，$\angle B$=70°00'00"，c=100.000m，求 a 的長度為 (1)88.155m (2)88.255m (3)88.355m (4)88.455m。 (4)

解 $\angle C=180°-\angle A-\angle B=60°$

$\dfrac{c}{\sin\angle C}=\dfrac{a}{\sin\angle A}$，$a=c\dfrac{\sin\angle A}{\sin\angle C}=100\times\dfrac{\sin 50°}{\sin 60°}=88.455\text{ m}$。

( ) 112. 三角形 ABC 各角對應邊為 abc，已知$\angle A$=50°00'00"，b=80.000m，c=100.000m，求 a 的長度為 (1)78.201m (2)77.820m (3)72.018m (4)70.814m。 (1)

解 由餘弦定理 $a=\sqrt{b^2+c^2-2bc\times\cos\angle A}=\sqrt{80^2+100^2-2\times80\times100\times\cos50^\circ}=78.201\,\text{m}$。

( ) 113. 如下圖示，C、D 為已知點，Q 為新點，測量 γ 及 δ 求 Q 點座標，以附圖 ABP 之制式表格計算 Q 點座標，此時應以何點、何角分別對應於 A 點、α 角？
(1)C、δ (2)D、γ (3)C、γ (4)D、δ。 (4)

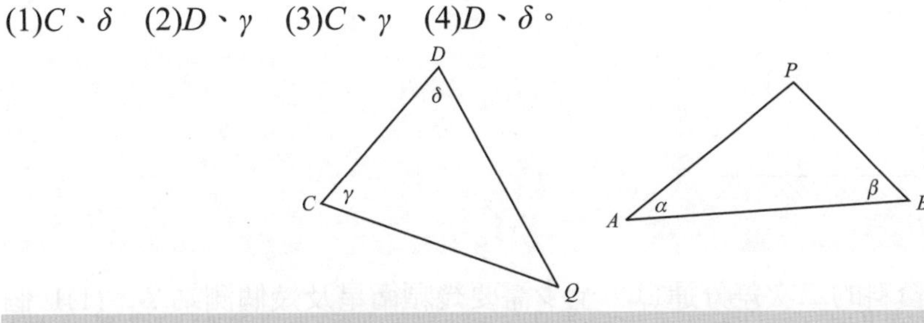

解 旋轉△ABP，將 A 點與 D 點重合，B 點與 C 點重合，則可看出 A 點與 α 角分別對應 D 點與 δ 角。

( ) 114. 三角形之內角為 C＝42°；B＝78°；A＝60°；A、B、C 三點按順時針方向排列，若 AB 之方位角為 60°，則 CA 方位角等於 (1)120° (2)138° (3)162° (4)300°。 (4)

解 $\phi_{BC}=360^\circ-(180^\circ-60^\circ)-78^\circ=162^\circ$，

$\phi_{CA}=360^\circ-(180^\circ-162^\circ)-42^\circ=300^\circ$。

( ) 115. 已知 A、B 兩點之座標為 E_A＝200,000m，N_A＝400,000m；E_B＝400,000m，N_B＝200,000m，E 表橫座標，N 表縱座標，則 AB 之方位角等於
(1)45° (2)135° (3)225° (4)315°。 (2)

解 方向角 $\theta_{AB}=\tan^{-1}\left|\dfrac{\triangle E}{\triangle N}\right|=\tan^{-1}\left|\dfrac{400000-200000}{200000-400000}\right|=45^\circ$

因 N 坐標為負：E 坐標為正，故知在第二象限。

$\phi_{AB}=180^\circ-\theta_{AB}=135^\circ$。

( ) 116. 在 GPS 相對定位中，將同一顆衛星、兩個測站間的資料進行相減運算，其可以完全消除的共同誤差為 (1)衛星時鐘差 (2)接收器時鐘差 (3)對流層誤差 (4)電離層誤差。 (1)

解 此方式稱為測站一次差分，係指在基線二端接收儀同步接收相同衛星訊號，將兩組觀測量相減即可得地面一次差。該方法是相對定位中最基本線性組合，除可消除衛星時鐘差的影響外，並可大幅削弱衛星星曆誤差及對流層折射誤差的影響。

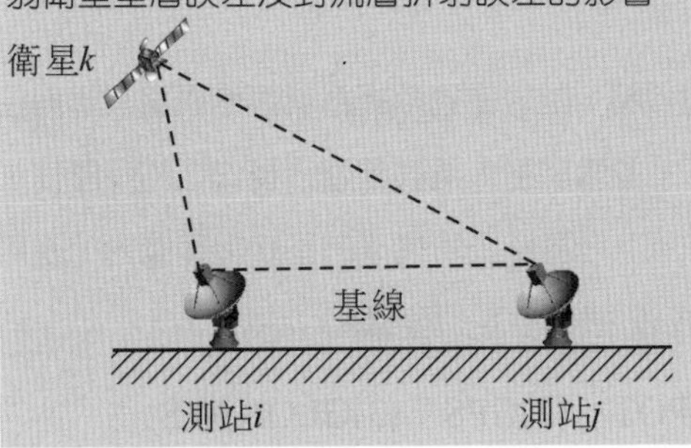

( ) 117. 在 GPS 相對定位中，將同一個測站、兩個衛星間的資料進行相減運算，其可以完全消除的共同誤差為 (1)衛星時鐘差 (2)接收器時鐘差 (3)對流層誤差 (4)電離層誤差。 (2)

解 此方式稱為衛星一次差分，類似地面一次差，即在地面之同一部接收儀，於相同時刻，對兩顆不同衛星觀測所得的相位觀測量相減(差分)，而得空中一次差，可消去接收儀時錶差。

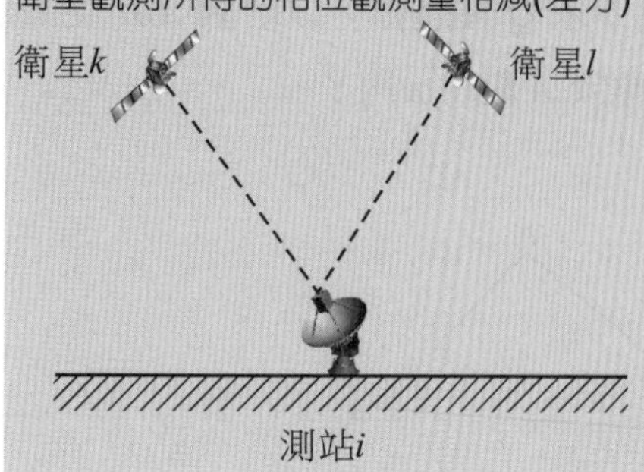

( ) 118. 要進行 GPS 衛星資料的二次差分運算，至少需要幾顆衛星及幾個測站？ (1)1 個衛星、2 個測站 (2)2 個衛星、1 個測站 (3)2 個衛星、2 個測站 (4)3 個衛星、2 個測站。 (3)

解 結合地面一次差及空中一次差觀測量之差分，即可形成二次差觀測，可消除衛星時鐘差與接收儀時錶差。

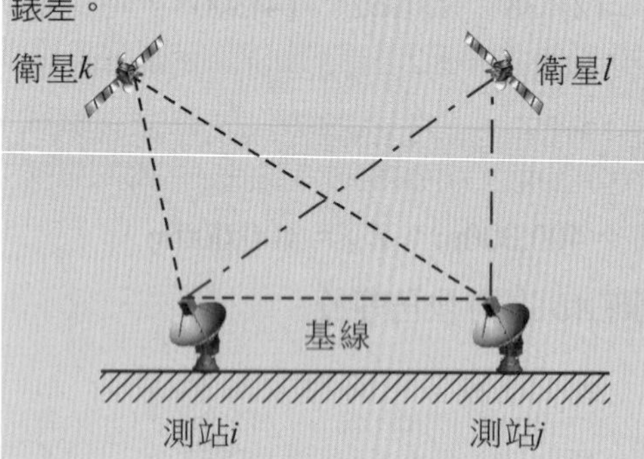

( ) 119. 關於 GPS 衛星接收儀的整置，以下何者正確？ (1)要定平、不要定心 (2)要定心、不要定平 (3)要定平、也要定心 (4)定心及定平皆不需要。 (3)

解 GPS 接收儀的整置要有定心及定平的動作，無定心的話會導致 GPS 解算之坐標與地面點位不一致。而不進行定平的話，將影響天線相位中心偏移或是量測儀器高有誤差。

( ) 120. 關於 GNSS 測繪技術中，目前有 VBS-RTK 方法(也稱為 eGNSS)，有關此種測量技術何者錯誤？ (1)採用多個衛星定位基準站所組成的 GNSS 網路 (2)考量基準站涵蓋地區之大氣效應誤差 (3)配合最鄰近的實體基準站觀測資料，產製一個虛擬的基準站 (4)其優點為不需要網路也可以使用。 (4)

解 VBS-RTK 由多個 GPS 基準站全天候連續地接收衛星資料，並經由網際網路或其他通訊設備與控制及計算中心連接，彙整計算產生區域改正參數資料庫，並增加對大氣誤差進行模式化的可能性，藉以計算出任一移動站附近之虛擬基準站的相關資料，所以在基準站所構成的基線網範圍內，使用者以需要在測站上擺上接收儀進行定位解算，即可獲得公分級精度定位坐標。

( ) 121. 下列何者不屬於 GNSS 導航衛星系統？ (1)SPOT (2)GPS (3)GLONASS (4)Galileo。 (1)

解 GNSS 是 Global Navigation Satellite System 的縮寫，中文譯名應為全球導航衛星系統。目前，GNSS 包含了美國的 GPS、俄羅斯的 GLONASS、中國的 Compass(北斗)、歐盟的 Galileo 系統，可用的衛星數目達到 100 顆以上。

SPOT 為法國資源衛星。此類人造衛星是用來探測地球表面的資源分佈。

SPOT 衛星軌道的主要特點有二：

一、被偵測地區的地面時間與太陽時間同步(上午十點半)。

二、偵測同一地點的周期是 26 天。

SPOT 的地面解析度彩色為 20 公尺，黑白則為 10 公尺。

( ) 122. 利用以下何種差分方式，可消除週波未定值(cycle ambiguity)？ (3)

(1)一次差 (2)二次差 (3)三次差 (4)四次差。

解 由於接收儀自鎖定衛星訊息後，只能測定載波相位週波數的小數值，而相位觀測數據中的整數值，是由接收儀內部之石英振盪器自訊息鎖定後，依頻率自行計數記錄下來的整數值，並非訊息傳播至天線中心所運行的整數週波值，因此是一個未知數，稱之週波未定值。

考慮 GPS 定位時的誤差來源，實際上廣為使用的方法只有三種：在接收器求一次差、在接收器與衛星之間求二次差及在接收器、衛星及觀測時刻間求三次差。

1. 地面一次差，經此差分後可消去衛星時錶誤差。而得空中一次差，藉此差分可消去接收器時錶差。
2. 二次差，因二次差內同時具有地面一次差及空中一次差兩者的效果，故能消除衛星時錶差及接收器時錶差。
3. 因為二次差中尚存有週波未定值，若取相鄰兩時刻的二次差相減，在沒有週波脫落發生的情況下，那麼相鄰兩個時刻的二次差觀測值中之週波未定值項應相同，故差分的結果，可消去相位未定值項，如此得到三次差觀測量。

( ) 123. 若有兩個 GPS 測站，一站觀測時間為 9:00~10:20；另一測站觀測時間為 9:40~10:30，請問可以進行 GPS 相對定位解算的時間段有多長？ (2)

(1)10 分鐘 (2)40 分鐘 (3)50 分鐘 (4)90 分鐘。

解 定位解算時間為 9:40 至 10:20 期間的 40 分鐘。

( ) 124. 有關於 GPS 儀器高的定義為 (1)點位至天線頂之距離 (2)點位至天線底的距離 (3)點位至天線重心的距離 (4)點位至天線相位中心的垂直距離。 (4)

解 GPS 以其天線相位中心是指無線電波信號於量測時所對應之一點。故其儀器高為點位至天線相位中心的垂直距離。一般而言，GPS 天線之相位中心並不與幾何中心一致，天線上的相位中心隨著信號源之強度和方向之不同而產生變化，即觀測時相位中心的瞬時位置(視相位中心)與理論上的相位中心有所差異。

( ) 125. GPS 觀測量之先驗誤差約為觀測量波長的 1/100，若利用 *P* 電碼進行觀測，請問其先驗誤差約為 (1)3m (2)30m (3)30cm (4)300m。 (3)

解 參考 94 題之解析，*P* 電碼波長為 29.3m，1/100 波長約為 30cm。

( ) 126. GPS 觀測量之先驗誤差約為觀測量波長的 1/100，若利用 C/A 電碼進行觀測，請問其先驗誤差約為 (1)3m (2)30m (3)30cm (4)300m。 (1)

解 參考 94 題之解析，*C/A* 電碼波長為 293m，1/100 波長約為 3m。

( ) 127. GPS 衛星之原子鐘基本頻率為 10.23MHz，現代化的 GPS 衛星將成為三頻段，請問新增加的頻段其頻率為原子鐘基本頻率的幾倍？ (1)154 (2)125 (3)120 (4)115。 (4)

解 參考 94 題之解析，新增加的頻段為 L_5，期頻率為基本頻率 10.23MHz×115 = 1176.45 MHz。

( ) 128. *P* 電碼為 GPS 衛星之軍用碼，將 *P* 碼與保密的 *W* 碼重新組成 *Y* 碼，並且對 *Y* 碼結構實施嚴格保密的措施，稱為 (1)SA (2)AS (3)PPS (4)SPS。 (2)

解 AS 效應：

將 *P* 電碼皆鎖碼成 *Y* 電碼，一般用戶已無法獲得，只有接收儀製造廠仍能以特殊技術取得較高精度的電碼觀測量。

SA 效應：透過更改廣播星曆與衛星時錶以蓄意降低 *C/A* 電碼的精度。

( ) 129. 我國現行的坐標基準為 TWD97，其採用的橢球體為 (1)GRS97 (2)GRS67 (3)GRS80 (4)GRS84。 (3)

解 坐標系統之間的差異

	GPS	TWD97	TWD67
參考橢球體	WGS84	GRS80	GRS67
長半徑 *a*	6378137.000	6378137.000	6378160.000
短半徑 *b*	6356752.3142	6356752.3141	6356774.7192
扁平率 *f*	$\frac{1}{298.257223563}$	$\frac{1}{298.257222101}$	$\frac{1}{298.25}$
大地基準(Datum)位置	地球質量中心	內政部 8 個 GPS 衛星追蹤站座標值	埔里虎子山
地圖投影	無投影	TM 二度分帶	TM 二度分帶
座標單位	經緯度	公尺	公尺
備註	1. GPS 使用 2. TWD97 與 WGS84 近似 3. 國際上通用之大地基準	1.台灣新坐標系統 TM2(TWD97) 2. 採用國際地球參考框架(簡稱為 ITRF)	台灣舊坐標系統 TM2(TWD67)

＊ 地球是一個不規則橢球體，為了使測量、描繪地圖時有一個共同的標準可以參照，因此運用數學方式計算出許多不同的標準橢球體。

( ) 130. 關於我國 e-GPS 衛星測量系統之敘述，以下何者錯誤？ (1)使用者只需要一台 GPS (2)不需要無線傳輸設備 (3)可以得到較準確之即時定位成果 (4)比單主站 RTK 運作的範圍大。 (2)

解 參閱 120 題之解析，接收儀透過以全球通訊系統(GSM)為基礎的整合封包無線電服務技術(GPRS)等無線數據通訊傳輸技術及美國國家海洋電子學會(NMEA)專為 GPS 接收儀輸出資料所訂定之標準傳輸格式傳送至控制計算中心，並計算虛擬基準站之模擬觀測量後，再以「國際海運系統無線電技術委員會」(RTCM)所制定之差分 GPS 標準格式回傳至移動站。

( ) 131. 台灣之座標系統之名稱命名為 1997 台灣大地基準(TWD97)，其建構係採用 (1)國際地球參考框架 (2)東南框架 (3)亞洲參考框架 (4)虎子山原點。 (1)

解 參閱第 129 題解析。

( ) 132. 有一雙頻 GPS 接收器，若其取樣間隔為 10 秒，則請問 3 分鐘的資料段內，共計接收到多少數目之觀測量？ (1)18 個 (2)72 個 (3)80 個 (4)90 個。 (4)

解 最新的雙頻接收儀可接受到 L_1、L_2、C/A、P 與數據碼五個觀測量，若取樣間隔 10 秒，則 3 分鐘的資料段內，共計接收 5(觀測量)×6(每分鐘的取樣頻率)×3(分鐘) = 90 個。

( ) 133. 進行 GPS 外業或內業時，常需要設定截角(Cut-off angle)，請問設定此參數的目的為何？ (1)減少觀測量 (2)控制衛星接收數目 (3)過濾雜訊過大的觀測量 (4)避免儲存空間不足。 (3)

解 截角以內的角度可能會有雜訊過大的觀測量，在實施 GPS 作業時，大於截角角度觀測量才接收，截角角度為平面起算之仰角。

( ) 134. 為利用 GPS 建立台灣坐標基準，我國於台灣本島建立 GPS 衛星追蹤站，以下何地未設立 GPS 國家追蹤站？ (1)陽明山 (2)台中港 (3)北港 (4)太麻里。 (2)

解 內政部於陽明山、墾丁、鳳林、金門、北港、太麻里、馬祖與東沙設立八個 GPS 衛星追蹤站；聯合 51 個分佈於全球之 IGS 國際一起進行追蹤站往分析。

( ) 135. 在 GPS 測量中，有關對流層效應，未能掌握的最大誤差來源是 (1)懸浮粒子 (2)乾空氣 (3)水氣 (4)臭氧。 (3)

解 對流層的位置大約在離地表上方 100 公里以內，它是由乾燥空氣、水蒸氣及溫度所構成的函數。台灣因氣候潮濕，對流層中水氣的影響不可忽視。

( ) 136. 將 GPS 資料進行空中一次差，需要的衛星及測站數至少為何？ (1)1 顆衛星、1 個測站 (2)1 顆衛星、2 個測站 (3)2 顆衛星、1 個測站 (4)2 顆衛星、2 個測站。 (3)

解 參閱 117 題解析。

( ) 137. 將 GPS 資料進行地面一次差，需要的衛星及測站數至少為何？ (1)1 顆衛星、1 個測站 (2)1 顆衛星、2 個測站 (3)2 顆衛星、1 個測站 (4)2 顆衛星、2 個測站。 (2)

解 參閱 116 題解析。

( ) 138. 進行 GPS 外業觀測時，需要設定取樣間隔，若有一 GPS 儀器取樣間隔為 10 秒，若進行 10 分鐘之觀測，請問可獲得幾筆資料？ (1)100 (2)36 (3)60 (4)50。 (3)

解 6×10 分鐘 = 60 筆。

( ) 139. 進行 GPS 測量外業，若設定截角(Cut-off angle)為 10 度，請問其意義為何？ (1)仰角大於 10 度才接收 (2)仰角小於 10 度才接收 (3)方位角大於 10 度才接收 (4)方位角小於 10 度才接收。 (1)

解 參閱第 133 題解析。

( ) 140. 有關 DOP 值的敘述何者錯誤？ (1)DOP 值稱為幾何精度稀釋因子 (2)DOP 值與衛星分佈有關 (3)DOP 值越大越好 (4)當衛星顆數有 4 顆以上，可計算 GDOP。 (3)

解 精度因子(DOP)在衛星追蹤量測過程中衛星幾何分布強度的指標，純幾何分布對於決定位置的不確定度影響的描述。

1. GDOP(Geometrical)幾何精度因子：包括緯度、經度、高程、時間。
2. PDOP(Positional)空間位置精度因子：包括緯度、經度、高程。
3. HDOP(Horizontal)平面位置精度因子：包括緯度、經度。
4. VDOP(Vertical)高程精度因子：僅考慮高程。
5. DOP(Time)時間精度因子：為接收儀內時錶偏移誤差值。

DOP、PDOP 與 RDOP 值之取捨：

1. DOP(Dilution of precision)值是衛星幾何強度之指標。由於衛星測量最後之精度，是由標準偏差與 DOP 值之乘積而來，因此，DOP 其值愈小愈好，其值大於 5.0，即示其值欠佳。
2. PDOP(Position of DOP)值在動態、或快速靜態測量時其值應低 7.0。
3. 在做靜態測量時，RDOP(Relative of DOP)之值應低 0.9。

( ) 141. 有關利用電碼觀測量進行求解，以下何者錯誤？ (1)不必求解周波未定值 (2)求解速度相對於相位觀測量比較快 (3)求解精度比較高 (4)有 *C/A* 電碼及 *P* 電碼可求解。 (3)

解 電碼觀測量： 即測量 GPS 衛星發射的測距碼信號(*C/A* 或 *P* 電碼)到達使用者接收儀天線(測站)的傳播時間，因此這種方法也稱為時間延遲測量。**求解精度則較低**；求解速度相對於相位觀測量比較快。

載波相位觀測量：接收儀接收到具有陶卜勒頻移的載波訊號與接收儀產生的參考訊號之間的相位差(L_1、L_2 載波)。由於載波的波長遠小於碼的波長，所以在分辨率相同的情況下，載波相位觀測的精度較電碼觀測為高；求解速度相對於電碼觀測量慢。

( ) 142. 有關於利用 GPS 進行高程測量，以下何者錯誤？ (1)

(1)GPS 測量的高程稱為正高 (2)GPS 高程測量精度比傳統精密水準測量為低 (3)利用 GPS 測出(ϕ，λ，h)，h 值稱為橢球高 (4)GPS 測出之高程與正高間有一差值。

解 選項(1) GPS 測量所得之「GPS 高程」是以參考橢球面作為高度起算的原點，又稱為**「橢球高」或「幾何高」**。

選項(2) GPS 測量所得之高程，因受對流層和電離層等影響造成距離量測時有誤差存在(其值永遠比實際距離大)，也就是所謂的偽距，此也造就 GPS 衛星定位時平面精度高於高程精度。

選項(3)所謂橢球高(Ellipsoid height)，是指某點到橢球體表面之垂直距離。因為是以一理想的數學幾何橢球體來代替實際地球，所以它是全球一致之幾何形狀及大小。橢球高又稱幾何高，GPS 測所得者，就是橢球高、橢球高差。

所謂正高(Orteometric height)，是指某點到大地水準面之垂直距離。由於各地之引力不同，世界各國之大地水準面皆因地制宜；各自訂定。台灣本島之大地水準面(Geoid)係以基隆驗潮站之潮汐資料

計算而得之平均海水面，命名為 2001 台灣高程基準(TWVD2001)。因為我國採用正高系統，所以高程就是正高、高程差就是正高差，而正高與正高差之量測可藉直接水準測量加上重力測量得到。

選項(4)正高與橢球高有不同之基準，兩者並不相等，其差異稱為大地起伏 *N*。

(　) 143. 利用 GPS 測得之高程其與正高間之差值，稱為　(2)
(1)垂線偏差　(2)大地起伏　(3)高差位移　(4)大地平移。

解　地表面上某點到平均海水面之垂線長度即為「正高」，正高之量測可藉直接水準測量加上重力測量得到。幾何高與正高之間的差異稱為「大地起伏」，大地起伏值＝GPS 幾何高(橢球高)-正高 。

(　) 144. 有關於 GPS 測量的概念，以下何者錯誤？　(4)
(1)相對定位至少要兩站以上　(2)必需量測儀器高　(3)兩站間測量的時段務必要有重疊　(4)測得之三維坐標無需進行參數轉換即可直接使用。

解　GPS 測出為(ϕ，λ，h)坐標，若要進行坐標轉換：以下舉轉換成台灣地區 2°分帶橫墨卡拖投影(即 2°分帶 TM)為例。

因 GPS 採用 WGS84 參考橢球體，而 TWD97 則是採用 GRS80 參考橢球體。因兩者參考橢球體不同，轉換坐標步驟如下：

1. 將(ϕ，λ，h)轉成計算為 WGS84 之卡式座標(X，Y，Z)。
2 經由七參數轉換(一個比例尺、三個旋轉、三個平移）到 GRS80(X，Y，Z)。
3 將 GRS80 地心坐標系轉換到大地座標系統(ϕ，λ，h)。
4 大地座標系統(ϕ，λ，h)轉換到 TWD97　2° 分帶 TM 坐標(E，N，h)。

$$\frac{WGS84}{(\phi,\lambda,h)_{84}} \rightarrow (X,Y,Z)_{84} \xrightarrow{\text{7參數轉換}} (X,Y,Z)_{97} \rightarrow \frac{GRS80}{(\phi,\lambda,h)_{97}} \xrightarrow{2^{\circ}TM\text{投影}} \frac{GRS80}{(E,N,h)_{97}}$$

(　) 145. 有關於 GPS 測量的概念，以下何者錯誤？　(1)
(1)GPS 測量夜間無法施測　(2)進行 RTK 測量時需配備無線通訊設備　(3)儀器架設需要定平及定心　(4)以 GPS 進行三維測量時需量測之線高。

解　衛星定位測量其作業方式，除觀測點仰角 15°以上之上空必須無遮蔽外，其餘如觀測之時間、地點、天候狀況等，均不受限制。

(　) 146. 有關於利用 GPS 之單機站 RTK 施測方法進行地形測量，以下何者錯誤？　(3)
(1)參考站要架設無線通訊裝備　(2)當移動站未出現正確解答訊息前，仍需待在原地　(3)不需轉換參數即可使用　(4)移動站要架設無線通訊設備。

解　參閱 144 題解析。

(　) 147. 進行 GPS 內業處理時，通常會將不同廠牌儀器接收檔案轉為通用交換格式，其格式名稱為　(1)ECEF　(2)RINEX　(3)ITRF　(4)NEMA。　(2)

解　以 RINEX format 表示，其中包含六個克卜勒(Kepler)參數、九個衛星攝動修正參數以及廣播星曆時刻，透過計算可得衛星位置在 WGS84 上的坐標位置。

(　) 148. 有關利用相位觀測量進行求解，以下何者錯誤？　(2)
(1)要求解周波未定值　(2)求解速度相對於電碼觀測量比較快　(3)求解精度比電碼觀測量較高　(4)有 L_1 及 L_2 頻段均有相位資料可供求解。

解　在分辨率相同的情況下，載波相位觀測的精度較電碼觀測為高；求解速度相對於電碼觀測量慢。

(　　) 149. GPS 衛星之原子鐘基本頻率為 10.23MHz，請問 L_1 頻段其頻率為原子鐘基本頻率的幾倍？ (1)154 (2)125 (3)120 (4)115。 (1)

解　由下圖可知衛星時鐘基本頻率為 10.23 MHz，L_1 頻率為 10.23×154=1575.42 MHz。

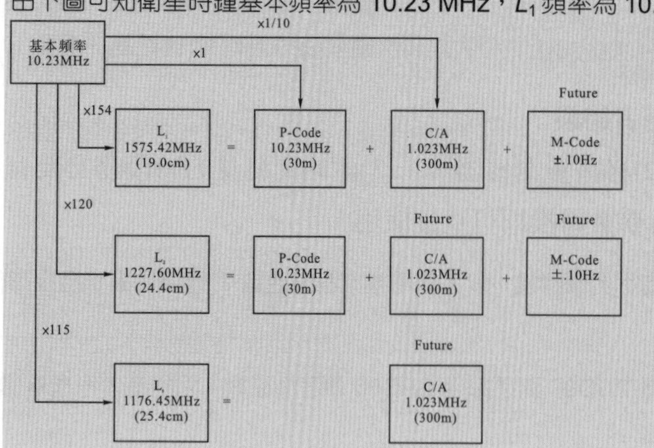

(　　) 150. GPS 衛星之原子鐘基本頻率為 10.23MHz，請問 L_2 頻段其頻率為原子鐘基本頻率的幾倍？ (1)154 (2)125 (3)120 (4)115。 (3)

解　參閱 149 題解析。

(　　) 151. 為了使衛星追蹤站長期運作無誤及確保衛星資料品質，有關追蹤站站址之勘選原則下列何者錯誤？ (1)對空通視良好 (2)地質穩固，無局部滑動之虞 (3)接近廣播電台、雷達站、微波站及其他電磁波源，以利資料傳輸 (4)需有完善電力及電信設備。 (3)

解　衛星追蹤站選站原則

1.對空通視良好(仰角 10 度以上無障礙物)。

2.地質穩固，無局部滑動之虞。

3.附近地形地物應長期保持現狀，不做其他用途。

4.<u>遠離廣播電台、雷達站、微波站及其他電磁波源，以避免訊號干擾。</u>

5.有完善電力及電信設備，以利資料接收及傳輸。

(　　) 152. 若台灣本地時間為 14:00，請問 GPS 時間為何？
(1)06:00 (2)09:00 (3)14:00 (4)20:00。 (1)

解　GPS 時間是格林威治時間，比台灣時間提前八小時。

複選題

(　　) 153. GPS 觀測量中，有關週波未定值(Cycle Ambiguity)特性，下列敘述哪些正確？ (124)

(1)具有整數值特性

(2)不同個衛星具有不同的週波未定值

(3)週波未定值是由週波脫落造成的

(4)利用觀測量三次差分可以消除週波未定值。

解 由於接收儀自鎖定衛星訊息後，只能測定載波相位週波數的小數值，而相位觀測數據中的整數值，是由接收儀內部之石英振盪器自訊息鎖定後，依頻率自行計數記錄下來的整數值，並非訊息傳播至天線中心所運行的整數週波值，因此是一個未知數，稱之週波未定值。

考慮 GPS 定位時的誤差來源，實際上廣為使用的方法只有三種：在接收器求一次差、在接收器與衛星之間求二次差及在接收器、衛星及觀測時刻間求三次差。

1. 地面一次差，經此差分後可消去衛星時錶誤差。而得空中一次差，藉此差分可消去接收器時錶差。
2. 二次差，因二次差內同時具有地面一次差及空中一次差兩者的效果，故能消除衛星時錶差及接收器時錶差。
3. 因為二次差中尚存有週波未定值，若取相鄰兩時刻的二次差相減，在沒有週波脫落發生的情況下，那麼相鄰兩個時刻的二次差觀測值中之週波未定值項應相同，故差分的結果，可消去相位未定值項，如此得到三次差觀測量。

選項(3)週波脫落是由於接收器蒐集衛星訊息時，因訊息受到遮閉物的阻隔或受到干擾，造成訊息的短暫間斷，使得相位資料產生不連續或中斷之現象。

( ) 154. GPS 觀測量中，有關週波未定值(Cycle Ambiguity)特性，下列敘述哪些錯誤？ (34)

(1)週波未定值具整數特性

(2)求解電碼資料時不須解算週波未定值

(3)e-GNSS 測量時不需考慮週波未定值解算問題

(4)求解載波相位資料時不須解算週波未定值。

解 參閱 122 題解析。

( ) 155. 有關 GPS 觀測量中，載波相位資料之週波未定值(Cycle Ambiguity)特性，下列敘述哪些正確？ (23)

(1)L_1 之週波未定值與 L_2 相同

(2)若接收過程中未產生週波脫落，週波未定值不會改變

(3)若將 L_1 及 L_2 觀測量進行線性組合，則新的觀測量之週波未定值整數性可能會喪失

(4)利用觀測量二次差分可以消除週波未定值。

解 選項(1)不同載波有不同的週波未定值。選項(4)三次差分可以消除週波未定值。

( ) 156. 有關 GPS 測量成果解算，常利用差分技術來消除共同之誤差，下列有關 GPS 觀測量差分之敘述哪些正確？ (34)

(1)空中一次差分可消除同一顆衛星之時錶差

(2)地面一次差分可消除同一個接收器之時錶差

(3)二次差分可以為兩個空中一次差分進行相減

(4)二次差分可以為兩個地面一次差分進行相減。

解 參閱 116、117 題之解析，空中一次差分可消除衛星間之時錶差；地面一次差分可消除接收器間之時錶差。

3

( ) 157. 有關 GPS 測量成果解算，常利用差分技術來消除共同之誤差，下列有關 GPS 觀測量差分之敘述哪些正確？ (134)

(1)差分觀測量之雜訊會比較大

(2)地面一次差分可完全消除大氣效應

(3)三次差分為兩個二次差分進行時刻間相減

(4)二次差分可消除接收器及衛星之時錶差。

解 地面一次差可消除衛星時鐘差的影響外，並可大幅削弱衛星星曆誤差及對流層折射誤差的影響。

( ) 158. 有關 GPS 測量成果解算，常利用差分技術來消除共同之誤差，下列有關 GPS 觀測量差分之敘述哪些正確？ (34)

(1)地面一次差分可完全消除大氣效應

(2)地面一次差分可完全消除軌道誤差

(3)地面一次差分，其雜訊約放大 1.4 倍

(4)二次差分其雜訊約放大 2 倍。

( ) 159. 有關 GPS 測量成果解算，常利用差分技術來消除共同之誤差，若某一觀測時刻，有兩台單頻 L_1 接收器並接收到 5 顆衛星資料，下列敘述哪些正確？ (1234)

(1)有 10 個原始相位觀測量 (2)有 5 個獨立地面一次差分相位觀測量

(3)有 8 個獨立空中一次差分相位觀測量 (4)有 4 個獨立二次差分相位觀測量。

解 選項(1)5 顆衛星資料×2 台接收儀 = 10 個原始觀測量。

選項(2)參閱 116 題之解析，如圖所示會有 5 個獨立地面一次差分觀測量

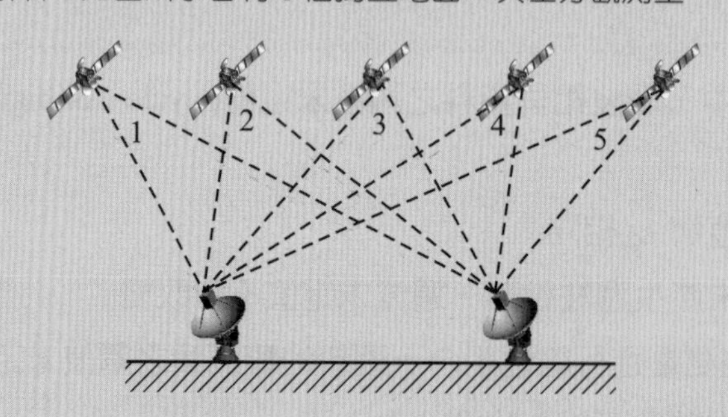

選項(3)如圖所示，5 顆衛星，每個接收儀會有 4 個獨立空中一次差分觀測量，二個接收儀會有 8 個觀測量。

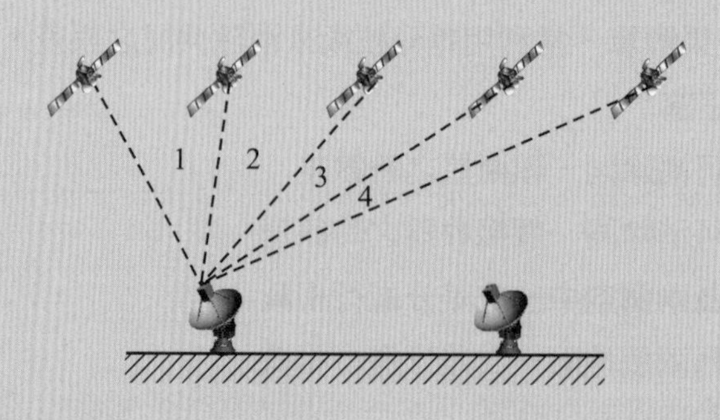

選項(4)就 K 個衛星的星座而言，有$(K-1)$的雙差。

( ) 160. 有關衛星軌道計算，需要克卜勒軌道元素，下列哪些屬於之？ (134)

(1)軌道長半徑 (2)軌道短半徑 (3)軌道離心率 (4)昇交點赤經。

解 克卜勒軌道 6 element：$\{a, e, \Omega, w, i, M_0\}$

a：軌道橢圓的半長軸 semi-major axis，決定軌道橢圓的大小

e：軌道橢圓的離心率 numerical eccentricity，決定軌道橢圓的形狀

Ω：升交點的赤經 right ascension of ascending nod(升交點：衛星軌道和赤道之交點，衛星由南向北運行時，其軌道面（通過）和赤道面之交點)：即在地球赤道平面上，升交點與春分點之間的地心夾角。

i：軌道傾角 inclination：即衛星軌道面相對於赤道面的夾角。

w：近地點角距 argument of perigee：即在衛星軌道面上，升交點與近地點之間的地心角距。

M_0：平近點地角 mean anomaly：即在軌道平面上，衛星 s 與近地點之間的地心角距。

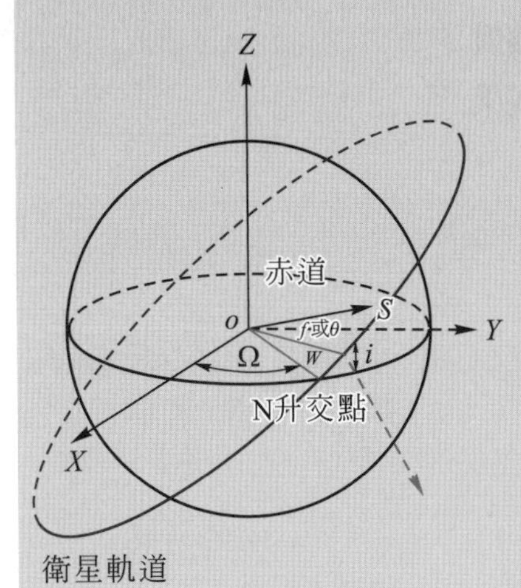

X 軸指向平春分點

Z 軸指向平天極

Y 軸與 X、Y 正交構成右手座標系

a，e（參數意義）：決定軌道橢圓之大小和形狀。

Ω、i：確定軌道面相對於赤道面的位置。

w：確定軌道橢圓在軌道面上相對於交點線的位置。

M_0：表衛星與近地點之間的關係，一般用 f 或 θ 表示。此參數是時間的函數，它確定了衛星在軌道平面上的瞬間位置。

( ) 161. 有關 GNSS(Global Navigation Satellite System)衛星測量，下列敘述哪些正確？ (13)

(1)GNSS 測量可直接求得(X,Y,Z)三維坐標

(2)GNSS 測量時衛星顆數多，DOP 值一定越低

(3)測量期間 DOP 值越低越好

(4)GNSS 觀測儀器之天線高必須量測斜高。

解 選項(1)運用三維距離後方交會法(空間距離後方交會法)，以求出接收儀所在位置之三度空間坐標 X、Y、Z，或可化算為 WGS-84 參考橢球體上的 ϕ(緯度)、λ(經度)、h(橢球高)，

選項(3)DOP(Dilution of precision)值是衛星幾何強度之指標。由於衛星測量最後之精度，是由標準偏差與 DOP 值之乘積而來，因此，DOP 其值愈小愈好，其值大於 5.0，即示其值欠佳。

( ) 162. 有關我國 e-GNSS 系統之操作，下列敘述哪些錯誤？ (124)

(1)e-GNSS 採用單點定位方式獲得成果

(2)用戶不需要將自己的位置提供給資訊中心

(3)e-GNSS 解算採用載波相位觀測量

(4)e-GNSS 不需要任何網路連線。

解 e-GNSS 為內政部國土測繪中心建構之高精度之電子化全球衛星即時動態定位系統名稱，基本定義為架構於網際網路通訊及無線數據傳輸技術之衛星即時動態定位系統，GNSS 代表著多星系的衛星導航定位系統(GPS+GLONASS)。

e-GNSS 的優點：

1. 可擴大有效作業範圍，提高定位精度及可靠度。

解　2. 測量誤差及初始化時間不因距離增長而增加。

3. 使用者無須架設區域性主站。

4. 單人單機即可作業。

5. 可縮短作業時間，增加產能，降低作業成本。

6. 所有使用者皆在同一框架下進行即時定位。

7. 可提供全面性的定位成果品質監控。

選項(3)採用虛擬基準站即時動態定位技術，簡稱 VBS-RTK。

(　　) 163. 有關 GPS 衛星資料的解算，下列敘述哪些正確？ (234)

(1)Hopfield Model 是電離層修正模式

(2)在相位資料解算前必須先進行週波脫落偵測及補償

(3)只有週波未定值正確解算，才能獲得正確解算成果

(4)解算基線過長時，必須考慮大氣效應。

解　選項(1)Hopfield Model 是對流層修正模式。

(　　) 164. 有關 GPS 高程測量，下列敘述哪些正確？ (234)

(1)GPS 高程精度高於平面精度

(2)GPS 衛星測量測得之高程為橢球高

(3)橢球高與正高間之差值為大地起伏

(4)GPS 儀器高量測之結果會影響測得之高程。

解　GPS 測量所得之高程，因受對流層和電離層等影響造成距離量測時有誤差存在(其值永遠比實際距離大)，也就是所謂的偽距，此也造就 GPS 衛星定位時平面精度高於高程精度。

(　　) 165. GPS 測量中，GDOP 值常用來衡量測量的精度，有關 GDOP 的敘述下列敘述哪些正確？ (12)

(1)GDOP 值與時間有關　　(2)GDOP 值與衛星幾何架構有關

(3)GDOP 值與電離層有關　　(4)GDOP 值與 GPS 儀器有關。

解　GDOP 為幾何精度因子：包括緯度、經度、高程、時間。

(　　) 166. 有關 GPS 衛星測量，其對流層影響量為誤差來源之一，下列敘述哪些正確？ (14)

(1)利用模式可以進行估算

(2)空氣中的乾燥部分比較無法利用公式掌握估算

(3)誤差影響量與溫度無關

(4)對於 GPS 訊號，其對於電碼資料或是載波相位資料影響皆為造成訊號遲延。

解　對流層的干擾主要是受空氣的乾濕、水蒸氣的濃稀，及溫度的高低等因素所造成。當兩測站間之高程相差甚大時，受對流層的影響亦較大。

可利用對流層延遲的數學模式加以改正，若在基線較短(例如 10 公里之內)的情況下，亦能利用觀測量差分的方式有效減少此項誤差。

( ) 167. 有關 GPS 衛星測量，電離層影響量為誤差來源之一，下列敘述哪些正確？ (123)

(1)利用模式可以進行估算

(2)不同頻率其路徑遲延量不同

(3)白天之影響量較晚上大

(4)對於 GPS 訊號，其對於電碼資料或是載波相位資料影響皆為造成訊號遲延。

解 電離層其產生影響的首要原因是，因電子密度發生變化。例如當太陽黑子活動較頻繁時，其影響亦隨之增大。夜間電離層的影響量較小，大約只有白天的十分之一。尤其是午夜至清晨 5 點前後，影響最小，最適合於觀測。每天正午之後，變化即達最高，宜儘量避免觀測。此外低緯度地區所受之影響，較中、高緯度地區為大。

修正電離層延遲誤差之方式：

1. 採用雙頻接收儀。
2. 使用高精度之精密星曆。
3. 若使用單頻接收儀，可利用廣播星曆之電離層模式加以修正。
4. 儘量於晚上觀測，且衛星位於天頂方向。因水平最大誤差約為三倍天頂最大誤差量；白天最大誤差量約為晚上最大誤差量之五倍。

( ) 168. GPS 衛星之基本頻率為 10.23MHz，有關 GPS 訊號之頻率，下列敘述哪些正確？ (23)

(1)L_1 訊號頻率為基本頻率之 150 倍 (2)L_2 訊號頻率為基本頻率之 120 倍

(3)L_5 訊號頻率為基本頻率之 115 倍 (4)C/A 電碼訊號頻率等於基本頻率。

解 參閱 149 題之解析

衛星時鐘基本頻率為 $f_0 = 10.23$ MHz。

L_1 頻率 $= 154 \times f_0 = 1575.42$ MHz，波長為 19.0 公分。

L_2 頻率 $= 120 \times f_0 = 1227.60$MHz，波長為 24.4 公分。

L_5 頻率 $= 115 \times f_0 = 1176.45$MHz，波長為 25.54 公分。

C/A 電碼 $= f_0/10$，調製在 L_1 載波，週期長為 1 毫秒，碼元(Chip)寬度約為 300 公尺，為民用碼。

P 電碼 $= f_0$，調製在 L_1 與 L_2 載波，週期長 267 天，碼元寬度約為 30 公尺，為精密(軍用)碼。

( ) 169. 有關 GPS 衛星信號，下列敘述哪些正確？ (1234)

(1)L_1 相位之波長最短

(2)L_5 訊號頻率為 GPS 基本頻率之 115 倍

(3)C/A 電碼之波長最長

(4)反愚(ANTI-SPOOFING)效應是操作於 P 電碼上。

解 反愚效應(AS)是將 P-Code 經 W-Code 的合成後，將 P-Code 轉換為 Y-Code，若可獲得 W-Code，再與 Y-Code 合成後則可還原 P-Code。

( ) 170. 廣播星曆為 GPS 測量時可以接受到的衛星資訊，下列敘述哪些正確？ (34)

(1)上個月收到的廣播星曆內容可使用於今天

(2)於 RINEX 檔案中之 O 檔內可以讀取軌道資料

(3)其星曆之內容內含有衛星軌道參數

(4)伴隨星曆廣播接收之訊號的尚有電離層改正參數。

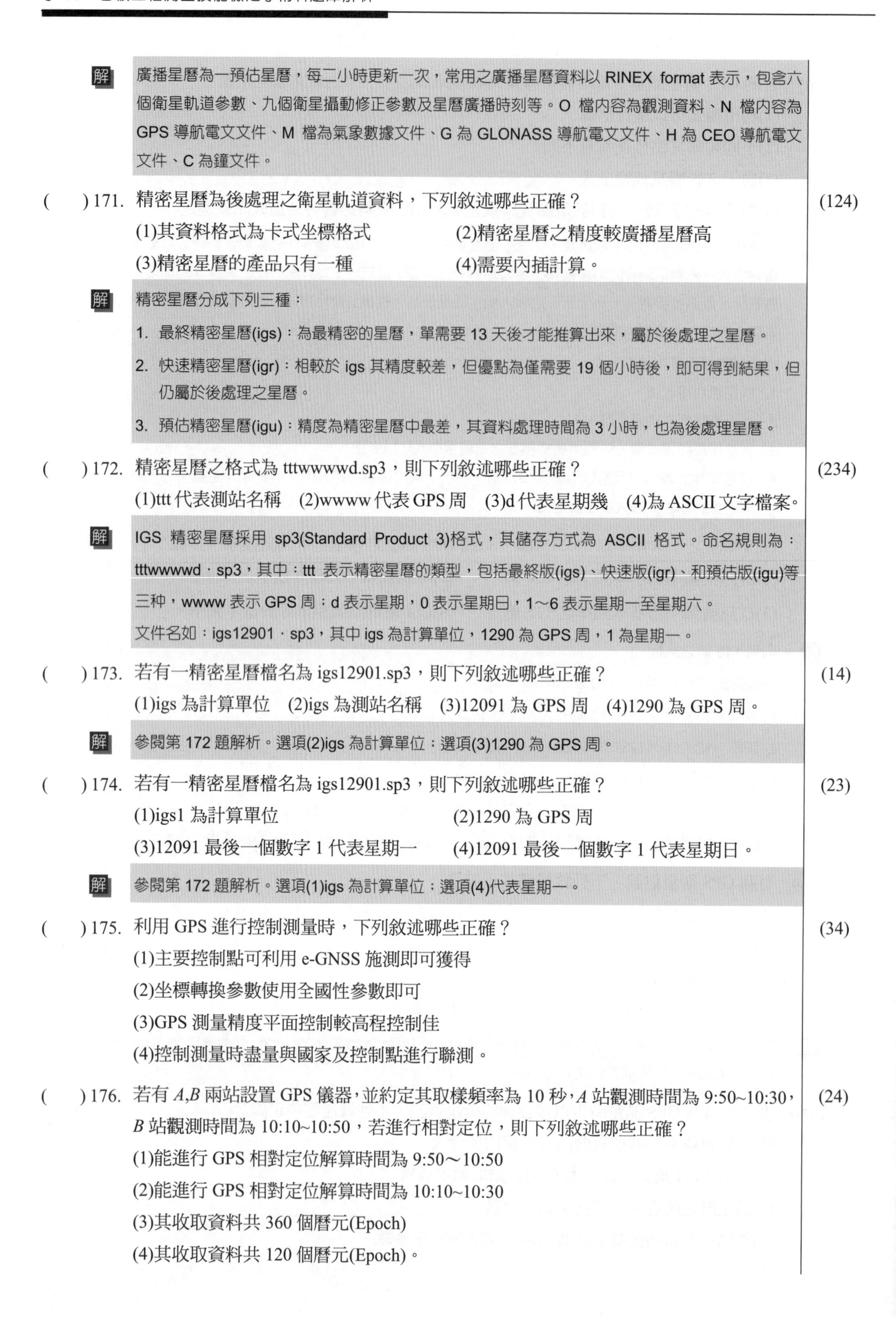

解 廣播星曆為一預估星曆，每二小時更新一次，常用之廣播星曆資料以 RINEX format 表示，包含六個衛星軌道參數、九個衛星攝動修正參數及星曆廣播時刻等。O 檔內容為觀測資料、N 檔內容為 GPS 導航電文文件、M 檔為氣象數據文件、G 為 GLONASS 導航電文文件、H 為 CEO 導航電文文件、C 為鐘文件。

( ) 171. 精密星曆為後處理之衛星軌道資料，下列敘述哪些正確？ (124)

(1)其資料格式為卡式坐標格式 (2)精密星曆之精度較廣播星曆高

(3)精密星曆的產品只有一種 (4)需要內插計算。

解 精密星曆分成下列三種：

1. 最終精密星曆(igs)：為最精密的星曆，單需要 13 天後才能推算出來，屬於後處理之星曆。
2. 快速精密星曆(igr)：相較於 igs 其精度較差，但優點為僅需要 19 個小時後，即可得到結果，但仍屬於後處理之星曆。
3. 預估精密星曆(igu)：精度為精密星曆中最差，其資料處理時間為 3 小時，也為後處理星曆。

( ) 172. 精密星曆之格式為 tttwwwwd.sp3，則下列敘述哪些正確？ (234)

(1)ttt 代表測站名稱 (2)wwww 代表 GPS 周 (3)d 代表星期幾 (4)為 ASCII 文字檔案。

解 IGS 精密星曆採用 sp3(Standard Product 3)格式，其儲存方式為 ASCII 格式。命名規則為：tttwwwwd．sp3，其中：ttt 表示精密星曆的類型，包括最終版(igs)、快速版(igr)、和預估版(igu)等三种，wwww 表示 GPS 周；d 表示星期，0 表示星期日，1～6 表示星期一至星期六。

文件名如：igs12901．sp3，其中 igs 為計算單位，1290 為 GPS 周，1 為星期一。

( ) 173. 若有一精密星曆檔名為 igs12901.sp3，則下列敘述哪些正確？ (14)

(1)igs 為計算單位 (2)igs 為測站名稱 (3)12091 為 GPS 周 (4)1290 為 GPS 周。

解 參閱第 172 題解析。選項(2)igs 為計算單位；選項(3)1290 為 GPS 周。

( ) 174. 若有一精密星曆檔名為 igs12901.sp3，則下列敘述哪些正確？ (23)

(1)igs1 為計算單位 (2)1290 為 GPS 周

(3)12091 最後一個數字 1 代表星期一 (4)12091 最後一個數字 1 代表星期日。

解 參閱第 172 題解析。選項(1)igs 為計算單位；選項(4)代表星期一。

( ) 175. 利用 GPS 進行控制測量時，下列敘述哪些正確？ (34)

(1)主要控制點可利用 e-GNSS 施測即可獲得

(2)坐標轉換參數使用全國性參數即可

(3)GPS 測量精度平面控制較高程控制佳

(4)控制測量時盡量與國家及控制點進行聯測。

( ) 176. 若有 A,B 兩站設置 GPS 儀器，並約定其取樣頻率為 10 秒，A 站觀測時間為 9:50~10:30，B 站觀測時間為 10:10~10:50，若進行相對定位，則下列敘述哪些正確？ (24)

(1)能進行 GPS 相對定位解算時間為 9:50～10:50

(2)能進行 GPS 相對定位解算時間為 10:10~10:30

(3)其收取資料共 360 個曆元(Epoch)

(4)其收取資料共 120 個曆元(Epoch)。

解 能進行 GPS 相對定位解算時間為兩站重複觀測時間：即 10:10 至 10:30 之間。

因取樣頻率為 10 秒，故每分鐘可取樣六筆。10:10 至 10:30 二十分鐘之間可取樣 20×6＝120 個曆元(Epoch)。

( ) 177. 若有 A 站設置 GPS 儀器，儀器只接收 $C/A,P,L_1,L_2$ 四種訊號，取樣頻率為 10 秒，其共同觀測時間為 10 分鐘，觀測期間有 5 顆衛星，則下列敘述哪些正確？ (134)

(1)觀測期間共可獲得 60 個曆元(Epoch)資料

(2)觀測期間共可獲得 240 個原始觀測量

(3)利用電碼觀測量求解其未知數有 4 個

(4)每一個觀測時刻可獲得 20 個原始觀測量。

解 選項(1) 10 分鐘×6(每分鐘可取樣六筆)= 60 個曆元(Epoch)

選項(2) 60 個曆元(Epoch)×4($C/A,P,L_1,L_2$ 四種訊號)×5(顆衛星)＝1200

選項(3) X、Y、Z 與接收儀時錶誤差。

選項(4) 5(顆衛星)×4(種訊號)＝20 個原始觀測量。

( ) 178. 若有 A 站設置 GPS 儀器，儀器只接收 $C/A,P,L_1,L_2$ 四種訊號，取樣頻率為 10 秒，其共同觀測時間為 10 分鐘，觀測期間有 5 顆衛星，則下列敘述哪些正確？ (1234)

(1)共可獲得 1200 個觀測量　(2)每時刻可獲得 20 個 GPS 原始觀測量

(3)每分鐘可收集 6 個曆元(Epoch)資料　(4)共可收集 60 個曆元(Epoch)資料。

解 參閱第 177 題解析。

( ) 179. 有關 RINEX 資料檔，下列敘述哪些正確？ (1)為 binary 編碼格式 (2)O 檔內含有 GPS 觀測量 (3)天線高資料位於 O 檔內 (4)N 檔內有衛星軌道資訊。 (234)

解 為 ASCII 編碼格式，O 檔內容為觀測資料、N 檔內容為 GPS 導航電文文件、M 檔為氣象數據文件、G 為 GLONASS 導航電文文件、H 為 CEO 導航電文文件、C 為鐘文件。

( ) 180. 有關 RINEX 資料檔，下列敘述哪些正確？ (124)

(1)為 ASCII 編碼格式

(2)可以容許 GLONASS 等其他種類之導航衛星資料加入

(3)其檔名之時間性是以年月日來命名

(4)每個測站均有屬於自己該站的 RINEX 檔案。

解 其檔名之時間性是以觀測日期為該年的第幾天。

( ) 181. 若有 RINEX 檔名為 YMHN3261.09O，則下列敘述哪些正確？ (34)

(1)此檔案為導航資料檔　(2)326 代表觀測日期為 3 月 26 日

(3)YMHN 代表觀測點位名稱前四碼　(4)觀測年分為 2009 年。

解 選項(1)為標準接收儀交換格式，選項(2)代表觀測日期為該年第 326 天。

( ) 182. 若有 RINEX 檔名為 YMHN3261.09O，則下列敘述哪些正確？ (234)

(1)此檔案為導航資料檔　(2)觀測日期為該年第 326 天

(3)YMHN 代表觀測點位名稱前四碼　(4)觀測年分為 2009 年。

解 RINEX 為標準接收儀交換格式。

RINEX 檔名形式如下：ssssdddf.yyt。

其中 ssss 代表觀測點位名稱；ddd 觀測日期為該年第幾天；f 為一天內的文件序號；yy 為觀測年份；t 為文件類型。文件類型參考 170 題之解析，O 檔表其內容為觀測資料。

( ) 183. 有關即時動態定位(RTK)，下列敘述哪些正確？ (24)

(1)透過無線電傳送移動站資料到參考站

(2)參考站及移動站皆需要無線電

(3)其解算資料為 GPS 之電碼資料

(4)其解算主要為 GPS 之相位資料。

解 RTK 測量除了需二部以上接收儀外，另外需要一套無線電數據機，一台置於基站，另一台置於移動站，觀測過程如動態測量，利用無線電數據機傳送電碼改正訊號，即時得到移動站坐標，平面精度達 30 cm 及利用無線電數據機傳送相位資料，即時計算基站與移動站間的基線，可達公分級精度，適用於高精度測點。

( ) 184. 有關即時動態定位(RTK)，下列敘述哪些正確？ (134)

(1)透過無線電傳送參考站資料到移動站

(2)移動站定位時不需要定平定心

(3)解算成功時常有 FIX 字眼，指的是找到正確的週波未定值

(4)其解算基線長度不能過長。

解 選項(2)移動站定位時需要定平定心，避免解算出的坐標有誤差。

( ) 185. 有關即時動態定位(RTK)，下列敘述哪些正確？ (134)

(1)若無線電傳輸有問題時可以改透過手機進行資料傳輸

(2)無需建立轉換參數即可求得區域坐標

(3)解算成功時常有 FIX 字眼，指的是找到正確的週波未定值

(4)解算基線長度不能過長，其中無線電訊號傳輸是問題之一。

解 選項(2)請參閱第 144 題解析。

( ) 186. 有關 GPS 衛星資料的解算，下列敘述哪些正確？ (14)

(1)Modified Hopfield Model 是對流層誤差模式

(2)解算基線後發現儀器天線高未輸入，可以事後在高程值方向進行修正

(3)短基線時利用電碼資料解算成果與相位資料成果相當

(4)使用精密星曆可以提供較精準之衛星軌道資料。

解 選項(2)天線高未輸入，可於事後依據外業表件紀錄資訊，於 RINEX 檔中加以輸入後再進行基線解算。

選項(3)電碼資料但因含有接收儀衛星鐘的誤差與大氣折光差，精度較相位資料差，故稱為偽距。

( ) 187. 現代化的 GPS 目前已經規劃完成，有關其訊號內容之改進，下列敘述哪些正確？ (13)

(1)增加了 L_2C 民用碼 (2)增加了 L_3 訊號 (3)在 L_1 及 L_2 上增加了 M 碼 (4)僅在 L_1 上增加了 M 碼。

解　GPS 現代化後其星座的主要改進措施有：

(1) 改善星座的分佈：將來可能佈設 30～36 顆衛星。

(2) 增強衛星自主導航能力：BLOCK II F 具有自主導航能力。

(3) 取消 SA 政策：選擇可用性政策。

(4) 增加民用訊號：在 L_2 增上 C/A code。

(5) 增加民用頻率：增加第三民用頻率 L_5，在 L_5 上的民用訊號 C/A code 的碼率提高了 10 倍數。

(6) 頻率復用：採用及建立一個新的軍用碼 M 碼。

(7) 增加衛星發射訊號的功率。

(　) 188. 有關 GPS 衛星接收儀的操作，下列敘述哪些正確？ (23)

(1)僅需要定心，不需要定平

(2)儀器天線高之量測是必須的

(3)必須考量不同天線盤的誤差

(4)快速靜態定位需要加設無線電裝置。

解　選項(2)接收儀需要定平定心，避免解算出的坐標有誤差。

選項(4)快速靜態定位為 GPS 接收儀本身解算出坐標，不需要加設無線電裝置。

(　) 189. 目前最新的 GNSS 接收器，可以接收不同導航衛星系統之訊號，有關各種導航衛星，下列敘述哪些正確？ (124)

(1)歐盟的導航衛星稱為伽利略系統

(2)GPS 系統的訊號編碼方式為 CDMA

(3)伽利略系統的編碼方式為 FDMA

(4)GPS 系統有 6 個軌道面。

解　參閱 121 題解析。伽利略系統的編碼方式為碼分多址(CDMA)；GLONASS 的編碼方式為頻分多址(FDMA)。

(　) 190. 有關 GPS 測量之操作，下列敘述哪些錯誤？ (124)

(1)即時動態測量(RTK)使用固定延長桿，所以不必記錄儀器高

(2)靜態測量需要 30 分鐘以上，其觀測時間指的是每個站分別觀測 30 分鐘，不需要同步

(3)快速靜態定位不需要無線電裝置

(4)即時動態定位(RTK)只需要在參考站配置無線電裝置。

解　選項(1)記錄儀器高方能進行後續基線解算工作。

選項(2)採用兩部接收儀以上分別架設在施測基線端點，同步接收衛星訊號。

選項(4)RTK 需在參考站與移動站配置無線電裝置。

(　) 191. 有關快速靜態定位測量，下列敘述哪些正確？ (13)

(1)參考站無需關機，僅操作移動站

(2)只要觀測時間約 10 分鐘，無需考慮衛星幾何架構

(3)盡量將參考站置於測區中心點

(4)適用於較長基線測量。

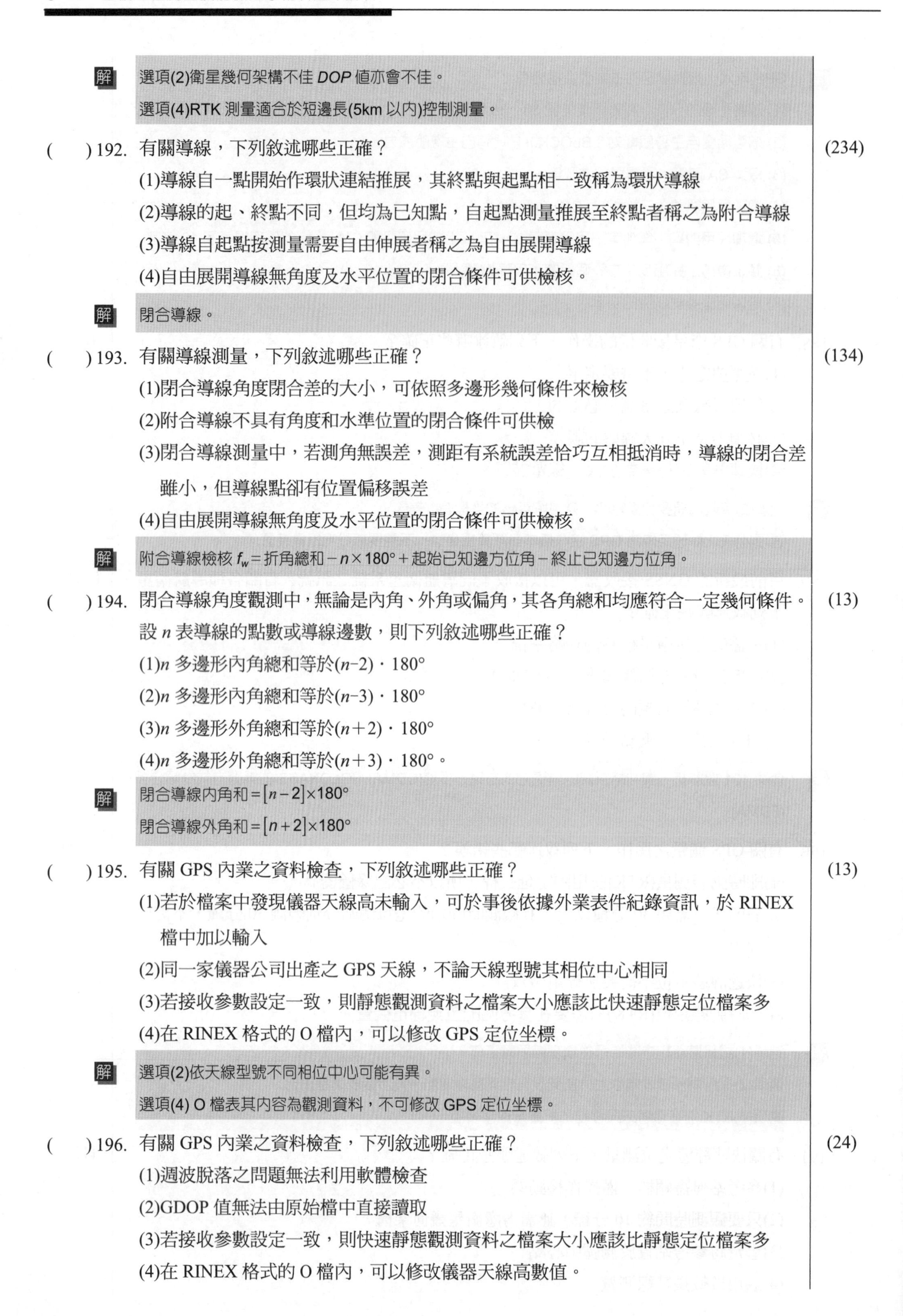

解　選項(2)衛星幾何架構不佳 *DOP* 值亦會不佳。

選項(4)RTK 測量適合於短邊長(5km 以內)控制測量。

(　　) 192. 有關導線，下列敘述哪些正確？ (234)

(1)導線自一點開始作環狀連結推展，其終點與起點相一致稱為環狀導線

(2)導線的起、終點不同，但均為已知點，自起點測量推展至終點者稱之為附合導線

(3)導線自起點按測量需要自由伸展者稱之為自由展開導線

(4)自由展開導線無角度及水平位置的閉合條件可供檢核。

解　閉合導線。

(　　) 193. 有關導線測量，下列敘述哪些正確？ (134)

(1)閉合導線角度閉合差的大小，可依照多邊形幾何條件來檢核

(2)附合導線不具有角度和水準位置的閉合條件可供檢

(3)閉合導線測量中，若測角無誤差，測距有系統誤差恰巧互相抵消時，導線的閉合差雖小，但導線點卻有位置偏移誤差

(4)自由展開導線無角度及水平位置的閉合條件可供檢核。

解　附合導線檢核 f_w＝折角總和－$n\times180°$＋起始已知邊方位角－終止已知邊方位角。

(　　) 194. 閉合導線角度觀測中，無論是內角、外角或偏角，其各角總和均應符合一定幾何條件。設 n 表導線的點數或導線邊數，則下列敘述哪些正確？ (13)

(1)n 多邊形內角總和等於$(n-2)\cdot180°$

(2)n 多邊形內角總和等於$(n-3)\cdot180°$

(3)n 多邊形外角總和等於$(n+2)\cdot180°$

(4)n 多邊形外角總和等於$(n+3)\cdot180°$。

解　閉合導線內角和$=[n-2]\times180°$

閉合導線外角和$=[n+2]\times180°$

(　　) 195. 有關 GPS 內業之資料檢查，下列敘述哪些正確？ (13)

(1)若於檔案中發現儀器天線高未輸入，可於事後依據外業表件紀錄資訊，於 RINEX 檔中加以輸入

(2)同一家儀器公司出產之 GPS 天線，不論天線型號其相位中心相同

(3)若接收參數設定一致，則靜態觀測資料之檔案大小應該比快速靜態定位檔案多

(4)在 RINEX 格式的 O 檔內，可以修改 GPS 定位坐標。

解　選項(2)依天線型號不同相位中心可能有異。

選項(4) O 檔表其內容為觀測資料，不可修改 GPS 定位坐標。

(　　) 196. 有關 GPS 內業之資料檢查，下列敘述哪些正確？ (24)

(1)週波脫落之問題無法利用軟體檢查

(2)GDOP 值無法由原始檔中直接讀取

(3)若接收參數設定一致，則快速靜態觀測資料之檔案大小應該比靜態定位檔案多

(4)在 RINEX 格式的 O 檔內，可以修改儀器天線高數值。

解　選項(1)GPS 接收儀對於載波相位產生失鎖，則出現所謂的週波脫落(cycle slip)，其可視為載波相位之跳週，而通常發生在天線或是衛星與接收儀之間遮蔽物之快速移動。該現象導致的結果，將是接收儀失去了起始的整數未定值而重新攫取了另一個新的整數未定值，其間的差異即為一個需要從起始整數未定值中加減一個任意整數之週波脫落值。在 GPS 資料之先期處理階段，可以利用軟體加以偵測及編修，以獲得一組精密的定位結果。

選項(3)若收參數設定一致，觀測時間越短，其觀測量之曆元(Epoch)數越少。

(　　) 197. 有關 GPS 衛星測量之誤差來源，下列敘述哪些正確？　(34)

(1)利用地面一次差分可以完全消除軌道誤差

(2)對流層誤差量天頂最大

(3)電離層誤差量跟太陽有關係

(4)多路徑效應與環境有關。

解　選項(1)地面一次差可消除衛星的時錶誤差。

選項(2)對流層誤差量天頂最小。

選項(3)電離層誤差量太陽黑子活動頻繁有關。

選項(4)多路徑效應為接收儀在接收衛星傳輸之訊號時，因受地面上反射物的影響，使訊號直接、間接的被天線所接收。觀測點附近之大型水泥廣場、水面、或金屬板等，都是造成多路徑誤差現象的因素。除設站點應避開上述之地形、地物外，並應儘量將天線放低或使用大地測量專用天線。

(　　) 198. GPS 衛星測量之誤差來源，下列敘述哪些正確？　(1234)

(1)利用地面一次差分可以完全消衛星時錶差

(2)對流層誤差量天頂最小

(3)電離層誤差量天頂最小

(4)短基線求解時，常視為差分可完全消除大氣效應。

(　　) 199. 有關 GPS 衛星測量的求解，下列敘述哪些正確？　(134)

(1)基線較長時，常利用無電離層線性組合(L_3)觀測量進行求解

(2)利用無電離層線性組合(L_3)求解，其週波未定值仍保有整數性

(3)GPS 衛星測量成功與否，與週波未定值求解成功與否有關

(4)週波脫落需要事先補償。

解　在 GPS 所發射之 L_1 和 L_2 載波間之線性組合理論上有無限多種，但常被採用的有以下四種：

(1)無電離層線性組合(L_3)：目的在消去電離層影響量，但經過線性組合的新觀測量的周波未定值將不在具有整數特性，適用於較長基線：$L_3=\alpha L_1+\beta L_2$。

(2)無幾何距線性組合(L_4)：消去幾何距離、對流層延遲誤差：$L_4=L_1-L_2$。

(3)寬巷線性組合(L_5)：目的在組成一波長較 L_1、L_2 更長且具有整數之週波未定值之組合波。

(4)宅巷線性組合(L_6)：目的在組成一波長較 L_1、L_2 更短且具有整數之週波未定值之組合波。

(　) 200. 有關 GPS 觀測量之技術規範，下列哪些不在規範範圍？ (24)
(1)衛星數目　(2)最高仰角　(3)數據取樣間隔　(4)使用之 GPS 儀器。

解 選項(2)有截角(Cut-off angle)設定，即最低仰角，低於此角度以內可能會有雜訊過大的觀測量。
選項(4)使用之 GPS 儀器無限制，依規範所需之精度選用適當的儀器施測。

(　) 201. 有關 GPS 衛星資料之解算，下列敘述哪些正確？ (234)
(1)電碼資料解算速度較相位資料慢
(2)相位資料解算精度較電碼資料高
(3)最小二乘法為解算方法之一
(4)電碼資料無週波脫落補償問題。

解 GPS 接收儀可接收到電碼資料與相位資料。
電碼資料(偽距測量)：利用衛星與接收儀之 *C/A* 與 *P* 碼進行相關比對，利用電波傳送的速度與時間算出距離。其解算速度較相位資料快，但因含有接收儀衛星鐘的誤差與大氣折光差(故稱為偽距)，精度較相位資料差，僅適用於即時定位之導航。
相位資料(載波相位測量)：藉由量測載波相位訊號之間的相位差而得。

工作項目4　地形測量

單選題

(　　) 1. 設一地形圖之等高距為 2m，則 20m 之等高線為 (1)首曲線　(2)計曲線　(3)助曲線　(4)間曲線。　(2)

解 等高線隨地形變換而呈不規則曲線，為便於判讀地形高低及其變化，等高線分成首曲線、計曲線、間曲線及助曲線等四種：

1. 首曲線：用以表示地貌之基本等高線稱為首曲線，亦稱為主曲線；一般以實線標示之。
2. 計曲線：為便於閱讀計算等高線，每逢五倍數之首曲線，給以較粗之實線；計曲線一般多註記其高程。
3. 間曲線：於地勢變化平緩，但起伏不規則之處，首曲線不足以表示實際之地貌時；可於首曲線間等高距一半之高程處(等高距 $\frac{1}{2}$)，加給一虛線；此曲線以細長虛線條繪畫之。
4. 助曲線：若地勢過於平坦，間曲線尚不足以表示實際之地貌時，可於首曲線與間曲線間等高距一半之高程處(等高距 $\frac{1}{4}$)，再加繪細短之虛線；助曲線以細短虛線條標示之。

20 m 處之等高線，為逢五倍數之首曲線，是為計曲線。

(　　) 2. 使用經緯儀測定地物位置時，最常用之方法是 (1)角交會法　(2)距離交會法　(3)光線法　(4)支距法。　(3)

解 地物測繪方法：

1. 光線法(輻射法)：採經緯儀或大平板施測，適用都市地區。
2. 方格法：採水準儀施測，類似面積水準測量，適用大比例尺地圖，地圖上樹木衆多以及地形平坦之處。
3. 交會法：採經緯儀或大平板施測，適用山坡地區。亦可採用小平板施測時，適用小比例尺地圖。
4. 航測法：適用於海埔、河川、泥沼地區。

(　　) 3. 地形圖之精度與下列何者較無關係？ (1)施測儀器　(2)測點數多寡　(3)選用點位　(4)天氣情況。　(4)

(　　) 4. 等高線過山脊線或山谷線時，必與之　(1)平行　(2)垂直　(3)成銳角　(4)成鈍角。　(2)

解 等高線之特性，可歸納如下：

1. 同一等高線上之各點，其高程均相等。
2. 等高線必自行閉合而成一封閉曲線。若不在圖幅內閉合，則於圖幅外閉合。
3. 不同等高線亦不能相交或合併為一線。但在懸崖峭壁之處，可重疊相切而成密集等高線。
4. 等高線間之水平距離與地面坡度成反比，距離愈大，表示坡度平緩，而距離愈小，表示坡度急陡。

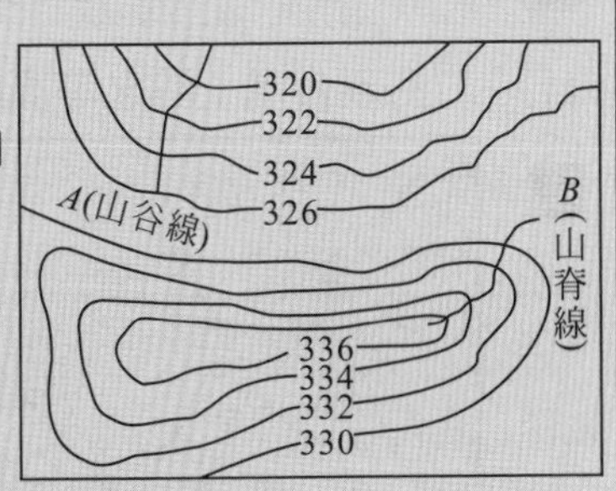

5. 等坡度之傾斜地面，其等高線相互平行。

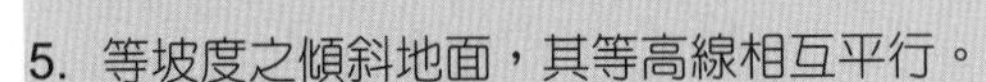

6. 等高線遇到河流時，不能直接繪至對岸，必先沿河岸向上游方向，溯至河底等高處折回，成一「U」字形漸向下游前進。

7. 兩河流匯合處之等高線常呈「M」字形。

8. 等高線遇山脊線或山谷線，必與之相交成直角。

(　) 5. 設一地形圖等高線之等高距為 2m，則表示高程為 21m 處之等高線，稱為 (1)首曲線 (2)計曲線 (3)助曲線 (4)間曲線。 (4)

解 21 m 為 20 m 與 22 m 兩條首曲線之半，是為間曲線。

(　) 6. 表示地貌且能量算之方法為 (1)暈滃法 (2)浮雕法 (3)陰影法 (4)等高線法。 (4)

解 選項(1)暈滃法：係用長短粗細不同之線條，以各種近於平行排列之方式，顯示地貌之立體形態。選項(2)浮雕法：即暈滃法。選項(3)陰影法：即暈渲法，係利用光線明暗之濃淡色調配合以表示地貌之起伏形態，其繪製之原則與暈滃法相同，僅將線條間隔縮短，使其不辨別其線，而僅見濃淡不同之色調而已。色淡者表示傾斜平緩之處，色濃者表示傾斜急峻之處，故較暈滃法更具立體之感覺。本法之優點為繪製簡易，閱讀容易；缺點為不易得出各點之正確高程。若與等高線法合併應用，則可顯示二法之優點，效果尤佳。選項(4)等高線法：亦稱水平曲線，係假設由地面上高程相同各點所連成之曲線，而投影於平面上者稱之，藉以表示地貌起伏之狀態。等高線為表示地貌最理想之方法，不但可顯示地面傾斜之緩急，山脊、山谷、山腹等之走向，且由圖上可知任一點之高程及兩點間之高程差，亦可由兩點間之水平距離，而求得其坡度之大小，對於各種工程上之應用，甚相當適合。

(　) 7. 每五條等高線中有一條較粗者線，稱為 (1)計曲線 (2)首曲線 (3)間曲線 (4)助曲線。 (1)

解 參閱第 1 題解析。

(　) 8. 等高線直接測法適用於 (4)

(1)地形陡峻地區之小比例尺測圖　(2)地形平緩之小比例尺測圖

(3)陡峻地區之大比例尺測圖　(4)平緩地區之大比例尺測圖。

解 直接測定法所得之結果，其精度較高，若所定得之點愈多，則所繪製之地形圖愈為逼真。此法宜於測區較小，地面坡度平緩之大比例尺測圖時用之。

(　) 9. 等高線間之水平距離與坡度 (1)成正比 (2)成反比 (3)平方成正比 (4)平方成反比。 (2)

解 等高線之間隔愈小，地面坡度就愈大；間隔愈大，則坡度愈小。故知成反比。

(　) 10. 下列何種儀器最適用於現地立即測繪等高線？ (3)

(1)經緯儀 (2)水準儀 (3)平板儀 (4)羅盤儀。

解 平板儀為圖解方式現場直接測繪地物及地貌。可於測量地形圖時立即測繪等高線。

(　) 11. 二河匯合處上游之等高線常呈 (1)M 形 (2)S 形 (3)V 形 (4)Z 形。 (1)

解

上游
118
116
114
112
下游

(　) 12. 下列何者不是等高線種類？ (1)計曲線 (2)間曲線 (3)平曲線 (4)首曲線。 (3)

解 參閱第 1 題解析。

( ) 13. A 點高程 71m，B 點高程 95m，AB 在圖上長為 12cm，則 80m 之等高線距 B 點 (1)7.5cm (2)6.5cm (3)5.5cm (4)4.5cm。 (1)

解 內插法 $\frac{95-71}{12}=\frac{95-80}{X}$，$X=7.5$ cm。

( ) 14. 令：甲=「校園中之小徑」，乙=「田野中之小徑」，測繪 1/1000 地形圖時，通常 (4)
(1)甲乙均需測繪 (2)甲乙均不必測繪
(3)甲需要測繪，乙不需要 (4)乙需要測繪，甲不需要。

( ) 15. 地形圖比例尺為 1:25000，已知兩點間之圖面距離為 50cm，若兩點間之標高差為 25m，則兩點間之平均坡度為 (1)1% (2)0.5% (3)0.25% (4)0.2%。 (4)

解 比例尺 $=\frac{\text{圖上長度}}{\text{實際長度}}$，$\frac{1}{25000}=\frac{50\text{ cm}}{\text{實際長度}}$，實際長度 $=50\text{ cm}\times 25000=1250000\text{ cm}=12500\text{ m}$。
$\frac{s}{100}=\frac{h}{l}$，故等坡度線 $s=\frac{h}{l}\times 100\%=\frac{25}{12500}\times 100\%=0.2\%$。

( ) 16. 地形圖比例尺為 1:5000，已測出山頂標高為 285m，山脊線上 P 點之標高為 145m，山頂與 P 點間之圖上距離為 10cm，此山脊線之平均坡度為 (1)14% (2)28% (3)21% (4)42%。 (2)

解 $\frac{1}{5000}=\frac{10}{x}$，$x$=50000 cm=500 m
等坡度線 $\frac{(285-145)}{500}\times 100\%=28\%$。

( ) 17. 常用之細部測量方法為 (1)後方交會法 (2)雙點定位法 (3)光線法 (4)側方交會法。 (3)

解 細部測量乃是利用儀器測出地形圖之組成要素；即各種地物、地貌之平面位置及高程之作業，又稱碎部點測量，常以光線法直接施測出點位。

( ) 18. 一等高距為 5m 之地形圖，標註計曲線時，下列所示何者方為正確？ (3)
(1)15m (2)20m (3)25m (4)30m。

解 5 m 處之首曲線，計曲線為首曲線五倍為 25 m。

( ) 19. A 點高程 $H_A=31$m，B 點高程 $H_B=36$m，圖上 A、B 兩點相距 2.5cm，則高程 35m 之等高線距 B 點 (1)0.1cm (2)0.5cm (3)1cm (4)2cm。 (2)

解 內插法 $\frac{36-31}{2.5}=\frac{36-35}{X}$，$X=0.5$(cm)。

( ) 20. 兼有地物與地貌之地圖，稱為 (1)地形圖 (2)平面圖 (3)斷面圖 (4)地籍圖。 (1)

解 地形測量繪製而成之圖籍，如僅表示地物之位置者，稱為平面圖，若表示地物與地貌者稱為地形圖，另外比例尺甚小如百萬分之一以下之地圖，僅能顯示重要地點之地理位置及全區之山脈主峰或河川主流等概況，不能真正表示地形者，為與地形圖有別，特稱為輿圖。

( ) 21. 設一地形圖等高線之等高距為 2m，則表 21.5m 處之等高線，稱為 (3)
(1)首曲線 (2)計曲線 (3)助曲線 (4)間曲線。

解 首曲線為 20 m 處，間曲線為 21 m 處，首曲線與間曲線間間等高距一半之高程處 21.5 m 處所繪細短之虛線，稱為助曲線。

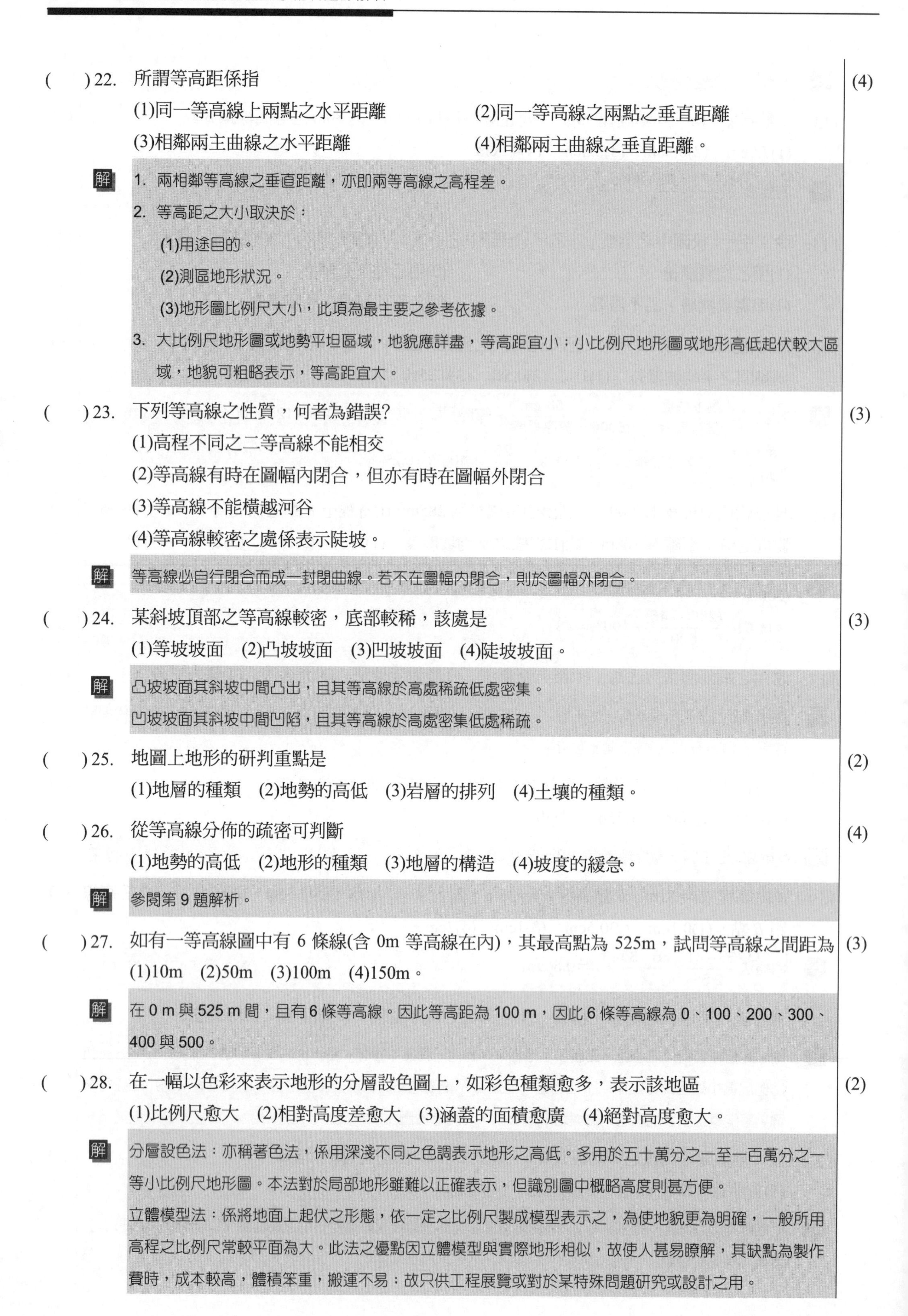

(　　) 22. 所謂等高距係指 (4)

(1)同一等高線上兩點之水平距離　(2)同一等高線之兩點之垂直距離

(3)相鄰兩主曲線之水平距離　(4)相鄰兩主曲線之垂直距離。

解

1. 兩相鄰等高線之垂直距離，亦即兩等高線之高程差。
2. 等高距之大小取決於：

   (1)用途目的。

   (2)測區地形狀況。

   (3)地形圖比例尺大小，此項為最主要之參考依據。
3. 大比例尺地形圖或地勢平坦區域，地貌應詳盡，等高距宜小；小比例尺地形圖或地形高低起伏較大區域，地貌可粗略表示，等高距宜大。

(　　) 23. 下列等高線之性質，何者為錯誤? (3)

(1)高程不同之二等高線不能相交

(2)等高線有時在圖幅內閉合，但亦有時在圖幅外閉合

(3)等高線不能橫越河谷

(4)等高線較密之處係表示陡坡。

解 等高線必自行閉合而成一封閉曲線。若不在圖幅內閉合，則於圖幅外閉合。

(　　) 24. 某斜坡頂部之等高線較密，底部較稀，該處是 (3)

(1)等坡坡面　(2)凸坡坡面　(3)凹坡坡面　(4)陡坡坡面。

解 凸坡坡面其斜坡中間凸出，且其等高線於高處稀疏低處密集。

凹坡坡面其斜坡中間凹陷，且其等高線於高處密集低處稀疏。

(　　) 25. 地圖上地形的研判重點是 (2)

(1)地層的種類　(2)地勢的高低　(3)岩層的排列　(4)土壤的種類。

(　　) 26. 從等高線分佈的疏密可判斷 (4)

(1)地勢的高低　(2)地形的種類　(3)地層的構造　(4)坡度的緩急。

解 參閱第 9 題解析。

(　　) 27. 如有一等高線圖中有 6 條線(含 0m 等高線在內)，其最高點為 525m，試問等高線之間距為 (3)

(1)10m　(2)50m　(3)100m　(4)150m。

解 在 0 m 與 525 m 間，且有 6 條等高線。因此等高距為 100 m，因此 6 條等高線為 0、100、200、300、400 與 500。

(　　) 28. 在一幅以色彩來表示地形的分層設色圖上，如彩色種類愈多，表示該地區 (2)

(1)比例尺愈大　(2)相對高度差愈大　(3)涵蓋的面積愈廣　(4)絕對高度愈大。

解 分層設色法：亦稱著色法，係用深淺不同之色調表示地形之高低。多用於五十萬分之一至一百萬分之一等小比例尺地形圖。本法對於局部地形雖難以正確表示，但識別圖中概略高度則甚方便。

立體模型法：係將地面上起伏之形態，依一定之比例尺製成模型表示之，為使地貌更為明確，一般所用高程之比例尺常較平面為大。此法之優點因立體模型與實際地形相似，故使人甚易瞭解，其缺點為製作費時，成本較高，體積笨重，搬運不易；故只供工程展覽或對於某特殊問題研究或設計之用。

選實體攝影法：實體攝影法係應用航空攝影測量之方法來連續攝製照片，將地面上之一切地物地貌，可全部顯示於照片上。

數值地形模型：所謂數值地形模型(Digital Terrain Model，DTM)，是用一群地形點的平面坐標與高程數據描述地表形狀的模式；係利用適當的儀器或方法，例如衛星遙測(RS)、航空攝影測量、全球定位系統(GPS)或全測站地面測量、數化地形圖等，依據地形變化特徵，測取足夠數量點位之平面坐標及高程值，這些測量點稱之為地形點或參考點，再以規則網格法或不規則三角形網法方式，以純數值且為 3D 的方式表現出地貌的高低起伏的情形。

( ) 29. 既能顯示地形，又能使地形特徵數量化的地圖類型為 (3)
(1)地形模型 (2)立體透視圖 (3)等高線圖 (4)空照圖。

( ) 30. 地形圖上之等高線有粗曲線、細實線、細長虛線及細短虛線等之分，其中細實線稱為 (2)
(1)計曲線 (2)首曲線 (3)間曲線 (4)助曲線。

解 參閱第 1 題解析。

( ) 31. 令甲=「等高線」，乙=「高程點」，丙=「地貌符號」，欲合理表現地貌，應採用 (4)
(1)甲乙 (2)乙丙 (3)丙甲 (4)甲乙丙。

( ) 32. 有關地形測量作業程式之先後順序，下列何者正確？ (2)
(1)踏勘與規劃、細部測量、控制測量、製圖
(2)踏勘與規劃、控制測量、細部測量、製圖
(3)踏勘與規劃、製圖、控制測量、細部測量
(4)踏勘與規劃、製圖、細部測量、控制測量。

( ) 33. 欲測繪地形圖時，下列有關採用全測站經緯儀進行控制測量之敘述，何者正確？ (4)
(1)控制測量最主要包含平面控制測量，通常不需要高程控制測量
(2)目前全測站經緯儀大多具有雷射測距功能，可以施測許多不易接近之區域，因此控制點未均勻分佈於全測區時，並不影響成果之精度
(3)相鄰控制點間不必通視，只要各控制點上方無遮蔽即可
(4)全測站經緯儀可以配合基座式稜鏡或桿式稜鏡測距，通常桿式稜鏡精度較低，因此通常控制測量採用基座式稜鏡。

解 選項(1) 其測得為 3D 坐標值。
選項(2) 控制點需均勻分佈。
選項(3) 控制點需相互通視。

( ) 34. 使用全測站經緯儀測量地物時，最常採用 (1)
(1)光線法 (2)前方交會法 (3)距離交會法 (4)後方交會法。

解 使用全測站經緯儀測量地物時常採用數值法以光線法直接施測點位之 3D 坐標值，將每一測點進行編碼，並以自動記錄器記錄，方便電腦繪圖。

4

(　　) 35. 有關使用全測站經緯儀進行地形測量之敘述，下列何者錯誤？ (4)

(1)若具備自動記錄功能及配合編碼，則可提高數據處理之自動化

(2)若全測站經緯儀連接電腦，採用現場編繪方式，則可免繪製略圖

(3)觀測數據之屬性可藉編碼予以表示

(4)為提高測繪效率，外業中各站完全不必量儀器高及稜鏡高。

解 因其測 3D 坐標值，故需量儀器高及稜鏡高，方能得出測繪點之高程值。

(　　) 36. 有關地面數值法測繪地形圖之敘述，下列何者正確？ (3)

(1)通常同時採用全測站經緯儀及水準儀進行細部測量

(2)細部測量前必須利用坐標讀取儀從圖上量取坐標資料

(3)雖然基座式稜鏡精度較高，但細部測量通常採用桿式稜鏡

(4)最常用於地形細部測量之方法是方格法。

解 桿式稜鏡精度雖較低，但速度快，亦能達到細部測量要求精度。

(　　) 37. 欲測繪 1/1000 地形圖時，下列何者正確？ (3)

(1)應將現地所有不同大小之地物全部測繪，不可有任何遺漏

(2)道路旁若有一水準點，其標石橫斷面約為 15cm×15cm，由於它太小無法在地形圖上顯示實際大小，所以不必測繪

(3)道路旁若有一民眾放置之盆栽，其長寬高約為 20cm×20cm×40cm，通常不必測繪其大小形狀

(4)各種公路中應測繪國道、省道及縣道，記下公路編號，並加註在地形圖上；至於鄉道路寬較窄，無法在地形圖上顯示實際路寬，所以不必測繪。

(　　) 38. 某小山丘地形之剖面圖如下圖，若測繪地形圖考慮精度及效率時，最適合測量哪些地形點？ (2)

(1)*A* 至 *I* 點全部　(2)*A*、*D*、*E*、*F*、*I*　(3)*A*、*B*、*E*、*H*、*I*　(4)*C*、*E*、*G*。

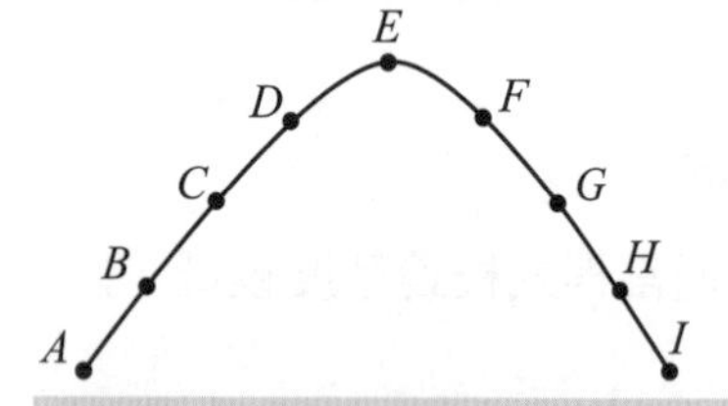

解 等高線之測繪方法：

1. 地貌與地物同時施測時，應先測地物，而後地貌，蓋地物測定後，可作為測繪等高線之依據。
2. 施測等高線，無論採用直接測定法或間接測定法，應注意等高點或地形要點之設定，如能由對地形有經驗之測量人員持尺設點，更可收事半功倍之效。
3. 除坡度平緩之丘陵地外，通常採用間接測定法測繪較以直接測定法為迅速、省事，惟應注意選定地形要點，以保持相當之精度。
4. 地形要點以選定山脊線、山谷線等地形線之方向變換點及傾斜變換點為原則，並視比例尺之大小而酌情增減，通常比例尺愈大，應愈仔細，即坡度變換率小者仍需設定，而比例尺愈小者，則可忽略。

5. 應用間接測定法測繪等高線，於測定出山脊線及山谷線等地形要點之位置及高程後，需將其山脊線及山谷線及各局部之凹凸傾斜線先行繪出，以定地貌之骨幹，而後視比例尺之大小與所需之精度，分別繪出等高線。
6. 除非地面為凹凸不平之岩石，否則等高線應為一細緻、圓滑之曲線，故於描繪等高線時，必須順其自然曲折，以合乎實地之天然形勢，遇有崩土、窪地、懸崖、絕壁等可輔以圖例繪出。
7. 測繪等高線，對於大比例尺之測圖，以等高線之位置正確為原則；對於小比例尺之測圖，以地形總貌逼真為原則。小比例尺測圖特，測站與描繪之地區需有適當之距離，因太近不易分辨地形線之所在，不易觀察地形之總貌及變化。
8. 以間接測定法測繪等高線，其位置之誤差，通常以不超過等高線之等高距一半為原則。在急傾斜或隱蔽地區，可將界限酌予放寬，但在山峰、稜線、谷底等重要地點，仍以符合上述原則為要。

依上述第 4 點 *A*、*D*、*E*、*F*、*I* 為傾斜變換點，為測繪地形圖之適當點位。

(　) 39. 某一條道路如下圖所示，欲測繪其中一側之邊緣線，若測繪地形圖考慮精度及效率時，最適合測量哪些點？ (1)*A* 至 *G* 全部 (2)*A*、*C*、*G* (3)*A*、*C*、*D*、*E*、*G* (4)*A*、*D*、*G*。 (3)

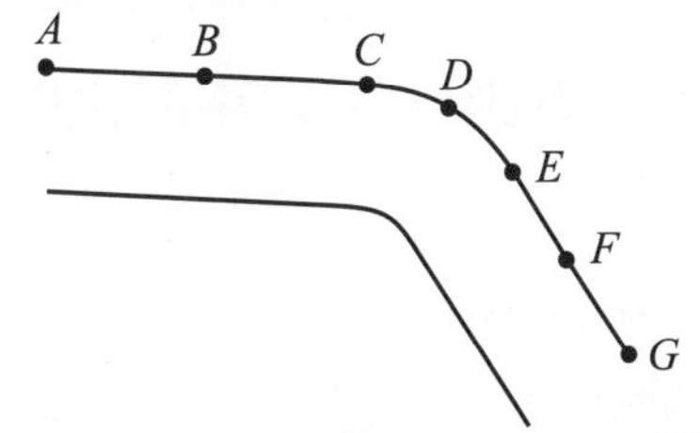

解 參閱第 38 題解析。A、C、D、E、G 為傾斜變換點，為測繪地形圖之適當點位。

(　) 40. 若地形圖中有多條等高線重疊相切，則此處可能是哪一種地形？
(1)山頂 (2)山脊 (3)懸崖峭壁 (4)窪地。 (3)

解 參閱第 4 題解析。

(　) 41. 某地形之剖面圖如下圖，下列何種等高線圖較接近此地形？ (1)

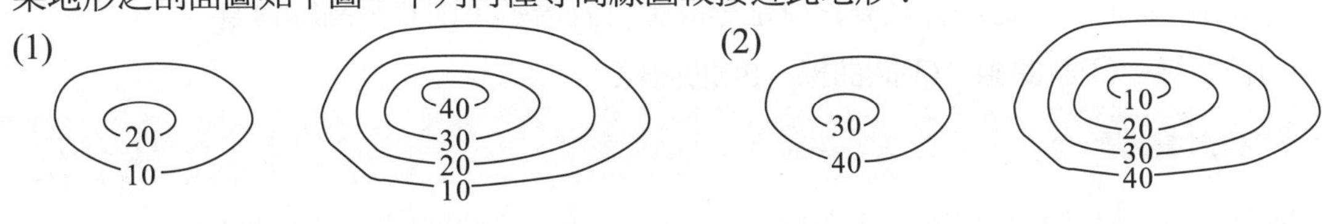

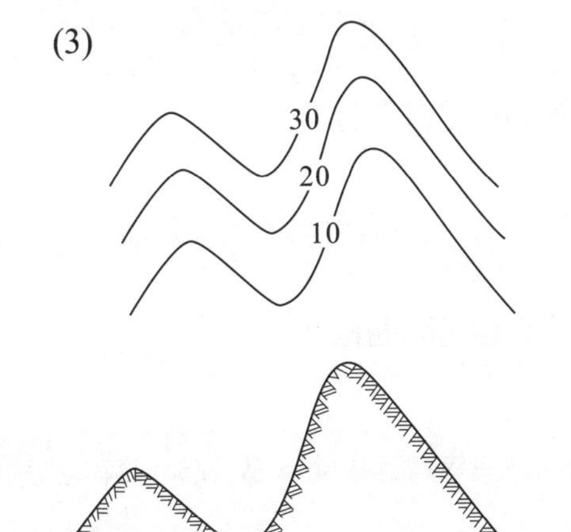

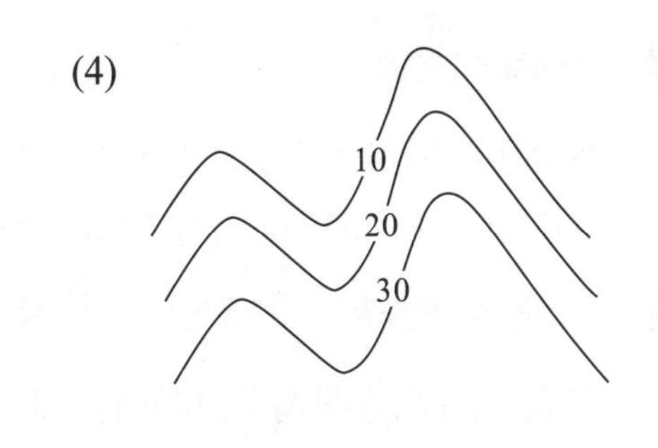

。

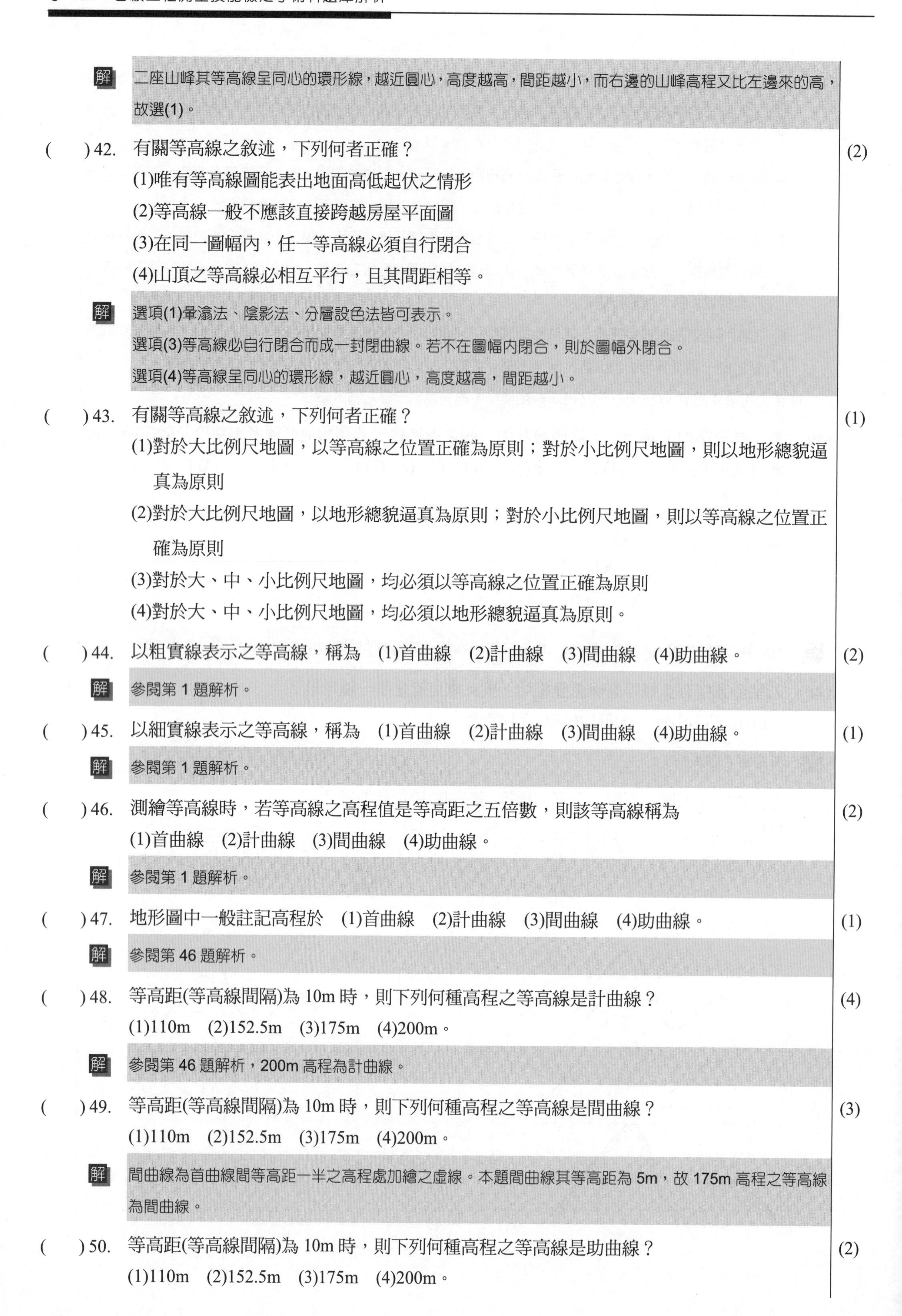

解 二座山峰其等高線呈同心的環形線，越近圓心，高度越高，間距越小，而右邊的山峰高程又比左邊來的高，故選(1)。

( ) 42. 有關等高線之敘述，下列何者正確？ (2)
(1)唯有等高線圖能表出地面高低起伏之情形
(2)等高線一般不應該直接跨越房屋平面圖
(3)在同一圖幅內，任一等高線必須自行閉合
(4)山頂之等高線必相互平行，且其間距相等。

解 選項(1)暈滃法、陰影法、分層設色法皆可表示。
選項(3)等高線必自行閉合而成一封閉曲線。若不在圖幅內閉合，則於圖幅外閉合。
選項(4)等高線呈同心的環形線，越近圓心，高度越高，間距越小。

( ) 43. 有關等高線之敘述，下列何者正確？ (1)
(1)對於大比例尺地圖，以等高線之位置正確為原則；對於小比例尺地圖，則以地形總貌逼真為原則
(2)對於大比例尺地圖，以地形總貌逼真為原則；對於小比例尺地圖，則以等高線之位置正確為原則
(3)對於大、中、小比例尺地圖，均必須以等高線之位置正確為原則
(4)對於大、中、小比例尺地圖，均必須以地形總貌逼真為原則。

( ) 44. 以粗實線表示之等高線，稱為 (1)首曲線 (2)計曲線 (3)間曲線 (4)助曲線。 (2)

解 參閱第 1 題解析。

( ) 45. 以細實線表示之等高線，稱為 (1)首曲線 (2)計曲線 (3)間曲線 (4)助曲線。 (1)

解 參閱第 1 題解析。

( ) 46. 測繪等高線時，若等高線之高程值是等高距之五倍數，則該等高線稱為 (2)
(1)首曲線 (2)計曲線 (3)間曲線 (4)助曲線。

解 參閱第 1 題解析。

( ) 47. 地形圖中一般註記高程於 (1)首曲線 (2)計曲線 (3)間曲線 (4)助曲線。 (1)

解 參閱第 46 題解析。

( ) 48. 等高距(等高線間隔)為 10m 時，則下列何種高程之等高線是計曲線？ (4)
(1)110m (2)152.5m (3)175m (4)200m。

解 參閱第 46 題解析，200m 高程為計曲線。

( ) 49. 等高距(等高線間隔)為 10m 時，則下列何種高程之等高線是間曲線？ (3)
(1)110m (2)152.5m (3)175m (4)200m。

解 間曲線為首曲線間等高距一半之高程處加繪之虛線。本題間曲線其等高距為 5m，故 175m 高程之等高線為間曲線。

( ) 50. 等高距(等高線間隔)為 10m 時，則下列何種高程之等高線是助曲線？ (2)
(1)110m (2)152.5m (3)175m (4)200m。

解 助曲線為首曲線與間曲線間等高距一半之高程處，再加繪細短之虛線，本題助曲線其等高距為 2.5m，故 152.5m 高程之等高線為助曲線。

(　　) 51. 有關等高線之敘述，下列何者錯誤？ (2)
(1)等高線愈疏表示坡度愈平緩　(2)地形圖必須測繪間曲線及助曲線
(3)比例尺愈大，等高距愈小　(4)比例尺為決定等高距之主要因素。

解 需視地勢起伏狀態決定是否加繪間曲線或助曲線。

(　　) 52. 等高距是指地形圖上兩相鄰等高線間之 (1)高程差 (2)水平距離 (3)傾斜距離 (4)坡度。 (1)

解 等高線之等高距大小，常視下列因素而定：

1. 地形圖之比例尺。
2. 用圖之目的。
3. 測量區域之大小。
4. 測區之地形組織粗密與傾斜緩急狀況。
5. 測圖之精度。

地形圖上等高距愈小，顯示地貌就愈詳細，精度愈高。愈大愈簡略，精度愈低。但等高距過小時，圖上的等高線就過於密集，從而影響圖面的清晰度。所以，在測繪地形圖時，應根據測圖比例尺和測區地面起伏的程度來合理選擇等高距。

(　　) 53. 決定等高距之因素中，通常「不」考慮 (4)
(1)比例尺 (2)用圖目的 (3)測區地形 (4)測圖編碼。

解 參閱 52 題解析。

(　　) 54. 關於決定等高距之敘述，下列何者正確？ (1)
(1)比例尺愈大，等高距愈小　(2)測圖精度愈高，等高距愈大
(3)測區地形愈平坦，等高距愈大　(4)測圖編碼愈複雜，等高距愈大。

解 參閱 52 題解析。

(　　) 55. A 點之高程為 105.12m，B 點之高程為 117.56m，欲在圖上繪製 2m 等高距(等高線間隔)之等高線，則 A、B 兩點間將有幾條等高線通過？ (1)1 (2)5 (3)6 (4)7。 (3)

解 通過之 6 條等高線為 106、108、110、112、114 與 116m。

(　　) 56. A 點之高程為 105.12m，B 點之高程為 117.56m，欲在圖上繪製 5m 等高距(等高線間隔)之等高線，則 A、B 兩點間將有幾條等高線通過？ (1)1 (2)2 (3)3 (4)4。 (2)

解 通過之 2 條等高線為 110 與 115m。

(　　) 57. A 點之高程為 105.12m，B 點之高程為 127.56m，欲在圖上繪製 2m 等高距(等高線間隔)之等高線，則 A、B 兩點間將有幾條計曲線通過？ (1)1 (2)2 (3)3 (4)4。 (2)

解 通過之 2 條計曲線為 110 與 120m。

(　　) 58. A 點之高程為 115.12m，B 點之高程為 117.56m，A、B 間之水平距離為 136.52m，欲在 1/2500 圖上繪製 2m 等高距(等高線間隔)之等高線，試求該等高線在圖上距 A 點之距離為 (1)1.79cm (2)1.97cm (3)2.79cm (4)2.97cm。 (2)

4

解 等高距為 2m，通過 A、B 間之等高線為 116m。

$116-115.12=0.88\text{m}=88\text{cm}$，

$88\times\dfrac{1}{2500}=0.03\text{ cm}$，$2-0.03=1.97\text{ cm}$。

( ) 59. A 點之高程為 118.12m，B 點之高程為 117.56m，A、B 間之水平距離為 36.52m，欲在 1/1000 圖上繪製 1m 等高距(等高線間隔)之等高線，試求該等高線在圖上距 B 點之距離為 (1)2.57cm (2)2.67cm (3)2.77cm (4)2.87cm。 (4)

解 等高距為 1m，通過 A、B 間之等高線為 118m。

$\dfrac{36.52}{118.12-117.56}=\dfrac{x}{118-117.56}$，$x=28.7\text{ m}$。

$\dfrac{28.7}{1000}=0.0287\text{m}=2.87\text{ cm}$。

( ) 60. 下列何者不屬於地形圖圖廓外之註記？ (1)獨立標高點 (2)圖名 (3)圖號 (4)指北方向。 (1)

解 圖廓外註記資料，應包括圖名、圖號、指北方向、版次、圖例、比例尺、等高線間隔、測圖日期、圖幅接合表、行政界線略圖、圖幅位置圖、圖幅經緯度、方格坐標等。

( ) 61. 下列何者不屬於地形圖圖廓外之註記？ (2)
(1)比例尺 (2)河川名稱 (3)等高線間隔 (4)測圖日期。

解 參閱 60 題解析。

( ) 62. 地形圖圖例中"－ X － X － X －"表示 (1)草地 (2)水田 (3)鐵絲網 (4)生籬。 (3)

解 常用之圖例：

名稱	圖例	名稱	圖例
三角點	⚠	水準點	⊡
建物	▨	道路	═
鐵絲網	—×—×—×—	生籬	•∼•∼•∼•∼
旱田	ㅛ ㅛ ㅛ	水田	〒 〒 〒
菜園	ıııı ıııı ıııı	草地	ılı ılı ılı
竹林	↑ ↑ ↑ ↑	路燈	☼
電力線桿	—○—	電話線桿	—●—
隧道	⊐:::⊏	天橋	≍
橋樑	≍	混凝土橋	≍
郵政局	✉	加油站	⍞
教堂	十	寺廟	卍
銅像	♀	古蹟	♁
亭	亼	學校	文
墳墓	⊥	停車場	Ⓟ

( ) 63. 地形圖圖例中"ılı ılı ılı"表示 (1)草地 (2)水田 (3)果園 (4)竹林。 (1)

解 參閱 62 題解析。

( ) 64. 地形圖圖例中"↑　↑　↑"表示　(1)草地　(2)水田　(3)果園　(4)竹林。 (4)

解 參閱 62 題解析。

( ) 65. 網格式數值高程模型(Grid DEM)是以等間距網格上地形點的平面位置與高程來表現地形，下列有關其敘述何者錯誤？　(1)網格上之高程可直接測量或經內插處理而得　(2)表現地形斷線之能力較差　(3)較易與數位影像結合處理　(4)無法內插得到等高線，亦無法計算坡度。 (4)

解 DEM 可用內插得到等高線及計算坡度，常見的內插法有反距離加權插值法、克里金插值法、最近鄰點插值法、最小曲率法與改進謝別德法等。

( ) 66. 不規則三角網(TIN)是屬於數值地形模型(DTM)的方式之一，係直接利用實測之地形要點建構不規則大小之三角網來表現地形，其中每一個三角形代表一個坡面，下列有關 TIN 之敘述何者錯誤？ (3)

(1)同一組資料因不同的方法，可能組成不同的三角網

(2)表現地形斷線之能力較佳

(3)較易與數位影像結合處理

(4)可由 TIN 的高程資料內插得到等高線，並可計算坡度。

解 常見 DEM 資料結構有以下二種：

1. 規則網格(Grid)：以矩陣式結構表現點與點間的位相關係，所以不適合使用在地形起伏較複雜的地區。
2. 不規則三角網(TIN)：以直線連接組成三角形，每個三角形以一平面表示之。TIN 可視為具有坡度、坡向及面積等屬性的多邊形，其較 Grid 法更適合表現地形，而因不同的方法，可組成不同的三角網。

( ) 67. 檢核測繪完成之地形圖時，假設規範要求地形圖上兩地物點之距離與現地測量值的誤差不得大於圖上距離 0.5mm，若已測繪完成地形圖之比例尺為五百分之一，其等高距為 1m，檢查地形圖上兩地物點之距離與現地測量值的誤差，得到四段距離現地之誤差值分別為(甲)5cm、(乙)10cm、(丙)30cm、(丁)50cm，則下列何者合於誤差界限：(1)僅甲　(2)甲及乙　(3)甲、乙、丙　(4)甲、乙、丙、丁。 (2)

解 誤差界限 $= \dfrac{0.5 \times 500}{10} = 25$ cm，故甲及乙合格。

( ) 68. 檢核測繪完成之地形圖時，假設規範要求地形圖上兩地物點之距離與現地測量值的誤差不得大於圖上距離 0.5mm，若已測繪完成地形圖之比例尺為一千分之一，其等高距為 2m，檢查地形圖上兩地物點之距離與現地測量值的誤差，得到四段距離現地之誤差值分別為(甲)5cm、(乙)10cm、(丙)25cm、(丁)60cm，則下列何者合於誤差界限？(1)僅甲　(2)甲及乙　(3)甲、乙、丙　(4)甲、乙、丙、丁。 (3)

解 誤差界限 $= \dfrac{0.5 \times 1000}{10} = 50$ cm，故甲、乙、丙合格。

( ) 69. 檢核測繪完成之地形圖時，假設規範要求地形圖上等高線與實際高程位置的誤差不得大於等高距的二分之一，若已測繪完成地形圖之比例尺為五百分之一，其等高距為 1m，檢查地形圖上等高線與實際高程位置的誤差，得到四點高程之誤差值分別為(甲)5cm、(乙)10cm、(丙)20cm、(丁)30cm，則下列何者合於誤差界限？(1)僅甲　(2)甲及乙　(3)甲、乙、丙　(4)甲、乙、丙、丁。 (4)

解　誤差界限 $=\frac{1}{2}=0.5m=50cm$，故甲、乙、丙、丁皆合格。

(　) 70. 檢核測繪完成之地形圖時，假設規範要求地形圖上等高線與實際高程位置的誤差不得大於等高距的二分之一，若已測繪完成地形圖之比例尺為一千分之一，其等高距為 2m，檢查地形圖上等高線與實際高程位置的誤差，得到四點高程之誤差值分別為(甲)10cm、(乙)30cm、(丙)60cm、(丁)150cm，則下列何者合於誤差界限？
(1)僅甲　(2)甲及乙　(3)甲、乙、丙　(4)甲、乙、丙、丁。　(3)

解　誤差界限 $=\frac{2}{2}=1m=100cm$，故甲、乙、丙合格。

(　) 71. 在 1/500 地形圖上量得三角形之三邊長分別為 4cm、6cm、8cm，則該三角形實地面積為 (1)$260m^2$　(2)$270m^2$　(3)$280m^2$　(4)$290m^2$。　(4)

解　三邊實長分別為 20m、30m 與 40m。
$s=\frac{a+b+c}{2}=\frac{20+30+40}{2}=45$
代入海龍公式求面積 $A=\sqrt{S(S-a)(S-b)(S-c)}=\sqrt{45(45-20)(45-30)(45-40)}\approx 290\ m^2$。

(　) 72. 在 1/1000 地形圖上量得三角形之三邊長分別為 5cm、6cm、7cm，則該三角形實地面積為 (1)$1450m^2$　(2)$1460m^2$　(3)$1470m^2$　(4)$1480m^2$。　(3)

解　三邊實長分別為 50m、60m 與 70m。
$s=\frac{50+60+70}{2}=90$
代入海龍公式求面積
$s=\frac{50+60+70}{2}=90$
$A=\sqrt{90(90-50)(90-60)(90-70)}=1470\ m^2$。

(　) 73. 某一地形圖之比例尺為 1/500，等高距為 0.5m，相鄰等高線上各有一點，此圖上兩點之水平距離為 1.00cm，則此兩點間之坡度為　(1)5%　(2)10%　(3)15%　(4)20%。　(2)

解　水平距離實長為 5m，坡度 $S\%=\frac{\Delta h}{D}\times 100\%=\frac{0.5}{5}\times 100\%=10\%$。

(　) 74. 某一地形圖之比例尺為 1/1000，等高距為 2m，相鄰等高線上各有一點，此圖上兩點之水平距離為 2.50cm，則此兩點間之坡度為　(1)4%　(2)8%　(3)16%　(4)32%。　(2)

解　水平距離實長為 25m，坡度 $S\%=\frac{\Delta h}{D}\times 100\%=\frac{2}{25}\times 100\%=8\%$。

(　) 75. 由地形圖上量得高程 50m、52m、54m 等三條相鄰等高線所包圍的面積分別為 $A_{50}=148m^2$、$A_{52}=100m^2$、$A_{54}=40m^2$、山頂之高程為 55.20m，若以稜柱體公式計算該山丘之土方為　(1)$402m^3$　(2)$404m^3$　(3)$406m^3$　(4)$408m^3$。　(4)

解　稜柱體公式 $V_1=\frac{L}{3}(A_{50}+4A_{52}+A_{54})=\frac{2}{3}(148+4\times 100+40)=392\ m^3$；
山頂之體積 $V_2=\frac{40}{3}(55.20-54)=16\ \ m^3$，
山丘之土方 $V=V_1+V_2=392+16=408\ \ m^3$。

(　　) 76. 有某一等高線圖如下，其中各等高線之高程註記於右側，欲由等高線圖確定匯水區域時，各選項圖中虛線代表分水線，下列何者分水線之位置最為正確？ (3)

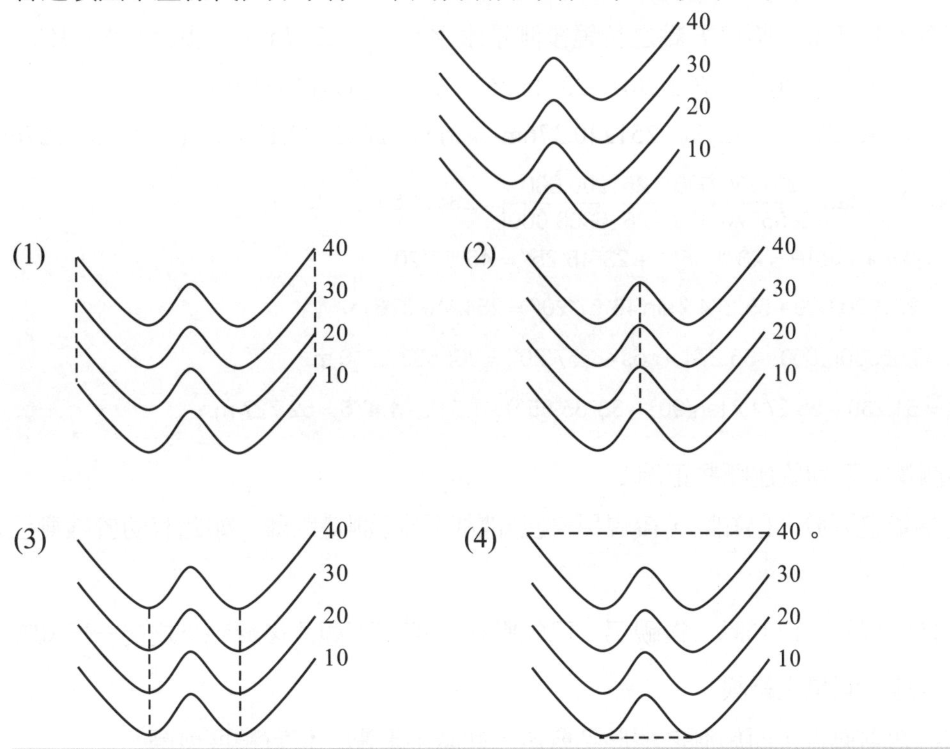

解　分水線位於兩山間的夾道、流水道之山谷線。

複選題

(　　) 77. 有關地形圖，下列敘述哪些錯誤？ (234)

(1)平面圖僅表示地物之平面位置，而地形圖則表示地物與地貌

(2)地形圖以確定正確之權利界址為重點

(3)等高線之等高距為地面上點位至大地水準面之垂直距離

(4)採用地形點法測繪等高線時，是直接測定地面各高程相同的點，再以曲線連接之。

解　地形測量繪製而成之圖籍，如僅表示地物之位置者，稱為平面圖，若表示地物與地貌者稱為地形圖，另外比例尺甚小如百萬分之一以下之地圖，僅能顯示重要地點之地理位置及全區之山脈主峰或河川主流等概況，不能真正表示地形者，為與地形圖有別，特稱為輿圖。

(　　) 78. 採用全站儀(Total Station)進行地形測量時，測站 A 點及後視站 B 點之三維坐標(E, N, H)分別為(251200.000, 2655300.000, 51.250)及(251230.000, 2655380.000, 52.350)，單位為公尺，儀器高為 1.515m，照準 P 點之稜鏡後測量水平距為 55.274m，天頂距為 88°25'55"，稜鏡高為 1.475m，觀測水平角 $\angle BAP$=23°45'25"，則下列敘述哪些正確？ (34)

(1)方位角 ϕ_{AP}=44°16'47"　(2) E_P=251238.163m　(3) N_P=2655339.550m　(4) H_P=52.803m。

解　選項(1) $\phi_{AB} = \theta_{AB} = \tan\left|\dfrac{251230.000 - 251200.000}{2655380.000 - 2655300.000}\right| = 20°33'22''$，

$$\phi_{AP} = \phi_{AB} + \angle BAP = 20°33'22'' + 23°45'25'' = 44°18'47''$$。

選項(2) $E_P = 251200.000 + 55.274 \times \sin 44°18'47'' = 251238.613\text{ m}$ 。

選項(3) $N_P = 2655300.000 + 55.274 \times \cos 44°18'47'' = 2655339.550\text{ m}$。

選項(4) $H_P = 51.250 + 55.274 \times \tan(90° - 88°25'55'') + 1.515 - 1.475 = 52.803\text{ m}$。

( ) 79. 採用全站儀(Total Station)進行地形測量時，測站 A 點及後視站 B 點之三維坐標(E, N, H)分別為(251200.000, 2655300.000, 51.250)及(251230.000, 2655370.000, 52.350)，單位為公尺，儀器高為 1.550m，照準 P 點之稜鏡後測量水平距為 55.247m，天頂距為 88°35'55"，稜鏡高為 1.425m，觀測水平角 $\angle BAP$=23°45'25"，則下列敘述哪些正確？ (124)

(1)方位角 ϕ_{AP}=46°57'20" (2)E_P=251240.376m (3)N_P=2655337.170m (4)H_P=52.727m。

解

選項(1) $\phi_{AB}=\theta_{AB}=\tan\left|\dfrac{251230.000-251200.000}{2655370.000-2655300.000}\right|=23°11'55''$，

$\phi_{AP}=\phi_{AB}+\angle BAP=23°11'55''+23°45'25''=46°57'20''$。

選項(2) $E_P=251200.000+55.274\times\sin 46°57'20''=251240.376$ m。

選項(3) $N_P=2655300.000+55.274\times\cos 46°57'20''=2655337.710$ m。

選項(4) $H_P=51.250+55.274\times\tan(90°-88°35'55'')+1.515-1.475=52.727$ m。

( ) 80. 有關地形測量，下列敘述哪些正確？ (124)

(1)若將全站儀整置於一已知點，後視另一已知點時同時測量距離，如此有助於檢測已知點

(2)將全站儀整置於一已知點，後視另一已知點後，若能再觀測後視點外之另一已知點，則能減少地形測量之錯誤

(3)後視之已知點愈近，而施測之地形點愈遠，此時地形點之位置精度愈高

(4)一測站觀測一段時間與完成觀測後，均必須再檢查後視方向之讀數。

( ) 81. 有關比例尺，下列敘述哪些正確？ (13)

(1)地形圖整飾之項目通常包含比例尺

(2)比例尺 1:500 為圖解表示比例尺之方式

(3)某地區之地形圖比例尺為 1/5000，另有地籍圖之比例尺為 1/500，則該地形圖為較小之比例尺

(4)某地形圖之比例尺為 1cm=50m，則代表該地形圖之比例尺為 1/50。

解

比例尺之表示法：

1. 數字法：可寫做 1：1000 或 $\frac{1}{1000}$ 或直接以文字寫出如一千分之一。即分數之分子與分母或比例之前項與後項長度單位應相同。且其中分子數值或比例前項數值常以 1 表之。
2. 文字法：如 1 吋比 100 呎或 6 吋比 1 哩等，在使用英制長度單位的國家常見之。
3. 圖示法：在地圖上繪一條橫線分為若干段，以表示距離。

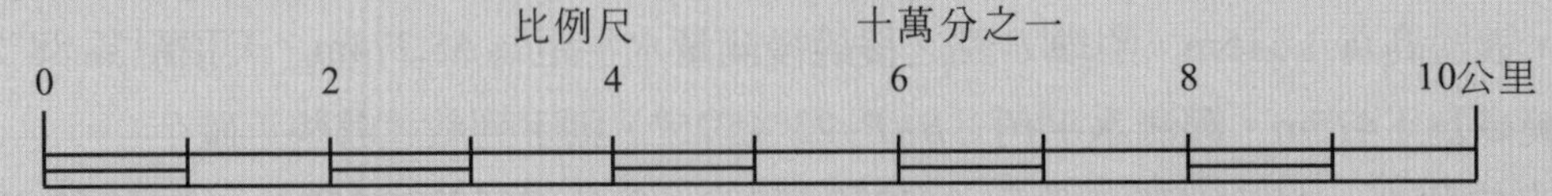

以數值法測量之地形圖，常以分數或比例表示比例尺簡單明確，但若以圖解法測量之地形圖，需考量圖紙之膨脹收縮，致圖上距離有所變更，將造成由圖上量得距離與實際距離不符誤差，若仍採用圖畫比例尺，可藉以圖示距離，量得正確長度，以改正此種誤差。

選項(2)為數字法。

選項(4)為 1/5000。

(　　) 82. 如下圖所示之等高線圖，下列敘述哪些正確？　(123)

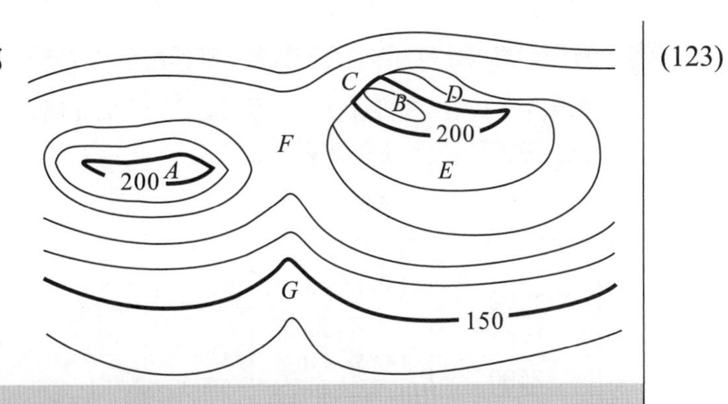

(1)*A* 是山頂
(2)*B* 較 *A* 高
(3)*C* 附近是絕壁
(4)*D* 之坡度較平緩，E 之坡度較陡峭。

解　選項(4) *D* 之坡度較陡峭，E 之坡度較平緩。

(　　) 83. 有關等高線特性，下列敘述哪些正確？　(134)
(1)等高線均能自行閉合而成一封閉曲線，若不在圖幅內閉合，則將於圖幅外閉合
(2)等高線之水平間距愈小，表示坡度愈平緩
(3)二等高線不能相交，但於懸崖峭壁處之等高線可能會重疊
(4)等高線遇到河流或山谷時，不能直接繪至對岸，必須先沿河岸向上游前進至河底或谷底等高處，再折向下游。

解　選項(2)等高線間之水平距離與地面坡度成反比，距離愈大，表示坡度平緩，而距離愈小，表示坡度急陡。

(　　) 84. 通常等高線分成計曲線、首曲線、間曲線及助曲線等四種，下列敘述哪些正確？　(123)
(1)首曲線以細實線表示之　(2)每逢五倍數之首曲線以粗實線表示之，稱為計曲線
(3)一般高程註記於計曲線　(4)間曲線以粗實線表示之。

解　間曲線以虛線條表示之。

(　　) 85. 有關等高距，下列敘述哪些正確？　(24)
(1)等高距是地形圖上兩相鄰等高線之水平距離
(2)地形圖之等高距大小視各項因素而定，通常以比例尺為主
(3)通常 1/500 地形圖之等高距為 5 公尺或 10 公尺
(4)平坦地區之等高距宜小，以充份表示地形起伏情形，並提高高程精度。

解　選項(1)兩相鄰等高線之垂直距離，亦即兩等高線之高程差。

選項(3)一般慣用的測圖比例尺及其配合之等高距值如下：

測圖比例尺	等高距
$\frac{1}{500}$	0.5 m
$\frac{1}{1000}$	1 m
$\frac{1}{2500}$	1 m 或 2 m
$\frac{1}{5000}$	2 m
$\frac{1}{10000}$	5 m
$\frac{1}{25000}$	10 m
$\frac{1}{50000}$	20 m

(　　) 86. 已知 A 及 B 兩點之三維坐標(E, N, H)分別為(251200.00, 2655300.00, 51.25)及(251230.00, 2655340.00, 52.35)，單位為公尺，地形圖之等高距為 0.5 公尺，假設 A 及 B 兩點間坡度均勻變化，則等高線與 AB 連線之交點之平面坐標分別為　(13)

(1)(251206.82, 2655309.09)　(2)(251213.64, 2655318.18)

(3)(251220.45, 2655327.27)　(4)(251227.27, 2655336.36)。

解　A、B 二點距離

$\overline{AB}=\sqrt{(251230.00-251200.00)^2+(2655340.00-2655300.00)^2}=50.00\,\text{m}$，

A、B 二點高差 $\Delta H_{AB}=52.35-52.25=1.10$　m。

因等高距為 0.5m，故 A、B 二點間有 51.50m 與 52.00m 二條等高線。

A 點距 51.50m 等高線之等高距為 51.50-51.25=0.25m，

A 點距 52.00m 等高線之等高距為 52.00-51.25=0.75m。

A 點距 51.50m 等高線之水平距為 $\frac{0.25\times 50}{1.1}=11.36\,\text{m}$，

A 點距 52.00m 等高線之水平距為 $\frac{0.75\times 50}{1.1}=34.09\,\text{m}$。

$\phi_{AB}=\theta_{AB}=\tan^{-1}\left|\frac{251230.00-251200.00}{2655340.00-2655300.00}\right|=36°52'12''$ (第一象限)，

$E_{51.50}=251200.00+11.36\times\sin 36°52'12''=251206.82$；

$N_{51.50}=2655300.00+11.36\times\cos 36°52'12''=2655309.09$，

$E_{52.00}=251200.00+34.09\times\sin 36°52'12''=251220.45$；

$N_{52.00}=2655300.00+34.09\times\cos 36°52'12''=2655327.27$。

(　　) 87. 已知 A 及 B 兩點之三維坐標(E,N,H)分別為(251200.00, 2655300.00, 51.25)及(251260.00, 2655380.00, 53.85)，單位為公尺，地形圖之等高距為 1 公尺，假設 A 及 B 兩點間坡度均勻變化，則等高線與 AB 連線之交點之平面坐標分別為　(23)

(1)(251208.65,2655311.54)　(2)(251217.31, 2655323.08)

(3)(251240.38, 2655353.85)　(4)(251257.69, 2655376.92)。

解　A、B 二點距離

$$\overline{AB}=\sqrt{(251260.00-251200.00)^2+(2655380.00-2655300.00)^2}=100.00\text{ m}，$$

A、B 二點高差 $\Delta H_{AB}=53.85-51.25=2.60\ \text{m}$。

因等高距為 1m，故 A、B 二點間有 52.00m 與 53.00m 二條等高線。

A 點距 52.00m 等高線之等高距為 52.00-51.25=0.75m，

A 點距 53.00m 等高線之等高距為 53.00-51.25=1.75m。

A 點距 52.00m 等高線之水平距為 $\dfrac{0.75\times100}{2.6}=28.85\text{ m}$，

A 點距 53.00m 等高線之水平距為 $\dfrac{1.75\times100}{2.6}=67.31\text{m}$。

$$\phi_{AB}=\theta_{AB}=\tan^{-1}\left|\frac{251260.00-251200.00}{2655380.00-2655300.00}\right|=36°52'12''\ (\text{第一象限})，$$

$E_{52.00}=251200.00+28.85\times\sin36°52'12''=251217.31$；

$N_{52.00}=2655300.00+28.85\times\cos36°52'12''=2655323.08$，

$E_{53.00}=251200.00+67.31\times\sin36°52'12''=251240.38$；

$N_{53.00}=2655300.00+67.31\times\cos36°52'12''=2655353.85$。

(　　) 88. 方格法水準測量之成果如下圖所示，各格點之高程標示圖上，單位為公尺，則高程 12m 之等高線將通過哪些區域？　(1)A　(2)B　(3)C　(4)D。　(124)

11.23　11.74　12.35
A　B
11.61　12.29　12.83
D　C
12.17　12.71　13.22

等高線略約繪製如下圖，因 C 區域四格點之高程皆超過 12 m，將不會有等高線通過。

11.23　11.74　12.35
A　B
11.61　12.29　12.83
D　C
12.17　12.71　13.22

(　　) 89. 方格法水準測量之成果如下圖所示，各格點之高程標示圖上，單位為公尺，則高程 12.5m 之等高線將通過哪些區域？　(1)*A*　(2)*B*　(3)*C*　(4)*D*。　(234)

11.23　11.74　12.35
A　*B*
11.61　12.29　12.83
D　*C*
12.17　12.71　13.22

解　參閱 88 題解析。因 *A* 區域四個角點高程均小於 12.5m，故等高線不會通過此區域。

(　　) 90. 測量地形點之高程如圖，該高程點之位置為三角形之頂點，等高距為 0.5m，等高線(圖中實線)上註記之數值為該等高線之高程，則下列等高線位置哪些正確？　(24)

(1)
27.90
27.5
25.10　26.20

(2)
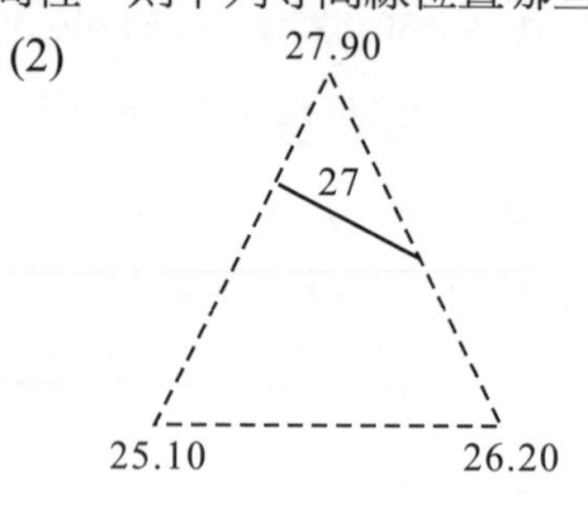

(3)
27.90
26
25.10　26.20

(4)
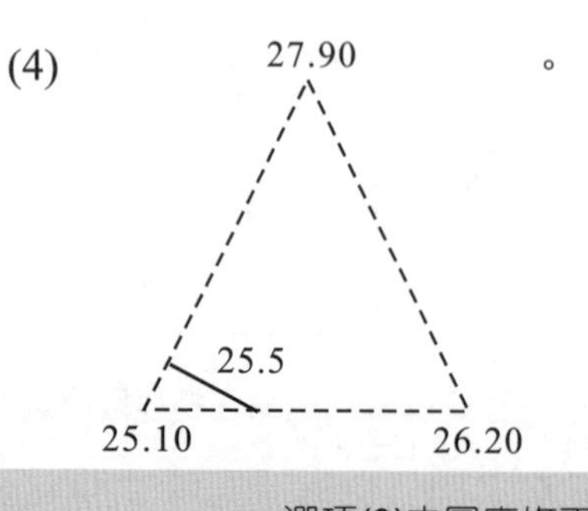

。

解　選項(1)之圖應修正如

27.90
27.5
25.10　26.20

選項(3)之圖應修正

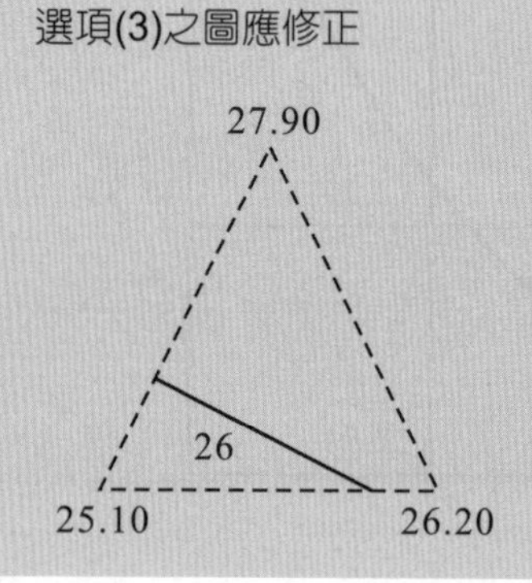

( ) 91. 測量地形點之位置及高程如圖，該高程點之位置為三角形之頂點，等高距為 0.5m，等高線(圖中實線)上註記之數值為該等高線之高程，則下列等高線位置哪些正確？ (34)

(1)
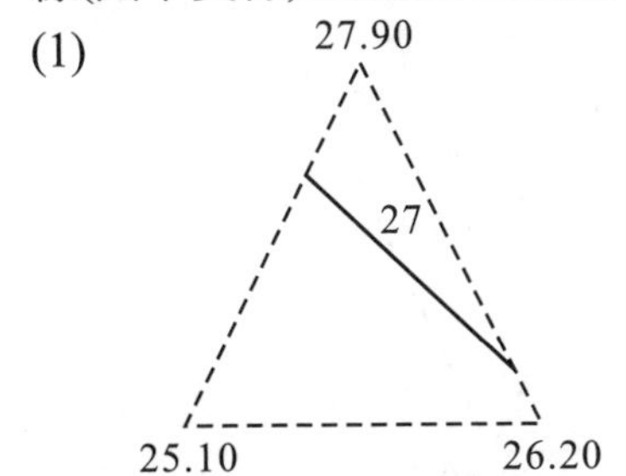

(2)
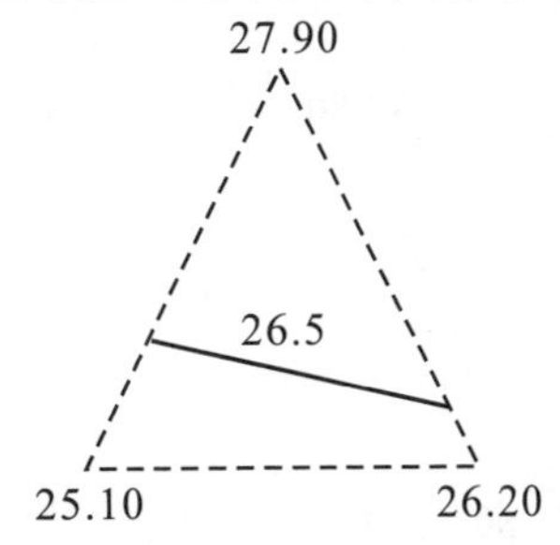

(3)
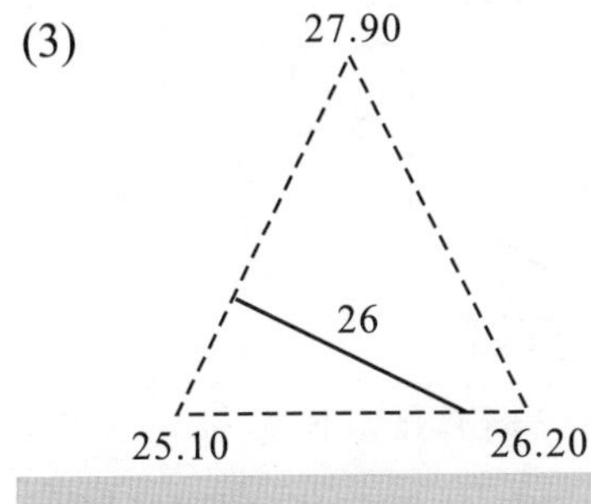

(4)
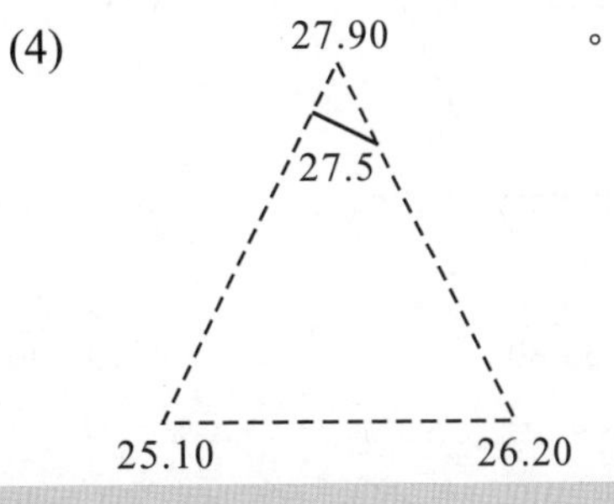

。

解 參閱 90 題解析。以內插法依比例繪製等高線即可。

( ) 92. 測量地形點之位置及高程如圖，該高程點之位置為三角形之頂點，等高距為 0.5m，等高線(圖中實線)上註記之數值為該等高線之高程，該等高線尚未平滑化，則下列等高線位置哪些正確？ (14)

(1)
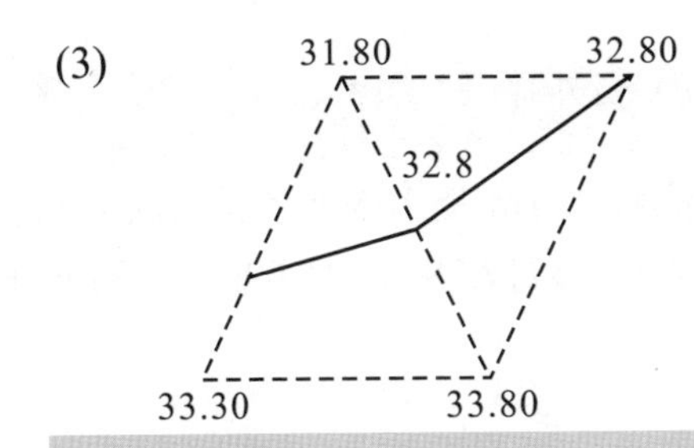

(2)
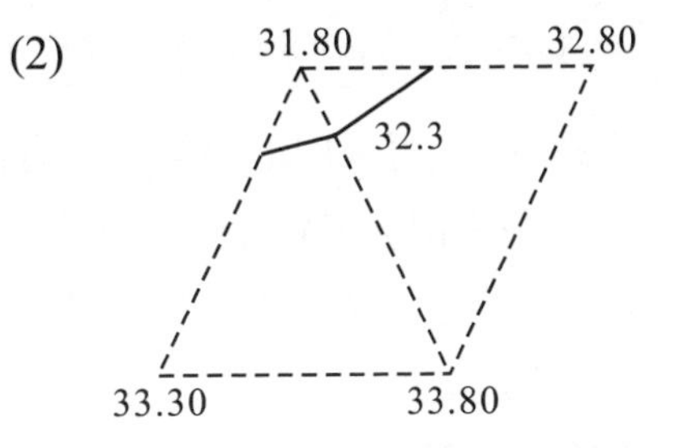

(3)
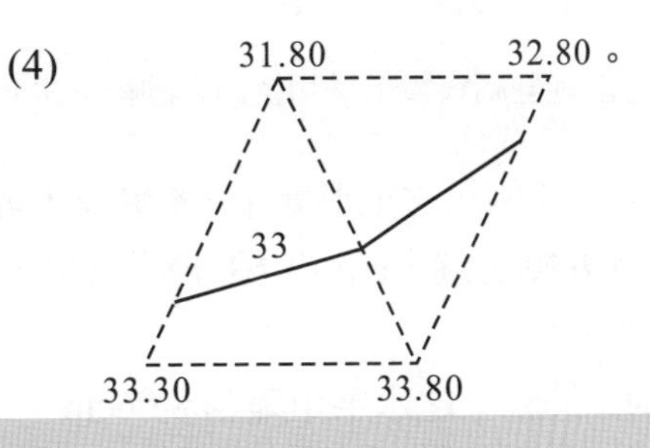

(4)

。

解 參閱 93 題解析。以內插法依比例繪製等高線即可。

(　　) 93. 測量地形點之位置及高程如圖，該高程點之位置為三角形之頂點，等高距為 0.5m，等高線(圖中實線)上註記之數值為該等高線之高程，該等高線尚未平滑化，則下列等高線位置哪些正確？ (24)

(1)

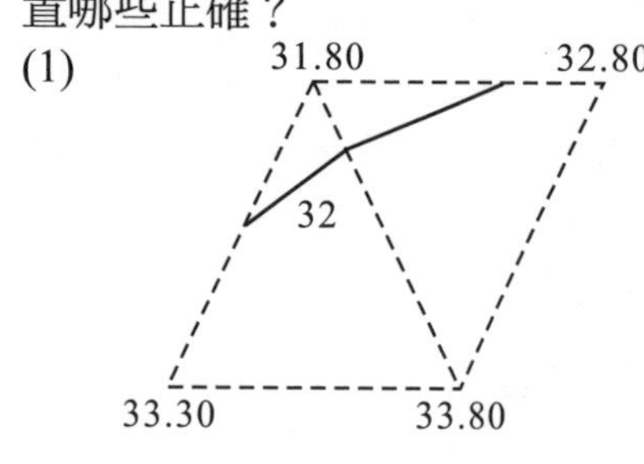

(2)

31.80　32.80
32.5
33.30　33.80

(3)

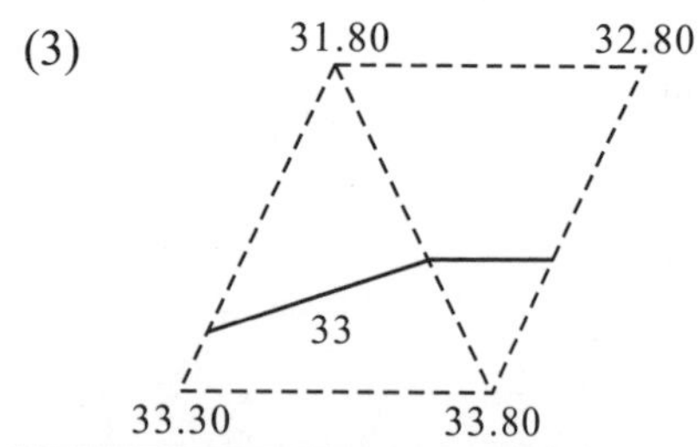

(4)

31.80　32.80 。
33.5
33.30　33.80

解 選項(1)之圖應修正如下。

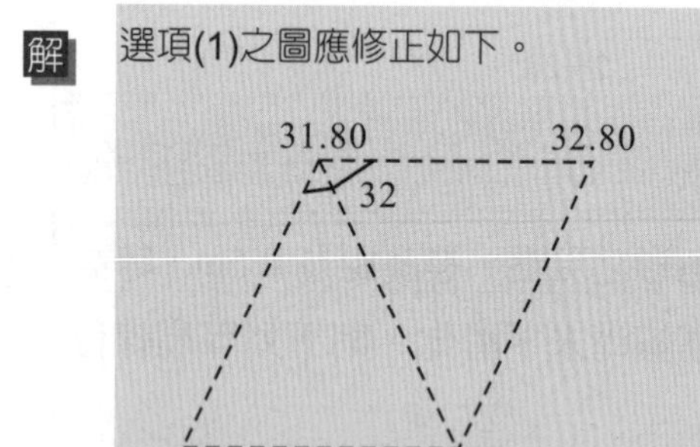

選項(3)之圖應修正如下。

31.80　32.80
33
33.30　33.80

(　　) 94. 間接測定法測繪等高線可採用地形點法及方格法，下列相關之敘述哪些正確？ (124)

(1)於地形平坦地區採用地形點法時，若考慮縮短外業時間，則測定之點數可減少

(2)在不改變方網格間距的情況下，方格法通常無法充分表現如斷線等地形特徵

(3)方格法適用廣大之測區

(4)方格法適用於地形平坦地區。

解 選項(3) 適用於地面高程變化緩和且為大面積之土方工程，如機場海埔新生地等。

(　　) 95. 於五百分之一比例尺之地形圖上，A 點及 B 點分別於高程 111m 及 106m 之等高線上，已量得 A 點及 B 點之圖上(x,y)坐標分別為(12.15cm, 25.47cm)及(17.28cm, 31.69cm)，則下列敘述哪些正確？ (12)

(1)A、B 兩點於圖上之水平距離為 8.06cm

(2)A、B 兩點於實地之水平距離為 40.30m

(3)A 點至 B 點之高程差為 5m

(4)A 點至 B 點之坡度為-21.4%。

解 選項(1) $\sqrt{(17.28-12.15)^2+(31.69-25.47)^2}=8.06\text{ cm}$。

選項(2) $\dfrac{8.06\times 500}{100}=40.30\ \ \text{cm}$。

選項(3) 111-106=5 m。由 A 至 B 為上坡，則坡度為「+」，若是由 A 至 B 為下坡，則坡度為「－」，A 點至 B 點之高程差應為-5m。

選項(4) 已知 AB 水平距離 D、AB 之垂直高程差 Δh，而坡度以 S%表示，其計算方式：

$$坡度=\frac{兩點間垂直距離（高程差）}{兩點間水平距離}\times 100\ \%，$$

$$S\%=\frac{\Delta h}{D}\times 100\ \%=\frac{-5}{40.30}\times 100\%=-12.41\%$$。

( ) 96. 於五百分之一比例尺之地形圖上，A 點及 B 點分別於高程 111m 及 116m 之等高線上，已量得 A 點及 B 點之圖上(x,y)坐標分別為(12.27cm, 25.36cm)及(17.49cm, 31.75cm)，則下列敘述哪些正確？ (1)A、B 兩點於圖上之水平距離為 8.25cm (2)A、B 兩點於實地之水平距離為 42.15m (3)A 點至 B 點之高程差為 5m (4)A 點至 B 點之坡度為 12.1%。 (134)

解 參閱 95 題解析。選項(2) $\dfrac{8.25\times 500}{100}=41.250\ \ \text{cm}$。

4

( ) 97. P 點平面坐標(E, N)為(251212.34, 2655613.45)，單位為公尺。在一個網格式數值高程模型(Digital Elevation Model,DEM)中，其相鄰四個格點之平面三維坐標(E, N, H)分別為 A(251200, 2655600, 51.10)、B(251240, 2655600, 52.20)、C(251200, 2655640, 52.20)、D(251240, 2655640, 53.30)，若欲採用內插方式計算 P 點高程時，假設採用之方法如右圖先分別內插計算 F 及 G 點之高程，再由 F 及 G 點之高程內插計算 P 點高程，則下列敘述哪些正確？ (1)H_F=51.71m (2)H_G=52.54 (3)H_P=51.81 (4)採用最鄰近點法時，H_P=51.10m。 (234)

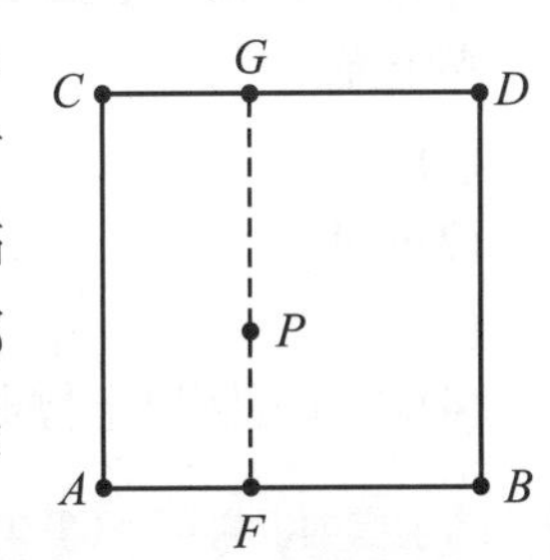

解 選項(1) $H_F=51.10+\dfrac{52.20-51.10}{2655640-2655600}\times(251212.34-251200)=51.44\text{ m}$。

( ) 98. P 點平面坐標(E, N)為(251210.56, 2655613.89)，單位為公尺。在一個網格式數值高程模型(Digital Elevation Model,DEM)中，其相鄰四個格點之平面三維坐標(E, N, H)分別為 A(251200, 2655600, 51.10)、B(251240, 2655600, 52.20)、C(251200, 2655640, 52.20)、D(251240, 2655640, 53.30)，若欲採用內插方式計算 P 點高程時，假設採用之方法如右圖先分別內插計算 F 及 G 點之高程，再由 F 及 G 點之高程內插計算 P 點高程，則下列敘述哪些正確？ (1)H_F=51.39m (2)H_G=52.57 (3)H_P=51.77 (4)採用最鄰近點法時，H_P=53.30m。 (13)

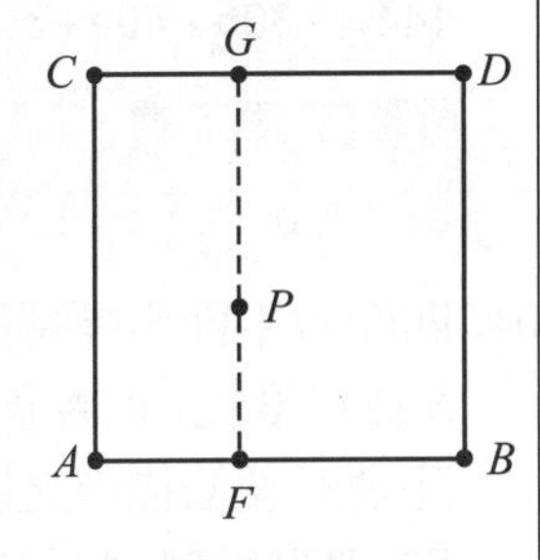

解 選項(2) $H_G=52.2+\dfrac{52.20-51.10}{2655640-2655600}\times(251210.56-251200)=52.49\ \ \text{m}$。

選項(4)採用最鄰近點法時，$H_P=H_A=51.10\ \ \text{m}$。

( ) 99. 比例尺 1/500 之地形圖如下圖所示，已知 O 點坐標 Eo=251000m，No=2762000m，以直尺量得 x=50.0mm，y=40.0mm，假設 x 及 y 之量測中誤差分別均為±0.2mm，並假設 E 坐標誤差只受 x 誤差之影響，則下列敘述哪些正確？ (14)

(1)E_P=251025.0m (2)N_P=2762200.0m (3)高程 H_P=30.8m (4)E_P 之中誤差為±10cm。

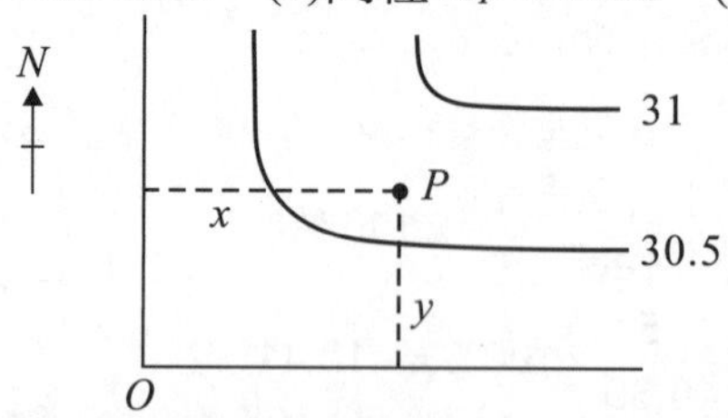

解 選項(1) $E_P = 251000 + \dfrac{5 \times 500}{100} = 251000 + 25 = 251025$，

選項(2) $N_P = 2762000 + \dfrac{4 \times 500}{100} = 2762000 + 20 = 2762020$，

選項(3)觀察二條等高線，高程 H_P 約為 30.6 至 30.7m。

選項(4) $\pm 0.02 \times 500 = \pm 10$ cm。

( ) 100. 地形圖上已知 P 及 Q 點坐標分別為 E_P=91m、N_P=84m、E_Q=231m、N_Q=144m，將此地形圖掃描後之影像檔載入電腦繪圖軟體，量得 x_P=10、y_P=20、x_Q=30、y_Q=40，採用四參數平面坐標轉換之公式為 $E=ax+by+c$，$N=-bx+ay+d$，上式中 c 及 d 表平移量，下列敘述哪些正確？ (134)

(1)a=5

(2)b=4

(3)c=1

(4)若有三個以上控制點同時已知此兩個坐標系統之坐標，則利用平差可求解轉換參數。

解 將坐標與參數帶入轉換式：

$91 = 10a + 20b + c$..........①

$84 = -10b + 20a + d$........②

$231 = 30a + 40b + c$.........③

$144 = -30b + 40a + d$.......④

解聯立方程式得

$a = 5$，$b = 2$，$c = 1$，$d = 4$。

( ) 101. 四參數平面坐標轉換之公式為 $E = ax+by+c$，$N = -bx+ay+d$，上式中 c 及 d 表平移量，令 S 為尺度比，θ 為坐標系統之旋轉角度，$a = S \cdot \cos\theta$，$b = S \cdot \sin\theta$，$S^2 = a^2+b^2$，$\theta = \tan^{-1}(b/a)$。將地形圖掃描後之影像檔載入電腦繪圖軟體後，若已計算得 $a = 12$，$b = 5$，$c = 30$，$d = 40$，則下列敘述哪些正確？ (124)

(1)S=13

(2)θ=22°37'12"

(3)橫軸方向須平移 40

(4)將地形圖掃描後之影像檔載入電腦繪圖軟體後，須經尺度改正、旋轉及平移後，方可套合至原地圖坐標系統。

解　四參數平面坐標轉換又稱為正形坐標轉換，其包含一個尺度、一個旋轉及二個平移量共四個參數，其特色是形狀維持不變，即角度維持不變。另一種常見的六參數平面坐標轉換又稱為仿射坐標轉換，其包含二個尺度、二個平移、一個旋轉及一個軸系不垂直量共六個參數。

四參數平面坐標轉換如下圖所示，故知選項(3)為橫軸方向平移量為 30。

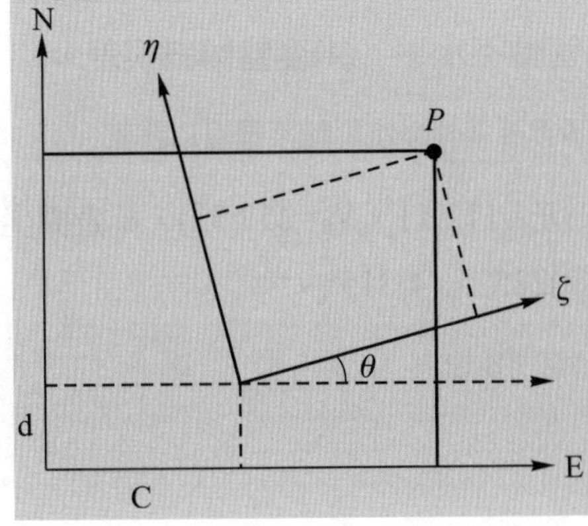

工作項目⑤ 應用測量

單選題

(　) 1. 使用二次縱轉法取平均以延長直線，其目的在消除 (1)
(1)視準軸不垂直於橫軸　(2)垂直軸不水平　(3)水準管軸不水平　(4)度盤傾斜誤差。

解　採用二次縱轉法定延長線，可求 BC 二點平均。此法可消除儀器視準軸與水平軸不垂直之誤差。

(　) 2. 設隧道兩端 A、B 之坐標為(E_A=123.11，N_A=246.32)，(E_B=112.11，N_B=257.32)，E 表橫坐標，N 表縱坐標，則 AB 之方位角為　(1)45°　(2)135°　(3)225°　(4)315°。 (4)

解　$\theta_{AB} = \tan\left|\dfrac{112.11-123.11}{257.32-246.32}\right| = 45°$，(△$N$，△$E$)= (+，−)，為第四象限。

$\phi_{AB} = 360° - \theta_{AB} = 360° - 45° = 315°$。

(　) 3. 設隧道兩端 A、B 之坐標為(E_A=123.11，N_A=246.32)，(E_B=112.11，N_B=257.32)，E 表橫坐標，N 表縱坐標，其標高分別為 82.45m 及 78.35m，則此隧道之實際長度為 (1)
(1)16.09m　(2)15.03m　(3)15.56m　(4)15.96m。

解　$AB = \sqrt{(112.11-123.11)^2 + (257.32-246.32)^2} = 15.56\text{ m}$。

AB 兩點高程差 = 82.45 − 78.35 = 4.1 m。

隧道之實際長度 = $\sqrt{15.56^2 + 4.1^2} \approx 16.09\text{ m}$。

(　) 4. 某三角形三邊長分別為 15m、20m、25m，則面積為 (1)
(1)150m²　(2)160m²　(3)170m²　(4)180m²。

解　已知三邊長 a、b、c，求三角形面積 A。

$S = \dfrac{a+b+c}{2} = \dfrac{15+20+25}{2} = 30$

代入海龍公式求面積

$A = \sqrt{S(S-a)(S-b)(S-c)} = \sqrt{30(30-15)(30-20)(30-25)} = 150\text{m}^2$

(　) 5. 某一橋樑工程，橋面之高程大約為 1564m，為了施工放樣所做之控制測量，所有測距工作之長度均應化算至 (4)
(1)平均海水面　(2)平均海水面及投影面　(3)投影面　(4)高程為 1564m 之水準面。

解　考慮到設計圖說坐標系統之地圖投影，因其投影到平均海水面上，在高程 1564m 之水準面上會因尺度比的關係造成實際距離比設計圖說反算出的距離大。故施工放樣時，需將坐標距離化算至高程為 1564m 之水準面。

(　) 6. 安裝機器之控制測量，距離通常在 30m 以內，測距精度要求較高，應採用下列何者為宜？ (1)
(1)精密鋼卷尺量距　(2)電子測距儀測距　(3)皮卷尺量距　(4)視距法測距。

解　整理距離測量各式儀器之用途及精度如下表：

儀器名稱	用途及精度
步測計、量距輪	在地面上來直接進行距離量測，用於踏勘、距離之估測，精度範圍 $\frac{1}{100}\sim\frac{1}{200}$。
尼龍卷尺	適用於普通量距，精度範圍 $\frac{1}{500}$ 至 $\frac{1}{1000}$。
鋼卷尺	以鋼製成，受溫度、拉力變化所引起之伸縮量較小。目前應用最為廣泛，適用於精密量距，精度範圍 $\frac{1}{2500}$ 至 $\frac{1}{5000}$。
銦鋼尺	以鋼、鎳合金製成，膨脹係數小用於精度較高之距離測量及其他卷尺校正，適用於基線測量，精度範圍 $\frac{1}{10000}$ 至 $\frac{1}{30000}$。
電子測距儀	利用電磁波在大氣中直線進行，且依照一定頻率原理設計，精度範圍 $\frac{1}{10000}\sim\frac{1}{30000}$。

本題屬短距離之控制測量，採用鋼卷尺或銦鋼尺施測較為恰當。

(　　) 7. 於一縱軸上等距離(d=5m)測定曲線各支距分為 h_1=3.2，h_2=10.4，h_3=12.8，h_4=11.2，h_5=4.4(單位均為 m)，試問以辛浦生法(Simpson's rule)求得縱軸與曲線所圍面積為 (1)199m^2　(2)239m^2　(3)269m^2　(4)299m^2。　(1)

解　$V=\frac{5}{3}(3.2+4\times10.4+2\times12.8+4\times11.2+4.4)=199\text{m}^2$。

(　　) 8. 於地面上設置點位，測量相鄰二點間之距離，並測量相鄰二邊間之角度，以定點位的方法為 (1)導線測量　(2)三角測量　(3)三邊測量　(4)路線測量。　(1)

(　　) 9. 一單曲線之交角(外偏角)為 20°36'00"，半徑為 500m，則該曲線上弧長 20m 之偏角為 (1)2°51'53"　(2)2°17'30".6　(3)1°08'45".3　(4)0°04'22".7。　(3)

解　單曲線各部分之關係，可按三角、幾何定理，依圖來推演各計算公式如下：

1. 切線長：$T=R\times\tan(\frac{I}{2})$
2. 外距：$E=R\times\sec(\frac{I}{2})-R=R\times\left[\sec(\frac{I}{2})-1\right]$
3. 中距：$M=R-R\times\cos(\frac{I}{2})=R\times\left[1-\cos(\frac{I}{2})\right]$
4. 曲線弦長：$C=2\times R\times\sin(\frac{I}{2})$
5. 曲線弧長：$L=R\times\frac{\pi}{180°}\times I$
6. 曲線偏角：

   (1)曲線偏角 $\delta=\frac{1}{2}\times\frac{\overline{AP}}{R}$ ....(δ 以弧度為單位)

   (2)若以偏角 δ 來計算整弦長 c：$c=2R\times\sin\delta$

7. 求曲線上 *B.C.*里程樁、*E.C.*里程樁及 *M.C.*里程樁：(已知 *I.P.*里程樁號)

(1) *B.C.*里程樁＝*I.P.*里程樁號－T；

(2) *E.C.*里程樁＝*B.C.*里程樁＋曲線長

(3) *M.C.*里程樁＝*B.C.*里程樁＋($\frac{曲線長}{2}$)。

上列之計算值，若知其中任二值，即可求得其他各值。

$L=R\times\frac{\pi}{180^\circ}\times I$，$20=500\times\frac{\pi}{180^\circ}\times I$，$I=2^\circ17'30''$。

偏角$=\frac{I}{2}=1^\circ08'45''$。

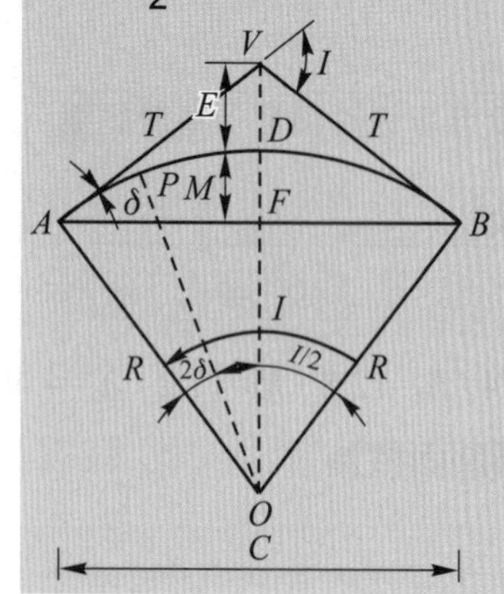

( ) 10. 一單曲線之交角(外偏角)為 20°36'00"，於曲線起點(*B.C.*)以偏角法測設曲線中點(*M.C.*)，曲線中點(*M.C.*)之總偏角應為 (1)20°36'00" (2)10°18'00" (3)5°09'00" (4)2°34'30"。 (3)

解 曲線中點總偏角$=\frac{外偏角}{4}=5^\circ09'00''$。

( ) 11. +0.7%上坡與－0.5%下坡之對稱豎曲線相交於 2k+000 樁號，該豎曲線之坡度變率為 0.1%；則其曲線長為 (1)240m (2)400m (3)120m (4)200m。 (1)

解 豎曲線之坡度變率 $r=\frac{g_1-g_2}{L}$，$L=\frac{g_1-g_2}{r}=\frac{-0.5\%-0.7\%}{-0.1\%}=12$ (偶數樁)

因整樁為 20m，豎曲線長為 20×12＝240m。

( ) 12. 下列所舉出各項水平板樁之用途，何者錯誤？ (4)

(1)標示房屋柱腳之位置 (2)作為決定房屋角隅點之依據

(3)作為高程之基準 (4)作為施工時之安全措施。

解 建築施工時，常於各角隅設置水平標樁(龍門樁)作為施工的依據。其有三種功用：

1. 用於標示建築物的邊緣。
2. 用於重新決定角隅點正確位置。
3. 作為高程之基準，用於檢查開挖深度或牆基高度。

( ) 13. 單曲線之交角(外偏角)I=90°，半徑 R=100m，則切線長 T 為 (4)

(1)50m (2)57.74m (3)75m (4)100m。

解 $T=R\times\tan(\frac{\Delta}{2})=100\times\tan(\frac{90^\circ}{2})=100$ m。

( ) 14. 已知單曲線之半徑為 50m，當外偏角為 60°時，曲線起點至終點之弦長為 (1)

(1)50m (2)86.6m (3)100m (4)75m。

解 曲線弦長 $C=2\times R\times\sin(\frac{I}{2})=2\times 50\times\sin\left(\frac{60}{2}\right)=50$。

( ) 15. 單曲線之起點為 A，終點為 B，切線交點為 V，設 AV 之方位角為 30°，半徑為 100m，A 點之坐標為(E=100，N=500)，則此單曲線圓心之(E，N)坐標為
(1)(186.6，450.0) (2)(86.6，-50.0) (3)(150.0，413.4) (4)(50.0，586.6)。 (1)

解 $E=X_O=X_A+R\times\sin\ \phi_{AO}=100+100\times\sin(30°+90°)=186.603$

$N=Y_O=Y_A+R\times\cos\ \phi_{AO}=500+100\times\cos(120°)=450$

( ) 16. 半徑為 300m 之單曲線，切線交角(外偏角)為 60°，若交點(IP)之樁號為 5k+633.4 時，則曲線起點之樁號為 (1)5K+460.2 (2)5K+806.6 (3)5K+483.4 (4)5K+783.4。 (1)

解 主要樁之里程樁號計算公式為：

BC 樁 = IP 樁號 − T

MC 樁 = BC 樁 + $\frac{L}{2}$

EC 樁 = BC 樁 + 曲線長 = MC 樁 + $\frac{L}{2}$

為了避免計算中的錯誤可用下式進行計算檢核

EC 樁 = IP 樁號 + $T-J$；J 為切曲差 $J=2T-L$。

切線長 $T=R\times\tan(\frac{I}{2})=300\times\tan(\frac{60°}{2})=173.205$

BC 樁 = IP 樁號 − T = 5K + 633.4 − 173.205 = 5K + 460.195。

( ) 17. 半徑為 300m 之單曲線，切線交角(外偏角)為 60°，則曲線全長為 (1)157.08m (2)314.16m (3)628.32m (4)1256.64m。 (2)

解 $L=R\times\frac{\pi}{180°}\times I=300\times\frac{\pi}{180°}\times 60°=314.16$ m。

( ) 18. 一般建築測量多用下列何種測距法？
(1)視距法 (2)卷尺測距法 (3)精密基線測距法 (4)雙高法。 (2)

( ) 19. 單曲線之交角(外偏角)為 I，外距 E 之計算公式為 (1) $R\cdot\sec\frac{I}{2}$ (2) $R\cdot\cos\frac{I}{2}$ (3) $R\cdot\left[1-\cos\frac{I}{2}\right]$ (4) $R\cdot\left[\sec\frac{I}{2}-1\right]$。 (4)

解 參閱第 9 題解析。

( ) 20. 已知一單曲線之 IP 樁號為 2k+860.395；切線長 T=114.529m；曲線長 L=225.174m，則該曲線終點之樁號為 (1)2K+745.866 (2)2K+858.453 (3)2K+971.040 (4)2K+974.924。 (3)

解 參閱第 16 題解析。BC 樁 = IP 樁號 − T，EC 樁 = BC 樁 + 曲線長 L = IP 樁號 − $T+L$
= 2K + (860.395 − 114.529 + 225.174) = 2K + 971.040。

( ) 21. 一單曲線之半徑 R=100m，則該曲線 20m 弧長與其所對弦長之差為
(1)0.033m (2)0.048m (3)0.054m (4)0.062m。 (1)

5

解 $20=100\times I\times\frac{\pi}{180°}$，$I=11°27'33''$。

曲線弦長 $C=2\times R\times\sin(\frac{I}{2})=2\times100\times\sin\left(\frac{11°27'33''}{2}\right)=19.967$。

$20-19.967=0.033$。

( ) 22. 複曲線之曲率半徑最少有 (1)一個 (2)二個 (3)三個 (4)四個。 (2)

解 複曲線為兩個或兩個以上同向，但不同半徑之單曲線連接而成(其曲率半徑最少有二個以上)。此種曲線，除始、終點依其曲線型狀而有其切線外。其相接處有一共同切線。

( ) 23. 測定建物平面位置時，不必使用之儀器為 (1)平板儀 (2)經緯儀 (3)鋼卷尺 (4)水準儀。 (4)

解 測定建物平面位置時，不必使用之儀器為水準儀，水準儀用在建物之高程控制。

( ) 24. 設 V=行車速度，R=曲線半徑；g=重力加速度，G=路寬，若不考慮路面摩擦係數時，則道路外超高為 (1)$\frac{GV}{gR}$ (2)$\frac{GV^2}{gR}$ (3)$\frac{GVR}{g}$ (4)$\frac{gR}{GV^2}$。 (2)

解 車輛在曲線上行駛時，因車速及車重關係，於道路外側會產生離心力，使車輛向外側傾覆或是滑動之危險。為平衡離心力之作用，須將公路或是鐵路之外側加高，則稱為超高度。

超高度＝路寬 G×直橫比 e；超高度＝路寬 $G\times\left[(\frac{v^2}{g\cdot R})-\mu\right]$若不考慮路面摩擦係數(摩擦力 μ)時，則 $\mu=0$，

故超高度＝路寬 $G\times(\frac{v^2}{g\cdot R})$。

( ) 25. 在下列何種情況下，採用平均斷面積法計算土方之精度最高？ (4)

(1)兩斷面間之距離大 (2)兩斷面間之距離小

(3)兩斷面之面積相差甚大 (4)兩斷面之面積大致相等。

解 稜柱體公式 $A_m=\frac{1}{2}\times(A_0+A_1)$，$L$ 為 A_0 至 A_1 斷面間之垂直距離，則成為平均斷面法之公式

$V_2=\frac{l}{2}\times(A_0+A_1)$用平均斷面法所算出之體積，雖較稜柱體公式所算者略大，但以計算簡單，多採用之。

( ) 26. 設克羅梭曲線上任一點之曲率半徑 R，其至曲線起點之弧長 L，克羅梭曲線參數以 A 表之，則 R、L、A 三者有下列何種？ (1)$RL=A$ (2)$RL=1/A$ (3)$RL=A^2$ (4)$RL=\frac{1}{A^2}$。 (3)

解 克羅梭曲線是一種曲率(曲線半徑之倒數)隨曲線長度成正比而增大的曲線，亦即克羅梭曲線起點之曲率為零，曲線上其他各點之曲率隨曲線長度增長而增大。按以上定義，克羅梭曲線可以用下列公式表示之：

$\frac{1}{R}=K\times L$ (K 為比例常數)，亦即 $R\times L=\frac{1}{K}$。

若上式以長度單位表示，並設 $\frac{1}{K}=A^2$，則克羅梭曲線上任意一點，均可成立以下恆等式：$R\times L=A^2$。

( ) 27. 測設水平標樁需用下列何種儀器？ (1)水準儀 (2)平板儀 (3)光波測距儀 (4)羅盤儀。 (1)

解 高程放樣控制使用水準儀。

( ) 28. 測設河中之橋墩位置，一般應用之儀器為 (1)水準儀 (2)經緯儀 (3)平板儀 (4)六分儀。 (2)

解 平面位置放樣控制使用經緯儀。

( ) 29. 依照指定建築線測定房屋位置時，所用之儀器是 (3)

(1)羅盤儀 (2)水準儀 (3)經緯儀 (4)六分儀。

解 參閱 28 題解析。

( ) 30. 為了考量有檢核條件，於應用交會法釘定橋墩位置時，至少應採用多少條方向線交會之？ (2)
(1)2 (2)3 (3)4 (4)5。

( ) 31. 一單曲線之交角(外偏角)為 15°30'30"，半徑為 600m，則該單曲線之切線長為 (1)
(1)81.70m (2)81.20m (3)162.40m (4)163.40m。

解 $T = R \times \tan\frac{I}{2} = 600 \times \tan\frac{15°30'30''}{2} = 81.70\text{ m}$。

( ) 32. 一單曲線之 *B.C.*樁號為 1K+125.66，曲度為 2°00'00"，則樁號 1K+180 之總偏角為 (3)
(1)1°00'00" (2)1°43'03" (3)2°43'01" (4)3°23'06"。

解 $20 = R \times \frac{\pi}{180°} \times 2°$，$R = 572.96\text{ m}$。

樁號 1K+140 之偏角 $\delta_1 = \frac{1}{2} \times \frac{140-125.66}{572.96} \times \frac{180°}{\pi} = 0°43'01''$，

樁號 1K+160 之偏角 $\delta_2 = \frac{1}{2} \times \frac{20}{572.96} \times \frac{180°}{\pi} = 1°00'00''$，

樁號 1K+180 之偏角 $\delta_3 = \frac{1}{2} \times \frac{20}{572.96} \times \frac{180°}{\pi} = 1°00'00''$，

總偏角$= \delta_1 + \delta_2 + \delta_3 = 2°43'01''$。

( ) 33. 水平標樁釘定之位置，一般距離角隅樁 (2)
(1)0.5m 以內 (2)0.5 至 2m (3)2m 以上 (4)與角隅樁重合。

解 建築物定位時所放樣的軸線交點樁，在開挖地下室或基礎時，將被施工所破壞。為後續施工時，通常要在各軸線的延長線上適當位置設置軸線控制樁，稱為角隅樁。
水平標樁設定位置通常距離角隅點 0.5 至 2 公尺處，主要避免妨礙施工，同時可保持與屋隅點最近關係。

( ) 34. 用以標定中心線位置最方便又準確之儀器為 (1)
(1)經緯儀 (2)平板儀 (3)水準儀 (4)直角稜鏡。

解 當經緯儀望遠鏡縱轉後，利用其視準軸可在同一個垂直面上做上下轉動之特性，可用於標定直線、釘定延長線亦或定出線段上之節點。

( ) 35. 緩和曲線與直線相接處，其半徑應是 (2)
(1)與後接單曲線之半徑相同 (2)無限大
(3)隨緩和曲線長度而定 (4)隨緩和曲線之線形而定。

解 緩和曲線為介於直線與曲線間或不同半徑圓曲線間之曲線，又稱為介曲線。一般為了克服曲率半徑突變時對行車之影響，在直線與緩和曲線之連接點設置曲率半徑為無限大，逐漸變化在與圓曲線連接點時等於圓曲線曲率半徑，這樣離心率由零緩慢地逐漸增大到某一定值。

( ) 36. 在何種情況下，採用平均斷面積法計算土方之精度最差？ (3)
(1)兩斷面間之距離大 (2)兩斷面間之距離小
(3)兩斷面之面積相差甚大 (4)兩斷面之面積大致相等。

解 平均斷面積法 $V = \frac{L}{2}(A_1 + A_2)$，當兩斷面之面積相差甚大時精度最差，當兩斷面之面積大致相等時精度最佳。因其精度較差 故常使用於斷面較規則之道路、水溝等土方之計算。

( ) 37. 一待挖水溝兩端 AB 之高程分別為 100.48m 及 98.28m，C 為 AB 直線上之中點，C 高程為 99.68m，今欲以 AB 二點高程為基準，挖築一等坡之排水溝，則 C 點應填挖之高度為 (1)挖 0.3m (2)填 0.3m (3)挖 2.2m (4)填 2.2m。 (1)

解 C 點設計高程 $=\dfrac{100.48+98.28}{2}=99.38$ m，

$99.38-99.68=-0.3$m(負號表挖方)。

( ) 38. 若 $G_1 = 0.5\%$之上坡與 $G_2 = -0.7\%$之下坡相交，需設置豎曲線，設容許最大坡度變率為 r=0.1%，豎曲線之長度以樁數計是 (1)6 (2)12 (3)18 (4)24。 (2)

解 豎曲線之坡度變率 $r=\dfrac{g_1+g_2}{L}$，$L=\dfrac{g_1+g_2}{r}=\dfrac{0.5\%+0.7\%}{0.1\%}=12$。

( ) 39. 設一豎曲線之起點位於整樁位上，其坡度為 G_1，曲線之坡度變率為 r，則距起點第一整樁號處之坡度為 (1)$G_1+r/2$ (2)G_1+r (3)$G_1-r/2$ (4)G_1-r。 (2)

( ) 40. 若一豎曲線之坡度 $G_1=+2.2\%$，$G_2=-4.2\%$，乃一凸形豎曲線，長為 80m，若兩坡度線交點之高程為 120m，則此曲線中點之高程 (1)119.64m (2)119.36m (3)120.36m (4)120.64m。 (2)

解 豎曲線方程式 $y=\dfrac{(g_2-g_1)}{2L}x^2+g_1x+H_{BVC}$，

高程差 $=\dfrac{1}{2}\left[\dfrac{(-4.2\%-2.2\%)}{80}\right]\left(\dfrac{80}{2}\right)\approx-0.64$ m，

曲線中點之高程=120+(−0.64)=119.36 m。

( ) 41. 隧道工程測量時，水準標點常設置在隧道頂部，今若在隧道內設置水準儀，後視倒尺於 A 點，A 點之高程為 126.640m，其讀數為−1.200m，再前視立於 B 點之水準標尺，得讀數為 1.000m，則 B 點之高程為 (1)124.840m (2)124.740m (3)124.540m (4)124.440m。 (4)

解 視視準軸高 $H.I.=126.640+(-1.200)=H_B+(1.000)$，$H_B=126.640-1.200-1.000=124.440$。

( ) 42. 一隧道入口處，A 點之高程為 120.00m，隧道內 A 點至 B 點之水平距離為 600m，若此隧道之坡度為+0.2%，則 B 點之高程為 (1)120.20m (2)120.60m (3)121.20m (4)132.00m。 (3)

解 $120.00+600\times0.2\%=120.00+1.2=121.20$ m。

( ) 43. 一單曲線之半徑為 500m，交角(外偏角)為 20°36'00"，又若曲線中點($M.C.$)之樁號為 0K+312.47，則曲線起點($B.C.$)之樁號為 (1)

(1)0K+222.585 (2)0K+492.239 (3)0K+402.354 (4)0K+132.701。

解 曲線弧長 $L=R\times\dfrac{\pi}{180^\circ}\times I^\circ=500\times\dfrac{\pi}{180^\circ}\times20^\circ36'00''=179.769$，

$M.C.$樁 $=B.C.$樁 $+\dfrac{L}{2}$，

$B.C.$樁 $=M.C.$樁 $-\dfrac{L}{2}=0K+312.47-\dfrac{179.769}{2}=0K+222.585$。

( ) 44. 一單曲線之交角(外偏角)為 20°36'00"，半徑為 500m，則其外距為 (2)

(1)7.932m (2)8.189m (3)8.463m (4)9.189m。

解 $E=R\cdot\left[\sec\dfrac{I}{2}-1\right]=500\cdot\left[\sec\dfrac{20^\circ36'00''}{2}-1\right]=8.189$。

(　) 45. 一單曲線之交角(外偏角)為 20°36'00"，如其切線長為 80.16m，則其半徑為 (1)432.29m (2)437.80m (3)441.09m (4)462.40m。 (3)

解 切線長 $T = R\times\tan(\frac{I}{2})$，$80.16 = R\times\tan(\frac{20°36'00''}{2})$

$R = 441.09$。

(　) 46. 一單曲線之曲度為 D，半徑為 R，曲線起點($B.C.$)恰為整樁。如用切線支距法測設，則距曲線起點($B.C.$)第一整樁點之支距為 (1) $R\cdot\cos D$ (2) $R\cdot\cos\frac{D}{2}$ (3) $R\cdot(1-\cos D)$ (4) $R\cdot(1-\cos\frac{D}{2})$。 (3)

解 切線橫距 $X = R\times\sin\left(\frac{副樁2樁號-B.C.樁號}{R}\times\frac{180°}{\pi}\right)$

支距 $Y = R - R\times\cos\left(\frac{副樁2樁號-B.C.樁號}{R}\times\frac{180°}{\pi}\right)$

(　) 47. 路面 A 點之設計高程為 110.00m，水準點之高程為 112.00m，用一水準儀測得立於水準點之標尺讀數為 0.60m，A 點上之標尺讀數為 1.52m，則 A 點之填挖數為 (1)挖 2.08m (2)填 2.08m (3)挖 1.08m (4)填 1.08m。 (3)

解 水準點視準軸高＝A 點視準軸高

$112.00 + 0.60 = A$ 點高程 $+ 1.52$

A 點高程 $= 112.00 + 0.60 - 1.52 = 111.08$

A 點之填挖數 $= A$ 點地面高程 $- A$ 點設計高 $= 111.08 - 110.00 = 1.08$ m(挖)。

(　) 48. 單曲線 $E.C.$樁號計算公式為 (1)$B.C.$樁號＋弦長 (2)$B.C.$樁號＋曲線長 (3)$I.P.$樁號＋切線長 (4)$M.C.$樁號＋切線長。 (2)

解 參閱第 9 題解析。

(　) 49. 一溝渠中心線縱斷面測量結果如下：已知溝渠設計坡度為 −4%，樁號 0＋000 之設計高程為 44.25m，則樁號 0＋100 應填(−)或應挖(＋)之深度為 (1)+2.53m (2)−2.53m (3)+2.28m (4)−2.28m。 (3)

樁　號	地面高程
0+080	39.480
+100	42.530
+112.5	44.18

解 樁號 0＋000 至樁號 0＋100 間之距離為 100 m，

樁號 0＋100 之設計高 $= 44.25 + \left(100\times\frac{-4}{100}\right) = 44.25 - 4 = 40.25$，

樁號 0＋100 之填挖數 = 地面高程 − 設計高 $= 42.53 - 40.25 = +2.28$ m(挖)。

(　) 50. 緩和曲線與直線之連接點，其曲率應為 (1)零 (2)無限大 (3)隨緩和曲線長度而定 (4)隨緩和曲線之線形而定。 (1)

解　平曲線又可分為圓曲線與緩和曲線

1. 圓曲線，乃由圓弧組成之曲線，分為以下三種：
   (1) 單曲線：有一定長度之半徑之圓弧形成之圓曲線，圓弧之始、終點各有一切線相交於一點。用以表示曲線彎曲的程度，鐵路上常以曲度表示之，公路上則以半徑表示之。所謂曲度係指曲線上一般以 20 m 定長之弦(或弧)所對之圓心角值表之，曲度愈大，則彎道愈急。
   (2) 複曲線：為兩個或兩個以上同向，但不同半徑之單曲線連接而成。此種曲線，除始、終點依其曲線型狀而有其切線外。其相接處有一共同切線。
   (3) 反向曲線：係由兩個或兩個以上之分屬道路兩側方向相反之單曲線連接組合而成。
2. 緩和曲線：非純圓弧，乃曲線之半徑漸次變化而成。其設置之目的，為緩和彎道，使車輛不因向心力及離心力之作用之作用力，在彎道行駛時發生危險，且亦為乘客之舒適著想，不至有不舒適的感受。
   當車輛行經單曲線之直線與曲線相接點，或複曲線之曲度變換點時，常發生劇烈震動，故為抵抗車輛行駛於曲線外側所產生的離心力，常將其一側加高稱為超高度。
   若直線與曲線之相接點突然加入超高度，勢將形成階梯狀無法通行，因此需在直線與曲線間將入一條由零漸變至所需曲度之曲線，即一面將外側由零漸加至超高度之全量以維持行車安全與舒適，此種曲線稱為緩和曲線或介曲線。緩和曲線在鐵路上常採用三次螺旋線，在高速公路上則常採用克羅梭曲線。

(　　) 51. 一單曲線之半徑為 100.000m，則曲線上每 20m 弧長所對之弦長為 (1)19.967m　(2)19.697m　(3)19.769m　(4)19.976m。　(1)

解　$20 = 100 \times I \times \frac{\pi}{180°}$，$I = 11°27'33''$。

曲線弦長 $C = 2 \times R \times \sin(\frac{I}{2}) = 2 \times 100 \times \sin\left(\frac{11°27'33''}{2}\right) = 19.967$。

(　　) 52. 設曲線始點樁號為 0K＋168，曲線長為 212m，則終點樁號為 (1)0K＋403　(2)0K＋815　(3)0K＋380　(4)2K＋320。　(3)

解　$L = 212$，$E.C.$樁 $=$ $B.C.$樁 $+$ 曲線長 $= 0K + (168 + 212) = 0K + 380$。

(　　) 53. 設交點(*I.P.*)之樁號為 1K＋103，切線長為 98m，則曲線始點之樁號為 (1)1K＋201　(2)1K＋005　(3)2K＋005　(4)0K＋005。　(2)

解　$B.C.$樁 $=$ $I.P.$樁號 $- T = 1K + (103 - 98) = 1K + 005$。

(　　) 54. 已知一單曲線半徑 R＝550.00m；外偏角 I＝20°36'00"；*I.P.*樁號為 1K＋000；則 *B.C.*樁號 (1)1K＋888.048　(2)1K＋889.048　(3)0K＋900.048　(4)1K＋901.048。　(3)

解　切線長 $T = R \times \tan(\frac{I}{2}) = 550 \times \tan(\frac{20°36'00''}{2}) = 99.952$

$B.C.$樁 $=$ $I.P.$樁號 $- T = 1K + 000 - 99.952 = 0K + (1000 - 99.952) = 0K + 900.048$。

(　　) 55. 單曲線中點(*M.C.*)之偏角應等於外偏角之 (1)1/2　(2)1/3　(3)1/4　(4)1/8。　(3)

解　單曲線圓心角=外偏角=2 倍總偏角。

$B.C.$偏角=$E.C.$偏角 $\frac{I}{2}$，$M.C.$偏角= $\frac{I}{4}$。

(　　) 56. 道路寬度為 10m；半徑為 500m 之公路曲線；設計行車速度為 40km/hr，路面摩擦係數為 0.01；則該曲線之外超高為 (1)0.15m　(2)0.20m　(3)0.25m　(4)0.30m。　(1)

解　超高度 $= 10\times[(\frac{40^2}{120\times500})-0.1] = 0.150$m。

(　) 57. 豎曲線一般採用之線型為　(1)拋物線　(2)圓曲線　(3)克羅梭曲線　(4)雙紐曲線。　(1)

解　豎曲線可分為圓曲線、二次(簡單)拋物線及三次拋物線。一般公路上大多採用二次(簡單)拋物線，其接近於圓曲線。

(　) 58. 重要工程之控制測量不可採用　(2)
(1)經緯儀導線測量　(2)平板儀導線測量　(3)三角測量　(4)三邊測量。

解　平板儀為圖解導線，控制精度不足。

(　) 59. 工程放樣時，若經緯儀照準方向有 10"之偏差，則影響距離 100m 外所釘之樁發生約 (1)0.48cm　(2)0.98cm　(3)1.96cm　(4)4.8cm 之橫向位移。　(1)

解　$\frac{10''}{206265''} = \frac{X}{100(m)\times100(cm)}$，橫向位移 X =0.48cm。

(　) 60. 已知外偏角 I=75°，交點 *I.P.*樁號＝2K＋063.2，起點 *B.C.*樁號＝1K＋789.3，則曲線半徑 R 為　(1)357.0m　(2)375.0m　(3)257.0m　(4)275.0m。　(1)

解　切線長 $T = I.P. - B.C. = 2063.2 - 1789.3 = 273.9$ m
$T = R\times\tan(\frac{I}{2})$，$273.9 = R\times\tan(\frac{75^\circ}{2})$
R=357.0 m。

(　) 61. 已知外偏角 I=10°25'，半徑 R=400m，則曲線長　(1)
(1)72.72　(2)79.92　(3)145.45　(4)154.54 公尺。

解　$L = R\times\frac{\pi}{180^\circ}\times I = 400\times\frac{\pi}{180^\circ}\times10^\circ25' = 72.72$ m。

(　) 62. 坡度變化點在曲線之下的是何種豎曲線？　(1)凸形　(2)凹形　(3)方形　(4)螺旋形。　(2)

解　豎曲線之種類，通常可分為拋物線、螺旋曲線、圓曲線等三種，但以採用拋物線為多，乃因其計算簡易，便於設置。但加以坡度之升降而分，則為凹形曲線及凸形曲線兩種。而此兩種豎曲線。各又有下圖(a)、(b)兩種型態。

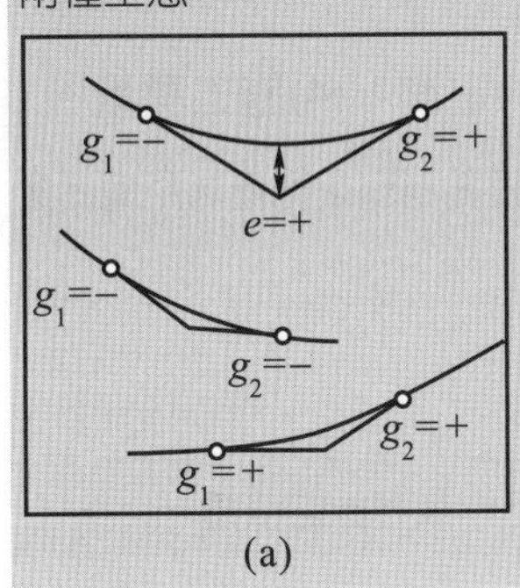

(a)

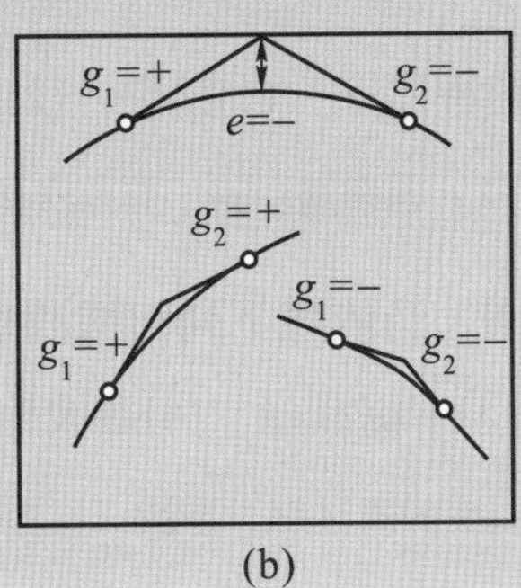

(b)

(　) 63. 一單曲線半徑為 500m，外偏角為 10°45'，則其外距(矢距)為　(3)
(1)2.408m　(2)2.308m　(3)2.208m　(4)2.108m。

解　$E = R\times\left[\sec\frac{I}{2}-1\right] = 500\times\left[\sec\frac{10^\circ25'}{2}-1\right] = 2.208$ m。

(　) 64. 公路上欲測設一拋物線豎曲線，其坡度 $G_1 = +2\%$，$G_2 = -3\%$，曲線長度(L)為 100m。曲線最高點距曲線起點(BVC)之距離為　(1)40m　(2)50m　(3)60m　(4)70m。　(1)

5

解 豎曲線方程式 $y=\frac{(g_2-g_1)}{2L}x^2+g_1x+H$，

將該式微分，使之等於零，以求得最大值。

$y=\frac{(g_2-g_1)}{L}x+g_1=0$，$\frac{(-0.03-0.02)}{100}x+0.02=0$，解得 x=40 m。

( ) 65. 下列何者不為單曲線之觀念？ (4)

(1)半徑愈長，曲率愈小 (2)單曲線又稱圓曲線

(3)一定弦長所對之圓心角愈小，曲率愈小 (4)又稱為緩和曲線。

解 參閱 50 題解析。

( ) 66. 如下圖，方格邊長 50m，圖中註記數字為挖土深度，單位為 m，求開挖土方為多少 m^3？ (4)

(1)25687.5m^3 (2)26687.5m^3 (3)27687.5m^3 (4)28687.5m^3。

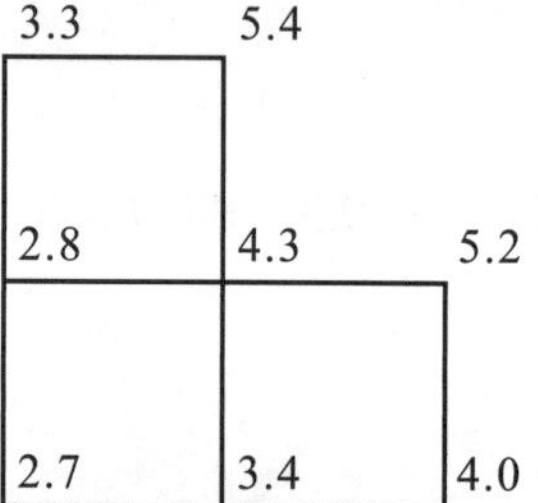

解 $h_1=3.3+5.4+5.2+4.0+2.7=20.6$

$h_2=2.8+3.4=6.2$

$h_3=4.3$

$V=\frac{50\times50}{4}(h_1+2\times h_2+3\times h_3)=28687.50$。

( ) 67. 於隧道進行測量時，已知 A 點高程為 15.257m，觀測 A 點標尺讀數為 1.897m，若水準點 B 設於隧道頂端，觀測 B 點標尺讀數為−1.028m。則 B 點高程為 (4)

(1)12.332m (2)14.388m (3)16.126m (4)18.182m。

解 視視準軸高 $H.I.=15.257+1.897=H_B+(-1.028)$，

$H_B=15.257+1.897+1.028=18.182\,(m)$。

( ) 68. 下列何者不為工程測量之一般程序？ (1)踏勘 (2)戶地測量 (3)定測 (4)施工測量。 (2)

解 選項(2)以確定一宗地之位置、形狀、面積為目的，並應依基本控制點及圖根點施測之測量為戶地測量。

( ) 69. 道路施工時，挖填路基之範圍，乃依據下列何種測量？ (4)

(1)導線測量 (2)高程測量 (3)中線測量 (4)邊坡樁測量。

解 邊坡樁用以確定填土或挖土兩側斜面與原地面之交線，作為中線兩側土石方作業界線之依據。

( ) 70. 已知單曲線半徑 R=900m，若弧長=35m，試計算其相對之弦長為多少 m？ (2)

(1)33.998 (2)34.998 (3)35.998 (4)36.99。

解 $35=900\times I\times\frac{\pi}{180^\circ}$，$I=2^\circ13'41''$。

$C=2\times R\times\sin(\frac{I}{2})=2\times900\times\sin\left(\frac{2^\circ13'41''}{2}\right)=34.998$。

(　　) 71. 渡河水準測量時，A、C 兩點在左岸，B、D 兩點在另一岸。水準儀分別由 A 及 B 觀測直立於 C 點及 D 點之標尺，其讀數如下：A 讀 C 尺得 1.540m，A 讀 D 尺得 1.023m，B 讀 C 尺得 1.712m，B 讀 D 尺得 1.223m。若 C 點高程為 50.000m，則 D 點之高程為
(1)48.994m　(2)49.497m　(3)50.503m　(4)51.006m。　(3)

解 CD 兩點高程差

$$\Delta H_{CD}=\frac{b_1+b_2}{2}-\frac{f_1+f_2}{2}=\left(\frac{1.540+1.712}{2}\right)-\left(\frac{1.023+1.223}{2}\right)=1.626-1.123=0.503$$ 。

D 點高程 $=C$ 點高程 $+\Delta H_{CD}=50.000+0.503=50.503$ m。

(　　) 72. 儀器設置於路線附近之控制點釘定路線樁位時，最常採用下列何種方法？
(1)輻射法　(2)切線支距法　(3)長弦支距法　(4)弦線偏距法。　(1)

(　　) 73. 單曲線之起點為 A，終點為 B，切線交點為 V，設 AV 之方位角為 240°，半徑為 500m，交角(外偏角)I=60°(R)，A 點之縱坐標 N_A=1800m，則此單曲線圓心之 N 坐標為
(1)1550.000m　(2)2050.000m　(3)2155.013m　(4)2233.013m。　(4)

解 $N=1800+500\times\cos(240^\circ+90^\circ)=2233.013$ m。

(　　) 74. 單曲線之起點為 A，終點為 B，切線交點為 V，設 AV 之方位角為 240°，半徑為 500m，交角(外偏角)I=60°(R)，A 點之橫座標 E_A=1800m，則此單曲線圓心之 E 座標為
(1)1550.000m　(2)2050.000m　(3)2155.013m　(4)2233.013m。　(1)

解 $X_O=X_A+R\times\sin\phi_{AO}=1800+500\times\sin(240^\circ+90^\circ)=1550.000$ 。

(　　) 75. 公路上欲測設一拋物線豎曲線，其坡度 $G_1=+3\%$ ，$G_2=-2\%$ ，曲線長度(L)為 100m。曲線最高點距曲線起點(BVC)之距離為　(1)40m　(2)50m　(3)60m　(4)70m。　(3)

解 參閱第 64 題解析。$\frac{(-0.02-0.03)}{100}x+0.03=0$ ，解得 $x=60$ m。

(　　) 76. 曲線上弧長 20m 所對之圓心角以曲度 D 表之，若 D=2°時，則其曲線半徑 R=
(1)572.86m　(2)572.96m　(3)573.06m　(4)573.16m。　(2)

解 $L=R\times\frac{\pi}{180^\circ}\times D$ ，$20=R\times\frac{\pi}{180^\circ}\times 2^\circ$ ，$R=572.96$ m。

(　　) 77. 單曲線之曲度 D =1°20'，交角(外偏角)I =20°30'(R)，則曲線長等於
(1)307.50m　(2)308.50m　(3)309.50m　(4)310.50m。　(1)

解 $L=R\times\frac{\pi}{180^\circ}\times D$ ，$20=R\times\frac{\pi}{180^\circ}\times 1^\circ 20'$ ，$R=859.437$ m。

$L=R\times\frac{\pi}{180^\circ}\times I=859.437\times\frac{\pi}{180^\circ}\times 20^\circ 30'=307.5$ m。

(　　) 78. 單曲線之曲度 D=1°20'，交角(外偏角)I=20°30'(R)，則切線長等於
(1)155.111m　(2)155.211m　(3)155.311m　(4)155.411m。　(4)

解 參閱第 77 題解析。$T=R\times\tan\frac{I}{2}=859.437\times\tan\frac{20^\circ 30'}{2}=155.411$ m。

(　　) 79. 在某路線上設置一單曲線，已知曲線半徑 R=800m，曲線起點($B.C.$)樁號為 5K+250，則曲線上樁號 5K+300 之偏角為　(1)5°22'17"　(2)3°24'52"　(3)1°47'26"　(4)0°53'43"。　(3)

解 $\delta=\dfrac{L}{2R}\times\dfrac{180^\circ}{\pi}=\dfrac{(300-250)}{2\times800}\times\dfrac{180^\circ}{\pi}=1^\circ47'26''$。

( ) 80. 某一單曲線之交角(外偏角)I=20°，曲線半徑 R=500m，欲將該曲線外距加長 5m，則該曲線修改後之半徑 R(取至整數公尺)為 (1)824m (2)834m (3)505m (4)495m。 (1)

解 外距 $E=R\cdot\left[\sec\dfrac{I}{2}-1\right]=500\cdot\left[\dfrac{1}{\cos10^\circ}-1\right]=7.713\,(m)$

若 $E=7.713+5=12.713$

$12.713=R\cdot\left[\dfrac{1}{\cos10^\circ}-1\right]$，$R=824(m)$。

( ) 81. 已知複曲線之交角(外偏角)I=40°，I_1=15°，I_2=25°，曲線半徑 R_1=500m，R_2=800m，則該複曲線之曲線全長為 (1)479.67m (2)479.77m (3)479.87m (4)479.97m。 (4)

解 曲線弧長 $L=R\times\dfrac{\pi}{180^\circ}\times I^\circ=500\times\dfrac{\pi}{180^\circ}\times15^\circ+800\times\dfrac{\pi}{180^\circ}\times25^\circ=479.966\,m$。

( ) 82. 已知圓曲線之半徑 R=1000m，克羅梭曲線之參數 A=500m，則該克羅梭曲線之曲線長為 (1)2m (2)125m (3)250m (4)2000m。 (3)

解 $RL=A^2$，$1000\times L=500^2$，$L=250$ m。

( ) 83. 由一地形圖上，量得各相鄰等高線(320m、325m、330m)所圍成之面積分別為 A_{320}=200m^2，A_{325}=120m^2，A_{330}=30m^2，若以稜柱體公式計算該山丘之土方為 (1)1187m^3 (2)1183m^3 (3)1179m^3 (4)1175m^3。 (2)

解 $h=325-320=5$

土方 $\dfrac{h}{3}\times(A_0+4A_m+A_1)=\dfrac{5}{3}\times(200+4\times120+30)=1183(m^3)$。

( ) 84. 已知地面 A 點高程 15.671m，以水準儀觀測 A 點之水準尺得 1.726m，P 點位於坑道頂端，水準尺倒立，仍以該水準儀觀測，得－1.438m，則 P 點高程為 (1)18.835m (2)12.507m (3)15.959m (4)15.383m。 (1)

解 $H_P=H_A+b-f=15.671+1.726-(-1.438)=15.671+1.726+1.438=18.835$ m。

( ) 85. 在坑道測量工作中所採用之經緯儀須滿足一些條件，下列何者不合理？ (1)能防水 (2)照亮度盤 (3)照亮十字絲 (4)不怕摔。 (4)

解 經緯儀為貴重且精密之儀器，不怕摔之選項不合理。

( ) 86. 供都市計劃使用之地形圖，比例尺 1/1000，圖幅大小為縱 80cm，橫 60cm，並以圖幅左下角之縱橫座標能被 800m、600m 整除之數目為圖號，設某圖之圖號為 3186-288，則其圖幅左下角之縱座標為 (1)2548000m (2)2548800m (3)172800m (4)173400m。 (2)

解 大比例尺地形圖的地形圖一般於西南角(左下角)標上圖號坐標。本題之縱向圖號為 3186，每一圖幅一格的實際長度為 80cm×1000 = 80000cm = 800m，故其縱坐標為 3186×800m = 2548800m。橫坐標為 288×600m = 172800m。

( ) 87. 令：甲=「測定水平線及水平面」，乙=「測定垂線及垂直面」，丙=「測定水平夾角及垂直夾角」。雷射水平儀之功能為 (1)甲乙丙 (2)甲乙 (3)乙丙 (4)甲丙。 (2)

解 雷射水平儀是一種發射紅色雷射光以量度水平及鉛直的測量工具。

(　) 88. 水道測量之定位測量工作，若以電子測距儀測距，稜鏡置於船上，此時之測距模式為 (1)標準測距　(2)標準平均測距　(3)追蹤測距　(4)隨意。 (3)

解 電子測距儀有標準模式與追蹤模式兩種，說明如下：

1. 標準模式：測 5 到 10 次自動取平均值再顯示於螢幕上，單位取至 mm，量測時間約 0.5 秒至 3 秒。
2. 追蹤模式：立即顯示單次距離至 10mm，時間約 0.3 至 0.5 秒。

採用電子測距儀放樣時，先用追蹤模式測至 10mm 附近，再用標準模式進行精確放樣。

(　) 89. 一隧道入口處 *A* 點之高程為 400.000m，隧道內 *A* 點與 *B* 點之水平距離 500m，若 *A* 點至 *B* 點之坡度為+0.2%，則 *B* 點之高程為 (1)410.000m　(2)405.000m　(3)402.000m　(4)401.000m。 (4)

解 $400.000+(500\times 0.2\%)=401.000$ m。

(　) 90. 設某公路上等坡度路段兩中心樁之資料如下：樁號 3K+100m 之路面設計高程為 40.000m，樁號 3K+300m 之路面設計高程為 42.000m，則此兩樁號間之設計坡度為 (1)0.1%　(2)0.2%　(3)1%　(4)2%。 (3)

解 $\dfrac{42-40}{300-100}\times 100\%=1\%$。

(　) 91. 欲應用水準儀測定建物內樑底部 *B* 點之高程，已知地面 *A* 點高程為 70.000m。將水準標尺置於 *A* 點時，觀測讀定 *A* 點標尺讀數為 1.500m，然後將標尺垂直倒置頂住樑底部 *B* 點，讀定標尺讀數為-1.300m，則樑底部 *B* 點之高程為 (1)67.200m　(2)69.800m　(3)70.200m　(4)72.800m。 (4)

解 視視準軸高 $H.I=70.000+1.500=H_B+(-1.300)$，$H_B=70.000+1.500+1.300=72.800$ (m)。

(　) 92. 水準測量時如遇河流，水準儀至前後視標尺距離無法相等且相差甚大，可採用 (1)方格法(面積)水準測量　(2)對向水準測量　(3)縱斷面水準測量　(4)橫斷面水準測量。 (2)

解 對向水準測量用於通過河流、峽谷、巨型水域時，無法將儀器置於兩測點之間，不能平衡前後照準距離時，又稱渡河水準測量。其應用時機如下：

1.測量寬河、山谷、沼澤兩岸之高程差，儀器無法架設於兩點中間。
2.於土質鬆軟之山坡地實施水準測量時，為降低下陷誤差。
3.消除視準軸誤差、地球曲率差及大氣折光差。

(　) 93. 一單曲線之外偏角為 10°25'00"，半徑為 500m，則該曲線上弧長 70m 之偏角為 (1)2°36'15"　(2)4°00'39"　(3)5°12'30"　(4)8°01'17"。 (2)

解 $L=R\times\dfrac{\pi}{180^\circ}\times I$，$70=500\times\dfrac{\pi}{180^\circ}\times I$，$I=8^\circ01'17''$，

偏角 $=\dfrac{I}{2}=4^\circ00'39''$。

(　) 94. 一單曲線之半徑 R=200m，則該曲線 50m 弧長與其所對弦長之差為 (1)0.090m　(2)0.110m　(3)0.130m　(4)0.150m。 (3)

解 $L=R\times\frac{\pi}{180^\circ}\times I$，$50=200\times\frac{\pi}{180^\circ}\times I$，I=14°19'26"，

50m 弧長所對弦長 $C=2\times R\times\sin\frac{I}{2}=2\times200\times\sin\left(\frac{14^\circ19'26''}{2}\right)=49.870\ \ m$，

$50-49.870=0.130\ m$。

( ) 95. 一單曲線之曲線起點(*B.C.*)樁號為 13K+130m，曲度為 1°00'00"，則樁號 13K+200m 之總偏角為 (1)0°52'30" (2)1°45'00" (3)3°30'00" (4)7°00'00"。 (2)

解 $L=R\times\frac{\pi}{180^\circ}\times D$，$20=R\times\frac{\pi}{180^\circ}\times1^\circ$，$R=1145.916\ m$。

$(200-130)=1145.916\times\frac{\pi}{180^\circ}\times I$，$I=3^\circ30'00''$。

總偏角 $=\frac{I}{2}=1^\circ45'00''$。

( ) 96. 設在一路線連續三樁位(10K+120m，10K+140m，10K+160m)上，測得其橫斷面之面積分別為 $A_1=50.00m^2$，$A_2=48.00m^2$，$A_3=45.00m^2$，以平均斷面法計算此路段之土方為 (1)1910 m^3 (2)1911 m^3 (3)1912 m^3 (4)1913 m^3。 (1)

解 $V=\frac{20}{2}\times(50+2\times48+45)=1910\ m^3$。

( ) 97. 設在一路線連續三樁位(10K+120m，10K+140m，10K+160m)上，測得其橫斷面之面積分別為 $A_1=50.00m^2$，$A_2=48.00m^2$，$A_3=45.00m^2$，以稜柱體公式計算此路段之土方為 (1)1910 m^3 (2)1911 m^3 (3)1912 m^3 (4)1913 m^3。 (4)

解 $V=\frac{20}{3}\times(50+4\times48+45)=1913\,m^3$。

( ) 98. 路線上兩不同坡度線相交處，為使行車順暢，一般設置下列何種曲線？ (2)
(1)平曲線 (2)豎曲線 (3)反向曲線 (4)緩和曲線。

解 使車輛在二個不同坡度的路段間平穩行駛，必須介入豎曲線，豎曲線線形以能使曲線坡度之變化為常數，及有均勻之向心力及離心力增加為原則。

( ) 99. 某一單曲線之外偏角 *I*=20°，曲線半徑 *R*=500m，欲將該曲線切線長加長 10m，則該曲線修改後之半徑 *R*(取至整數公尺)為 (1)537m (2)547m (3)557m (4)567m。 (3)

解 $T=R\times\tan\frac{I}{2}=500\times\tan\frac{20^\circ}{2}=88.163$，修改後之 $T=88.163+10=98.163$ 代回前式，

$98.163=R\times\tan\frac{20^\circ}{2}$，$R=557\ m$。

( ) 100. 已知複曲線之外偏角 *I*=50°，$I_1=20^\circ$，$I_2=30^\circ$，曲線半徑 $R_1=500m$，$R_2=800m$，則該複曲線之曲線全長為 (1)593.41m (2)593.51m (3)593.61m (4)593.71m。 (1)

解 $L=500\times\frac{\pi}{180^\circ}\times20^\circ+800\times\frac{\pi}{180^\circ}\times30^\circ=593.41\,m$。

( ) 101. 圓曲線半徑 *R*=500.00m，車輛以固定速率 *V*=90km/hr=25m/sec 行駛於該曲線，其離心加速度 *a* 為 (1)16.2 km/hr^2 (2)16.2 m/hr^2 (3)1.25 km/sec^2 (4)1.25 m/sec^2。 (4)

解 $F=\frac{mv^2}{R}$，$a=\frac{v^2}{R}=\frac{2S^2}{500}=1.25\ km/sec^2$。

( ) 102. 車輛行駛於圓曲線之離心加速度為 0.80 m/sec^2，重力加速度 g=9.8 m/sec^2，設摩擦係數為 0.03，路寬為 40m，則外超高為 (1)1.03m (2)2.06m (3)3.26m (4)1.63m。 (2)

解 參閱第 24 題解析。$e = G(\text{直橫比} - \mu) = 40\left(\dfrac{0.8}{9.8} - 0.03\right) = 2.06\text{ m}$。

( ) 103. A、B 為已知點，BP 為待放樣之方向，欲放樣∠ABP=30°18'28"。將儀器置於 B 點，首先初步放樣得 P'點，其中 S'=60.00m。然後精密測得∠ABP'=30°18'11"。欲得到正確之 BP 方向，應修正 P'點，則 P'點移動之方向及距離為 (2)

(1)向左 5.0mm (2)向右 5.0mm (3)向左 10.0mm (4)向右 10.0mm。

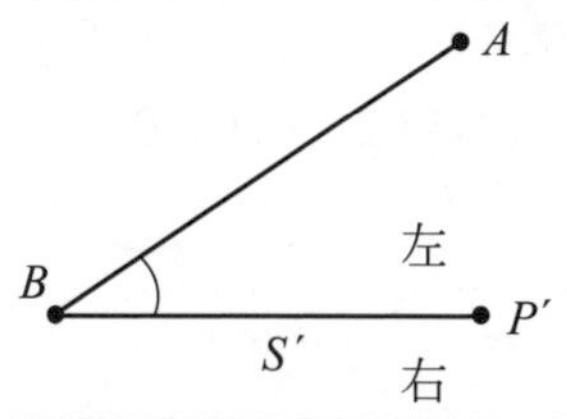

解 $\delta = 28'' - 11'' = 17''$，$\Delta d = 60 \times \dfrac{17''}{206265} = 0.005\text{m} = 5\text{mm}$，因為小了所以向右。

( ) 104. 如下圖(單位：m)，該斷面之面積為 (1)37.3 m^2 (2)31.0 m^2 (3)34.3 m^2 (4)28.0 m^2。 (2)

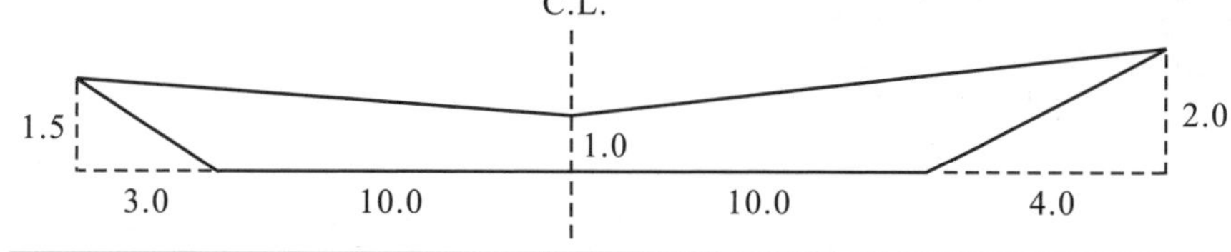

解 將左右二邊各視為一個梯形減去三角形。

$$A = \left(\frac{(1+0.5)\times 13}{2}\right) - \left(\frac{1.5\times 3}{2}\right) + \left(\frac{(1+2)\times 14}{2}\right) - \left(\frac{2\times 4}{2}\right) = 31.0\text{ m}^2$$。

( ) 105. 如下表，乙丙斷面間之挖方體積為 (1)175.2 m^3 (2)87.6 m^3 (3)58.4 m^3 (4)43.8 m^3。 (2)

斷面代號	里程	面積(m^2)	
		挖	填
甲	25K+010.3	0	160.48
乙	25K+018.8	0	32.86
丙	25K+030.6	14.85	12.54
丁	25K+041.9	50.26	0
戊	25K+052.5	158.72	0

解 $V = \dfrac{D}{2}\times(A_1 + A_2) = \dfrac{30.6-18.8}{2}\times(14.85+0) \approx 87.6\text{ m}^3$。

( ) 106. 如下表，乙丙斷面間之填方體積為 (1)535.7 m^3 (2)267.9 m^3 (3)178.6 m^3 (4)89.3 m^3。 (2)

斷面代號	里程	面積(m^2)	
		挖	填
甲	25K+010.3	0	160.48
乙	25K+018.8	0	32.86
丙	25K+030.6	14.85	12.54
丁	25K+041.9	50.26	0
戊	25K+052.5	158.72	0

解 $V = \dfrac{D}{2}\times(A_1 + A_2) = \dfrac{30.6-18.8}{2}\times(32.86+12.54) = 267.9\text{ m}^3$。

5

( ) 107. 如下表，丙丁斷面間之挖方體積為 (1)122.6 m^3 (2)183.9 m^3 (3)245.2 m^3 (4)367.9 m^3。 (4)

斷面代號	里程	面積(m^2)	
		挖	填
甲	25K+010.3	0	160.48
乙	25K+018.8	0	32.86
丙	25K+030.6	14.85	12.54
丁	25K+041.9	50.26	0
戊	25K+052.5	158.72	0

解 $V=\frac{D}{2}\times(A_1+A_2)=\frac{41.9-30.6}{2}\times(14.85+50.26)=367.9\ m^3$

( ) 108. 如下表，丙、丁斷面間之填方體積為多少 m^3？ (1)23.6 (2)35.4 (3)57.2 (4)70.9。 (4)

斷面代號	里程	面積(m^2)	
		挖	填
甲	25K+010.3	0	160.48
乙	25K+018.8	0	32.86
丙	25K+030.6	14.85	12.54
丁	25K+041.9	50.26	0
戊	25K+052.5	158.72	0

解 $V=\frac{D}{2}\times(A_1+A_2)=\frac{41.9-30.6}{2}\times(12.54+0)=70.9\ m^3$。

複選題

( ) 109. 有關線路縱橫斷面測繪，下列敘述哪些錯誤？ (123)

(1)應先實施橫斷面測量，再實施縱斷面測量

(2)縱斷面測量之前應沿路線佈設三角點，並實施三角測量

(3)縱橫斷面測量成果主要目的是繪製地形圖

(4)繪製橫斷面圖時，縱橫坐標軸之比例尺相同。

解 選項(4)繪製縱斷面圖表示方式：為使路線之地形起伏狀況更為顯著，通常縱斷面圖中的縱軸比例尺較橫軸比例尺大。

1. 縱軸表示高程，其比例尺為 1/100 至 1/400。
2. 橫軸表示里程，其比例尺為 1/1000 至 1/2500。

( ) 110. 有關地球曲率對觀測量的影響，下列敘述哪些正確？ (234)

(1)距離每 20 公里約有 1 公分影響量

(2)200 平方公里之三角形內角和約有 1 秒角度影響量

(3)水平距離 2 公里之高程影響量約為 31 公分

(4)平面測量之平面位置計算時，可以忽略地球曲率的影響。

解 選項(1)地球曲率差之改正值 $=\frac{2000^2}{2\times6370000}(\frac{m^2}{m})=0.314\ m\approx30\ cm$。

( ) 111. 測圖應遵循「先整體控制再細部施測」的原則，下列哪些是其考量因素？ (124)

(1)可以使測量誤差的分佈較為均勻 (2)可以保證測圖精度

(3)可提高成果精度 (4)可以加快測量速度。

解　依誤差傳播定律，先整體控制再細部施測，可使誤差的分佈較為均勻、進而保證測圖精度與加快測量速度。

(　　) 112. 下列哪些是消除系統誤差的方法？ (124)

(1)仔細地進行儀器校正　(2)採用適當的測法

(3)重複觀測取平均　(4)可採用數學模式消除之。

解　選項(3)可消除偶然誤差。

(　　) 113. 下列哪些是降低偶然誤差的方法？ (134)

(1)採用較精密的儀器　(2)仔細地進行儀器校正

(3)重複觀測取平均　(4)慎選觀測環境。

解　選項(2)可消除系統誤差。

(　　) 114. 以打靶為例，下列哪些有關精度的敘述正確？ (234)

(1)若彈孔密集但偏離靶心，表示精確度很好，精密度很差

(2)若彈孔密集但偏離靶心，表示精確度很差，精密度很好

(3)精確度的好壞與儀器的系統誤差有關

(4)一般所謂的高精度儀器，是指該儀器的精密度很好。

解　精度可區分為以下兩種：

1. 精確度(Accuracy)：
   (1) 表示系統誤差對觀測成果影響的程度，即測量成果與真值間之差異程度。
   (2) 一般所談的測量精度是指精確度。
   (3) 一般以「中誤差」表示精度之大小。
2. 精密度(Precision)：
   (1) 表示偶然誤差對觀測成果影響的程度。
   (2) 指測量誤差的限制標準。
   (3) 一般所談的儀器精度是指精密度。
   (4) 如將觀測量之系統誤差消除，則精密度便相當於精確度。

   精密度和精確度如圖所示之打靶為例：

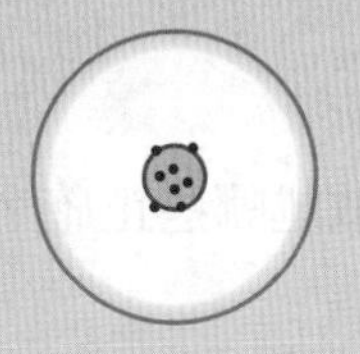
精密度好　精確度好

精密度差　精確度好

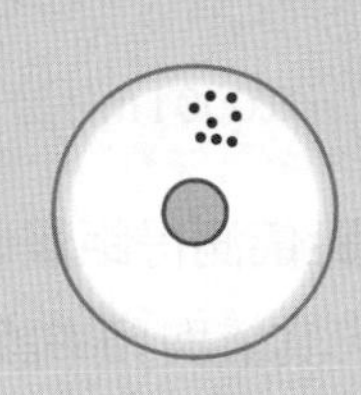
精密度好　精確度差

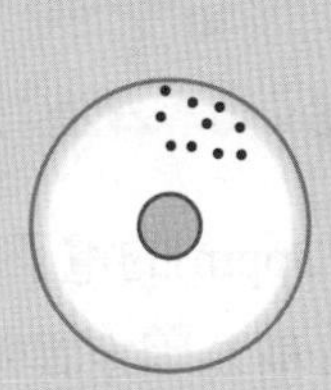
精密度差　精確度差

(　　) 115. 有關等高線表示地貌，下列敘述哪些正確？ (234)

(1)若等高線之間近似平行且密集時，表示此處為坡度較緩之斜坡面

(2)一般建物密集區採用獨立標高點替代等高線

(3)若有一處之等高線皆重疊表示該處為懸崖

(4)在山區之等高線，若等高線之轉彎處皆朝向山頂之處，表示此處為山谷。

解 選項(1)表示該處為坡度陡之斜坡面。

( ) 116. 在地圖上量得 $\overline{AB}$ 方向角為 $S2°W$，另已知此處之製圖角為 $4°W$，磁偏角為 $3°E$，則下列敘述哪些正確？ (123)

(1) $\overline{AB}$ 之坐標方位角為 182°　(2) $\overline{AB}$ 之真方向角為 S2°E

(3) $\overline{AB}$ 之磁方向角為 $S5°E$　(4) $\overline{AB}$ 之磁方位角為 185°。

解 選項(4)磁方位角為 179°。

( ) 117. 曲線測設的方法有多種，常用的有 (1)交會法 (2)極坐標法 (3)坐標法 (4)偏角法。 (234)

( ) 118. 用鋼捲尺(全長 30m)量 $\overline{AB}$ 距離，記錄得：高程差為 0.478m、拉力 20kg、距離讀數 25.0245m。假設該尺與標準尺比較得其實長為 30.0127m，捲尺單位重量 $w = 0.0435$kg/m，量距處的平均高程為 2000m。則下列敘述哪些正確？ (234)

(1)傾斜改正值為 0.0046m　(2)海平面化算改正值為−0.0079m

(3)懸垂改正值為−0.0031m　(4) $\overline{AB}$ 實長為 25.0195m。

解 選項(1) $C_h = -\dfrac{h^2}{2L} = -\dfrac{0.478^2}{2\times 25.0245} = -0.0046\text{ m}$。

選項(2) $C_e = -\dfrac{Lh}{(h+R)} = \dfrac{25.0245\times 2000}{2000+6370000} = -0.0079\text{ m}$。

選項(3) $C_s = -\dfrac{L^3\times W^2}{24\times P^2} = -\dfrac{25.0245^3\times 0.435^2}{24\times 20} = -0.0031\text{m}$。

選項(4) $\dfrac{25.0245}{30} = \dfrac{X}{30.0127}$，改正後之距離寬長 X＝25.0351m。

$25.0351 - 0.0046 - 0.0079 - 0.0031 = 25.0195\text{ m}$。

( ) 119. 用鋼捲尺(全長 30m)量 $\overline{AB}$ 距離，記錄得：溫度為 26°C、拉力 20 公斤、距離讀數 25.0245m。假設該尺於檢定時的溫度為 20°C、拉力 15 公斤，與標準尺比較得其實長為 30.0127m，其他數據為：捲尺彈性係數 E=1.55×10^{6}kg/cm^2，捲尺截面積 A=0.0312cm^2，膨脹係數 α=0.5×10^{-6}m/°C，量距處的平均高程為 2000m。則下列敘述哪些正確？ (24)

(1)尺長改正直為 0.0156m　(2)拉力改正值為 0.0026m

(3)溫度改正值為 0.0011m　(4) $\overline{AB}$ 實長為 25.0299m。

解 選項(1) $C_l = 25.0245\times\left(\dfrac{30.0127-30}{30}\right) = 0.0106\text{ m}$。

選項(3) $C_t = 25.0245\times 0.5\times 10^{-6}\times(26-20)\approx 0.0001\text{ m}$。

( ) 120. 以測距精度為±(5mm+3ppm)的電子測距儀測得距離 1000m，則下列敘述哪些正確？ (234)

(1)精度表示中的 5mm 稱為固定誤差，其值與頻率誤差相關

(2)精度表示中的 3ppm 稱為比例誤差，其值與頻率誤差相關

(3)距離絕對精度為±6mm

(4)距離相對精度約為 1/172414。

解 選項(1)電子測距儀精度可分為二部分：常數部分 a 與比例部分 b(即 $B\text{ppm}\times D$，ppm 即百萬分之一，意即 $\text{ppm}=10^{-6}$，D 為測距長)。本題精度表示中的 5mm 稱為固定之常數誤差，其值與頻率誤差無關。
選項(2)精度表示中的 3ppm 稱為比例誤差，測距越遠誤差量愈大，其值與頻率誤差相關。
選項(3)距離絕對精度 $=\pm\sqrt{5+(3\times10^{-6}\times1000\times1000)}=\pm5.8\approx\pm6$ mm。
選項(4) $\dfrac{5.8}{1000\times1000}=\dfrac{1}{172414}$。

(　　) 121. 採用前方交會測得煙囪頂部中心坐標為：N=1058.346m，E=2379.774m，煙囪底部中心坐標為：N'=1058.338m，E'=2379.783m，煙囪高度為 35m，則下列敘述哪些正確？　(124)
(1)煙囪頂部和底部二中心點之間的水平距離為 0.012m
(2)煙囪的傾斜度約為 1'11"
(3)煙囪傾斜方向的方位角為 31°38'01"
(4)煙囪傾斜方向的方向角為 N48°21'55"W。

解 選項(1) $\sqrt{(2379.774-2379.783)^2+(1058.346-1058.338)^2}=0.012$ m。
選項(2) $\tan^{-1}\left|\dfrac{0.012}{35}\right|=1'11''$。
選項(3) $\theta=\tan^{-1}\left|\dfrac{2379.774-2379.783}{1058.346-1058.338}\right|=48°21'55''$。
(△N，△E)= (+，－)，為第四象限。
$\phi=360°-\theta=360°-48°21'55''=311°38'05''$。
選項(4)N48°21'55"W。

(　　) 122. 欲施測建築物的高度，將經緯儀安置於離建築物 65m 處，先後觀測建築物頂部 M 點和底部 N 點(M、N 二點在同一垂面上)，分別測得未經指標差改正的垂直角為+14°12'20"和−11°17'40"，指標差為+20"，則下列敘述哪些正確？　(13)
(1)頂部 M 點的天頂距為 75°48'00"　(2)底部 N 點的天頂距為 101°17'20"
(3)建築物的高度為 29.436m　(4)建築物的高度為 29.423m。

解 選項(1)90°−(14°12'20"−20")=75°48'00"。
選項(2)90°−(−11°17'40"−20")=101°18'。
選項(3)、(4) $65\times\tan(14°12'20'')+\tan(11°17'40'')=29.436$ m。

(　　) 123. 二導線點及其坐標值為：A(N=500.00m，E=500.00m)、B(N=1000.00m，E=500.00m)，另於 A 點對未知點 C 觀測得：∠BAC=65°00'00"、$\overline{AC}$=400.00m，則下列敘述哪些正確？　(124)
(1) $\overline{AC}$ 方位角為 65°00'00"　(2)C 點之 N 坐標值為 669.05m
(3)C 點之 E 坐標值為 962.52m　(4) $\overline{BC}$=490.86m。

解 選項(1) $\phi_{AB}=0°00'00''$，$\phi_{AC}=65°00'00''$。
選項(2) $N_C=500.00+400.00\times\cos65°=669.05$ m。
選項(3) $E_C=500.00+400.00\times\sin65°=862.52$ m。
選項(4) $\sqrt{(1000-669.05)^2+(500-862.52)^2}=490.86$ m。

(　　) 124. 某三角形 ABC，觀測數據如下：(a) $\overline{AB}$ 方向角為 N30°E(b) $\overline{BC}$ 偏角值 R130°(c) $\overline{CB}$ 偏角值 L110°(d) $\overline{AC}$ 方向為正東(e) $\overline{AB}$=100.00m。則下列敘述哪些正確？　(124)
(1)∠ACB=70°　(2) $\overline{BC}$ 方位角為 160°　(3)∠ABC=50°　(4) $\overline{BC}$=92.16m。

解 選項(1) $\angle ACB = 180° - 60° - 50° = 70°$。

選項(2) $\phi_{BC} = 30° + 130° = 160°$。

選項(3) $\angle ABC = 180° + 130° = 310°$。

選項(4) $BC = 100 \times \frac{\sin 60°}{\sin 70°} = 92.16\ \text{m}$。

( ) 125. 控制測量佈設點位時之「選點考量因素」，下列敘述哪些正確？ (123)

(1)若採 GNSS 測量方式，則須考量對空的透視情況

(2)若採傳統導線測量方式，則須考量點位之間的通視情形

(3)若採傳統三角測量方式，則須考量圖形強度問題

(4)一般而言，為考量引用之方便性，控制點應盡量密集。

解 選項(4)控制點之選點，應依測量方法、精度規範、儀器精密度、點位分布及觀測數目設計，並依其精度評估結果調整之。

( ) 126. 有關路線測量之作業程序，下列敘述哪些正確？ (14)

(1)踏勘之最主要意義是於各可行路線實地蒐集必要資料

(2)初測之最主要意義是測設道路中心樁於實地以確定路線

(3)定測之最主要意義是測繪設計時所須地形圖及相關資料

(4)縱橫斷面圖的繪製是定測階段的主要工作內容之一。

解 選項(2)初測是沿地形圖上選定之道路路線，依實際狀況進行選點、插旗並標示出道路路線行進方向。

選項(3)定測是將選定的道路路線測設置實地上，並沿實地標出的中線測繪縱橫斷面圖。

( ) 127. 下列哪些是影響三角高程測量精度的因素？ (134)

(1)距離量測誤差 (2)水平角觀測誤差 (3)垂直角觀測誤差 (4)大氣折射誤差。

解 將三角高程之高差式進行微分後，根據誤差傳播定律可知影響三角高程量測精度的主要來自垂直角的計算結果和大氣折射誤差。而影響垂直角計算之兩大因素為距離量測與垂直角觀測誤差。

( ) 128. 有關路線之縱、橫斷面測量，下列敘述哪些正確？ (14)

(1)斷面是根據外業測量資料繪製而成，能直觀地表現地面起伏狀況

(2)橫斷面測量是測出各中心樁的高程，並繪圖表示沿線起伏的情況

(3)縱斷面圖採直角坐標法繪製，以中心樁的里程為橫坐標，中心樁的高程為縱坐標，繪圖比例尺通常為 1/2000 或 1/1000

(4)橫斷面圖的比例尺一般採用 1/100 或 1/200。

解 1. 縱斷面水準測量：測求鐵公路、河道、隧道與舖設各種地下管線等之中心線，各中心樁的高程。並展繪得此路線之縱斷面圖，計算挖填土方量供路線之坡度設計。

縱斷面水準測量的功用：

(1) 繪製工程路線的縱斷面圖。

(2) 提供路線之路面坡度設計參考。

(3) 配合各中心樁之橫斷面測量成果，可計算施工之挖、填土方量。

繪製縱斷面圖表示方式：

(1) 縱軸表示高程，其比例尺為 $\frac{1}{100}\sim\frac{1}{400}$。

(2) 橫軸表示里程，其比例尺為 $\frac{1}{1000}\sim\frac{1}{2500}$。

2. 橫斷面水準測量：測求鐵公路、河道、隧道與舖設各種地下管線等之中心線之垂直方向上高程的變化，繪製橫斷面圖。並配合此路線之縱斷面測量成果計算土方量。

橫斷面水準測量的功用：

(1) 繪製工程路線的橫斷面圖。

(2) 配合各中心樁之縱斷面測量成果，可計算施工之挖、填土方量。

繪製橫斷面圖表示方式：縱軸表示高程；橫軸表示距離，其比例尺皆為 $\frac{l}{100}\sim\frac{l}{200}$

(　　) 129. A、B 二道路中心樁之樁號及高程值分別為：A(1k+100,40m)、B(1k+150,42m)，若 A 樁應再填方 1m，路面設計坡度為+1%，則下列敘述哪些正確？　(24)

(1)B 樁應再填方 1.5m

(2)A、B 二樁間的實地坡度為+4%

(3)無挖填方處之高程值為 41.63m

(4)無挖填方處之樁號為 1k+133.33。

解　選項(1) $\overline{AB}=150-100=50$ m，A 樁填方後高程值 40+1=41 m。

B 樁路面設計高程 $=41+50\times1\%=41.5$ m，

B 樁挖填高程為 $42-41.5=0.5$ (挖)。

選項(3) A、B 二樁間的實地坡度為 $\frac{42-40}{50}\times100\%=+4\%$。

令 L 為 A 點到無挖填方高程之距離，$41+0.01L=40+0.04L$，得 L=33.33 m，

無挖填方處之高程值為 $41+0.01\times33.33=41.33$ m。

(　　) 130. 下列哪些屬於 GNSS 的應用範疇？　(1234)

(1)氣象預報　(2)速度測量　(3)高程測量　(4)時間測定。

解　GNSS 的全名是全球衛星導航系統，他是泛指所有的衛星導航系統，如美國的 GPS、俄羅斯的 Glonass、歐洲的 Galileo 及中國的北斗系統(COMPASS)等。，GNSS 的應用範疇包含氣象預報(利用 GPS 理論和技術來測定大氣溫度及水氣含量，進行氣象預報與監測氣候變化)、速度測量、高程測量、精確定時(廣泛的應用在天文台、通信系統基地及電視台)、軍事國防、追蹤定位、休閒運動、車輛(海空)導航及土木建築工程等。

(　　) 131. 有關「緩和曲線」，下列敘述哪些正確？　(124)

(1)曲線長度與曲率半徑成反比，須設置外超高以平衡車輛離心力

(2)常用於直線道路與單曲線道路之銜接處

(3)緩和曲線與單曲線銜接處之曲率半徑為無窮大

(4)克羅梭曲線即為緩和曲線之一種。

解　參閱 35 題解析。

(　　) 132. 設單曲線之曲率半徑為 R，外偏角為△，則下列有關單曲線的計算公式哪些正確？ (34)

(1)外距值之計算公式為 $R(1-\cos\frac{\Delta}{2})$　(2)中距值之計算公式為 $R(\cos\frac{\Delta}{2}-1)$

(3)長弦值之計算公式為 $2R\sin\frac{\Delta}{2}$　(4)曲線長之計算公式為 $R\Delta\frac{\pi}{180°}$ 。

解　選項(1)外距 $=R(\sec\frac{\Delta}{2}-1)$，選項(2)中距 $=R(1-\cos\frac{\Delta}{2})$

(　　) 133. 隧道二端點 A、B 之(N,E,H)坐標分別為(1000,800,400)及(2000,1800,300)，坐標單位為公尺，則下列敘述哪些正確？ (23)

(1)隧道實際長度為 1414.214m　(2)隧道實際長度為 1417.745m

(3)A、B 二點間的坡度為+7%　(4)由 A 端點向 B 端點出發，其方位角為 225°。

解　選項(1) $\overline{AB}=\sqrt{(2000-1000)^2+(1800-800)^2+(300-400)^2}=1417.745\text{ m}$，

選項(4) $\phi_{AB}=\theta_{AB}=\tan^{-1}\left|\frac{1800-800}{2000-1000}\right|=45°$ (第一象限)。

(　　) 134. 有關角度或距離交會定位的敘述，下列敘述哪些正確？ (13)

(1)除了角度後方交會之外，其餘交會定位法的實施，二測線之交會角若能正交，其定位成果的精度較佳

(2)後方交會法常用於地形圖測繪

(3)交會定位法常用於補設控制補點

(4)角度後方交會法若所有已知點和未知點共圓時，其定位成果最佳。

解　選項(2)用於控制點補點。

選項(4)此圓稱為危險圓，精度最差，因其有無限多組解。

(　　) 135.「單三角鎖」形式之三角網，對其可列舉之可能條件式的敘述，下列敘述哪些正確？ (13)

(1)若網形各三角形所有內角皆觀測，則內角條件式數目與網形中三角形數目相同

(2)若網形中有二條獨立的已知基線邊，則應有一個邊條件式

(3)若網形中有二條獨立的已知方位角邊，則應有一個方位角條件式

(4)單三角鎖應至少含一個測站條件式。

(　　) 136. 有關閉合導線或附合導線之「導線計算」相關敘述，下列敘述哪些正確？ (12)

(1)因有三個閉合條件式，導致有三個閉合差計算式

(2)最先計算得到的閉合差值是角度閉合差

(3)閉合比數的意義是指「若將整條導線看成一段直線距離時，該導線角度誤差導致導線每一公尺的距離誤差量」

(4)一般採用經緯儀法則(Transit Rule)實施坐標閉合差之改正。

解　選項(3) W_E 表橫距閉合差，W_N 表縱距閉合差，[L]表導線長度總和。

位置閉合差 $W_S=\sqrt{W_N{}^2+W_E{}^2}$，閉合比數 $\gamma=\frac{W_S}{[S]}=\frac{\sqrt{W_N{}^2+W_E{}^2}}{\text{導線邊的總合}}=\frac{1}{N}$ 。

選項(4)縱橫距閉合差改正有下列三種方式：

1. 經緯儀法則：按各邊縱橫距絕對值，佔導線縱橫距絕對值總和之比例，分配改正之。適用於測角精度遠高於測距精度之導線。

緯距改正數 = $dN_{IJ} = -\frac{|\Delta N_{IJ}|}{[|\Delta N|]} \times W_n$，經距改正數 = $dE_{IJ} = -\frac{|\Delta E_{IJ}|}{[|\Delta E|]} \times W_e$

2. 羅盤儀法則：按各邊長佔導線邊長總和之比例，分配改正之。適用於測角精度與測距精度相當時，又名鮑迪氏法。一般工程測量，此種改正方法最常用。

緯距改正數 = $dN_{IJ} = -\frac{S_{IJ}}{[S]} \times W_n$，經距改正數 = $dE_{IJ} = -\frac{S_{IJ}}{[S]} \times W_e$

3. 平均分配：直接按各邊長佔導線邊長總和之比例分配改正之。

(　　) 137. 有關「導線測量」的相關敘述，下列敘述哪些正確？ (134)
(1)能保證相鄰點位之間相對位置的正確性
(2)能保證各導線點之絕對位置的正確性
(3)誤差最大的點應位於導線中央處的點
(4)若能將各單導線連接成導線網，應會有較佳的偵錯能力。

解 選項(2) 因點位有測角與測距，僅能保證相鄰點位之間相對位置的正確性。

(　　) 138. 有關導線測量程序中「選點」的原則，下列敘述哪些正確？ (14)
(1)所選點位應有較佳的控制性
(2)能形成折線形狀的導線，精度較佳
(3)點數應能滿足隨地可引用的須求，故應採較密較多但須均勻分佈的方式佈設導線點
(4)僅量以能形成導線網的概念選點，增加整體檢核條件數。

解 導線點之選點注意事項：
1. 前後兩導線點間應能互相通視，俾使觀測。(首要先決條件)
2. 導線點宜選於方向變化或足以控制地形變化與地物位置之處；所選之導線點數不宜過多過少。
3. 同一導線之邊長，應近於相等為原則，若相差太大，將影響角度觀測之精度，宜避免之。
4. 導線點應選擇於不易被毀損破壞之處及便利設置儀器之地點，以利測圖或測設樁點應用。
5. 導線之路線，如沿測區已有之道路進行，應避免選擇車輛來往頻繁或交會錯車之處，以免儀器易受車輛震動而發生變動或影響作業人員之安全。

(　　) 139. 放樣點位時常採用「光線法」和「角度前方交會法」，下列對此二種方法之敘述哪些正確？ (134)
(1)二種方法皆為逐點放樣，具有誤差不累積之優點
(2)「光線法」不若「角度前方交會法」方便
(3)「光線法」宜採用全測站儀為之
(4)不方便實施距離測量之情況，應採用「角度前方交會法」。

解 選項(2)光線法可一次測量多個點位。

(　　) 140. 在地形圖之圖廓外，可以獲得下列哪些資料？ (234)
(1)距離　(2)比例尺　(3)圖幅接合次序　(4)圖號。

解 圖廓外註記資料，應包括圖名、圖號、版次、圖例、比例尺、測圖說明、圖幅接合表、行政界線略圖、圖幅位置圖、圖幅經緯度、方格坐標、道路到達地等。一般圖廓外之資料可註記測製之單位或機構，但測繪者姓名僅書寫於地形原圖之背面。

5

( ) 141. 在地形圖之圖廓內，可以獲得下列哪些資料？ (123)

(1)地物屬性資料 (2)距離 (3)等高線 (4)圖例說明。

解 參閱 140 題解析。

( ) 142. 某凹形豎曲線之長度為 100m，坡度分別為−2%和+4%，*P.V.I.*樁之高程值為 78.00，*B.V.C.*樁號為 1k+110，則下列敘述哪些正確？ (134)

(1)*B.V.C.*樁之高程值為 79.00m (2)*E.V.C.*樁之高程值為 79.00m

(3)*E.V.C.*樁號為 1k+210 (4)樁號 1k+120 之高程值為 78.83m。

解 選項(2) *E.V.C.*樁之高程值 $= H_{P.V.I.} + \left(\frac{L}{2}\right) \times 4\% = 78\text{m}$。

( ) 143. 某三角形 *ABC* 三頂點之(*N*,*E*)坐標分別為 *A*(10.00m,10.00m)、*B*(20.00m,20.00m)、*C*(10.00m,30.00m)，則下列敘述哪些正確？ (24)

(1)三角形面積為 200m^2 (2)$\angle BAC$=45° (3)$\overline{BC}$方位角為 120° (4)$\overline{BA}$方向角為 $S45°W$。

解 選項(1) $A = \frac{1}{2}\left\|\begin{matrix} 10 & 20 & 10 & 10 \\ 10 & 20 & 30 & 10 \end{matrix}\right\| = 100\text{m}^2$。

選項(3) $\angle BAC$=45°；$\phi_{BC} = 135°$。

工作項目⑥ 儀器檢校

單選題

(　　) 1. 二次縱轉法改正偏差的四分之一，此項調整是在下列何種情況下使用？　(1)

(1)視準軸與橫軸不垂直　(2)橫軸與垂直軸不正交

(3)水準管軸與視準軸不平行　(4)水準管軸與垂直軸不垂直。

解　經緯儀進行視準軸校正時，可採用二次縱轉法。即將儀器整置於 P 點，正鏡後視 A，縱轉望遠鏡前視得 B。倒鏡重新後視 A，再縱轉望遠鏡前視。若視準軸垂直於橫軸，則視線經過 B，若經過 C，則∠BOC 為誤差 C 之四倍，由 C 向 B 量 $\frac{BC}{4}$ 處為校正之準確位置。

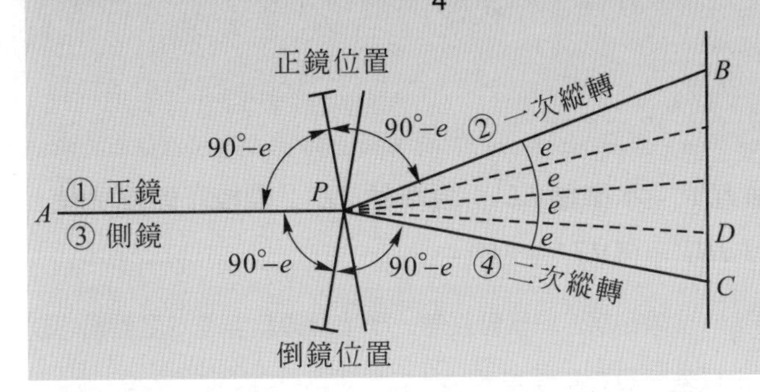

(　　) 2. 水準儀需要校正部分包括：A 十字絲、B 水準軸、C 視準軸，檢校之次序，可依　(1)

(1)BAC　(2)ACB　(3)CAB　(4)CBA。

解　校正順序應為：水準管軸校正→橫十字絲校正→視準軸校正，校正順序不可混淆。

(　　) 3. 作定樁法時，水準儀置 A、B 二點之中央，得 A 尺之讀數為 1.136m，B 尺讀數為 1.168m。再移儀器於緊接 B 尺近旁，讀 A 尺為 1.225m，B 尺為 1.232m，則校正儀器後，A 尺之正確讀數應為　(1)1.262m　(2)1.300m　(3)1.24 8m　(4)1.200m。　(4)

解　如圖所示

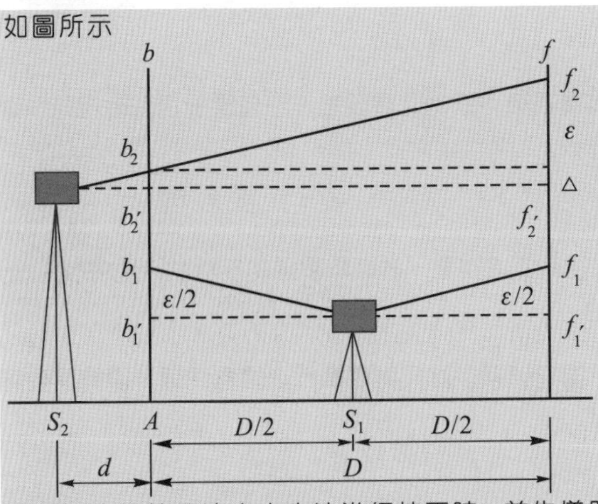

當採用木樁校正法之中央法進行校正時，首先儀器架設在兩標尺的中點讀數，儀器第二次架站於後視旁再予以讀數。當儀器架設在中央時，無論儀器之誤差若干，由於前後視相等，可抵消誤差量，故該兩點的高程差值為兩標尺之讀數差。

解法 1.　$1.136 - H_A = 1.168 - 1.232$，$H_A = 1.200$。

解法 2.　$1.136 - 1.168 = -0.032$，

$H_A - H_B = -0.032$，$H_A - 1.232 = -0.032$，$H_A = 1.200$。

解法 3.　另解 $\Delta H = 1.136 - 1.168 = -0.032$ ，$\Delta H' = 1.205 - 1.232 = -0.027$ ，

ω(誤差) $= \Delta H' - \Delta H = -0.027 + 0.032 = +0.005$ (向上)

ε(改正數) $= -\omega = -0.005$ (向下)

$RA' = 1.205 - 0.005 = 1.200$ m。

(　　) 4. 應用定樁法校正水準儀，設二樁 A 與 B，當水準儀安置在 A 旁時，A 尺讀數＝1.625m；B 尺讀數＝1.421m；水準儀在 B 旁時，A 尺讀數＝1.831m；B 尺讀數＝1.649m，則儀器在 B 旁時，應將橫十字絲對 A 尺讀數改正為多少時，方可消除視準軸誤差？　(4)

(1)1.853m　(2)1.924m　(3)1.798m　(4)1.842m。

解　正確高程差 $= \dfrac{(1.625 - 1.421 + 1.831 - 1.649)}{2} = +0.193$

$\Delta H_B = 1.831 - 1.649 = +0.182$

$\varepsilon = -(0.182 - 0.193) = +0.011$ (向上)

$R_A = 1.831 + 0.011 = 1.842$ m。

(　　) 5. 設經緯儀各軸為：垂直軸 VV'；橫軸 HH'；水準軸 LL'；視準軸 ZZ'；則校正時應先使　(4)

(1)$HH' \perp VV'$　(2)$ZZ' \perp VV'$　(3)$ZZ' \perp HH'$　(4)$LL' \perp VV'$。

解　經緯儀儀器誤差的校正順序：水準管軸誤差→視準軸誤差→橫軸誤差→十字絲偏斜誤差→度盤偏心誤差→視準軸偏心誤差→度盤刻劃誤差→縱角指標差→直立軸誤差。

(　　) 6. 水準儀之視準軸不平行於水準軸時，可用下列何種方式校正之？　(1)

(1)定樁法　(2)中數校正法　(3)半半校正法　(4)二次縱轉法。

解　水準測量之儀器誤差來源及防範方式：

1. 視準軸不平行水準管軸：
   防範方式：以「定樁法」校正儀器，或於「施測時使前後視距離約相等」，以消除此項誤差。
2. 水準管軸不垂直直立軸：
   防範方式：以「半半改正法」校正儀器。
3. 水準尺底端磨損：此種水準尺同時用於前視及後視時可抵消此種誤差，若僅當前視或後視時，則須量出此項誤差並加以改正。
   防範方式：最好「換水準尺」避免之。
4. 水準尺接縫誤差：使用抽升式或折疊式水準尺便有此項誤差，當讀數超過此接縫處時便會發生。
   防範方式：可改採「固定式水準尺」。
5. 水準尺非標準尺：即有尺長誤差，可持施測所得之值乘以此尺與標準尺之讀數比值，便能得到應有之高程差。
   防範方式：尺長改正。

(　　) 7. 若經緯儀之視準軸不垂直於橫軸，採用二次縱轉法校正，改正量為檢查時所發現偏差之　(1)

(1)1/4　(2)1/2　(3)1/3　(4)2/3。

解　二次縱轉法改正量為誤差量之 $\dfrac{1}{4}$ 。

( ) 8. 設 Z=視準軸，L=水準管軸，V=垂直軸，H=水平軸(橫軸)，則經緯儀之各軸關係應 (1)

(1)$L\perp V$，$Z\perp H$，$H\perp V$ (2)$L//V$，$Z\perp H$，$H\perp V$

(3)$L\perp V$，$Z//H$，$H\perp V$ (4)$L\perp V$，$L//Z$，$H\perp V$。

解 經緯儀之主軸如圖所示：

1. 直立軸(VV)：為經緯儀水平旋轉之中心線，施測時須與重力線相符合，垂直於水平面。
2. 橫軸(HH)：為望遠鏡上下仰俯或縱轉旋轉之軸線，又稱水平軸。
3. 視準軸(ZZ)：為望遠鏡之物鏡主點與十字絲中心交點之連線。
4. 水準軸(LL)：為水準器呈水平時，切於水準器之縱向斷面圓弧中點之切線，又稱水準管軸。

主軸相互關係(裝置原則)：

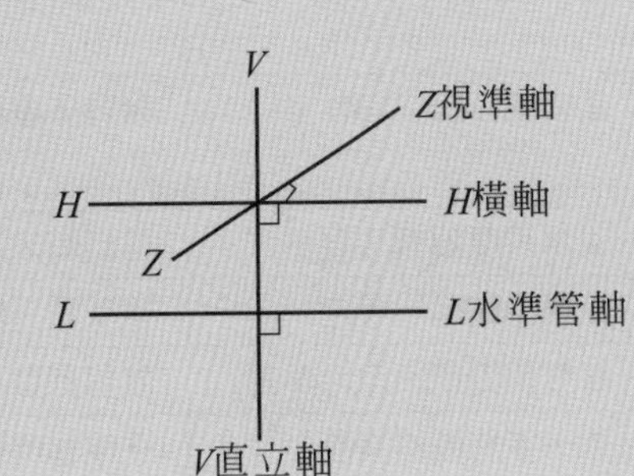

1. 水準管軸垂直於直立軸($LL\perp VV$)
2. 橫軸垂直於直立軸($HH\perp VV$)
3. 視準軸垂直於橫軸($ZZ\perp HH$)
4. 橫軸平行於水準管軸($HH//LL$)
5. 視準軸(ZZ)與橫軸(HH)之交點應在直立軸(VV)上
6. 直立軸旋轉中心應與水平度盤中心一致。

( ) 9. 設 Z=視準軸，L=水準管軸，V=垂直軸，水準儀裝置之原則應為 (3)

(1)$Z//L$，$L//V$ (2)$Z\perp L$，$L//V$ (3)$Z//L$，$L\perp V$ (4)$Z\perp L$，$L\perp V$。

解 如圖所示

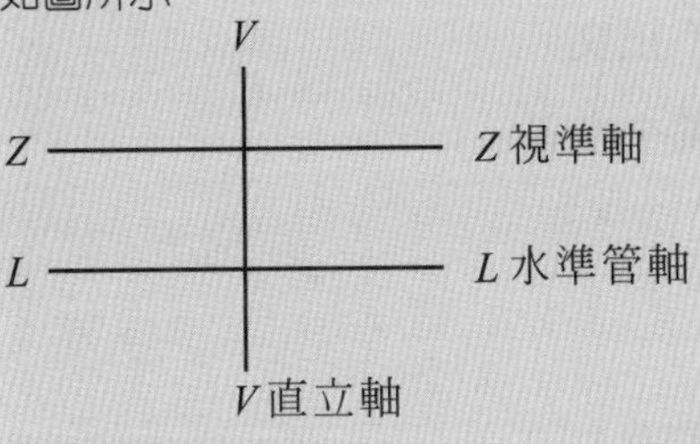

1. 水準儀之主軸有三：
   (1) 視準軸 ZZ：望遠鏡之物鏡中心與十字絲中心之連線，亦稱為照準軸。
   (2) 水準管軸 LL：水準儀呈水平時，切於水準器中點之切線。
   (3) 直立軸 VV：望遠鏡作水平旋轉之旋轉軸，測量時與重力線相符，又稱垂直軸。
2. 裝置原則：
   (1) 水準管軸必須垂直於直立軸，$LL\perp VV$。
   (2) 視準軸必須平行於水準管軸，$ZZ//LL$。
   (3) 首要條件：先使水準管軸必須垂直於直立軸，再則使視準軸必須平行於水準管軸。
3. 校正方式：
   (1) 水準管軸(LL)必須垂直直立軸(VV)，以「半半改正法」改正之。水準儀腳螺旋及水準管校正螺旋改正一半，故名「半半改正法」。
   (2) 十字絲檢測之橫絲必須水平
   (3) 視準軸(ZZ)必須平行水準管軸(LL)：以定樁法(又名木樁法)改正之。

( ) 10. 經緯儀盤面水準器之校正，係採用 (2)

(1)定樁法 (2)半半校正法 (3)間接校正法 (4)1/4 校正法。

6

解 水準管軸未垂直於直立軸，表盤面不水平，視準線旋轉時成一斜面。校正方法為旋轉踵定螺旋、水準氣泡螺旋，各使氣泡回移 $\frac{1}{2}$ 偏移量。消除方法為半半改正法。

( ) 11. 下列何種經緯儀誤差不能藉正倒鏡觀測取其平均值而消除之？ (3)
(1)視準軸偏心誤差 (2)視準軸誤差 (3)直立軸傾斜誤差 (4)橫軸誤差。

解 儀器誤差及消除方法

儀器誤差	產生原因	消除方法
1.水準管軸誤差	水準管軸未垂直於垂直軸	半半校正法
2.視準軸誤差	視準軸未垂直於橫軸	1.二次縱轉法校正之 2.正倒鏡觀測取平均
3.橫軸(橫軸)誤差	橫軸未垂直於垂直軸	1.正倒鏡法校正之 2.正倒鏡觀測取平均
4.水平度盤偏心誤差	垂直軸未通過水平度盤的圓心	讀 I、II 游標取平均
5.視準軸偏心誤差	視準軸、橫軸及垂直軸未能交於一點	正倒鏡觀測取平均
6.度盤刻劃不均勻誤差	度盤刻劃不均勻	變化度盤重覆觀測取平均
7.十字絲偏斜誤差	十字絲環產生偏斜	正倒鏡觀測取平均值
8.縱角指標差	當望遠鏡水平時，縱角讀數不識 0°或 90°	正倒鏡觀測取平均

經緯儀觀測水平角採正倒鏡觀測取平均，可以消除下列儀器誤差：
1.視準軸誤差 2.橫軸(水平軸)誤差 3.視準軸偏心誤差 4.十字絲偏斜誤差 5.縱角指標差。

( ) 12. 所謂半半法改正，是在下列何種情況下使用? (4)
(1)視準軸與橫軸互不垂直 (2)橫軸與垂直軸不正交
(3)水準軸與視準軸不平行 (4)水準軸與垂直軸不垂直。

解 參閱第 11 題解析。

( ) 13. 以下何者不是水準儀之主軸？ (4)
(1)視準軸 (2)垂直軸(直立軸) (3)水準軸 (4)水平軸(橫軸)。

解 參閱第 9 題解析。

( ) 14. 水準儀校正不包括 (4)
(1)水準軸之校正 (2)十字絲之校正 (3)視準軸之校正 (4)直立軸之校正。

解 參閱第 9 題解析。

( ) 15. 下列何者不為經緯儀之結構條件？ (4)
(1)橫軸垂直於垂直軸 (2)視準軸垂直於橫軸
(3)水準軸垂直於垂直軸 (4)橫軸垂直於水準軸。

解 參閱第 8 題解析。

( ) 16. 下列何者不為經緯儀之結構條件？ (3)
(1)橫軸垂直於直立軸 (2)視準軸垂直於橫軸
(3)視準軸平行於橫軸 (4)水準管軸垂直於直立軸。

解 參閱第 8 題解析。

( ) 17. 望遠鏡之物鏡中心與十字絲中心之連線，稱為 (1)光軸 (2)鏡軸 (3)視準軸 (4)橫軸。 (3)

解 參閱第 8 題解析。

( ) 18. 水準管氣泡居中後，再平轉 180°，若此時氣泡偏移二格，則須調整水準管校正螺絲，使氣泡改正 (1)半格 (2)一格 (3)二格 (4)四格。 (2)

解 採用「半半改正法」改正之，水準儀腳螺旋及水準管校正螺旋改正一半，即各改正一格。

( ) 19. 經緯儀之視準軸校正檢驗，係採用 (1)二次縱轉法 (2)偏角法 (3)定樁法 (4)半半法。 (1)

解 參閱第 11 題解析。

( ) 20. 經緯儀之盤面水準管應垂直於 (1)望遠鏡 (2)視準軸 (3)橫軸 (4)直立軸。 (4)

解 參閱第 8 題解析。

( ) 21. 某次水準儀定樁法測量，儀器靠近 A 尺，觀測 A 尺及 B 尺讀數，計算得高程差 Δh_1=0.245m(以 A 尺讀數減 B 尺讀數，以下相同)。再將儀器置於 AB 二尺中間，測得高程差 Δh_2=0.235m。今增加設立一站，將儀器置於 B 尺旁，測得高程差 Δh_3 值應為 (1)0.215m (2)0.225m (3)0.240m (4)0.255m。 (2)

解 $\frac{\Delta h_A+\Delta h_B}{2}=\Delta h$，$\frac{0.245+\Delta h_B}{2}=0.235$，$\Delta h_B=0.225$。

( ) 22. 下述水準儀各軸之關係，何者為錯誤? (1)視準軸平行於水準軸 (2)水準軸垂直於垂直軸 (3)視準軸平行於垂直軸 (4)視準軸垂直於垂直軸。 (3)

解 參閱第 9 題解析。

( ) 23. 水準軸不垂直於垂直軸時，可用 (1)定樁法 (2)中數校正法 (3)半半校正法 (4)平衡視線距離 改正之。 (3)

解 參閱第 9 題解析。

( ) 24. 半半改正是校正水準軸的方法，當水準管氣泡調居中後，再將儀器平轉 180 度，此時水準管氣泡產生了偏移。校正時步驟包括「調腳螺旋」和「調水準管校正螺絲」進行調整。請問「調腳螺旋」之目的為何？ (3)

(1)使水準管氣泡居中　(2)使水準軸垂直於直立軸

(3)使直立軸與垂線重合　(4)使水準軸平行於垂線。

解 調腳螺旋改正氣泡偏移量之半是使直立軸與垂線重合；調水準管校正螺絲改正氣泡偏移量之半是使水準軸垂直於直立軸。

( ) 25. 半半改正是校正水準軸的方法，當水準管氣泡調居中後，再將儀器平轉 180 度，此時水準管氣泡產生了偏移。校正時步驟包括「調腳螺旋」和「調水準管校正螺絲」進行調整。請問「調水準管校正螺絲」之目的為何？ (2)

(1)使水準軸平行於視準軸　(2)使水準軸垂直於直立軸

(3)使直立軸與垂線重合　(4)使水準軸平行於垂線。

解 參閱第 24 題解析。

( ) 26. 當經緯儀有視準軸誤差時，正鏡照準目標 A 之情形如下圖 a，則倒鏡後應為圖 b、圖 c、圖 d、圖 e 之何者？ (1)圖 b (2)圖 c (3)圖 d (4)圖 e。 (1)

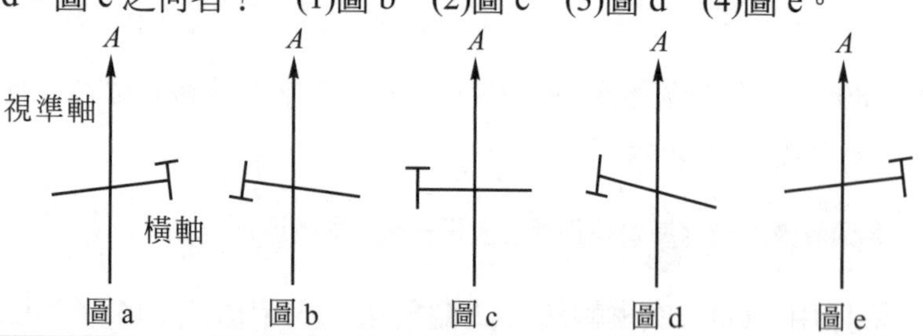

解 將圖 a 鏡射即得經緯儀倒鏡後之圖。

( ) 27. 水準儀實施定樁法檢校水準軸結果得知，視準軸偏上且每公尺誤差量為 0.05mm，今欲以相距 50m 處的尺規實施視準軸校正，則下列何者正確？ (3)

(1)讀數過大，應調十字絲使橫絲向上移動 2.5mm

(2)讀數過小，應調十字絲使橫絲向上移動 2.5mm

(3)讀數過大，應調十字絲使橫絲向下移動 2.5mm

(4)讀數過小，應調十字絲使橫絲向下移動 2.5mm。

解 視準軸偏上造成讀數較實際值為大，故應往下修正 0.05mm × 50 = 2.5mm。

( ) 28. 設 A、B、C 三點位依序在同一直線上，先以經檢定的鋼捲尺測得平距 $\overline{AB} = 20.000$ m 及 $\overline{BC} = 30.000$ m，再以電子測距儀測得平距 $\overline{AB} = 20.020$ m 及 $\overline{AC} = 50.050$ m，請依上述結果判斷電子測距儀可能有下列那一項系統誤差？ (4)

(1)稜鏡加常數誤差 (2)大氣折射誤差 (3)儀器對點誤差 (4)調制頻率誤差。

解 電子測距儀之儀器誤差可分為下列三種：

1. 稜鏡常數誤差：又稱為零點誤差，或加常數誤差，可由檢定加常數與善用測量技術二方法補救之。
2. 調變頻率誤差：電子測距儀之調變頻率，如同尺之刻度，若實際測量時之頻率與儀器所設計者不同，即相當於測尺刻劃不正確，產生量距誤差。
3. 週期誤差：電子測距儀所用以測定參考信號與測距信號之相位差之電子機件，常存有一定之機械誤差，通常依調變信號之半波長而作週期之變化者，稱為週期誤差。

因鋼卷尺量距所得與電子測距儀不同，推斷此電子測距儀可能有調制頻率誤差。

( ) 29. 經緯儀實施方向組法觀測時，必須在每測回之零方向增加(180°/測回數)的水平度盤讀數，其目的為何？ (3)

(1)消除水平度盤偏心誤差　(2)提昇讀數精度

(3)降低水平度盤刻劃誤差　(4)消除讀數誤差。

解 方向觀測法優點：

1. 可檢查是否有觀測錯誤。
2. 消除度盤刻劃不均勻的誤差。
3. 正倒鏡觀測水平角可消除視準軸誤差、視準軸偏心誤差、水平軸誤差。

( ) 30. 某經緯儀有視準軸誤差+1'，若將經緯儀整置於 B 點並正鏡後視 A 點之後，直接縱轉望遠鏡欲測設 200m 處之延長線點 C，則 C 點將因視準軸誤差而產生的橫向偏移量為若干？ (2)

(1)0.058m (2)0.116m (3)0.232m (4)0.464m。

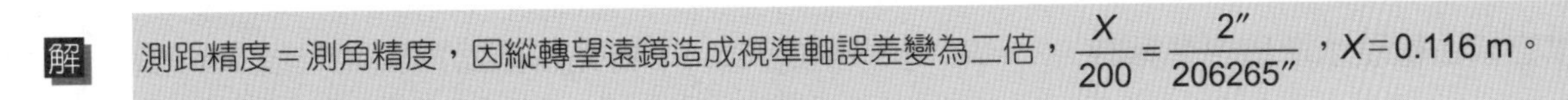

解　測距精度＝測角精度，因縱轉望遠鏡造成視準軸誤差變為二倍，$\frac{X}{200}=\frac{2''}{206265''}$，$X=0.116$ m。

(　　) 31. 某經緯儀有視準軸誤差+1'，若將經緯儀整置於 B 點並正鏡後視 A 點之後，直接縱轉望遠鏡欲測設延長線點 C，則下列對 C 點位置的描述何者正確？　(1)

(1)偏向觀測者的左側　(2)偏向觀測者的右側

(3)在延長線上　(4)視地形高低決定其位置。

(　　) 32. 目前的全測站經緯儀內部多有補償器的設計，有單軸補償、雙軸補償和三軸補償三種，則下列敘述何者錯誤？　(4)

(1)單軸補償僅補償直立軸誤差對縱角度盤讀數的影響

(2)雙軸補償可以補償直立軸誤差對縱角度盤和水平度盤讀數的影響

(3)三軸補償除了雙軸補償的功能外，尚能補償橫軸誤差和視準軸誤差對水平度盤讀數的影響

(4)當測站有振動或風大之情況，應打開補償器的補償功能。

(　　) 33. 下列關於全測站經緯儀檢校之敘述，何者錯誤？　(1)

(1)若有水準管及圓盒氣泡時，應先校正圓盒氣泡

(2)應檢定測距軸和視準軸是否重合

(3)應檢查操作鍵盤各按鍵是否功能正常

(4)應檢查光學對點器是否正確。

(　　) 34. 經緯儀架設過程中，所謂完成「定平」之真正意義所指為何？　(3)

(1)水準管氣泡居中　(2)水準軸水平　(3)直立軸與垂線重合或平行　(4)視準軸水平。

(　　) 35. 以定樁法檢驗水準儀視準軸時，A、B 二尺規相距 50m，首先將儀器置於 A、B 二尺中央，得 A、B 尺讀數為 b_1=2.7682m、f_1=2.7356m；再將儀器置於 B 尺後 5m，得 A、B 尺讀數為 b_2=2.5417m、f_2=2.5049m。水準儀每公尺視準軸誤差量為何？視準軸偏上或偏下？　(2)

(1)0.084mm，偏下　(2)0.084mm，偏上　(3)−0.084mm，偏下　(4)−0.084mm，偏上。

解　$\varepsilon=\Delta H_{AB1}-\Delta H_{AB2}=(2.7682-2.7356)-(2.5417-2.5049)=0.0042$，

$\Delta=\frac{5}{50}\varepsilon=0.1\varepsilon=0.00042$ m。

因水準儀在 B 尺後 5m 時，A 尺讀數大於 B 尺，故知視準軸偏上。

每公尺視準軸誤差量$=\frac{0.0042+0.00042}{50+5}=8.4\times10^{-5}\text{m}=0.084$ mm。

(　　) 36. 以定樁法檢驗水準儀視準軸時，A、B 二尺規相距 50m，首先將儀器置於 A、B 二尺中央，得 A、B 尺讀數為 b_1=2.7682m、f_1=2.7356m；再將儀器置於 B 尺後 5m，得 A、B 尺讀數為 b_2=2.5417m、f_2=2.5049m。問校正時應採用何尺及讀數為何？　(1)

(1)A 尺，2.5371m　(2)B 尺，2.5371m　(3)A 尺，2.5463m　(4)B 尺，2.5463m。

解　參閱第 35 題解析

故 A 尺讀數調整為$=2.5417-\varepsilon-\Delta=2.5417-0.0042-0.00042\approx2.5371$ m。

B 尺讀數調整為$=2.5049-\Delta=2.5049-0.00042\approx2.5045$ m。

(　　) 37. 以定樁法檢驗水準儀視準軸時，A、B 二尺規相距 25m，首先將儀器置於 A 尺後 25m 處，得 A、B 尺讀數為 b_1=2.7682m、f_1=2.7356m；再將儀器置於 B 尺後 25m 處，得 A、B 尺讀數為 b_2=2.5417m、f_2=2.5049m。問水準儀每公尺視準軸誤差量為何？視準軸偏上或偏下？ (1)0.084mm，偏下　(2)0.084mm，偏上　(3)−0.084mm，偏下　(4)−0.084mm，偏上。 (2)

解　使 $\Delta H_{AB}=\dfrac{\Delta H_{AB1}+\Delta H_{AB2}}{2}=\dfrac{(b_1-f_1)+(b_2-f_2)}{2}=$

$$\frac{(2.7682-2.7356)+(2.5417-2.5049)}{2}=0.0347\text{ m}$$。

$\varepsilon=(2.5417-2.5049)-0.0347=0.0021\text{m}$，$2\varepsilon=0.0042\text{m}$。

因水準儀在 A 尺後 25m 時，A 尺讀數大於 B 尺，故知視準軸偏上。

每公尺視準軸誤差量 $=\dfrac{0.00422}{25+25}=8.4\times10^{-5}\text{m}=0.084\text{ mm}$。

(　　) 38. 以定樁法檢驗水準儀視準軸時，A、B 二尺規相距 25m，首先將儀器置於 A 尺後 25m 處，得 A、B 尺讀數為 b_1=2.7682m、f_1=2.7356m；再將儀器置於 B 尺後 25m 處，得 A、B 尺讀數為 b_2=2.5417m、f_2=2.5049m。問校正時應採用何尺及讀數為何？ (1)A 尺，2.5375m　(2)B 尺，2.5375m　(3)A 尺，2.5459m　(4)B 尺，2.5459m。 (1)

解　參閱第 37 題解析

故 A 尺讀數調整為 $=2.5414-2\varepsilon=2.5417-2\times0.0021\approx2.5375\text{m}$。

B 尺讀數調整為 $=2.5049-\varepsilon\approx2.5028\text{ m}$。

(　　) 39. 某一 3m 長之精密水準尺，經檢定後其長度為 2.99950m，則對讀數 1.89754m 而言，其正確讀數為何？ (1)1.89786m　(2)1.89769m　(3)1.89739m　(4)1.89722m。 (4)

解　$\dfrac{2.99950}{3}=\dfrac{x}{1.89754}$，得 $x=1.89722\text{m}$

(　　) 40. 現對某精密水準尺檢定後，發現尺規底部有磨損。請問下列施測程式的敘述中，何者無助於消除尺規底部磨損對水準測量成果的影響？ (4)

(1)在施測過程中保持尺規與尺墊之接觸點為同一個點且測站數應保持為偶數

(2)直接更新尺規

(3)對尺規底部維修並作檢定

(4)觀測時應保持前後視距離相等。

(　　) 41. 實施經緯儀光學對點器之校正時，可將對點器每水平轉動 120°後，便在地面紙張上標記對應位置，若標記得到之三個點重合，表示該對點器無對點誤差；若三個點未重合而形成一個三角形，則應取該三角形之那個位置進行對點器校正？ (3)

(1)內心　(2)垂心　(3)外心　(4)重心。

(　　) 42. 經緯儀或水準儀在實施觀測之前，觀測者應對望遠鏡進行「消除視差」的動作。下列對「消除視差」之內涵敘述，何者錯誤？ (3)

(1)應先調目鏡聚焦螺旋看清楚十字絲

(2)若未完成取消視差動作，觀測時會因身體晃動造成照準目標的不易標定

(3)應先調物鏡聚焦螺旋看清楚目標

(4)會造成照準目標的影像未能呈像在十字絲處。

解　視差現象乃是物像未能成像於十字絲面或目鏡所見之十字絲像不清晰，以致影響讀數所造成之誤差。望遠鏡之用法為先將目鏡之焦距調整清晰，再利用望遠鏡之調焦螺旋使物體清晰。

複選題

(　　) 43. 現對某精密水準尺檢定後，發現標尺底部有磨損。請問下列施測程序的敘述中，哪些有助於消除標尺底部磨損對水準測量成果的影響？　(123)

(1)在施測過程中保持標尺與尺墊之接觸點為同一個點

(2)水準線之總測站數應保持為偶數

(3)對標尺底部維修並作檢定

(4)觀測時應保持前後視距離相等。

(　　) 44. 經緯儀或水準儀在實施觀測之前，觀測者應對望遠鏡進行「消除視差」的動作。下列有關「消除視差」之內涵及影響的敘述哪些正確？　(124)

(1)應先調目鏡聚焦螺旋看清楚十字絲，再調物鏡聚焦螺旋看清楚目標

(2)若未完成取消視差動作，觀測時會因身體晃動造成目標的不易標定

(3)應先調物鏡聚焦螺旋看清楚目標，再調目鏡聚焦螺旋看清楚十字絲

(4)會造成照準目標的影像未能呈像在十字絲處。

解　選項(3)應先調整目鏡之焦距，再利用望遠鏡之調焦螺旋使物體清晰。

(　　) 45. 下列哪些措施可以消除水準儀之視準軸誤差？　(12)

(1)前後視距離保持相同

(2)實施定樁法校正視準軸

(3)各測站均採用後前前後的觀測方式

(4)水準線之測站數要保持偶數站。

解　視準軸誤差防範方式：以「定樁法」校正儀器，或於「施測時使前後視距離約相等」，以消除此項誤差。

(　　) 46. 實施「半半改正」之步驟是當水準管氣泡調居中後，再將儀器平轉 180°，此時水準管氣泡產生了偏移，接著依序「調腳螺旋改正氣泡偏移量之半」和「調水準管校正螺絲改正氣泡偏移量之半」。下列敘述哪些正確？　(23)

(1)調腳螺旋改正氣泡偏移量之半使是使水準軸垂直於直立軸

(2)調腳螺旋改正氣泡偏移量之半是使直立軸與垂線重合

(3)調水準管校正螺絲改正氣泡偏移量之半是使水準軸垂直於直立軸

(4)調水準管校正螺絲使水準軸平行於視準軸。

解　參閱第 24 題解析。

(　　) 47. 某水準儀水準管率定時，當氣泡居中視線水平時，讀得相距 50m 處的標尺讀數為 1.700m，當氣泡朝物鏡偏移二格時，標尺讀數為 1.715m，則下列敘述哪些正確？　(123)

(1)水準管靈敏度值為 $\gamma = 30''/2mm$

(2)當氣泡朝目鏡偏移一格時之讀數應為 1.693m

(3)水準管之曲率半徑值 R=13.750m

(4)水準管的靈敏度與其曲率半徑大小成反比。

6

解 選項(1) $\alpha=\dfrac{r_2-r_2}{n\times d}\times\rho^{n}=\dfrac{1.715-1.700}{2\times 50}\times 206265"=\dfrac{30"}{2mm}$，

選項(2) $\Delta=50\times 30"\times\dfrac{1}{206265}$=0.007m，氣泡偏前方一格，

故視線上仰，正確讀數應下降 1.700 - 0.007=1.693m。

選項(3) $r''=\dfrac{2\ mm}{R}\times 206265''$，$\dfrac{30"}{2}=\dfrac{2mm}{R}\times 206265"$，$R=13.750$ m。

選項(4)水準管的靈敏度與其曲率半徑大小成正比。

(　　) 48. 水準儀進行定樁法檢驗視準軸時，A、B 二標尺之距離為 50m，首先將水準儀置於 A、B 二尺中間，得 A、B 標尺之讀數分別為 2.768m、2.728m；再將水準儀置於 B 尺後 5m 處，得 A、B 標尺之讀數分別為 2.545m、2.515m。則下列敘述哪些正確？ (13)

(1)每公尺視準軸誤差量-0.2mm

(2)此時水準儀之視準軸偏上

(3)校正時應採用 A 標尺之讀數 2.556m 實施校正

(4)A、B 二點之正確高程差為$\triangle h_{BA}$=0.04m。

解 $\varepsilon=\Delta H_{AB1}-\Delta H_{AB2}=(2.545-2.768)-(2.515-2.545)=-0.01$

$\Delta=\dfrac{5}{50}\varepsilon=0.1\varepsilon=-0.001$ m。

因水準儀在 B 尺後 5m 時，A 尺讀數大於 B 尺，故知視準軸偏上。

每公尺視準軸誤差量$=\dfrac{-0.01+(-0.001)}{50+5}=-2\times 10^{-4}m=-0.2$ mm。

故 A 尺讀數調整為$=2.545-\varepsilon-\Delta\approx 2.556$ m。

B 尺讀數調整為$=2.515-\Delta\approx 2.516$ m。

$\Delta h_{BA}=2.516-2.556=0.04$ m。

(　　) 49. 水準儀進行定樁法檢驗視準軸時，A、B 二標尺之距離為 25m，首先將水準儀置於 A 尺後 25m 處，得 A、B 標尺之讀數分別為 2.768m、2.735m；再將水準儀置於 B 尺後 25m，處得 A、B 標尺之讀數分別為 2.542m、2.519m。則下列敘述哪些正確？ (23)

(1)每公尺視準軸誤差量 0.2mm

(2)此時水準儀之視準軸偏下

(3)校正時應採用 A 標尺之讀數 2.552m 實施校正

(4)A、B 二點之正確高程差為$\triangle h_{BA}$=0.04m。

解 使 $\Delta HAB=\dfrac{\Delta H_{AB1}+\Delta H_{AB2}}{2}=\dfrac{(b_1-f_1)+(b_2-f_2)}{2}$=0.028m。

$\varepsilon=(2.542-2.519)-0.028=0.005$m，$2\varepsilon=0.01$m。

因水準儀在 A 尺後 25m 時，A 尺讀數大於 B 尺，故知視準軸偏下。

每公尺視準軸誤差量$=\dfrac{0.00422}{25+25}=8.4\times 10^{-5}m=0.084$ mm。

故 A 尺讀數調整為$=2.519+2\varepsilon\approx 2.542$ m。

B 尺讀數調整為$=2.532+\varepsilon\approx 2.524$ m。

$\Delta h_{BA}=2.524-2.542=-0.018$ m。

( ) 50. 經緯儀某軸有誤差實施校正，其程序如下：正鏡照準牆面高處某點 P，再向下縱轉望遠鏡讀得牆腳橫置之標尺讀數為 1.246m，倒鏡照準牆面高處某點 P，再向下縱轉望遠鏡讀得牆腳橫置之標尺讀數為 1.224m，調「某軸」的校正螺絲，照準「某個讀數」。重新照準 P 點，再向下縱轉望遠鏡讀得牆腳橫置之標尺讀數應為「某個讀數」，即完成校正。則下列敘述哪些正確？ (24)

(1)所謂「某軸」是指視準軸　(2)所謂「某軸」是指水平軸

(3)所指「某個讀數」是 1.229m　(4)所指「某個讀數」是 1.235m。

解 一次縱轉法用來檢測經緯儀之橫軸(水平軸)誤差，將經緯儀整置於地上，以十字絲中心瞄準前方一高點 P，之後俯視地上得點 Q。倒鏡再瞄準 P，俯視，如未能正好瞄準 Q 點，即有橫軸誤差。校正方式採上述方法產生之誤差，旋轉橫軸校正螺絲調整到上述誤差距離的中點位置。故校正之讀數為 $1.224+\left(\frac{1.246-1.224}{2}\right)=1.235\text{ m}$。

( ) 51. 有關水準測量常要求要在同一路線實施往返測取平均，下列敘述哪些正確？ (123)

(1)可以根據往返測閉合差檢核錯誤　(2)可以提高成果的精度

(3)可以消除轉點沉陷誤差　(4)可以消除儀器沉陷誤差。

解 選項(4)採交互觀測法。

( ) 52. 有關一般經緯儀「定平」，下列敘述哪些正確？ (23)

(1)所謂「定平」是指令水準管氣泡居中即可

(2)所謂「定平」是指令直立軸與垂線重合(或平行)即可

(3)要完成「定平」至少要有圓盒氣泡和盤面水準管二種水準器，缺一不可

(4)若「定平」未確實，會導致橫軸誤差而對水平角觀測產生影響，但不同的觀測方向橫軸誤差量均為固定量。

( ) 53. 觀測多個方向時常採用「方向組法」實施正倒鏡觀測多測回取平均，則下列敘述哪些正確？ (124)

(1)每測回之零方向應將度盤讀數增加(180°/測回數)，其目的是想降低度盤分劃誤差的影響

(2)每測回最終計算時應將零方向的讀數歸零，如此可方便對各測回成果作比較

(3)採正倒鏡觀測可以消除橫軸、視準軸及水準軸等儀器誤差的影響

(4)可以檢核錯誤及提高精度。

解 方向觀測法優點：

1. 可檢查是否有觀測錯誤。
2. 消除度盤刻劃不均勻的誤差。
3. 正倒鏡觀測水平角可消除視準軸誤差、視準軸偏心誤差、水平軸誤差。

( ) 54. 有關經緯儀「指標差」，下列敘述哪些正確？ (24)

(1)垂直角度盤有指標差，而水平度盤無指標差

(2)「指標差」的產生是因度盤讀數與讀數指標未能保持應有的對應關係

(3)可以透過便換度盤重複觀測取平均方是消除「指標差」

(4)現代的經緯儀以透過補償裝置彌補「指標差」的影響，故無須實施「指標差」校正。

6

( ) 55. 經緯儀若有「十字絲偏斜誤差」，則應實施下列哪些校正來消除對水平角觀測的影響？ (234)

(1)橫軸校正

(2)縱十字絲校正

(3)視準軸校正

(4)除應有的校正外，亦應採正倒鏡取平均之觀測方式。

( ) 56. 有關經緯儀「定心誤差」，下列敘述哪些正確？ (134)

(1)所謂「定心誤差」是指當經緯儀完成半半改正後，直立軸卻未通過地面點位

(2)若測站有定心誤差，則測站至兩測點距離越長，對水平角觀測的影響越大

(3)若測點有定心誤差，則測站至觀測目標的距離越長，對水平角觀測的影響越小

(4)當對點器經過校正後，定心誤差本身便屬於偶然誤差性質，一但儀器架設完成，此誤差在各測回之間均保持相同，不會因增加測回數而降低其對水平角觀測的影響量。

解 選項(2)定心誤差，則測站至兩測點距離越長，對水平角觀測的影響越小。

( ) 57. 水準儀若有「十字絲偏斜誤差」，則應實施下列哪些校正方法來消除對水準測量的影響？ (23)

(1)半半改正

(2)橫十字絲校正

(3)定樁法

(4)除應有的校正外，亦應採正倒鏡取平均之觀測方式。

共同學科 不分級題庫

- 工作項目 1　職業安全衛生
- 工作項目 2　工作倫理與職業道德
- 工作項目 3　環境保護
- 工作項目 4　節能減碳

工作項目 1　職業安全衛生

單選題

((2)) 1. 對於核計勞工所得有無低於基本工資，下列敘述何者有誤？
(1)僅計入在正常工時內之報酬　(2)應計入加班費　(3)不計入休假日出勤加給之工資　(4)不計入競賽獎金。

((3)) 2. 下列何者之工資日數得列入計算平均工資？
(1)請事假期間　(2)職災醫療期間　(3)發生計算事由之前 6 個月　(4)放無薪假期間。

((4)) 3. 以下對於「例假」之敘述，何者有誤？
(1)每 7 日應休息 1 日　(2)工資照給　(3)出勤時，工資加倍及補休　(4)須給假，不必給工資。

((4)) 4. 勞動基準法第 84 條之 1 規定之工作者，因工作性質特殊，就其工作時間，下列何者正確？
(1)完全不受限制　(2)無例假與休假　(3)不另給予延時工資　(4)勞雇間應有合理協商彈性。

((3)) 5. 依勞動基準法規定，雇主應置備勞工工資清冊並應保存幾年？
(1)1 年　(2)2 年　(3)5 年　(4)10 年。

((4)) 6. 事業單位僱用勞工多少人以上者，應依勞動基準法規定訂立工作規則？
(1)200 人　(2)100 人　(3)50 人　(4)30 人。

(　　) 7. 依勞動基準法規定，雇主延長勞工之工作時間連同正常工作時間，每日不得超過多少小時？ (1)10 (2)11 (3)12 (4)15。 (3)

(　　) 8. 依勞動基準法規定，下列何者屬不定期契約？ (4)
(1)臨時性或短期性的工作　(2)季節性的工作
(3)特定性的工作　(4)有繼續性的工作。

(　　) 9. 依職業安全衛生法規定，事業單位勞動場所發生死亡職業災害時，雇主應於多少小時內通報勞動檢查機構？ (1)8 (2)12 (3)24 (4)48。 (1)

(　　) 10. 事業單位之勞工代表如何產生？ (1)
(1)由企業工會推派之　(2)由產業工會推派之
(3)由勞資雙方協議推派之　(4)由勞工輪流擔任之。

(　　) 11. 職業安全衛生法所稱有母性健康危害之虞之工作，不包括下列何種工作型態？ (4)
(1)長時間站立姿勢作業　(2)人力提舉、搬運及推拉重物
(3)輪班及夜間工作　(4)駕駛運輸車輛。

(　　) 12. 依職業安全衛生法施行細則規定，下列何者非屬特別危害健康之作業？ (3)
(1)噪音作業 (2)游離輻射作業 (3)會計作業 (4)粉塵作業。

(　　) 13. 從事於易踏穿材料構築之屋頂修繕作業時，應有何種作業主管在場執行主管業務？ (3)
(1)施工架組配 (2)擋土支撐組配 (3)屋頂 (4)模板支撐。

(　　) 14. 以下對於「工讀生」之敘述，何者正確？ (4)
(1)工資不得低於基本工資之 80%　(2)屬短期工作者，加班只能補休
(3)每日正常工作時間得超過 8 小時　(4)國定假日出勤，工資加倍發給。

(　　) 15. 勞工工作時手部嚴重受傷，住院醫療期間公司應按下列何者給予職業災害補償？ (1)前 6 個月平均工資 (2)前 1 年平均工資 (3)原領工資 (4)基本工資。 (3)

(　　) 16. 勞工在何種情況下，雇主得不經預告終止勞動契約？ (2)
(1)確定被法院判刑 6 個月以內並諭知緩刑超過 1 年以上者
(2)不服指揮對雇主暴力相向者
(3)經常遲到早退者
(4)非連續曠工但 1 個月內累計達 3 日以上者。

(　　) 17. 對於吹哨者保護規定，下列敘述何者有誤？ (3)
(1)事業單位不得對勞工申訴人終止勞動契約
(2)勞動檢查機構受理勞工申訴必須保密
(3)為實施勞動檢查，必要時得告知事業單位有關勞工申訴人身分
(4)任何情況下，事業單位都不得有不利勞工申訴人之行為。

(　　) 18. 職業安全衛生法所稱有母性健康危害之虞之工作，係指對於具生育能力之女性勞工從事工作，可能會導致的一些影響。下列何者除外？ (4)
(1)胚胎發育　(2)妊娠期間之母體健康
(3)哺乳期間之幼兒健康　(4)經期紊亂。

(　　) 19. 下列何者非屬職業安全衛生法規定之勞工法定義務？ (3)
(1)定期接受健康檢查　(2)參加安全衛生教育訓練
(3)實施自動檢查　(4)遵守安全衛生工作守則。

(　　) 20. 下列何者非屬應對在職勞工施行之健康檢查？ (2)
(1)一般健康檢查　(2)體格檢查
(3)特殊健康檢查　(4)特定對象及特定項目之檢查。

(　　) 21. 下列何者非為防範有害物食入之方法？ (4)
(1)有害物與食物隔離　(2)不在工作場所進食或飲水
(3)常洗手、漱口　(4)穿工作服。

(　　) 22. 有關承攬管理責任，下列敘述何者正確？ (1)
(1)原事業單位交付廠商承攬，如不幸發生承攬廠商所僱勞工墜落致死職業災害，原事業單位應與承攬廠商負連帶補償及賠償責任
(2)原事業單位交付承攬，不需負連帶補償責任
(3)承攬廠商應自負職業災害之賠償責任
(4)勞工投保單位即為職業災害之賠償單位。

(　　) 23. 依勞動基準法規定，主管機關或檢查機構於接獲勞工申訴事業單位違反本法及其他勞工法令規定後，應為必要之調查，並於幾日內將處理情形，以書面通知勞工？　(1)14　(2)20　(3)30　(4)60。 (4)

(　　) 24. 我國中央勞工行政主管機關為下列何者？ (3)
(1)內政部　(2)勞工保險局　(3)勞動部　(4)經濟部。

(　　) 25. 對於勞動部公告列入應實施型式驗證之機械、設備或器具，下列何種情形不得免驗證？ (4)
(1)依其他法律規定實施驗證者　(2)供國防軍事用途使用者
(3)輸入僅供科技研發之專用機　(4)輸入僅供收藏使用之限量品。

(　　) 26. 對於墜落危險之預防設施，下列敘述何者較為妥適？ (4)
(1)在外牆施工架等高處作業應盡量使用繫腰式安全帶
(2)安全帶應確實配掛在低於足下之堅固點
(3)高度 2m 以上之邊緣開口部分處應圍起警示帶
(4)高度 2m 以上之開口處應設護欄或安全網。

(　　) 27. 下列對於感電電流流過人體的現象之敘述何者有誤？ (3)
(1)痛覺　(2)強烈痙攣
(3)血壓降低、呼吸急促、精神亢奮　(4)顏面、手腳燒傷。

(　　) 28. 下列何者非屬於容易發生墜落災害的作業場所？ (2)
(1)施工架　(2)廚房　(3)屋頂　(4)梯子、合梯。

(　　) 29. 下列何者非屬危險物儲存場所應採取之火災爆炸預防措施？ (1)
(1)使用工業用電風扇　(2)裝設可燃性氣體偵測裝置
(3)使用防爆電氣設備　(4)標示「嚴禁煙火」。

( ) 30. 雇主於臨時用電設備加裝漏電斷路器，可減少下列何種災害發生？ (3)
(1)墜落 (2)物體倒塌、崩塌 (3)感電 (4)被撞。

( ) 31. 雇主要求確實管制人員不得進入吊舉物下方，可避免下列何種災害發生？ (3)
(1)感電 (2)墜落 (3)物體飛落 (4)缺氧。

( ) 32. 職業上危害因子所引起的勞工疾病，稱爲何種疾病？ (1)
(1)職業疾病 (2)法定傳染病 (3)流行性疾病 (4)遺傳性疾病。

( ) 33. 事業招人承攬時，其承攬人就承攬部分負雇主之責任，原事業單位就職業災害補償部分之責任爲何？ (4)
(1)視職業災害原因判定是否補償 (2)依工程性質決定責任
(3)依承攬契約決定責任 (4)仍應與承攬人負連帶責任。

( ) 34. 預防職業病最根本的措施爲何？ (2)
(1)實施特殊健康檢查 (2)實施作業環境改善
(3)實施定期健康檢查 (4)實施僱用前體格檢查。

( ) 35. 以下爲假設性情境:「在地下室作業，當通風換氣充分時，則不易發生一氧化碳中毒或缺氧危害」，請問「通風換氣充分」係指「一氧化碳中毒或缺氧危害」之何種描述？ (1)風險控制方法 (2)發生機率 (3)危害源 (4)風險。 (1)

( ) 36. 勞工爲節省時間，在未斷電情況下清理機臺，易發生危害爲何？ (1)
(1)捲夾感電 (2)缺氧 (3)墜落 (4)崩塌。

( ) 37. 工作場所化學性有害物進入人體最常見路徑爲下列何者？ (2)
(1)口腔 (2)呼吸道 (3)皮膚 (4)眼睛。

( ) 38. 活線作業勞工應佩戴何種防護手套？ (3)
(1)棉紗手套 (2)耐熱手套 (3)絕緣手套 (4)防振手套。

( ) 39. 下列何者非屬電氣災害類型？ (4)
(1)電弧灼傷 (2)電氣火災 (3)靜電危害 (4)雷電閃爍。

( ) 40. 下列何者非屬於工作場所作業會發生墜落災害的潛在危害因子？ (3)
(1)開口未設置護欄 (2)未設置安全之上下設備
(3)未確實配戴耳罩 (4)屋頂開口下方未張掛安全網。

( ) 41. 在噪音防治之對策中，從下列哪一方面著手最爲有效？ (2)
(1)偵測儀器 (2)噪音源 (3)傳播途徑 (4)個人防護具。

( ) 42. 勞工於室外高氣溫作業環境工作，可能對身體產生之熱危害，以下何者非屬熱危害之症狀？ (1)熱衰竭 (2)中暑 (3)熱痙攣 (4)痛風。 (4)

( ) 43. 以下何者是消除職業病發生率之源頭管理對策？ (3)
(1)使用個人防護具 (2)健康檢查 (3)改善作業環境 (4)多運動。

( ) 44. 下列何者非爲職業病預防之危害因子？ (1)
(1)遺傳性疾病 (2)物理性危害 (3)人因工程危害 (4)化學性危害。

(　)45. 下列何者非屬使用合梯，應符合之規定？ (3)
(1)合梯應具有堅固之構造
(2)合梯材質不得有顯著之損傷、腐蝕等
(3)梯腳與地面之角度應在 80 度以上
(4)有安全之防滑梯面。

(　)46. 下列何者非屬勞工從事電氣工作，應符合之規定？ (4)
(1)使其使用電工安全帽　(2)穿戴絕緣防護具
(3)停電作業應檢電掛接地　(4)穿戴棉質手套絕緣。

(　)47. 爲防止勞工感電，下列何者爲非？ (3)
(1)使用防水插頭
(2)避免不當延長接線
(3)設備有金屬外殼保護即可免裝漏電斷路器
(4)電線架高或加以防護。

(　)48. 不當抬舉導致肌肉骨骼傷害或肌肉疲勞之現象，可稱之爲下列何者？ (2)
(1)感電事件　(2)不當動作　(3)不安全環境　(4)被撞事件。

(　)49. 使用鑽孔機時，不應使用下列何護具？ (3)
(1)耳塞　(2)防塵口罩　(3)棉紗手套　(4)護目鏡。

(　)50. 腕道症候群常發生於下列何種作業？ (1)
(1)電腦鍵盤作業　(2)潛水作業　(3)堆高機作業　(4)第一種壓力容器作業。

(　)51. 對於化學燒傷傷患的一般處理原則，下列何者正確？ (1)
(1)立即用大量清水沖洗
(2)傷患必須臥下，而且頭、胸部須高於身體其他部位
(3)於燒傷處塗抹油膏、油脂或發酵粉
(4)使用酸鹼中和。

(　)52. 下列何者非屬防止搬運事故之一般原則？ (4)
(1)以機械代替人力　(2)以機動車輛搬運
(3)採取適當之搬運方法　(4)儘量增加搬運距離。

(　)53. 對於脊柱或頸部受傷患者，下列何者不是適當的處理原則？ (3)
(1)不輕易移動傷患　(2)速請醫師
(3)如無合用的器材，需 2 人作徒手搬運　(4)向急救中心聯絡。

(　)54. 防止噪音危害之治本對策爲下列何者？ (3)
(1)使用耳塞、耳罩　(2)實施職業安全衛生教育訓練
(3)消除發生源　(4)實施特殊健康檢查。

(　)55. 安全帽承受巨大外力衝擊後，雖外觀良好，應採下列何種處理方式？ (1)
(1)廢棄　(2)繼續使用　(3)送修　(4)油漆保護。

( ) 56. 因舉重而扭腰係由於身體動作不自然姿勢，動作之反彈，引起扭筋、扭腰及形成類似狀態造成職業災害，其災害類型為下列何者？
(1)不當狀態 (2)不當動作 (3)不當方針 (4)不當設備。 (2)

( ) 57. 下列有關工作場所安全衛生之敘述何者有誤？ (3)
(1)對於勞工從事其身體或衣著有被污染之虞之特殊作業時，應備置該勞工洗眼、洗澡、漱口、更衣、洗濯等設備
(2)事業單位應備置足夠急救藥品及器材
(3)事業單位應備置足夠的零食自動販賣機
(4)勞工應定期接受健康檢查。

( ) 58. 毒性物質進入人體的途徑，經由那個途徑影響人體健康最快且中毒效應最高？ (2)
(1)吸入 (2)食入 (3)皮膚接觸 (4)手指觸摸。

( ) 59. 安全門或緊急出口平時應維持何狀態？ (3)
(1)門可上鎖但不可封死
(2)保持開門狀態以保持逃生路徑暢通
(3)門應關上但不可上鎖
(4)與一般進出門相同，視各樓層規定可開可關。

( ) 60. 下列何種防護具較能消減噪音對聽力的危害？ (3)
(1)棉花球 (2)耳塞 (3)耳罩 (4)碎布球。

( ) 61. 勞工若面臨長期工作負荷壓力及工作疲勞累積，沒有獲得適當休息及充足睡眠，便可能影響體能及精神狀態，甚而較易促發下列何種疾病？ (2)
(1)皮膚癌 (2)腦心血管疾病 (3)多發性神經病變 (4)肺水腫。

( ) 62. 「勞工腦心血管疾病發病的風險與年齡、吸菸、總膽固醇數值、家族病史、生活型態、心臟方面疾病」之相關性為何？ (1)無 (2)正 (3)負 (4)可正可負。 (2)

( ) 63. 下列何者不屬於職場暴力？ (3)
(1)肢體暴力 (2)語言暴力 (3)家庭暴力 (4)性騷擾。

( ) 64. 職場內部常見之身體或精神不法侵害不包含下列何者？ (4)
(1)脅迫、名譽損毀、侮辱、嚴重辱罵勞工
(2)強求勞工執行業務上明顯不必要或不可能之工作
(3)過度介入勞工私人事宜
(4)使勞工執行與能力、經驗相符的工作。

( ) 65. 下列何種措施較可避免工作單調重複或負荷過重？ (3)
(1)連續夜班 (2)工時過長 (3)排班保有規律性 (4)經常性加班。

( ) 66. 減輕皮膚燒傷程度之最重要步驟為何？ (1)
(1)儘速用清水沖洗 (2)立即刺破水泡
(3)立即在燒傷處塗抹油脂 (4)在燒傷處塗抹麵粉。

(　　) 67. 眼內噴入化學物或其他異物，應立即使用下列何者沖洗眼睛？ (3)
(1)牛奶　(2)蘇打水　(3)清水　(4)稀釋的醋。

(　　) 68. 石綿最可能引起下列何種疾病？ (3)
(1)白指症　(2)心臟病　(3)間皮細胞瘤　(4)巴金森氏症。

(　　) 69. 作業場所高頻率噪音較易導致下列何種症狀？ (2)
(1)失眠　(2)聽力損失　(3)肺部疾病　(4)腕道症候群。

(　　) 70. 廚房設置之排油煙機為下列何者？ (2)
(1)整體換氣裝置　(2)局部排氣裝置　(3)吹吸型換氣裝置　(4)排氣煙囪。

(　　) 71. 防塵口罩選用原則，下列敘述何者有誤？ (4)
(1)捕集效率愈高愈好　(2)吸氣阻抗愈低愈好
(3)重量愈輕愈好　(4)視野愈小愈好。

(　　) 72. 若勞工工作性質需與陌生人接觸、工作中需處理不可預期的突發事件或工作場所治安狀況較差，較容易遭遇下列何種危害？ (2)
(1)組織內部不法侵害　(2)組織外部不法侵害
(3)多發性神經病變　(4)潛涵症。

(　　) 73. 以下何者不是發生電氣火災的主要原因？ (3)
(1)電器接點短路　(2)電氣火花　(3)電纜線置於地上　(4)漏電。

(　　) 74. 依勞工職業災害保險及保護法規定，職業災害保險之保險效力，自何時開始起算，至離職當日停止？ (2)
(1)通知當日　(2)到職當日　(3)雇主訂定當日　(4)勞雇雙方合意之日。

(　　) 75. 依勞工職業災害保險及保護法規定，勞工職業災害保險以下列何者為保險人，辦理保險業務？ (4)
(1)財團法人職業災害預防及重建中心　(2)勞動部職業安全衛生署
(3)勞動部勞動基金運用局　(4)勞動部勞工保險局。

(　　) 76. 以下關於「童工」之敘述，何者正確？ (1)
(1)每日工作時間不得超過 8 小時
(2)不得於午後 10 時至翌晨 6 時之時間內工作
(3)例假日得在監視下工作
(4)工資不得低於基本工資之 70%。

(　　) 77. 事業單位如不服勞動檢查結果，可於檢查結果通知書送達之次日起 10 日內，以書面敘明理由向勞動檢查機構提出？　(1)訴願　(2)陳情　(3)抗議　(4)異議。 (4)

(　　) 78. 工作者若因雇主違反職業安全衛生法規定而發生職業災害、疑似罹患職業病或身體、精神遭受不法侵害所提起之訴訟，得向勞動部委託之民間團體提出下列何者？　(1)災害理賠　(2)申請扶助　(3)精神補償　(4)國家賠償。 (2)

( ) 79. 計算平日加班費須按平日每小時工資額加給計算，下列敘述何者有誤？ (4)
(1)前 2 小時至少加給 1/3 倍
(2)超過 2 小時部分至少加給 2/3 倍
(3)經勞資協商同意後，一律加給 0.5 倍
(4)未經雇主同意給加班費者，一律補休。

( ) 80. 依職業安全衛生設施規則規定，下列何者非屬危險物？ (3)
(1)爆炸性物質 (2)易燃液體 (3)致癌物 (4)可燃性氣體。

( ) 81. 下列工作場所何者非屬法定危險性工作場所？ (2)
(1)農藥製造
(2)金屬表面處理
(3)火藥類製造
(4)從事石油裂解之石化工業之工作場所。

( ) 82. 有關電氣安全，下列敘述何者錯誤？ (1)
(1)110 伏特之電壓不致造成人員死亡
(2)電氣室應禁止非工作人員進入
(3)不可以濕手操作電氣開關，且切斷開關應迅速
(4)220 伏特為低壓電。

( ) 83. 依職業安全衛生設施規則規定，下列何者非屬於車輛系營建機械？ (2)
(1)平土機 (2)堆高機 (3)推土機 (4)鏟土機。

( ) 84. 下列何者非為事業單位勞動場所發生職業災害者，雇主應於 8 小時內通報勞動檢查機構？ (2)
(1)發生死亡災害
(2)勞工受傷無須住院治療
(3)發生災害之罹災人數在 3 人以上
(4)發生災害之罹災人數在 1 人以上，且需住院治療。

( ) 85. 依職業安全衛生管理辦法規定，下列何者非屬「自動檢查」之內容？ (4)
(1)機械之定期檢查 (2)機械、設備之重點檢查
(3)機械、設備之作業檢點 (4)勞工健康檢查。

( ) 86. 下列何者係針對於機械操作點的捲夾危害特性可以採用之防護裝置？ (1)
(1)設置護圍、護罩 (2)穿戴棉紗手套 (3)穿戴防護衣 (4)強化教育訓練。

( ) 87. 下列何者非屬從事起重吊掛作業導致物體飛落災害之可能原因？ (4)
(1)吊鉤未設防滑舌片致吊掛鋼索鬆脫 (2)鋼索斷裂
(3)超過額定荷重作業 (4)過捲揚警報裝置過度靈敏。

( ) 88. 勞工不遵守安全衛生工作守則規定，屬於下列何者？ (2)
(1)不安全設備 (2)不安全行為 (3)不安全環境 (4)管理缺陷。

( )89. 下列何者不屬於局限空間內作業場所應採取之缺氧、中毒等危害預防措施？ (3)
(1)實施通風換氣　(2)進入作業許可程序
(3)使用柴油內燃機發電提供照明　(4)測定氧氣、危險物、有害物濃度。

( )90. 下列何者非通風換氣之目的？ (1)
(1)防止游離輻射　(2)防止火災爆炸　(3)稀釋空氣中有害物　(4)補充新鮮空氣。

( )91. 已在職之勞工，首次從事特別危害健康作業，應實施下列何種檢查？ (2)
(1)一般體格檢查　(2)特殊體格檢查
(3)一般體格檢查及特殊健康檢查　(4)特殊健康檢查。

( )92. 依職業安全衛生設施規則規定，噪音超過多少分貝之工作場所，應標示並公告噪音危害之預防事項，使勞工周知？　(1)75　(2)80　(3)85　(4)90。 (4)

( )93. 下列何者非屬工作安全分析的目的？ (3)
(1)發現並杜絕工作危害　(2)確立工作安全所需工具與設備
(3)懲罰犯錯的員工　(4)作爲員工在職訓練的參考。

( )94. 可能對勞工之心理或精神狀況造成負面影響的狀態，如異常工作壓力、超時工作、語言脅迫或恐嚇等，可歸屬於下列何者管理不當？ (3)
(1)職業安全　(2)職業衛生　(3)職業健康　(4)環保。

( )95. 有流產病史之孕婦，宜避免相關作業，下列何者爲非？ (3)
(1)避免砷或鉛的暴露　(2)避免每班站立 7 小時以上之作業
(3)避免提舉 3 公斤重物的職務　(4)避免重體力勞動的職務。

( )96. 熱中暑時，易發生下列何現象？ (3)
(1)體溫下降　(2)體溫正常　(3)體溫上升　(4)體溫忽高忽低。

( )97. 下列何者不會使電路發生過電流？ (4)
(1)電氣設備過載　(2)電路短路　(3)電路漏電　(4)電路斷路。

( )98. 下列何者較屬安全、尊嚴的職場組織文化？ (4)
(1)不斷責備勞工
(2)公開在眾人面前長時間責罵勞工
(3)強求勞工執行業務上明顯不必要或不可能之工作
(4)不過度介入勞工私人事宜。

( )99. 下列何者與職場母性健康保護較不相關？ (4)
(1)職業安全衛生法
(2)妊娠與分娩後女性及未滿十八歲勞工禁止從事危險性或有害性工作認定標準
(3)性別工作平等法
(4)動力堆高機型式驗證。

( )100. 油漆塗裝工程應注意防火防爆事項，以下何者爲非？ (3)
(1)確實通風　(2)注意電氣火花
(3)緊密門窗以減少溶劑擴散揮發　(4)嚴禁煙火。

工作項目② 工作倫理與職業道德

單選題

( ) 1. 下列何者「違反」個人資料保護法？ (4)
(1)公司基於人事管理之特定目的，張貼榮譽榜揭示績優員工姓名
(2)縣市政府提供村里長轄區內符合資格之老人名冊供發放敬老金
(3)網路購物公司為辦理退貨，將客戶之住家地址提供予宅配公司
(4)學校將應屆畢業生之住家地址提供補習班招生使用。

( ) 2. 非公務機關利用個人資料進行行銷時，下列敘述何者「錯誤」？ (1)
(1)若已取得當事人書面同意，當事人即不得拒絕利用其個人資料行銷
(2)於首次行銷時，應提供當事人表示拒絕行銷之方式
(3)當事人表示拒絕接受行銷時，應停止利用其個人資料
(4)倘非公務機關違反「應即停止利用其個人資料行銷」之義務，未於限期內改正者，按次處新臺幣 2 萬元以上 20 萬元以下罰鍰。

( ) 3. 個人資料保護法規定為保護當事人權益，多少位以上的當事人提出告訴，就可以進行團體訴訟？ (1)5 人 (2)10 人 (3)15 人 (4)20 人。 (4)

( ) 4. 關於個人資料保護法之敘述，下列何者「錯誤」？ (2)
(1)公務機關執行法定職務必要範圍內，可以蒐集、處理或利用一般性個人資料
(2)間接蒐集之個人資料，於處理或利用前，不必告知當事人個人資料來源
(3)非公務機關亦應維護個人資料之正確，並主動或依當事人之請求更正或補充
(4)外國學生在臺灣短期進修或留學，也受到我國個人資料保護法的保障。

( ) 5. 下列關於個人資料保護法的敘述，下列敘述何者錯誤？ (2)
(1)不管是否使用電腦處理的個人資料，都受個人資料保護法保護
(2)公務機關依法執行公權力，不受個人資料保護法規範
(3)身分證字號、婚姻、指紋都是個人資料
(4)我的病歷資料雖然是由醫生所撰寫，但也屬於是我的個人資料範圍。

( ) 6. 對於依照個人資料保護法應告知之事項，下列何者不在法定應告知的事項內？ (3)
(1)個人資料利用之期間、地區、對象及方式
(2)蒐集之目的
(3)蒐集機關的負責人姓名
(4)如拒絕提供或提供不正確個人資料將造成之影響。

( ) 7. 請問下列何者非為個人資料保護法第 3 條所規範之當事人權利？ (2)
(1)查詢或請求閱覽　(2)請求刪除他人之資料
(3)請求補充或更正　(4)請求停止蒐集、處理或利用。

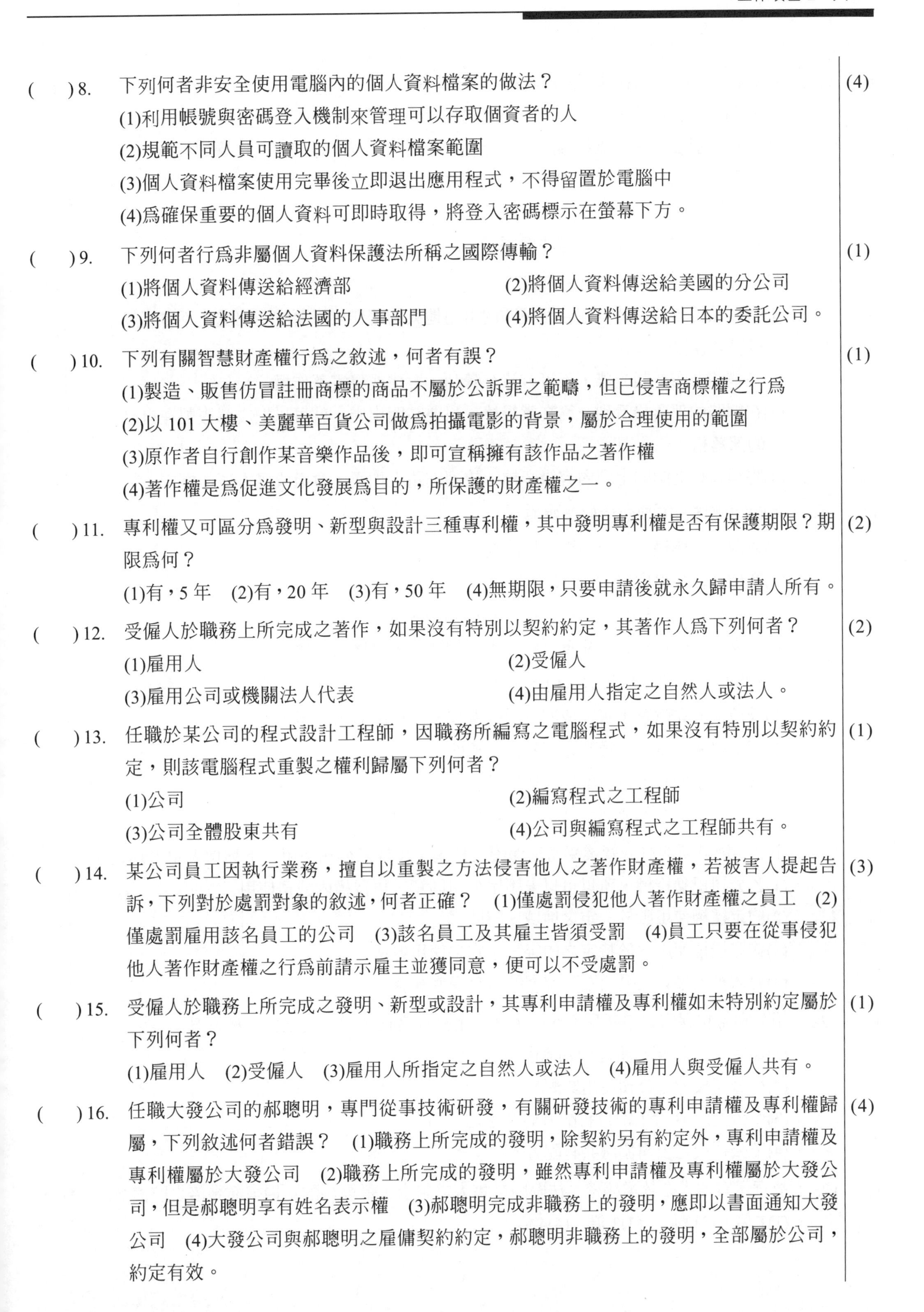

(　　) 8.　下列何者非安全使用電腦內的個人資料檔案的做法？ (4)
(1)利用帳號與密碼登入機制來管理可以存取個資者的人
(2)規範不同人員可讀取的個人資料檔案範圍
(3)個人資料檔案使用完畢後立即退出應用程式，不得留置於電腦中
(4)為確保重要的個人資料可即時取得，將登入密碼標示在螢幕下方。

(　　) 9.　下列何者行為非屬個人資料保護法所稱之國際傳輸？ (1)
(1)將個人資料傳送給經濟部　(2)將個人資料傳送給美國的分公司
(3)將個人資料傳送給法國的人事部門　(4)將個人資料傳送給日本的委託公司。

(　　) 10.　下列有關智慧財產權行為之敘述，何者有誤？ (1)
(1)製造、販售仿冒註冊商標的商品不屬於公訴罪之範疇，但已侵害商標權之行為
(2)以 101 大樓、美麗華百貨公司做為拍攝電影的背景，屬於合理使用的範圍
(3)原作者自行創作某音樂作品後，即可宣稱擁有該作品之著作權
(4)著作權是為促進文化發展為目的，所保護的財產權之一。

(　　) 11.　專利權又可區分為發明、新型與設計三種專利權，其中發明專利權是否有保護期限？期限為何？ (2)
(1)有，5 年　(2)有，20 年　(3)有，50 年　(4)無期限，只要申請後就永久歸申請人所有。

(　　) 12.　受僱人於職務上所完成之著作，如果沒有特別以契約約定，其著作人為下列何者？ (2)
(1)雇用人　(2)受僱人
(3)雇用公司或機關法人代表　(4)由雇用人指定之自然人或法人。

(　　) 13.　任職於某公司的程式設計工程師，因職務所編寫之電腦程式，如果沒有特別以契約約定，則該電腦程式重製之權利歸屬下列何者？ (1)
(1)公司　(2)編寫程式之工程師
(3)公司全體股東共有　(4)公司與編寫程式之工程師共有。

(　　) 14.　某公司員工因執行業務，擅自以重製之方法侵害他人之著作財產權，若被害人提起告訴，下列對於處罰對象的敘述，何者正確？　(1)僅處罰侵犯他人著作財產權之員工　(2)僅處罰雇用該名員工的公司　(3)該名員工及其雇主皆須受罰　(4)員工只要在從事侵犯他人著作財產權之行為前請示雇主並獲同意，便可以不受處罰。 (3)

(　　) 15.　受僱人於職務上所完成之發明、新型或設計，其專利申請權及專利權如未特別約定屬於下列何者？ (1)
(1)雇用人　(2)受僱人　(3)雇用人所指定之自然人或法人　(4)雇用人與受僱人共有。

(　　) 16.　任職大發公司的郝聰明，專門從事技術研發，有關研發技術的專利申請權及專利權歸屬，下列敘述何者錯誤？　(1)職務上所完成的發明，除契約另有約定外，專利申請權及專利權屬於大發公司　(2)職務上所完成的發明，雖然專利申請權及專利權屬於大發公司，但是郝聰明享有姓名表示權　(3)郝聰明完成非職務上的發明，應即以書面通知大發公司　(4)大發公司與郝聰明之雇傭契約約定，郝聰明非職務上的發明，全部屬於公司，約定有效。 (4)

(　) 17. 有關著作權的下列敘述何者不正確？ (3)
(1)我們到表演場所觀看表演時，不可隨便錄音或錄影
(2)到攝影展上，拿相機拍攝展示的作品，分贈給朋友，是侵害著作權的行爲
(3)網路上供人下載的免費軟體，都不受著作權法保護，所以我可以燒成大補帖光碟，再去賣給別人
(4)高普考試題，不受著作權法保護。

(　) 18. 有關著作權的下列敘述何者錯誤？ (3)
(1)撰寫碩博士論文時，在合理範圍內引用他人的著作，只要註明出處，不會構成侵害著作權
(2)在網路散布盜版光碟，不管有沒有營利，會構成侵害著作權
(3)在網路的部落格看到一篇文章很棒，只要註明出處，就可以把文章複製在自己的部落格
(4)將補習班老師的上課內容錄音檔，放到網路上拍賣，會構成侵害著作權。

(　) 19. 有關商標權的下列敘述何者錯誤？ (4)
(1)要取得商標權一定要申請商標註冊
(2)商標註冊後可取得 10 年商標權
(3)商標註冊後，3 年不使用，會被廢止商標權
(4)在夜市買的仿冒品，品質不好，上網拍賣，不會構成侵權。

(　) 20. 下列關於營業秘密的敘述，何者不正確？ (1)
(1)受雇人於非職務上研究或開發之營業秘密，仍歸雇用人所有
(2)營業秘密不得爲質權及強制執行之標的
(3)營業秘密所有人得授權他人使用其營業秘密
(4)營業秘密得全部或部分讓與他人或與他人共有。

(　) 21. 甲公司將其新開發受營業秘密法保護之技術，授權乙公司使用，下列何者不得爲之？ (1)
(1)乙公司已獲授權，所以可以未經甲公司同意，再授權丙公司使用
(2)約定授權使用限於一定之地域、時間
(3)約定授權使用限於特定之內容、一定之使用方法
(4)要求被授權人乙公司在一定期間負有保密義務。

(　) 22. 甲公司嚴格保密之最新配方產品大賣，下列何者侵害甲公司之營業秘密？ (3)
(1)鑑定人 A 因司法審理而知悉配方
(2)甲公司授權乙公司使用其配方
(3)甲公司之 B 員工擅自將配方盜賣給乙公司
(4)甲公司與乙公司協議共有配方。

(　) 23. 故意侵害他人之營業秘密，法院因被害人之請求，最高得酌定損害額幾倍之賠償？ (3)
(1)1 倍　(2)2 倍　(3)3 倍　(4)4 倍。

( ) 24. 受雇者因承辦業務而知悉營業秘密，在離職後對於該營業秘密的處理方式，下列敘述何者正確？ (4)
(1)聘雇關係解除後便不再負有保障營業秘密之責
(2)僅能自用而不得販售獲取利益
(3)自離職日起 3 年後便不再負有保障營業秘密之責
(4)離職後仍不得洩漏該營業秘密。

( ) 25. 按照現行法律規定，侵害他人營業秘密，其法律責任為： (3)
(1)僅需負刑事責任
(2)僅需負民事損害賠償責任
(3)刑事責任與民事損害賠償責任皆須負擔
(4)刑事責任與民事損害賠償責任皆不須負擔。

( ) 26. 企業內部之營業秘密，可以概分為「商業性營業秘密」及「技術性營業秘密」二大類型，請問下列何者屬於「技術性營業秘密」？ (3)
(1)人事管理　(2)經銷據點　(3)產品配方　(4)客戶名單。

( ) 27. 某離職同事請求在職員工將離職前所製作之某份文件傳送給他，請問下列回應方式何者正確？ (3)
(1)由於該項文件係由該離職員工製作，因此可以傳送文件
(2)若其目的僅為保留檔案備份，便可以傳送文件
(3)可能構成對於營業秘密之侵害，應予拒絕並請他直接向公司提出請求
(4)視彼此交情決定是否傳送文件。

( ) 28. 行為人以竊取等不正當方法取得營業秘密，下列敘述何者正確？ (1)
(1)已構成犯罪
(2)只要後續沒有洩漏便不構成犯罪
(3)只要後續沒有出現使用之行為便不構成犯罪
(4)只要後續沒有造成所有人之損害便不構成犯罪。

( ) 29. 針對在我國境內竊取營業秘密後，意圖在外國、中國大陸或港澳地區使用者，營業秘密法是否可以適用？ (3)
(1)無法適用
(2)可以適用，但若屬未遂犯則不罰
(3)可以適用並加重其刑
(4)能否適用需視該國家或地區與我國是否簽訂相互保護營業秘密之條約或協定。

( ) 30. 所謂營業秘密，係指方法、技術、製程、配方、程式、設計或其他可用於生產、銷售或經營之資訊，但其保障所需符合的要件不包括下列何者？ (4)
(1)因其秘密性而具有實際之經濟價值者　(2)所有人已採取合理之保密措施者
(3)因其秘密性而具有潛在之經濟價值者　(4)一般涉及該類資訊之人所知者。

( ) 31. 因故意或過失而不法侵害他人之營業秘密者，負損害賠償責任該損害賠償之請求權，自請求權人知有行爲及賠償義務人時起，幾年間不行使就會消滅？
(1)2 年 (2)5 年 (3)7 年 (4)10 年。 (1)

( ) 32. 公司負責人爲了要節省開銷，將員工薪資以高報低來投保全民健保及勞保，是觸犯了刑法上之何種罪刑？ (1)詐欺罪 (2)侵占罪 (3)背信罪 (4)工商秘密罪。 (1)

( ) 33. A 受僱於公司擔任會計，因自己的財務陷入危機，多次將公司帳款轉入妻兒戶頭，是觸犯了刑法上之何種罪刑？
(1)洩漏工商秘密罪 (2)侵占罪 (3)詐欺罪 (4)僞造文書罪。 (2)

( ) 34. 某甲於公司擔任業務經理時，未依規定經董事會同意，私自與自己親友之公司訂定生意合約，會觸犯下列何種罪刑？ (1)侵占罪 (2)貪污罪 (3)背信罪 (4)詐欺罪。 (3)

( ) 35. 如果你擔任公司採購的職務，親朋好友們會向你推銷自家的產品，希望你要採購時，你應該
(1)適時地婉拒，說明利益需要迴避的考量，請他們見諒
(2)既然是親朋好友，就應該互相幫忙
(3)建議親朋好友將產品折扣，折扣部分歸於自己，就會採購
(4)可以暗中地幫忙親朋好友，進行採購，不要被發現有親友關係便可。 (1)

( ) 36. 小美是公司的業務經理，有一天巧遇國中同班的死黨小林，發現他是公司的下游廠商老闆。最近小美處理一件公司的招標案件，小林的公司也在其中，私下約小美見面，請求她提供這次招標案的底標，並馬上要給予幾十萬元的前謝金，請問小美該怎麼辦？
(1)退回錢，並告訴小林都是老朋友，一定會全力幫忙
(2)收下錢，將錢拿出來給單位同事們分紅
(3)應該堅決拒絕，並避免每次見面都與小林談論相關業務問題
(4)朋友一場，給他一個比較接近底標的金額，反正又不是正確的，所以沒關係。 (3)

( ) 37. 公司發給每人一台平板電腦提供業務上使用，但是發現根本很少在使用，爲了讓它有效的利用，所以將它拿回家給親人使用，這樣的行爲是
(1)可以的，這樣就不用花錢買
(2)可以的，反正放在那裡不用它，也是浪費資源
(3)不可以的，因爲這是公司的財產，不能私用
(4)不可以的，因爲使用年限未到，如果年限到報廢了，便可以拿回家。 (3)

( ) 38. 公司的車子，假日又沒人使用，你是鑰匙保管者，請問假日可以開出去嗎？
(1)可以，只要付費加油即可
(2)可以，反正假日不影響公務
(3)不可以，因爲是公司的，並非私人擁有
(4)不可以，應該是讓公司想要使用的員工，輪流使用才可。 (3)

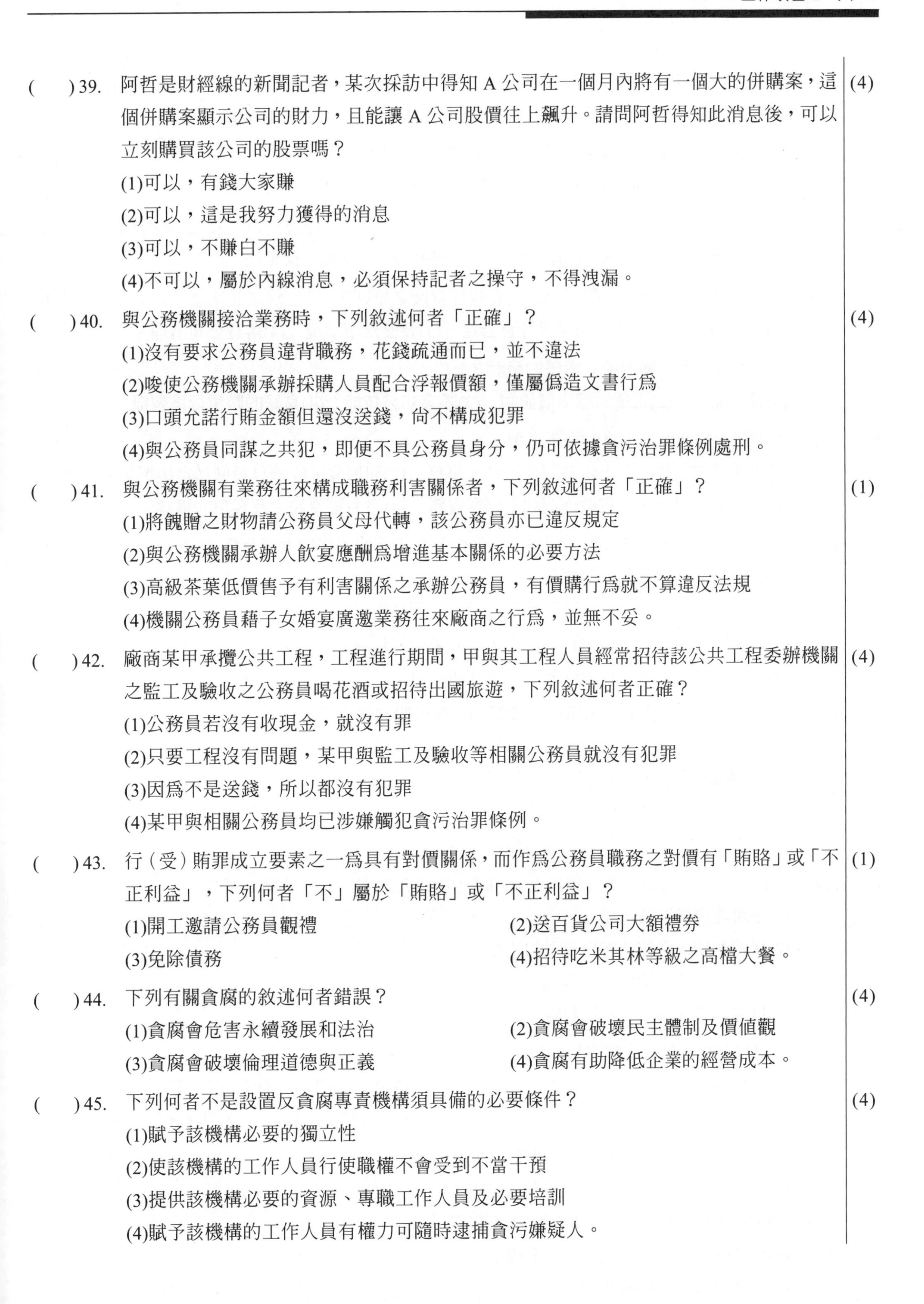

(　　) 39. 阿哲是財經線的新聞記者，某次採訪中得知 A 公司在一個月內將有一個大的併購案，這個併購案顯示公司的財力，且能讓 A 公司股價往上飆升。請問阿哲得知此消息後，可以立刻購買該公司的股票嗎？　(4)

(1)可以，有錢大家賺

(2)可以，這是我努力獲得的消息

(3)可以，不賺白不賺

(4)不可以，屬於內線消息，必須保持記者之操守，不得洩漏。

(　　) 40. 與公務機關接洽業務時，下列敘述何者「正確」？　(4)

(1)沒有要求公務員違背職務，花錢疏通而已，並不違法

(2)唆使公務機關承辦採購人員配合浮報價額，僅屬僞造文書行爲

(3)口頭允諾行賄金額但還沒送錢，尚不構成犯罪

(4)與公務員同謀之共犯，即便不具公務員身分，仍可依據貪污治罪條例處刑。

(　　) 41. 與公務機關有業務往來構成職務利害關係者，下列敘述何者「正確」？　(1)

(1)將餽贈之財物請公務員父母代轉，該公務員亦已違反規定

(2)與公務機關承辦人飲宴應酬爲增進基本關係的必要方法

(3)高級茶葉低價售予有利害關係之承辦公務員，有價購行爲就不算違反法規

(4)機關公務員藉子女婚宴廣邀業務往來廠商之行爲，並無不妥。

(　　) 42. 廠商某甲承攬公共工程，工程進行期間，甲與其工程人員經常招待該公共工程委辦機關之監工及驗收之公務員喝花酒或招待出國旅遊，下列敘述何者正確？　(4)

(1)公務員若沒有收現金，就沒有罪

(2)只要工程沒有問題，某甲與監工及驗收等相關公務員就沒有犯罪

(3)因爲不是送錢，所以都沒有犯罪

(4)某甲與相關公務員均已涉嫌觸犯貪污治罪條例。

(　　) 43. 行（受）賄罪成立要素之一爲具有對價關係，而作爲公務員職務之對價有「賄賂」或「不正利益」，下列何者「不」屬於「賄賂」或「不正利益」？　(1)

(1)開工邀請公務員觀禮　(2)送百貨公司大額禮券

(3)免除債務　(4)招待吃米其林等級之高檔大餐。

(　　) 44. 下列有關貪腐的敘述何者錯誤？　(4)

(1)貪腐會危害永續發展和法治　(2)貪腐會破壞民主體制及價值觀

(3)貪腐會破壞倫理道德與正義　(4)貪腐有助降低企業的經營成本。

(　　) 45. 下列何者不是設置反貪腐專責機構須具備的必要條件？　(4)

(1)賦予該機構必要的獨立性

(2)使該機構的工作人員行使職權不會受到不當干預

(3)提供該機構必要的資源、專職工作人員及必要培訓

(4)賦予該機構的工作人員有權力可隨時逮捕貪污嫌疑人。

( ) 46. 檢舉人向有偵查權機關或政風機構檢舉貪污瀆職，必須於何時爲之始可能給與獎金？ (2)
(1)犯罪未起訴前 (2)犯罪未發覺前 (3)犯罪未遂前 (4)預備犯罪前。

( ) 47. 檢舉人應以何種方式檢舉貪污瀆職始能核給獎金？ (3)
(1)匿名 (2)委託他人檢舉 (3)以眞實姓名檢舉 (4)以他人名義檢舉。

( ) 48. 我國制定何種法律以保護刑事案件之證人，使其勇於出面作證，俾利犯罪之偵查、審判？ (4)
(1)貪污治罪條例 (2)刑事訴訟法 (3)行政程序法 (4)證人保護法。

( ) 49. 下列何者「非」屬公司對於企業社會責任實踐之原則？ (1)
(1)加強個人資料揭露 (2)維護社會公益 (3)發展永續環境 (4)落實公司治理。

( ) 50. 下列何者「不」屬於職業素養的範疇？ (1)
(1)獲利能力 (2)正確的職業價值觀 (3)職業知識技能 (4)良好的職業行爲習慣。

( ) 51. 下列何者符合專業人員的職業道德？ (4)
(1)未經雇主同意，於上班時間從事私人事務 (2)利用雇主的機具設備私自接單生產
(3)未經顧客同意，任意散佈或利用顧客資料 (4)盡力維護雇主及客戶的權益。

( ) 52. 身爲公司員工必須維護公司利益，下列何者是正確的工作態度或行爲？ (4)
(1)將公司逾期的產品更改標籤
(2)施工時以省時、省料爲獲利首要考量，不顧品質
(3)服務時首先考慮公司的利益，然後再考量顧客權益
(4)工作時謹守本分，以積極態度解決問題。

( ) 53. 身爲專業技術工作人士，應以何種認知及態度服務客戶？ (3)
(1)若客戶不瞭解，就儘量減少成本支出，抬高報價
(2)遇到維修問題，儘量拖過保固期
(3)主動告知可能碰到問題及預防方法
(4)隨著個人心情來提供服務的內容及品質。

( ) 54. 因爲工作本身需要高度專業技術及知識，所以在對客戶服務時應如何？ (2)
(1)不用理會顧客的意見
(2)保持親切、眞誠、客戶至上的態度
(3)若價錢較低，就敷衍了事
(4)以專業機密爲由，不用對客戶說明及解釋。

( ) 55. 從事專業性工作，在與客戶約定時間應 (2)
(1)保持彈性，任意調整 (2)儘可能準時，依約定時間完成工作
(3)能拖就拖，能改就改 (4)自己方便就好，不必理會客戶的要求。

( ) 56. 從事專業性工作，在服務顧客時應有的態度爲何？ (1)
(1)選擇最安全、經濟及有效的方法完成工作
(2)選擇工時較長、獲利較多的方法服務客戶
(3)爲了降低成本，可以降低安全標準
(4)不必顧及雇主和顧客的立場。

( ) 57. 以下那一項員工的作爲符合敬業精神？ (4)
(1)利用正常工作時間從事私人事務　(2)運用雇主的資源，從事個人工作
(3)未經雇主同意擅離工作崗位　(4)謹守職場紀律及禮節，尊重客戶隱私。

( ) 58. 小張獲選爲小孩學校的家長會長，這個月要召開會議，沒時間準備資料，所以，利用上班期間有空檔非休息時間來完成，請問是否可以？ (3)
(1)可以，因爲不耽誤他的工作
(2)可以，因爲他能力好，能夠同時完成很多事
(3)不可以，因爲這是私事，不可以利用上班時間完成
(4)可以，只要不要被發現。

( ) 59. 小吳是公司的專用司機，爲了能夠隨時用車，經過公司同意，每晚都將公司的車開回家，然而，他發現反正每天上班路線，都要經過女兒學校，就順便載女兒上學，請問可以嗎？ (2)
(1)可以，反正順路　(2)不可以，這是公司的車不能私用
(3)可以，只要不被公司發現即可　(4)可以，要資源須有效使用。

( ) 60. 彥江是職場上的新鮮人，剛進公司不久，他應該具備怎樣的態度 (4)
(1)上班、下班，管好自己便可
(2)仔細觀察公司生態，加入某些小團體，以做爲後盾
(3)只要做好人脈關係，這樣以後就好辦事
(4)努力做好自己職掌的業務，樂於工作，與同事之間有良好的互動，相互協助。

( ) 61. 在公司內部行使商務禮儀的過程，主要以參與者在公司中的何種條件來訂定順序？ (4)
(1)年齡　(2)性別　(3)社會地位　(4)職位。

( ) 62. 一位職場新鮮人剛進公司時，良好的工作態度是 (1)
(1)多觀察、多學習，了解企業文化和價值觀
(2)多打聽哪一個部門比較輕鬆，升遷機會較多
(3)多探聽哪一個公司在找人，隨時準備跳槽走人
(4)多遊走各部門認識同事，建立自己的小圈圈。

( ) 63. 根據消除對婦女一切形式歧視公約(CEDAW)，下列何者正確？ (1)
(1)對婦女的歧視指基於性別而作的任何區別、排斥或限制
(2)只關心女性在政治方面的人權和基本自由
(3)未要求政府需消除個人或企業對女性的歧視
(4)傳統習俗應予保護及傳承，即使含有歧視女性的部分，也不可以改變。

( ) 64. 某規範明定地政機關進用女性測量助理名額，不得超過該機關測量助理名額總數二分之一，根據消除對婦女一切形式歧視公約(CEDAW)，下列何者正確？ (1)
(1)限制女性測量助理人數比例，屬於直接歧視
(2)土地測量經常在戶外工作，基於保護女性所作的限制，不屬性別歧視
(3)此項二分之一規定是爲促進男女比例平衡
(4)此限制是爲確保機關業務順暢推動，並未歧視女性。

( ) 65. 根據消除對婦女一切形式歧視公約(CEDAW)之間接歧視意涵，下列何者錯誤？ (4)
(1)一項法律、政策、方案或措施表面上對男性和女性無任何歧視，但實際上卻產生歧視女性的效果
(2)察覺間接歧視的一個方法，是善加利用性別統計與性別分析
(3)如果未正視歧視之結構和歷史模式，及忽略男女權力關係之不平等，可能使現有不平等狀況更為惡化
(4)不論在任何情況下，只要以相同方式對待男性和女性，就能避免間接歧視之產生。

( ) 66. 下列何者「不是」菸害防制法之立法目的？ (4)
(1)防制菸害 (2)保護未成年免於菸害 (3)保護孕婦免於菸害 (4)促進菸品的使用。

( ) 67. 按菸害防制法規定，對於在禁菸場所吸菸會被罰多少錢？ (1)
(1)新臺幣 2 千元至 1 萬元罰鍰 (2)新臺幣 1 千元至 5 千元罰鍰
(3)新臺幣 1 萬元至 5 萬元罰鍰 (4)新臺幣 2 萬元至 10 萬元罰鍰。

( ) 68. 請問下列何者「不是」個人資料保護法所定義的個人資料？ (3)
(1)身分證號碼 (2)最高學歷 (3)職稱 (4)護照號碼。

( ) 69. 有關專利權的敘述，何者正確？ (1)
(1)專利有規定保護年限，當某商品、技術的專利保護年限屆滿，任何人皆可免費運用該項專利
(2)我發明了某項商品，卻被他人率先申請專利權，我仍可主張擁有這項商品的專利權
(3)製造方法可以申請新型專利權
(4)在本國申請專利之商品進軍國外，不需向他國申請專利權。

( ) 70. 下列何者行為會有侵害著作權的問題？ (4)
(1)將報導事件事實的新聞文字轉貼於自己的社群網站
(2)直接轉貼高普考考古題在 FACEBOOK
(3)以分享網址的方式轉貼資訊分享於社群網站
(4)將講師的授課內容錄音，複製多份分贈友人。

( ) 71. 下列有關著作權之概念，何者正確？ (1)
(1)國外學者之著作，可受我國著作權法的保護
(2)公務機關所函頒之公文，受我國著作權法的保護
(3)著作權要待向智慧財產權申請通過後才可主張
(4)以傳達事實之新聞報導的語文著作，依然受著作權之保障。

( ) 72. 某廠商之商標在我國已經獲准註冊，請問若希望將商品行銷販賣到國外，請問是否需在當地申請註冊才能主張商標權？ (1)
(1)是，因為商標權註冊採取屬地保護原則
(2)否，因為我國申請註冊之商標權在國外也會受到承認
(3)不一定，需視我國是否與商品希望行銷販賣的國家訂有相互商標承認之協定
(4)不一定，需視商品希望行銷販賣的國家是否為 WTO 會員國。

		答案
(　) 73.	下列何者「非」屬於營業秘密？　(1)具廣告性質的不動產交易底價　(2)須授權取得之產品設計或開發流程圖示　(3)公司內部管制的各種計畫方案　(4)不是公開可查知的客戶名單分析資料。	(1)
(　) 74.	營業秘密可分爲「技術機密」與「商業機密」，下列何者屬於「商業機密」？　(1)程式　(2)設計圖　(3)商業策略　(4)生產製程。	(3)
(　) 75.	某甲在公務機關擔任首長，其弟弟乙是某協會的理事長，乙爲舉辦協會活動，決定向甲服務的機關申請經費補助，下列有關利益衝突迴避之敘述，何者正確？　(1)協會是舉辦慈善活動，甲認爲是好事，所以指示機關承辦人補助活動經費　(2)機關未經公開公平方式，私下直接對協會補助活動經費新臺幣 10 萬元　(3)甲應自行迴避該案審查，避免瓜田李下，防止利益衝突　(4)乙爲順利取得補助，應該隱瞞是機關首長甲之弟弟的身分。	(3)
(　) 76.	依公職人員利益衝突迴避法規定，公職人員甲與其小舅子乙（二親等以內的關係人）間，下列何種行爲不違反該法？　(1)甲要求受其監督之機關聘用小舅子乙　(2)小舅子乙以請託關說之方式，請求甲之服務機關通過其名下農地變更使用申請案　(3)關係人乙經政府採購法公開招標程序，並主動在投標文件表明與甲的身分關係，取得甲服務機關之年度採購標案　(4)甲、乙兩人均自認爲人公正，處事坦蕩，任何往來都是清者自清，不需擔心任何問題。	(3)
(　) 77.	大雄擔任公司部門主管，代表公司向公務機關投標，爲使公司順利取得標案，可以向公務機關的採購人員爲以下何種行爲？　(1)爲社交禮俗需要，贈送價值昂貴的名牌手錶作爲見面禮　(2)爲與公務機關間有良好互動，招待至有女陪侍場所飲宴　(3)爲了解招標文件內容，提出招標文件疑義並請說明　(4)爲避免報價錯誤，要求提供底價作爲參考。	(3)
(　) 78.	下列關於政府採購人員之敘述，何者未違反相關規定？　(1)非主動向廠商求取，是偶發地收到廠商致贈價值在新臺幣 500 元以下之廣告物、促銷品、紀念品　(2)要求廠商提供與採購無關之額外服務　(3)利用職務關係向廠商借貸　(4)利用職務關係媒介親友至廠商處所任職。	(1)
(　) 79.	下列何者有誤？　(1)憲法保障言論自由，但散布假新聞、假消息仍須面對法律責任　(2)在網路或 Line 社群網站收到假訊息，可以敘明案情並附加截圖檔，向法務部調查局檢舉　(3)對新聞媒體報導有意見，向國家通訊傳播委員會申訴　(4)自己或他人捏造、扭曲、竄改或虛構的訊息，只要一小部分能證明是眞的，就不會構成假訊息。	(4)
(　) 80.	下列敘述何者正確？　(1)公務機關委託的代檢（代驗）業者，不是公務員，不會觸犯到刑法的罪責　(2)賄賂或不正利益，只限於法定貨幣，給予網路遊戲幣沒有違法的問題　(3)在靠北公務員社群網站，覺得可受公評且匿名發文，就可以謾罵公務機關對特定案件的檢查情形　(4)受公務機關委託辦理案件，除履行採購契約應辦事項外，對於蒐集到的個人資料，也要遵守相關保護及保密規定。	(4)
(　) 81.	下列有關促進參與及預防貪腐的敘述何者錯誤？　(1)我國非聯合國會員國，無須落實聯合國反貪腐公約規定　(2)推動政府部門以外之個人及團體積極參與預防和打擊貪腐　(3)提高決策過程之透明度，並促進公眾在決策過程中發揮作用　(4)對公職人員訂定執行公務之行爲守則或標準。	(1)

(　　) 82. 爲建立良好之公司治理制度，公司內部宜納入何種檢舉人制度？ (2)
(1)告訴乃論制度　(2)吹哨者（whistleblower）保護程序及保護制度
(3)不告不理制度　(4)非告訴乃論制度。

(　　) 83. 有關公司訂定誠信經營守則時，以下何者不正確？ (4)
(1)避免與涉有不誠信行爲者進行交易　(2)防範侵害營業秘密、商標權、專利權、著作權及其他智慧財產權　(3)建立有效之會計制度及內部控制制度　(4)防範檢舉。

(　　) 84. 乘坐轎車時，如有司機駕駛，按照國際乘車禮儀，以司機的方位來看，首位應爲 (1)
(1)後排右側　(2)前座右側　(3)後排左側　(4)後排中間。

(　　) 85. 今天好友突然來電，想來個「說走就走的旅行」，因此，無法去上班，下列何者作法不適當？　(1)打電話給主管與人事部門請假　(2)用 LINE 傳訊息給主管，並確認讀取且有回覆　(3)發送 E-MAIL 給主管與人事部門，並收到回覆　(4)什麼都無需做，等公司打電話來卻認後，再告知即可。 (4)

(　　) 86. 每天下班回家後，就懶得再出門去買菜，利用上班時間瀏覽線上購物網站，發現有很多限時搶購的便宜商品，還能在下班前就可以送到公司，下班順便帶回家，省掉好多時間，請問下列何者最適當？ (4)
(1)可以，又沒離開工作崗位，且能節省時間　(2)可以，還能介紹同事一同團購，省更多的錢，增進同事情誼　(3)不可以，應該把商品寄回家，不是公司　(4)不可以，上班不能從事個人私務，應該等下班後再網路購物。

(　　) 87. 宜樺家中養了一隻貓，由於最近生病，獸醫師建議要有人一直陪牠，這樣會恢復快一點，因爲上班家裡都沒人，所以準備帶牠到辦公室一起上班，請問下列何者最適當？ (4)
(1)可以，只要我放在寵物箱，不要影響工作即可　(2)可以，同事們都答應也不反對
(3)可以，雖然貓會發出聲音，大小便有異味，只要處理好不影響工作即可　(4)不可以，建議送至專門機構照護，以免影響工作。

(　　) 88. 根據性別平等工作法，下列何者非屬職場性騷擾？ (4)
(1)公司員工執行職務時，客戶對其講黃色笑話，該員工感覺被冒犯　(2)雇主對求職者要求交往，作爲僱用與否之交換條件　(3)公司員工執行職務時，遭到同事以「女人就是沒大腦」性別歧視用語加以辱罵，該員工感覺其人格尊嚴受損　(4)公司員工下班後搭乘捷運，在捷運上遭到其他乘客偷拍。

(　　) 89. 根據性別平等工作法，下列何者非屬職場性別歧視？ (4)
(1)雇主考量男性賺錢養家之社會期待，提供男性高於女性之薪資　(2)雇主考量女性以家庭爲重之社會期待，裁員時優先資遣女性　(3)雇主事先與員工約定倘其有懷孕之情事，必須離職　(4)有未滿 2 歲子女之男性員工，也可申請每日六十分鐘的哺乳時間。

(　　) 90. 根據性別平等工作法，有關雇主防治性騷擾之責任與罰則，下列何者錯誤？ (3)
(1)僱用受僱者 30 人以上者，應訂定性騷擾防治措施、申訴及懲戒辦法　(2)雇主知悉性騷擾發生時，應採取立即有效之糾正及補救措施　(3)雇主違反應訂定性騷擾防治措施之規定時，處以罰鍰即可，不用公布其姓名　(4)雇主違反應訂定性騷擾申訴管道者，應限期令其改善，屆期未改善者，應按次處罰。

( ) 91. 根據性騷擾防治法，有關性騷擾之責任與罰則，下列何者錯誤？ (1)
(1)對他人為性騷擾者，如果沒有造成他人財產上之損失，就無需負擔金錢賠償之責任 (2)對於因教育、訓練、醫療、公務、業務、求職，受自己監督、照護之人，利用權勢或機會為性騷擾者，得加重科處罰鍰至二分之一 (3)意圖性騷擾，乘人不及抗拒而為親吻、擁抱或觸摸其臀部、胸部或其他身體隱私處之行為者，處 2 年以下有期徒刑、拘役或科或併科 10 萬元以下罰金 (4)對他人為權勢性騷擾以外之性騷擾者，由直轄市、縣（市）主管機關處 1 萬元以上 10 萬元以下罰鍰。

( ) 92. 根據性別平等工作法規範職場性騷擾範疇，下列何者為「非」？ (3)
(1)上班執行職務時，任何人以性要求、具有性意味或性別歧視之言詞或行為，造成敵意性、脅迫性或冒犯性之工作環境 (2)對僱用、求職或執行職務關係受自己指揮、監督之人，利用權勢或機會為性騷擾 (3)下班回家時被陌生人以盯梢、守候、尾隨跟蹤 (4)雇主對受僱者或求職者為明示或暗示之性要求、具有性意味或性別歧視之言詞或行為。

( ) 93. 根據消除對婦女一切形式歧視公約（CEDAW）之直接歧視及間接歧視意涵，下列何者錯誤？ (3)
(1)老闆得知小黃懷孕後，故意將小黃調任薪資待遇較差的工作，意圖使其自行離開職場，小黃老闆的行為是直接歧視 (2)某餐廳於網路上招募外場服務生，條件以未婚年輕女性優先錄取，明顯以性或性別差異為由所實施的差別待遇，為直接歧視 (3)某公司員工值班注意事項排除女性員工參與夜間輪值，是考量女性有人身安全及家庭照顧等需求，為維護女性權益之措施，非直接歧視 (4)某科技公司規定男女員工之加班時數上限及加班費或津貼不同，認為女性能力有限，且無法長時間工作，限制女性獲取薪資及升遷機會，這規定是直接歧視。

( ) 94. 目前菸害防制法規範，「不可販賣菸品」給幾歲以下的人？ (1)
(1)20 (2)19 (3)18 (4)17。

( ) 95. 按菸害防制法規定，下列敘述何者錯誤？ (1)
(1)只有老闆、店員才可以出面勸阻在禁菸場所抽菸的人 (2)任何人都可以出面勸阻在禁菸場所抽菸的人 (3)餐廳、旅館設置室內吸菸室，需經專業技師簽證核可 (4)加油站屬易燃易爆場所，任何人都可以勸阻在禁菸場所抽菸的人。

( ) 96. 關於菸品對人體危害的敘述，下列何者「正確」？ (3)
(1)只要開電風扇、或是抽風機就可以去除菸霧中的有害物質 (2)指定菸品（如：加熱菸）只要通過健康風險評估，就不會危害健康，因此工作時如果想吸菸，就可以在職場拿出來使用 (3)雖然自己不吸菸，同事在旁邊吸菸，就會增加自己得肺癌的機率 (4)只要不將菸吸入肺部，就不會對身體造成傷害。

( ) 97. 職場禁菸的好處不包括 (1)降低吸菸者的菸品使用量，有助於減少吸菸導致的健康危害 (2)避免同事因為被動吸菸而生病 (3)讓吸菸者菸癮降低，戒菸較容易成功 (4)吸菸者不能抽菸會影響工作效率。 (4)

(　) 98.	大多數的吸菸者都嘗試過戒菸，但是很少自己戒菸成功。吸菸的同事要戒菸，怎樣建議他是無效的？ (1)鼓勵他撥打戒菸專線 0800-63-63-63，取得相關建議與協助 (2)建議他到醫療院所、社區藥局找藥物戒菸 (3)建議他參加醫院或衛生所辦理的戒菸班 (4)戒菸是自己意願的問題，想戒就可以戒了不用尋求協助。	(4)
(　) 99.	禁菸場所負責人未於場所入口處設置明顯禁菸標示，要罰該場所負責人多少元？ (1)2 千-1 萬 (2)1 萬-5 萬 (3)1 萬-25 萬 (4)20 萬-100 萬。	(2)
(　) 100.	目前電子煙是非法的，下列對電子煙的敘述，何者錯誤？ (1)跟吸菸一樣會成癮 (2)會有爆炸危險 (3)沒有燃燒的菸草，不會造成身體傷害 (4)可能造成嚴重肺損傷。	(3)

工作項目3　環境保護

單選題

( ) 1. 世界環境日是在每一年的那一日？　(1)
(1)6 月 5 日　(2)4 月 10 日　(3)3 月 8 日　(4)11 月 12 日。

( ) 2. 2015 年巴黎協議之目的爲何？　(3)
(1)避免臭氧層破壞　(2)減少持久性污染物排放
(3)遏阻全球暖化趨勢　(4)生物多樣性保育。

( ) 3. 下列何者爲環境保護的正確作爲？　(3)
(1)多吃肉少蔬食　(2)自己開車不共乘　(3)鐵馬步行　(4)不隨手關燈。

( ) 4. 下列何種行爲對生態環境會造成較大的衝擊？　(2)
(1)種植原生樹木　(2)引進外來物種　(3)設立國家公園　(4)設立自然保護區。

( ) 5. 下列哪一種飲食習慣能減碳抗暖化？　(2)
(1)多吃速食　(2)多吃天然蔬果　(3)多吃牛肉　(4)多選擇吃到飽的餐館。

( ) 6. 飼主遛狗時，其狗在道路或其他公共場所便溺時，下列何者應優先負清除責任？　(1)
(1)主人　(2)清潔隊　(3)警察　(4)土地所有權人。

( ) 7. 外食自備餐具是落實綠色消費的哪一項表現？　(1)
(1)重複使用　(2)回收再生　(3)環保選購　(4)降低成本。

( ) 8. 再生能源一般是指可永續利用之能源，主要包括哪些：A.化石燃料 B.風力 C.太陽能 D.水力？　(1)ACD　(2)BCD　(3)ABD　(4)ABCD。　(2)

( ) 9. 依環境基本法第 3 條規定，基於國家長期利益，經濟、科技及社會發展均應兼顧環境保護。但如果經濟、科技及社會發展對環境有嚴重不良影響或有危害時，應以何者優先？　(4)
(1)經濟　(2)科技　(3)社會　(4)環境。

( ) 10. 森林面積的減少甚至消失可能導致哪些影響：A.水資源減少 B.減緩全球暖化 C.加劇全球暖化 D.降低生物多樣性？　(1)ACD　(2)BCD　(3)ABD　(4)ABCD。　(1)

( ) 11. 塑膠爲海洋生態的殺手，所以政府推動「無塑海洋」政策，下列何項不是減少塑膠危害海洋生態的重要措施？　(3)
(1)擴大禁止免費供應塑膠袋
(2)禁止製造、進口及販售含塑膠柔珠的清潔用品
(3)定期進行海水水質監測
(4)淨灘、淨海。

( ) 12. 違反環境保護法律或自治條例之行政法上義務，經處分機關處停工、停業處分或處新臺幣五千元以上罰鍰者，應接受下列何種講習？　(2)
(1)道路交通安全講習　(2)環境講習　(3)衛生講習　(4)消防講習。

(　　)13.　下列何者爲環保標章？　(1)

(1)　(2)　(3)　(4)　。

(　　)14.　「聖嬰現象」是指哪一區域的溫度異常升高？　(2)

(1)西太平洋表層海水　(2)東太平洋表層海水

(3)西印度洋表層海水　(4)東印度洋表層海水。

(　　)15.　「酸雨」定義爲雨水酸鹼值達多少以下時稱之？　(1)5.0　(2)6.0　(3)7.0　(4)8.0。　(1)

(　　)16.　一般而言，水中溶氧量隨水溫之上升而呈下列哪一種趨勢？　(2)

(1)增加　(2)減少　(3)不變　(4)不一定。

(　　)17.　二手菸中包含多種危害人體的化學物質，甚至多種物質有致癌性，會危害到下列何者的健康？　(4)

(1)只對 12 歲以下孩童有影響　(2)只對孕婦比較有影響

(3)只有 65 歲以上之民眾有影響　(4)全民皆有影響。

(　　)18.　二氧化碳和其他溫室氣體含量增加是造成全球暖化的主因之一，下列何種飲食方式也能降低碳排放量，對環境保護做出貢獻：A.少吃肉，多吃蔬菜；B.玉米產量減少時，購買玉米罐頭食用；C.選擇當地食材；D.使用免洗餐具，減少清洗用水與清潔劑？　(2)

(1)AB　(2)AC　(3)AD　(4)ACD。

(　　)19.　上下班的交通方式有很多種，其中包括：A.騎腳踏車；B.搭乘大眾交通工具；C.自行開車，請將前述幾種交通方式之單位排碳量由少至多之排列方式爲何？　(1)

(1)ABC　(2)ACB　(3)BAC　(4)CBA。

(　　)20.　下列何者「不是」室內空氣污染源？　(3)

(1)建材　(2)辦公室事務機　(3)廢紙回收箱　(4)油漆及塗料。

(　　)21.　下列何者不是自來水消毒採用的方式？　(4)

(1)加入臭氧　(2)加入氯氣　(3)紫外線消毒　(4)加入二氧化碳。

(　　)22.　下列何者不是造成全球暖化的元凶？　(4)

(1)汽機車排放的廢氣　(2)工廠所排放的廢氣

(3)火力發電廠所排放的廢氣　(4)種植樹木。

(　　)23.　下列何者不是造成臺灣水資源減少的主要因素？　(2)

(1)超抽地下水　(2)雨水酸化　(3)水庫淤積　(4)濫用水資源。

(　　)24.　下列何者是海洋受污染的現象？　(1)

(1)形成紅潮　(2)形成黑潮　(3)溫室效應　(4)臭氧層破洞。

(　　)25.　水中生化需氧量(BOD)愈高，其所代表的意義爲下列何者？　(2)

(1)水爲硬水　(2)有機污染物多　(3)水質偏酸　(4)分解污染物時不需消耗太多氧。

( ) 26. 下列何者是酸雨對環境的影響？ (1)
(1)湖泊水質酸化　(2)增加森林生長速度
(3)土壤肥沃　(4)增加水生動物種類。

( ) 27. 下列那一項水質濃度降低會導致河川魚類大量死亡？ (2)
(1)氨氮　(2)溶氧　(3)二氧化碳　(4)生化需氧量。

( ) 28. 下列何種生活小習慣的改變可減少細懸浮微粒(PM2.5)排放，共同為改善空氣品質盡一份心力？ (1)
(1)少吃燒烤食物　(2)使用吸塵器　(3)養成運動習慣　(4)每天喝 500cc 的水。

( ) 29. 下列哪種措施不能用來降低空氣污染？ (4)
(1)汽機車強制定期排氣檢測　(2)汰換老舊柴油車
(3)禁止露天燃燒稻草　(4)汽機車加裝消音器。

( ) 30. 大氣層中臭氧層有何作用？ (3)
(1)保持溫度　(2)對流最旺盛的區域
(3)吸收紫外線　(4)造成光害。

( ) 31. 小李具有乙級廢水專責人員證照，某工廠希望以高價租用證照的方式合作，請問下列何者正確？　(1)這是違法行為　(2)互蒙其利　(3)價錢合理即可　(4)經環保局同意即可。 (1)

( ) 32. 可藉由下列何者改善河川水質且兼具提供動植物良好棲地環境？ (2)
(1)運動公園　(2)人工溼地　(3)滯洪池　(4)水庫。

( ) 33. 台灣自來水之水源主要取自 (2)
(1)海洋的水　(2)河川或水庫的水　(3)綠洲的水　(4)灌溉渠道的水。

( ) 34. 目前市面清潔劑均會強調「無磷」，是因為含磷的清潔劑使用後，若廢水排至河川或湖泊等水域會造成甚麼影響？　(1)綠牡蠣　(2)優養化　(3)秘雕魚　(4)烏腳病。 (2)

( ) 35. 冰箱在廢棄回收時應特別注意哪一項物質，以避免逸散至大氣中造成臭氧層的破壞？ (1)
(1)冷媒　(2)甲醛　(3)汞　(4)苯。

( ) 36. 下列何者不是噪音的危害所造成的現象？ (1)
(1)精神很集中　(2)煩躁、失眠　(3)緊張、焦慮　(4)工作效率低落。

( ) 37. 我國移動污染源空氣污染防制費的徵收機制為何？ (2)
(1)依車輛里程數計費　(2)隨油品銷售徵收
(3)依牌照徵收　(4)依照排氣量徵收。

( ) 38. 室內裝潢時，若不謹慎選擇建材，將會逸散出氣狀污染物。其中會刺激皮膚、眼、鼻和呼吸道，也是致癌物質，可能為下列哪一種污染物？ (2)
(1)臭氧　(2)甲醛　(3)氟氯碳化合物　(4)二氧化碳。

( ) 39. 高速公路旁常見有農田違法焚燒稻草，除易產生濃煙影響行車安全外，也會產生下列何種空氣污染物對人體健康造成不良的作用？ (1)
(1)懸浮微粒　(2)二氧化碳(CO_2)　(3)臭氧(O_3)　(4)沼氣。

(　) 40.	都市中常產生的「熱島效應」會造成何種影響？ (1)增加降雨　(2)空氣污染物不易擴散 (3)空氣污染物易擴散　(4)溫度降低。	(2)
(　) 41.	下列何者不是藉由蚊蟲傳染的疾病？ (1)日本腦炎　(2)瘧疾　(3)登革熱　(4)痢疾。	(4)
(　) 42.	下列何者非屬資源回收分類項目中「廢紙類」的回收物？ (1)報紙　(2)雜誌　(3)紙袋　(4)用過的衛生紙。	(4)
(　) 43.	下列何者對飲用瓶裝水之形容是正確的：A.飲用後之寶特瓶容器爲地球增加了一個廢棄物；B.運送瓶裝水時卡車會排放空氣污染物；C.瓶裝水一定比經煮沸之自來水安全衛生？　(1)AB　(2)BC　(3)AC　(4)ABC。	(1)
(　) 44.	下列哪一項是我們在家中常見的環境衛生用藥？ (1)體香劑　(2)殺蟲劑　(3)洗滌劑　(4)乾燥劑。	(2)
(　) 45.	下列哪一種是公告應回收廢棄物中的容器類：A.廢鋁箔包 B.廢紙容器 C.寶特瓶？ (1)ABC　(2)AC　(3)BC　(4)C。	(1)
(　) 46.	小明拿到「垃圾強制分類」的宣導海報，標語寫著「分 3 類，好 OK」，標語中的分 3 類是指家戶日常生活中產生的垃圾可以區分哪三類？ (1)資源垃圾、廚餘、事業廢棄物　(2)資源垃圾、一般廢棄物、事業廢棄物 (3)一般廢棄物、事業廢棄物、放射性廢棄物　(4)資源垃圾、廚餘、一般垃圾。	(4)
(　) 47.	家裡有過期的藥品，請問這些藥品要如何處理？ (1)倒入馬桶沖掉　(2)交由藥局回收　(3)繼續服用　(4)送給相同疾病的朋友。	(2)
(　) 48.	台灣西部海岸曾發生的綠牡蠣事件是與下列何種物質污染水體有關？ (1)汞　(2)銅　(3)磷　(4)鎘。	(2)
(　) 49.	在生物鏈越上端的物種其體內累積持久性有機污染物(POPs)濃度將越高，危害性也將越大，這是說明 POPs 具有下列何種特性？ (1)持久性　(2)半揮發性　(3)高毒性　(4)生物累積性。	(4)
(　) 50.	有關小黑蚊敘述下列何者爲非？ (1)活動時間以中午十二點到下午三點爲活動高峰期 (2)小黑蚊的幼蟲以腐植質、青苔和藻類爲食 (3)無論雄性或雌性皆會吸食哺乳類動物血液 (4)多存在竹林、灌木叢、雜草叢、果園等邊緣地帶等處。	(3)
(　) 51.	利用垃圾焚化廠處理垃圾的最主要優點爲何？ (1)減少處理後的垃圾體積　(2)去除垃圾中所有毒物 (3)減少空氣污染　(4)減少處理垃圾的程序。	(1)
(　) 52.	利用豬隻的排泄物當燃料發電，是屬於下列那一種能源？ (1)地熱能　(2)太陽能　(3)生質能　(4)核能。	(3)

( )53. 每個人日常生活皆會產生垃圾，下列何種處理垃圾的觀念與方式是不正確的？(1)垃圾分類，使資源回收再利用 (2)所有垃圾皆掩埋處理，垃圾將會自然分解 (3)廚餘回收堆肥後製成肥料 (4)可燃性垃圾經焚化燃燒可有效減少垃圾體積。 (2)

( )54. 防治蚊蟲最好的方法是(1)使用殺蟲劑 (2)清除孳生源 (3)網子捕捉 (4)拍打。 (2)

( )55. 室內裝修業者承攬裝修工程，工程中所產生的廢棄物應該如何處理？(1)委託合法清除機構清運 (2)倒在偏遠山坡地 (3)河岸邊掩埋 (4)交給清潔隊垃圾車。 (1)

( )56. 若使用後的廢電池未經回收，直接廢棄所含重金屬物質曝露於環境中可能產生那些影響？A.地下水污染、B.對人體產生中毒等不良作用、C.對生物產生重金屬累積及濃縮作用、D.造成優養化 (1)ABC (2)ABCD (3)ACD (4)BCD。 (1)

( )57. 那一種家庭廢棄物可用來作爲製造肥皂的主要原料？(1)食醋 (2)果皮 (3)回鍋油 (4)熟廚餘。 (3)

( )58. 世紀之毒「戴奧辛」主要透過何者方式進入人體？(1)透過觸摸 (2)透過呼吸 (3)透過飲食 (4)透過雨水。 (3)

( )59. 臺灣地狹人稠，垃圾處理一直是不易解決的問題，下列何種是較佳的因應對策？(1)垃圾分類資源回收 (2)蓋焚化廠 (3)運至國外處理 (4)向海爭地掩埋。 (1)

( )60. 購買下列哪一種商品對環境比較友善？(1)用過即丟的商品 (2)一次性的產品 (3)材質可以回收的商品 (4)過度包裝的商品。 (3)

( )61. 下列何項法規的立法目的爲預防及減輕開發行爲對環境造成不良影響，藉以達成環境保護之目的？(1)公害糾紛處理法 (2)環境影響評估法 (3)環境基本法 (4)環境教育法。 (2)

( )62. 下列何種開發行爲若對環境有不良影響之虞者，應實施環境影響評估：A.開發科學園區；B.新建捷運工程；C.採礦。 (1)AB (2)BC (3)AC (4)ABC。 (4)

( )63. 主管機關審查環境影響說明書或評估書，如認爲已足以判斷未對環境有重大影響之虞，作成之審查結論可能爲下列何者？(1)通過環境影響評估審查 (2)應繼續進行第二階段環境影響評估 (3)認定不應開發 (4)補充修正資料再審。 (1)

( )64. 依環境影響評估法規定，對環境有重大影響之虞的開發行爲應繼續進行第二階段環境影響評估，下列何者不是上述對環境有重大影響之虞或應進行第二階段環境影響評估的決定方式？(1)明訂開發行爲及規模 (2)環評委員會審查認定 (3)自願進行 (4)有民眾或團體抗爭。 (4)

( )65. 依環境教育法，環境教育之戶外學習應選擇何地點辦理？(1)遊樂園 (2)環境教育設施或場所 (3)森林遊樂區 (4)海洋世界 (2)

(　　) 66.	依環境影響評估法規定，環境影響評估審查委員會審查環境影響說明書，認定下列對環境有重大影響之虞者，應繼續進行第二階段環境影響評估，下列何者非屬對環境有重大影響之虞者？ (1)對保育類動植物之棲息生存有顯著不利之影響 (2)對國家經濟有顯著不利之影響 (3)對國民健康有顯著不利之影響 (4)對其他國家之環境有顯著不利之影響。	(2)
(　　) 67.	依環境影響評估法規定，第二階段環境影響評估，目的事業主管機關應舉行下列何種會議？　(1)說明會　(2)聽證會　(3)辯論會　(4)公聽會	(4)
(　　) 68.	開發單位申請變更環境影響說明書、評估書內容或審查結論，符合下列哪一情形，得檢附變更內容對照表辦理？ (1)既有設備提昇產能而污染總量增加在百分之十以下 (2)降低環境保護設施處理等級或效率 (3)環境監測計畫變更 (4)開發行為規模增加未超過百分之五。	(3)
(　　) 69.	開發單位變更原申請內容有下列哪一情形，無須就申請變更部分，重新辦理環境影響評估？ (1)不降低環保設施之處理等級或效率　(2)規模擴增百分之十以上　(3)對環境品質之維護有不利影響　(4)土地使用之變更涉及原規劃之保護區。	(1)
(　　) 70.	工廠或交通工具排放空氣污染物之檢查，下列何者錯誤？ (1)依中央主管機關規定之方法使用儀器進行檢查 (2)檢查人員以嗅覺進行氨氣濃度之判定 (3)檢查人員以嗅覺進行異味濃度之判定 (4)檢查人員以肉眼進行粒狀污染物排放濃度之判定。	(2)
(　　) 71.	下列對於空氣污染物排放標準之敘述，何者正確：A.排放標準由中央主管機關訂定；B.所有行業之排放標準皆相同？　(1)僅 A　(2)僅 B　(3)AB 皆正確　(4)AB 皆錯誤。	(1)
(　　) 72.	下列對於細懸浮微粒($PM_{2.5}$)之敘述何者正確：A.空氣品質測站中自動監測儀所測得之數值若高於空氣品質標準，即判定為不符合空氣品質標準；B.濃度監測之標準方法為中央主管機關公告之手動檢測方法；C.空氣品質標準之年平均值為 $15\mu g/m^3$？ (1)僅 AB　(2)僅 BC　(3)僅 AC　(4)ABC 皆正確。	(2)
(　　) 73.	機車為空氣污染物之主要排放來源之一，下列何者可降低空氣污染物之排放量：A.將四行程機車全面汰換成二行程機車；B.推廣電動機車；C.降低汽油中之硫含量？ (1)僅 AB　(2)僅 BC　(3)僅 AC　(4)ABC 皆正確。	(2)
(　　) 74.	公眾聚集量大且滯留時間長之場所，經公告應設置自動監測設施，其應量測之室內空氣污染物項目為何？　(1)二氧化碳　(2)一氧化碳　(3)臭氧　(4)甲醛。	(1)
(　　) 75.	空氣污染源依排放特性分為固定污染源及移動污染源，下列何者屬於移動污染源？ (1)焚化廠　(2)石化廠　(3)機車　(4)煉鋼廠。	(3)

(　) 76. 我國汽機車移動污染源空氣污染防制費的徵收機制爲何？ (3)
(1)依牌照徵收　(2)隨水費徵收　(3)隨油品銷售徵收　(4)購車時徵收

(　) 77. 細懸浮微粒($PM_{2.5}$)除了來自於污染源直接排放外，亦可能經由下列哪一種反應產生？　(1)光合作用　(2)酸鹼中和　(3)厭氧作用　(4)光化學反應。 (4)

(　) 78. 我國固定污染源空氣污染防制費以何種方式徵收？ (4)
(1)依營業額徵收　(2)隨使用原料徵收
(3)按工廠面積徵收　(4)依排放污染物之種類及數量徵收。

(　) 79. 在不妨害水體正常用途情況下，水體所能涵容污染物之量稱爲 (1)
(1)涵容能力　(2)放流能力　(3)運轉能力　(4)消化能力。

(　) 80. 水污染防治法中所稱地面水體不包括下列何者？ (4)
(1)河川　(2)海洋　(3)灌溉渠道　(4)地下水。

(　) 81. 下列何者不是主管機關設置水質監測站採樣的項目？ (4)
(1)水溫　(2)氫離子濃度指數　(3)溶氧量　(4)顏色。

(　) 82. 事業、污水下水道系統及建築物污水處理設施之廢（污）水處理，其產生之污泥，依規定應作何處理？ (1)
(1)應妥善處理，不得任意放置或棄置　(2)可作爲農業肥料
(3)可作爲建築土方　(4)得交由清潔隊處理。

(　) 83. 依水污染防治法，事業排放廢(污)水於地面水體者，應符合下列哪一標準之規定？ (2)
(1)下水水質標準　(2)放流水標準　(3)水體分類水質標準　(4)土壤處理標準。

(　) 84. 放流水標準，依水污染防治法應由何機關定之：A.中央主管機關；B.中央主管機關會同相關目的事業主管機關；C.中央主管機關會商相關目的事業主管機關？ (3)
(1)僅 A　(2)僅 B　(3)僅 C　(4)ABC。

(　) 85. 對於噪音之量測，下列何者錯誤？ (1)
(1)可於下雨時測量
(2)風速大於每秒 5 公尺時不可量測
(3)聲音感應器應置於離地面或樓板延伸線 1.2 至 1.5 公尺之間
(4)測量低頻噪音時，僅限於室內地點測量，非於戶外量測

(　) 86. 下列對於噪音管制法之規定何者敘述錯誤？ (4)
(1)噪音指超過管制標準之聲音
(2)環保局得視噪音狀況劃定公告噪音管制區
(3)人民得向主管機關檢舉使用中機動車輛噪音妨害安寧情形
(4)使用經校正合格之噪音計皆可執行噪音管制法規定之檢驗測定。

(　) 87. 製造非持續性但卻妨害安寧之聲音者，由下列何單位依法進行處理？ (1)
(1)警察局　(2)環保局　(3)社會局　(4)消防局

(　) 88. 廢棄物、剩餘土石方清除機具應隨車持有證明文件且應載明廢棄物、剩餘土石方之：A 產生源；B 處理地點；C 清除公司　(1)僅 AB　(2)僅 BC　(3)僅 AC　(4)ABC 皆是。 (1)

(　　) 89. 從事廢棄物清除、處理業務者，應向直轄市、縣（市）主管機關或中央主管機關委託之機關取得何種文件後，始得受託清除、處理廢棄物業務？ (1)
(1)公民營廢棄物清除處理機構許可文件　(2)運輸車輛駕駛證明
(3)運輸車輛購買證明　(4)公司財務證明。

(　　) 90. 在何種情形下，禁止輸入事業廢棄物：A.對國內廢棄物處理有妨礙；B.可直接固化處理、掩埋、焚化或海拋；C.於國內無法妥善清理？ (1)僅 A (2)僅 B (3)僅 C (4)ABC。 (4)

(　　) 91. 毒性化學物質因洩漏、化學反應或其他突發事故而污染運作場所周界外之環境，運作人應立即採取緊急防治措施，並至遲於多久時間內，報知直轄市、縣（市）主管機關？ (4)
(1)1 小時 (2)2 小時 (3)4 小時 (4)30 分鐘。

(　　) 92. 下列何種物質或物品，受毒性及關注化學物質管理法之管制？ (4)
(1)製造醫藥之靈丹　(2)製造農藥之蓋普丹
(3)含汞之日光燈　(4)使用青石綿製造石綿瓦

(　　) 93. 下列何行爲不是土壤及地下水污染整治法所指污染行爲人之作爲？ (4)
(1)洩漏或棄置污染物
(2)非法排放或灌注污染物
(3)仲介或容許洩漏、棄置、非法排放或灌注污染物
(4)依法令規定清理污染物

(　　) 94. 依土壤及地下水污染整治法規定，進行土壤、底泥及地下水污染調查、整治及提供、檢具土壤及地下水污染檢測資料時，其土壤、底泥及地下水污染物檢驗測定，應委託何單位辦理？ (1)經中央主管機關許可之檢測機構 (2)大專院校 (3)政府機關 (4)自行檢驗。 (1)

(　　) 95. 爲解決環境保護與經濟發展的衝突與矛盾，1992 年聯合國環境發展大會（UN Conferenceon Environmentand Development, UNCED）制定通過： (3)
(1)日內瓦公約 (2)蒙特婁公約 (3)21 世紀議程 (4)京都議定書。

(　　) 96. 一般而言，下列那一個防治策略是屬經濟誘因策略？ (1)
(1)可轉換排放許可交易 (2)許可證制度 (3)放流水標準 (4)環境品質標準

(　　) 97. 對溫室氣體管制之「無悔政策」係指： (1)減輕溫室氣體效應之同時，仍可獲致社會效益 (2)全世界各國同時進行溫室氣體減量 (3)各類溫室氣體均有相同之減量邊際成本 (4)持續研究溫室氣體對全球氣候變遷之科學證據。 (1)

(　　) 98. 一般家庭垃圾在進行衛生掩埋後，會經由細菌的分解而產生甲烷氣，請問甲烷氣對大氣危機中哪一些效應具有影響力？ (3)
(1)臭氧層破壞 (2)酸雨 (3)溫室效應 (4)煙霧（smog）效應。

(　　) 99. 下列國際環保公約，何者限制各國進行野生動植物交易，以保護瀕臨絕種的野生動植物？ (1)華盛頓公約 (2)巴塞爾公約 (3)蒙特婁議定書 (4)氣候變化綱要公約。 (1)

(　　) 100. 因人類活動導致「哪些營養物」過量排入海洋，造成沿海赤潮頻繁發生，破壞了紅樹林、珊瑚礁、海草，亦使魚蝦銳減，漁業損失慘重？ (2)
(1)碳及磷 (2)氮及磷 (3)氮及氯 (4)氯及鎂。

工作項目 4 節能減碳

單選題

	題目	答案
(　　) 1.	依能源局「指定能源用戶應遵行之節約能源規定」，在正常使用條件下，公眾出入之場所其室內冷氣溫度平均值不得低於攝氏幾度？　(1)26　(2)25　(3)24　(4)22。	(1)
(　　) 2.	下列何者爲節能標章？ (1)　(2)　(3)　(4)　。	(2)
(　　) 3.	下列產業中耗能佔比最大的產業爲 (1)服務業　(2)公用事業　(3)農林漁牧業　(4)能源密集產業。	(4)
(　　) 4.	下列何者「不是」節省能源的做法？ (1)電冰箱溫度長時間設定在強冷或急冷 (2)影印機當 15 分鐘無人使用時，自動進入省電模式 (3)電視機勿背著窗戶，並避免太陽直射 (4)短程不開汽車，以儘量搭乘公車、騎單車或步行爲宜。	(1)
(　　) 5.	經濟部能源局的能源效率標示分爲幾個等級？　(1)1　(2)3　(3)5　(4)7。	(3)
(　　) 6.	溫室氣體排放量：指自排放源排出之各種溫室氣體量乘以各該物質溫暖化潛勢所得之合計量，以 (1)氧化亞氮(N_2O)　(2)二氧化碳(CO_2)　(3)甲烷(CH_4)　(4)六氟化硫(SF_6)當量表示。	(2)
(　　) 7.	國家溫室氣體長期減量目標爲中華民國 139 年(西元 2050 年)溫室氣體排放量降爲中華民國 94 年溫室氣體排放量的百分之多少以下？　(1)20　(2)30　(3)40　(4)50。	(4)
(　　) 8.	溫室氣體減量及管理法所稱主管機關，在中央爲下列何單位？ (1)經濟部能源局　(2)環境部　(3)國家發展委員會　(4)衛生福利部。	(2)
(　　) 9.	溫室氣體減量及管理法中所稱：一單位之排放額度相當於允許排放多少的二氧化碳當量 (1)1 公斤　(2)1 立方米　(3)1 公噸　(4)1 公升之二氧化碳當量。	(3)
(　　) 10.	下列何者「不是」全球暖化帶來的影響？ (1)洪水　(2)熱浪　(3)地震　(4)旱災。	(3)
(　　) 11.	下列何種方法無法減少二氧化碳？ (1)想吃多少儘量點，剩下可當廚餘回收 (2)選購當地、當季食材，減少運輸碳足跡 (3)多吃蔬菜，少吃肉 (4)自備杯筷，減少免洗用具垃圾量。	(1)
(　　) 12.	下列何者不會減少溫室氣體的排放？ (1)減少使用煤、石油等化石燃料　(2)大量植樹造林，禁止亂砍亂伐 (3)增高燃煤氣體排放的煙囪　(4)開發太陽能、水能等新能源。	(3)

(　　) 13. 關於綠色採購的敘述，下列何者錯誤？ (4)
(1)採購由回收材料所製造之物品
(2)採購的產品對環境及人類健康有最小的傷害性
(3)選購對環境傷害較少、污染程度較低的產品
(4)以精美包裝爲主要首選。

(　　) 14. 一旦大氣中的二氧化碳含量增加，會引起那一種後果？ (1)
(1)溫室效應惡化　(2)臭氧層破洞　(3)冰期來臨　(4)海平面下降。

(　　) 15. 關於建築中常用的金屬玻璃帷幕牆，下列敘述何者正確？ (3)
(1)玻璃帷幕牆的使用能節省室內空調使用
(2)玻璃帷幕牆適用於臺灣，讓夏天的室內產生溫暖的感覺
(3)在溫度高的國家，建築物使用金屬玻璃帷幕會造成日照輻射熱，產生室內「溫室效應」
(4)臺灣的氣候濕熱，特別適合在大樓以金屬玻璃帷幕作爲建材。

(　　) 16. 下列何者不是能源之類型？ (1)電力　(2)壓縮空氣　(3)蒸汽　(4)熱傳。 (4)

(　　) 17. 我國已制定能源管理系統標準爲 (1)
(1)CNS 50001　(2)CNS 12681　(3)CNS 14001　(4)CNS 22000。

(　　) 18. 台灣電力股份有限公司所謂的三段式時間電價於夏月平日(非週六日)之尖峰用電時段爲何？ (1)9：00~16：00　(2)9：00~24：00　(3)6：00~11：00　(4)16：00~22：00。 (4)

(　　) 19. 基於節能減碳的目標，下列何種光源發光效率最低，不鼓勵使用？ (1)
(1)白熾燈泡　(2)LED 燈泡　(3)省電燈泡　(4)螢光燈管。

(　　) 20. 下列的能源效率分級標示，哪一項較省電？ (1)
(1)1　(2)2　(3)3　(4)4。

(　　) 21. 下列何者「不是」目前台灣主要的發電方式？ (4)
(1)燃煤　(2)燃氣　(3)水力　(4)地熱。

(　　) 22. 有關延長線及電線的使用，下列敘述何者錯誤？ (2)
(1)拔下延長線插頭時，應手握插頭取下
(2)使用中之延長線如有異味產生，屬正常現象不須理會
(3)應避開火源，以免外覆塑膠熔解，致使用時造成短路
(4)使用老舊之延長線，容易造成短路、漏電或觸電等危險情形，應立即更換。

(　　) 23. 有關觸電的處理方式，下列敘述何者錯誤？ (1)
(1)立即將觸電者拉離現場　(2)把電源開關關閉
(3)通知救護人員　(4)使用絕緣的裝備來移除電源。

(　　) 24. 目前電費單中，係以「度」爲收費依據，請問下列何者爲其單位？ (2)
(1)kW　(2)kWh　(3)kJ　(4)kJh。

(　　) 25. 依據台灣電力公司三段式時間電價(尖峰、半尖峰及離峰時段)的規定，請問哪個時段電價最便宜？ (1)尖峰時段　(2)夏月半尖峰時段　(3)非夏月半尖峰時段　(4)離峰時段。 (4)

(　) 26. 當用電設備遭遇電源不足或輸配電設備受限制時，導致用戶暫停或減少用電的情形，常以下列何者名稱出現？ (2)
(1)停電　(2)限電　(3)斷電　(4)配電。

(　) 27. 照明控制可以達到節能與省電費的好處，下列何種方法最適合一般住宅社區兼顧節能、經濟性與實際照明需求？ (2)
(1)加裝 DALI 全自動控制系統
(2)走廊與地下停車場選用紅外線感應控制電燈
(3)全面調低照明需求
(4)晚上關閉所有公共區域的照明。

(　) 28. 上班性質的商辦大樓為了降低尖峰時段用電，下列何者是錯的？ (2)
(1)使用儲冰式空調系統減少白天空調用電需求
(2)白天有陽光照明，所以白天可以將照明設備全關掉
(3)汰換老舊電梯馬達並使用變頻控制
(4)電梯設定隔層停止控制，減少頻繁啓動。

(　) 29. 為了節能與降低電費的需求，應該如何正確選用家電產品？ (2)
(1)選用高功率的產品效率較高
(2)優先選用取得節能標章的產品
(3)設備沒有壞，還是堪用，繼續用，不會增加支出
(4)選用能效分級數字較高的產品，效率較高，5 級的比 1 級的電器產品更省電。

(　) 30. 有效而正確的節能從選購產品開始，就一般而言，下列的因素中，何者是選購電氣設備的最優先考量項目？ (3)
(1)用電量消耗電功率是多少瓦攸關電費支出，用電量小的優先
(2)採購價格比較，便宜優先
(3)安全第一，一定要通過安規檢驗合格
(4)名人或演藝明星推薦，應該口碑較好。

(　) 31. 高效率燈具如果要降低眩光的不舒服，下列何者與降低刺眼眩光影響無關？ (3)
(1)光源下方加裝擴散板或擴散膜　(2)燈具的遮光板
(3)光源的色溫　(4)採用間接照明。

(　) 32. 用電熱爐煮火鍋，採用中溫 50%加熱，比用高溫 100%加熱，將同一鍋水煮開，下列何者是對的？ (4)
(1)中溫 50%加熱比較省電　(2)高溫 100%加熱比較省電
(3)中溫 50%加熱，電流反而比較大　(4)兩種方式用電量是一樣的。

(　) 33. 電力公司為降低尖峰負載時段超載的停電風險，將尖峰時段電價費率(每度電單價)提高，離峰時段的費率降低，引導用戶轉移部分負載至離峰時段，這種電能管理策略稱為 (2)
(1)需量競價　(2)時間電價　(3)可停電力　(4)表燈用戶彈性電價。

(　) 34. 集合式住宅的地下停車場需要維持通風良好的空氣品質，又要兼顧節能效益，下列的排風扇控制方式何者是不恰當的？ (2)
(1)淘汰老舊排風扇，改裝取得節能標章、適當容量的高效率風扇
(2)兩天一次運轉通風扇就好了
(3)結合一氧化碳偵測器，自動啓動/停止控制
(4)設定每天早晚二次定期啓動排風扇。

(　) 35. 大樓電梯爲了節能及生活便利需求，可設定部分控制功能，下列何者是錯誤或不正確的做法？ (2)
(1)加感應開關，無人時自動關閉電燈與通風扇
(2)縮短每次開門/關門的時間
(3)電梯設定隔樓層停靠，減少頻繁啓動
(4)電梯馬達加裝變頻控制。

(　) 36. 爲了節能及兼顧冰箱的保溫效果，下列何者是錯誤或不正確的做法？ (4)
(1)冰箱內上下層間不要塞滿，以利冷藏對流
(2)食物存放位置紀錄清楚，一次拿齊食物，減少開門次數
(3)冰箱門的密封壓條如果鬆弛，無法緊密關門，應儘速更新修復
(4)冰箱內食物擺滿塞滿，效益最高。

(　) 37. 電鍋剩飯持續保溫至隔天再食用，或剩飯先放冰箱冷藏，隔天用微波爐加熱，就加熱及節能觀點來評比，下列何者是對的？ (2)
(1)持續保溫較省電
(2)微波爐再加熱比較省電又方便
(3)兩者一樣
(4)優先選電鍋保溫方式，因爲馬上就可以吃。

(　) 38. 不斷電系統 UPS 與緊急發電機的裝置都是應付臨時性供電狀況；停電時，下列的陳述何者是對的？ (2)
(1)緊急發電機會先啓動，不斷電系統 UPS 是後備的
(2)不斷電系統 UPS 先啓動，緊急發電機是後備的
(3)兩者同時啓動
(4)不斷電系統 UPS 可以撐比較久。

(　) 39. 下列何者爲非再生能源？ (2)
(1)地熱能　(2)焦煤　(3)太陽能　(4)水力能。

(　) 40. 欲兼顧採光及降低經由玻璃部分侵入之熱負載，下列的改善方法何者錯誤？ (1)
(1)加裝深色窗簾　(2)裝設百葉窗　(3)換裝雙層玻璃　(4)貼隔熱反射膠片。

(　) 41. 一般桶裝瓦斯(液化石油氣)主要成分爲丁烷與下列何種成分所組成？ (3)
(1)甲烷　(2)乙烷　(3)丙烷　(4)辛烷。

(　) 42. 在正常操作，且提供相同暖氣之情形下，下列何種暖氣設備之能源效率最高？ (1)
(1)冷暖氣機　(2)電熱風扇　(3)電熱輻射機　(4)電暖爐。

( ) 43. 下列何種熱水器所需能源費用最少？ (4)
(1)電熱水器　(2)天然瓦斯熱水器　(3)柴油鍋爐熱水器　(4)熱泵熱水器。

( ) 44. 某公司希望能進行節能減碳，爲地球盡點心力，以下何種作爲並不恰當？ (4)
(1)將採購規定列入以下文字：「汰換設備時首先考慮能源效率 1 級或具有節能標章之產品」
(2)盤查所有能源使用設備
(3)實行能源管理
(4)爲考慮經營成本，汰換設備時採買最便宜的機種。

( ) 45. 冷氣外洩會造成能源之浪費，下列的入門設施與管理何者最耗能？ (2)
(1)全開式有氣簾　(2)全開式無氣簾　(3)自動門有氣簾　(4)自動門無氣簾。

( ) 46. 下列何者「不是」潔淨能源？ (4)
(1)風能　(2)地熱　(3)太陽能　(4)頁岩氣。

( ) 47. 有關再生能源中的風力、太陽能的使用特性中，下列敘述中何者錯誤？ (2)
(1)間歇性能源，供應不穩定　(2)不易受天氣影響
(3)需較大的土地面積　(4)設置成本較高。

( ) 48. 有關台灣能源發展所面臨的挑戰，下列選項何者是錯誤的？ (3)
(1)進口能源依存度高，能源安全易受國際影響
(2)化石能源所占比例高，溫室氣體減量壓力大
(3)自產能源充足，不需仰賴進口
(4)能源密集度較先進國家仍有改善空間。

( ) 49. 若發生瓦斯外洩之情形，下列處理方法中錯誤的是？ (3)
(1)應先關閉瓦斯爐或熱水器等開關
(2)緩慢地打開門窗，讓瓦斯自然飄散
(3)開啓電風扇，加強空氣流動
(4)在漏氣止住前，應保持警戒，嚴禁煙火。

( ) 50. 全球暖化潛勢(Global Warming Potential, GWP) 是衡量溫室氣體對全球暖化的影響，其中是以何者爲比較基準？　(1)CO_2　(2)CH_4　(3)SF_6　(4)N_2O。 (1)

( ) 51. 有關建築之外殼節能設計，下列敘述中錯誤的是？ (4)
(1)開窗區域設置遮陽設備
(2)大開窗面避免設置於東西日曬方位
(3)做好屋頂隔熱設施
(4)宜採用全面玻璃造型設計，以利自然採光。

( ) 52. 下列何者燈泡的發光效率最高？ (1)
(1)LED 燈泡　(2)省電燈泡　(3)白熾燈泡　(4)鹵素燈泡。

( ) 53. 有關吹風機使用注意事項，下列敘述中錯誤的是？ (4)
(1)請勿在潮濕的地方使用，以免觸電危險
(2)應保持吹風機進、出風口之空氣流通，以免造成過熱
(3)應避免長時間使用，使用時應保持適當的距離
(4)可用來作為烘乾棉被及床單等用途。

( ) 54. 下列何者是造成聖嬰現象發生的主要原因？ (2)
(1)臭氧層破洞 (2)溫室效應 (3)霧霾 (4)颱風。

( ) 55. 為了避免漏電而危害生命安全，下列「不正確」的做法是？ (4)
(1)做好用電設備金屬外殼的接地
(2)有濕氣的用電場合，線路加裝漏電斷路器
(3)加強定期的漏電檢查及維護
(4)使用保險絲來防止漏電的危險性。

( ) 56. 用電設備的線路保護用電力熔絲(保險絲)經常燒斷，造成停電的不便，下列「不正確」的作法是？ (1)
(1)換大一級或大兩級規格的保險絲或斷路器就不會燒斷了
(2)減少線路連接的電氣設備，降低用電量
(3)重新設計線路，改較粗的導線或用兩迴路並聯
(4)提高用電設備的功率因數。

( ) 57. 政府為推廣節能設備而補助民眾汰換老舊設備，下列何者的節電效益最佳？ (2)
(1)將桌上檯燈光源由螢光燈換為 LED 燈
(2)優先淘汰 10 年以上的老舊冷氣機為能源效率標示分級中之一級冷氣機
(3)汰換電風扇，改裝設能源效率標示分級為一級的冷氣機
(4)因為經費有限，選擇便宜的產品比較重要。

( ) 58. 依據我國現行國家標準規定，冷氣機的冷氣能力標示應以何種單位表示？ (1)
(1)kW (2)BTU/h (3)kcal/h (4)RT。

( ) 59. 漏電影響節電成效，並且影響用電安全，簡易的查修方法為 (1)
(1)電氣材料行買支驗電起子，碰觸電氣設備的外殼，就可查出漏電與否
(2)用手碰觸就可以知道有無漏電
(3)用三用電表檢查
(4)看電費單有無紀錄。

( ) 60. 使用了 10 幾年的通風換氣扇老舊又骯髒，噪音又大，維修時採取下列哪一種對策最為正確及節能？ (2)
(1)定期拆下來清洗油垢
(2)不必再猶豫，10 年以上的電扇效率偏低，直接換為高效率通風扇
(3)直接噴沙拉脫清潔劑就可以了，省錢又方便
(4)高效率通風扇較貴，換同機型的廠內備用品就好了。

( ) 61. 電氣設備維修時，在關掉電源後，最好停留 1 至 5 分鐘才開始檢修，其主要的理由爲下列何者？ (3)

(1)先平靜心情，做好準備才動手　(2)讓機器設備降溫下來再查修
(3)讓裡面的電容器有時間放電完畢，才安全　(4)法規沒有規定，這完全沒有必要。

( ) 62. 電氣設備裝設於有潮濕水氣的環境時，最應該優先檢查及確認的措施是？ (1)

(1)有無在線路上裝設漏電斷路器　(2)電氣設備上有無安全保險絲
(3)有無過載及過熱保護設備　(4)有無可能傾倒及生鏽。

( ) 63. 爲保持中央空調主機效率，每隔多久時間應請維護廠商或保養人員檢視中央空調主機？ (1)

(1)半年　(2)1 年　(3)1.5 年　(4)2 年。

( ) 64. 家庭用電最大宗來自於　(1)空調及照明　(2)電腦　(3)電視　(4)吹風機。 (1)

( ) 65. 冷氣房內爲減少日照高溫及降低空調負載，下列何種處理方式是錯誤的？ (2)

(1)窗戶裝設窗簾或貼隔熱紙
(2)將窗戶或門開啓，讓屋內外空氣自然對流
(3)屋頂加裝隔熱材、高反射率塗料或噴水
(4)於屋頂進行薄層綠化。

( ) 66. 有關電冰箱放置位置的處理方式，下列何者是正確的？ (2)

(1)背後緊貼牆壁節省空間
(2)背後距離牆壁應有 10 公分以上空間，以利散熱
(3)室內空間有限，側面緊貼牆壁就可以了
(4)冰箱最好貼近流理台，以便存取食材。

( ) 67. 下列何項「不是」照明節能改善需優先考量之因素？ (2)

(1)照明方式是否適當　(2)燈具之外型是否美觀
(3)照明之品質是否適當　(4)照度是否適當。

( ) 68. 醫院、飯店或宿舍之熱水系統耗能大，要設置熱水系統時，應優先選用何種熱水系統較節能？ (2)

(1)電能熱水系統　(2)熱泵熱水系統　(3)瓦斯熱水系統　(4)重油熱水系統。

( ) 69. 如下圖，你知道這是什麼標章嗎？ (4)

(1)省水標章
(2)環保標章
(3)奈米標章
(4)能源效率標示。

( ) 70. 台灣電力公司電價表所指的夏月用電月份(電價比其他月份高)是爲 (3)

(1)4/1~7/31　(2)5/1~8/31　(3)6/1~9/30　(4)7/1~10/31。

( ) 71. 屋頂隔熱可有效降低空調用電，下列何項措施較不適當？　(1)屋頂儲水隔熱　(2)屋頂綠化　(3)於適當位置設置太陽能板發電同時加以隔熱　(4)鋪設隔熱磚。 (1)

(　) 72. 電腦機房使用時間長、耗電量大，下列何項措施對電腦機房之用電管理較不適當？ (1)
(1)機房設定較低之溫度　(2)設置冷熱通道
(3)使用較高效率之空調設備　(4)使用新型高效能電腦設備。

(　) 73. 下列有關省水標章的敘述中正確的是？ (3)
(1)省水標章是環境部為推動使用節水器材，特別研定以作為消費者辨識省水產品的一種標誌
(2)獲得省水標章的產品並無嚴格測試，所以對消費者並無一定的保障
(3)省水標章能激勵廠商重視省水產品的研發與製造，進而達到推廣節水良性循環之目的
(4)省水標章除有用水設備外，亦可使用於冷氣或冰箱上。

(　) 74. 透過淋浴習慣的改變就可以節約用水，以下的何種方式正確？ (2)
(1)淋浴時抹肥皂，無需將蓮蓬頭暫時關上
(2)等待熱水前流出的冷水可以用水桶接起來再利用
(3)淋浴流下的水不可以刷洗浴室地板
(4)淋浴沖澡流下的水，可以儲蓄洗菜使用。

(　) 75. 家人洗澡時，一個接一個連續洗，也是一種有效的省水方式嗎？ (1)
(1)是，因為可以節省等待熱水流出之前所先流失的冷水
(2)否，這跟省水沒什麼關係，不用這麼麻煩
(3)否，因為等熱水時流出的水量不多
(4)有可能省水也可能不省水，無法定論。

(　) 76. 下列何種方式有助於節省洗衣機的用水量？ (2)
(1)洗衣機洗滌的衣物盡量裝滿，一次洗完
(2)購買洗衣機時選購有省水標章的洗衣機，可有效節約用水
(3)無需將衣物適當分類
(4)洗濯衣物時盡量選擇高水位才洗的乾淨。

(　) 77. 如果水龍頭流量過大，下列何種處理方式是錯誤的？ (3)
(1)加裝節水墊片或起波器　(2)加裝可自動關閉水龍頭的自動感應器
(3)直接換裝沒有省水標章的水龍頭　(4)直接調整水龍頭到適當水量。

(　) 78. 洗菜水、洗碗水、洗衣水、洗澡水等的清洗水，不可直接利用來做什麼用途？ (4)
(1)洗地板　(2)沖馬桶　(3)澆花　(4)飲用水。

(　) 79. 如果馬桶有不正常的漏水問題，下列何者處理方式是錯誤的？ (1)
(1)因為馬桶還能正常使用，所以不用著急，等到不能用時再報修即可
(2)立刻檢查馬桶水箱零件有無鬆脫，並確認有無漏水
(3)滴幾滴食用色素到水箱裡，檢查有無有色水流進馬桶，代表可能有漏水
(4)通知水電行或檢修人員來檢修，徹底根絕漏水問題。

(　) 80. 水費的計量單位是「度」，你知道一度水的容量大約有多少？ (3)
(1)2,000公升　(2)3000個600cc的寶特瓶　(3)1立方公尺的水量　(4)3立方公尺的水量。

( ) 81. 臺灣在一年中什麼時期會比較缺水(即枯水期)？ (3)
(1)6 月至 9 月 (2)9 月至 12 月 (3)11 月至次年 4 月 (4)臺灣全年不缺水。

( ) 82. 下列何種現象「不是」直接造成台灣缺水的原因？ (4)
(1)降雨季節分佈不平均，有時候連續好幾個月不下雨，有時又會下起豪大雨
(2)地形山高坡陡，所以雨一下很快就會流入大海
(3)因爲民生與工商業用水需求量都愈來愈大，所以缺水季節很容易無水可用
(4)台灣地區夏天過熱，致蒸發量過大。

( ) 83. 冷凍食品該如何讓它退冰，才是既「節能」又「省水」？ (3)
(1)直接用水沖食物強迫退冰 (2)使用微波爐解凍快速又方便
(3)烹煮前盡早拿出來放置退冰 (4)用熱水浸泡，每 5 分鐘更換一次。

( ) 84. 洗碗、洗菜用何種方式可以達到清洗又省水的效果？ (2)
(1)對著水龍頭直接沖洗，且要盡量將水龍頭開大才能確保洗的乾淨
(2)將適量的水放在盆槽內洗濯，以減少用水
(3)把碗盤、菜等浸在水盆裡，再開水龍頭拼命沖水
(4)用熱水及冷水大量交叉沖洗達到最佳清洗效果。

( ) 85. 解決台灣水荒(缺水)問題的無效對策是 (4)
(1)興建水庫、蓄洪(豐)濟枯 (2)全面節約用水
(3)水資源重複利用，海水淡化…等 (4)積極推動全民體育運動。

( ) 86. 如下圖，你知道這是什麼標章嗎？ (3)

(1)奈米標章 (2)環保標章 (3)省水標章 (4)節能標章。

( ) 87. 澆花的時間何時較爲適當，水分不易蒸發又對植物最好？ (3)
(1)正中午 (2)下午時段
(3)清晨或傍晚 (4)半夜十二點。

( ) 88. 下列何種方式沒有辦法降低洗衣機之使用水量，所以不建議採用？ (3)
(1)使用低水位清洗 (2)選擇快洗行程
(3)兩、三件衣服也丟洗衣機洗 (4)選擇有自動調節水量的洗衣機。

( ) 89. 有關省水馬桶的使用方式與觀念認知，下列何者是錯誤的？ (3)
(1)選用衛浴設備時最好能採用省水標章馬桶
(2)如果家裡的馬桶是傳統舊式，可以加裝二段式沖水配件
(3)省水馬桶因爲水量較小，會有沖不乾淨的問題，所以應該多沖幾次
(4)因爲馬桶是家裡用水的大宗，所以應該儘量採用省水馬桶來節約用水。

( ) 90. 下列的洗車方式，何者「無法」節約用水？ (3)
(1)使用有開關的水管可以隨時控制出水 (2)用水桶及海綿抹布擦洗 (3)用大口徑強力水注沖洗 (4)利用機械自動洗車，洗車水處理循環使用。

( ) 91. 下列何種現象「無法」看出家裡有漏水的問題？ (1)
(1)水龍頭打開使用時，水表的指針持續在轉動
(2)牆面、地面或天花板忽然出現潮濕的現象
(3)馬桶裡的水常在晃動，或是沒辦法止水
(4)水費有大幅度增加。

( ) 92. 蓮蓬頭出水量過大時，下列對策何者「無法」達到省水？ (2)
(1)換裝有省水標章的低流量(5~10L/min)蓮蓬頭
(2)淋浴時水量開大，無需改變使用方法
(3)洗澡時間盡量縮短，塗抹肥皂時要把蓮蓬頭關起來
(4)調整熱水器水量到適中位置。

( ) 93. 自來水淨水步驟，何者是錯誤的？ (1)混凝 (2)沉澱 (3)過濾 (4)煮沸。 (4)

( ) 94. 為了取得良好的水資源，通常在河川的哪一段興建水庫？ (1)
(1)上游 (2)中游 (3)下游 (4)下游出口。

( ) 95. 台灣是屬缺水地區，每人每年實際分配到可利用水量是世界平均值的約多少？ (4)
(1)1/2 (2)1/4 (3)1/5 (4)1/6。

( ) 96. 台灣年降雨量是世界平均值的 2.6 倍，卻仍屬缺水地區，下列何者不是真正缺水的原因？ (3)
(1)台灣由於山坡陡峻，以及颱風豪雨雨勢急促，大部分的降雨量皆迅速流入海洋
(2)降雨量在地域、季節分佈極不平均
(3)水庫蓋得太少
(4)台灣自來水水價過於便宜。

( ) 97. 電源插座堆積灰塵可能引起電氣意外火災，維護保養時的正確做法是？ (3)
(1)可以先用刷子刷去積塵
(2)直接用吹風機吹開灰塵就可以了
(3)應先關閉電源總開關箱內控制該插座的分路開關，然後再清理灰塵
(4)可以用金屬接點清潔劑噴在插座中去除銹蝕。

( ) 98. 溫室氣體易造成全球氣候變遷的影響，下列何者不屬於溫室氣體？ (4)
(1)二氧化碳（CO_2） (2)氫氟碳化物（HFCs） (3)甲烷（CH_4） (4)氧氣（O_2）。

( ) 99. 就能源管理系統而言，下列何者不是能源效率的表示方式？ (4)
(1)汽車－公里/公升 (2)照明系統－瓦特/平方公尺（W/m^2）
(3)冰水主機－千瓦/冷凍噸（kW/RT） (4)冰水主機－千瓦（kW）。

( ) 100. 某工廠規劃汰換老舊低效率設備，以下何種做法並不恰當？ (3)
(1)可慮使用較高費用之高效率設備產品
(2)先針對老舊設備建立其「能源指標」或「能源基線」
(3)唯恐一直浪費能源，馬上將老舊設備汰換掉
(4)改善後需進行能源績效評估。

參考書目 PREFACE

01. 史惠順(1984)。平面測量學。國立成功大學航空測量研究所。
02. 林宏麟(1995)。測量學。文笙書局。
03. 施永富(1996)。測量學。東大圖書公司。
04. 高書屏(1999)。道路工程測量實務。詹氏書局。
05. 高銘(1999)。測量技術士技能檢定題庫總彙(含學術科)。千華出版公司。
06. 葉怡成(1999)。測量學 21 世紀觀點。東華書局。
07. 李聖堂(1999)。測量學題庫。考用出版股份有限公司。
08. 呂金龍(2001)。測量檢定精集，三泰出版社。
09. 李俊德(2003)。測量學。正文書局。
10. 張經緯(2003)。測量學。天佑出版社。
11. 王儂、過靜珺(2003)。現代普通測量學。五南圖書出版公司。
12. 焦人希(2003)。平面測量學理論與實務。文笙書局。
13. 黃桂生(2005)。測量學，全華科技圖書股份有限公司。
14. 周天穎(2008)。地理資訊系統理論與實務。儒林圖書公司。
15. 覃輝、伍鑫(2008)。土木工程測量，同濟大學出版社
16. 潘桂成(2009)。地圖學原理。三民書局。
17. 王慧麟、安如、談俊忠、馬永力(2009)。測量與地圖學，南京大學出版社。
18. 黃培毓(2012)。工程測量乙級技術士測量實習。弘楊圖書有限公司。
19. 吳順正、廖長志(2013)。乙級工程測量學術科解析。復文圖書有限公司。
20. 林宏麟(2013)。測量學題解。旭營文化事業有限公司。
21. 李良輝(2014)。最小二乘法理論與實務。旭營文化事業有限公司。
22. 高書屏(2014)。GPS 衛星定位測量概論。詹氏書局。
23. 高書屏(2014)。衛星大地測量。國立中興大學土木系授課講義。
24. 高書屏(2014)。測量平差與計算。采玉出版社。
25. 高書屏(2014)。高等測量平差與計算。國立中興大學土木系授課講義。
26. 鄭育祥(2014)。乙級工程測量學術科題庫解析。科友圖書股份有限公司。
27. 郭耀傑(2015)。乙級工程測量學術科必勝寶典。台科大圖書股份有限公司。
28. 高書屏(2016)。GPS 衛星定位測量。國立中興大學土木系授課講義。
29. 翁明郎、鄭慶武(2016)。乙級工程測量檢定學術科題庫解析。文笙書局。
30. 陳文福(2016)。地理資訊系統簡介。國立中興大學水保系授課講義。
31. 鄭育祥(2016)。丙級測量技能檢定學術科題庫解析。科友圖書股份有限公司。
32. 鄭育祥、黃文才、李俊德(2016)。測量實習升學寶典。台科大圖書股份有限公司。

乙級工程測量技能檢定學術科題庫解析

編著者／鄭亦洋
發行人／陳本源
執行編輯／林昱先
封面設計／盧怡瑄
出版者／全華圖書股份有限公司
郵政帳號／0100836-1 號
印刷者／宏懋打字印刷股份有限公司
圖書編號／061570G-202403
定價／新台幣 420 元
ISBN／978-626-328-863-8(平裝)
ISBN／978-626-328-862-1(PDF)
全華圖書／www.chwa.com.tw
全華網路書店 Open Tech / www.opentech.com.tw
若您對本書有任何問題，歡迎來信指導 book@chwa.com.tw

臺北總公司(北區營業處)
地址：23671 新北市土城區忠義路 21 號
電話：(02) 2262-5666
傳真：(02) 6637-3695、6637-3696

南區營業處
地址：80769 高雄市三民區應安街 12 號
電話：(07) 381-1377
傳真：(07) 862-5562

中區營業處
地址：40256 臺中市南區樹義一巷 26 號
電話：(04) 2261-8485
傳真：(04) 3600-9806(高中職)
(04) 3601-8600(大專)

讀者回函卡

掃 QRcode 線上填寫 ▸▸▸

姓名：＿＿＿＿＿＿ 生日：西元＿＿＿年＿＿＿月＿＿＿日 性別：□男 □女

電話：（ ）＿＿＿＿ 手機：＿＿＿＿＿＿

e-mail：（必填）＿＿＿＿＿＿＿＿＿＿＿＿

註：數字零，請用 Φ 表示，數字 1 與英文 L 請另註明並書寫端正，謝謝。

通訊處：□□□□□＿＿＿＿＿＿＿＿＿＿＿＿

學歷：□高中・職 □專科 □大學 □碩士 □博士

職業：□工程師 □教師 □學生 □軍・公 □其他

學校／公司：＿＿＿＿＿＿ 科系／部門：＿＿＿＿＿＿

・需求書類：

□ A. 電子 □ B. 電機 □ C. 資訊 □ D. 機械 □ E. 汽車 □ F. 工管 □ G. 土木 □ H. 化工 □ I. 設計

□ J. 商管 □ K. 日文 □ L. 美容 □ M. 休閒 □ N. 餐飲 □ O. 其他

・本次購買圖書為：＿＿＿＿＿＿ 書號：＿＿＿＿＿＿

・您對本書的評價：

封面設計：□非常滿意 □滿意 □尚可 □需改善，請說明＿＿＿＿＿＿

內容表達：□非常滿意 □滿意 □尚可 □需改善，請說明＿＿＿＿＿＿

版面編排：□非常滿意 □滿意 □尚可 □需改善，請說明＿＿＿＿＿＿

印刷品質：□非常滿意 □滿意 □尚可 □需改善，請說明＿＿＿＿＿＿

書籍定價：□非常滿意 □滿意 □尚可 □需改善，請說明＿＿＿＿＿＿

整體評價：請說明＿＿＿＿＿＿

・您在何處購買本書？

□書局 □網路書店 □書展 □團購 □其他＿＿＿＿＿＿

・您購買本書的原因？（可複選）

□個人需要 □公司採購 □親友推薦 □老師指定用書 □其他＿＿＿＿＿＿

・您希望全華以何種方式提供出版訊息及特惠活動？

□電子報 □ DM □廣告（媒體名稱＿＿＿＿＿＿）

・您是否上過全華網路書店？（www.opentech.com.tw）

□是 □否 您的建議＿＿＿＿＿＿

・您希望全華出版哪方面書籍？＿＿＿＿＿＿

・您希望全華加強哪些服務？＿＿＿＿＿＿

感謝您提供寶貴意見，全華將秉持服務的熱忱，出版更多好書，以饗讀者。

填寫日期： / /

2020.09 修訂

親愛的讀者：

感謝您對全華圖書的支持與愛護，雖然我們很慎重的處理每一本書，但恐仍有疏漏之處，若您發現本書有任何錯誤，請填寫於勘誤表內寄回，我們將於再版時修正，您的批評與指教是我們進步的原動力，謝謝！

全華圖書　敬上

勘誤表

書 號		書 名		作 者	
頁 數	行 數	錯誤或不當之詞句		建議修改之詞句	

我有話要說：（其它之批評與建議，如封面、編排、內容、印刷品質等・・・）